身近な環境・生活のホントがよくわかる本

浦野 紘平・浦野 真弥［共著］

Ohmsha

はじめに

　著者らは、２０１７(平成29)年に『地球環境問題がよくわかる本』、２０１９(平成31)年に『日本の環境・人・暮らしがよくわかる本』をオーム社から出版し、お陰様で多くの方々に読んでいただいております。今回は、これらの姉妹本として、『身近な環境・生活のホントがよくわかる本』を出版することにいたしました。

　これら3冊セットで、地球から、日本、そして身近な「環境と生活」がよくわかるようにしたいと考えました。

　日本が世界から注目され、外国人が来日したり、在留する一方で、日本人も海外旅行をしたり、海外に永住したりしています。また、日本の衣食住も、外国との関係なしでは成り立たなくなっています。

　すなわち、現在、日本は大きな国際化の波の中にいます。

　このような中で、私たちは、世界の状況や世界の中での日本の状況を知るとともに、身近な環境や生活をしっかりと知り、「日本の良さを守りながらも国際化していくこと」が求められています。

　そのために、先に出版した2冊とともに、本書が多少ともみなさまのお役に立てばとの思いで執筆いたしました。

　本書では、身近な空気、水、土と森、生物と人体、生活様式、食べ物、エネルギー、ごみについての「ホント」を、１００のメインテーマ、２００のコラムによってまとめています。どのテーマもイラストや写真などが満載ですので、肩ひじ張らず楽しく読めると思います。

　また、本書ではインターネットにあふれる玉石混交の情報の中から、正しい情報のみを整理して役立つように示しています。

　各事項の右肩についた番号は、巻末に掲載した１６００以上もの参考情報のソースアドレスとリンクしています。これによって、読者が必要に応じて興味のあるテーマについてご自分で調べ、より詳しい知識を得ていただければ幸いです。

　なお、本書はできるだけ広い視点で記述したつもりですが、特定の視点から見れば不十分な点もあると思います。お気づきの点などがありましたらお知らせいただきたく、よろしくお願い申し上げます。

２０２１年3月

浦野紘平・浦野真弥

目次

I 身近な空気のホント?!

Ⅱ 身近な水のホント?!

I

身近な空気のホント?!

1 空気は地球に薄皮のようにへばり付いている

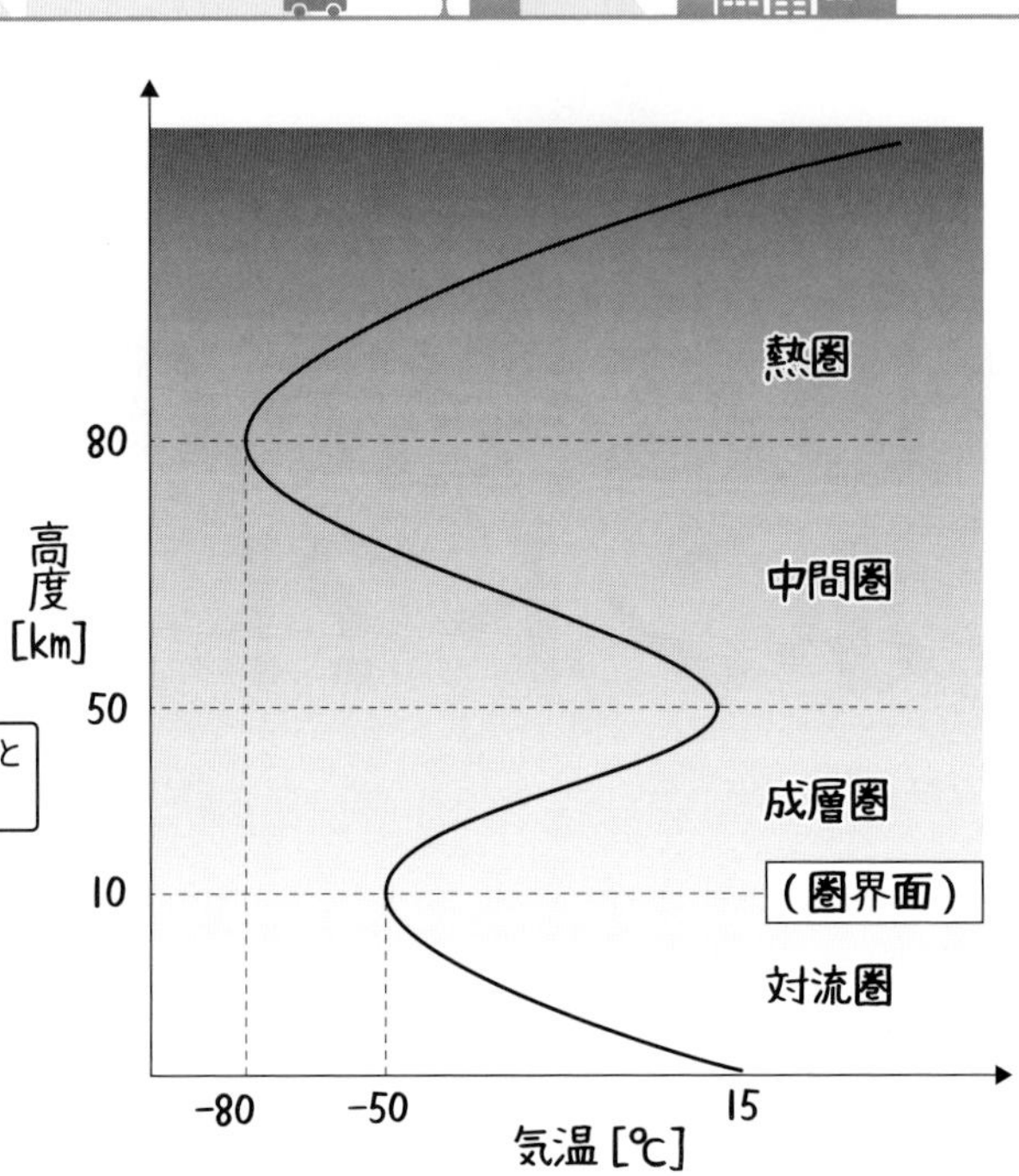

地球誕生からしばらくは、地球の大気中に酸素がなかったのですが、約35億年前に二酸化炭素を吸収して酸素を発生する藻が生まれ、発生された酸素が成層圏で紫外線を受けてオゾンとなり、オゾン層[1]ができました。

このオゾン層が太陽から地上に注ぐ強い紫外線を減らし、陸上のすべての生物を守るようになりました。

成層圏の上には中間圏、さらに上には太陽からのX線や紫外線を吸収して温度が高い熱圏があります。[2]

また、高度15キロメートルごとに空気の圧力（量）は約10分の1になり、直径約1万2700キロメートルの地球の表面から約10キロメートル程度上の薄い対流圏の、ごく下のほうに空気のほとんどがへばり付いています。[3]

この地球に薄皮のようにへばり付いている空気を、陸上のすべての生物が吸っていますが、この薄皮のようにわずかしかない空気は、人の活動で汚染されやすく、汚染すると人や動植物にさまざまな悪影響を与えます。

また地上とは違い、空気に国境はないので、ある国から出された汚染物質が隣国や地球全体に影響することがあります。

① 図書館や美術館が上空のオゾン層を壊すガスを大量に持っている

図書館、美術館、およびコンピュータや重要な書類があるオフィスなどでは、火事の際に水や薬液をまくことができません。このため、これらの施設では、消火用にハロン類を大量に持っています。

このハロン類は、オゾン層を壊す能力が大きいため、先進国では1992年から新たな製造は禁止になりました。

しかし、年間放出量が貯蔵量の400分の1程度しかないので、持っているハロン類は消防環境ネットワーク[4]に登録して利用（リサイクルユース）することになっています。

なお、ハロン類以外の新しい消火剤[5]も開発され、利用されはじめています。

コラム

② 古いエアコンから有害なオゾンが発生している

古いエアコンや空気清浄機には、空気中の微粒子をとるために電気集じん機が付けられていました。

この古い電気集じん機では放電をするため、空気中の酸素がオゾンになり、室内にオゾンが放出されます。

オゾン[6]は空気のきれいなところに多いため、体に良いかのようにいわれていましたが、有害なガスです[7,8]。

このため、最近のエアコンや空気清浄機はオゾンを酸素に分解する方式やオゾンを発生させない方式にされていますが、低濃度のオゾンを発生させてペット臭やたばこ臭などを消す装置も売られています[8-10]。

2

空気によってあなたの体が15トンの力で押されている

地球上に暮らしている私たちは、空気の大きな力（気圧）で押されています。

1気圧は1平方センチメートル当たり、約1キログラムの力になっています。

普通の大人の体の表面積は、およそ1万5000平方センチメートル程度あります[11][12]から、およそ15トンの力、すなわち体重の約300倍もの力で押されていることになります。

一方、地球の中心から遠い山の上では地球の引力が弱くなり、気圧が下がり、押す力も弱くなります。

例えば、標高3776メートルの富士山頂では約0・63気圧[13]、約8850メートルのエベレスト山頂では約0・30気圧になり、押す力や酸素濃度も約0・63倍や約0・30倍になります。

このため、マラソン選手が酸素濃度の低い高地で練習し、酸素濃度が高い低地で行われる競技に備えることが一般的になっています。

なお、急に高い山に登ると、酸素濃度が急に薄くなるために対応できず、頭痛や目まいなどを起こします。

❸ 身長と体重から空気で押されている力がわかる

体が空気で押されている力がわかる日本人の体表面積の計算式としては、次の二つが有名です。[12]

① 藤本薫喜の計算式

体表面積（平方cm）＝88・83×身長（cm）の0・663乗×体重（kg）の0・444乗

② 高比良英雄の計算式

体表面積（平方m）＝0・007246×身長（cm）の0・725乗×体重（kg）の0・425乗

コラム

❹ 山の上ではお菓子の袋が膨らむ

ほぼ1気圧でつくられている袋入りのお菓子は、富士山頂では約0・63分の1、約1.6倍に膨らもうとし、エベレスト山頂では約0・30分の1、約3.3倍に膨らもうとします。[13][14]

このように袋入りのお菓子は、外気圧によって膨らんだり、縮んだりしますので、多少の気圧の変化があっても対応できるように、余裕のあるシワシワの状態で袋に詰められています。

一方、人などの動物は体重の約300倍の力で押されていてもつぶれず、山に登っても膨らんだりしません。これは、外気圧と同じ力で体の内部から押すようになっているからです。

なお、植物は生育する場所の圧力に適応しています。

1年間に体重の約100倍もの重さの空気を吸っている

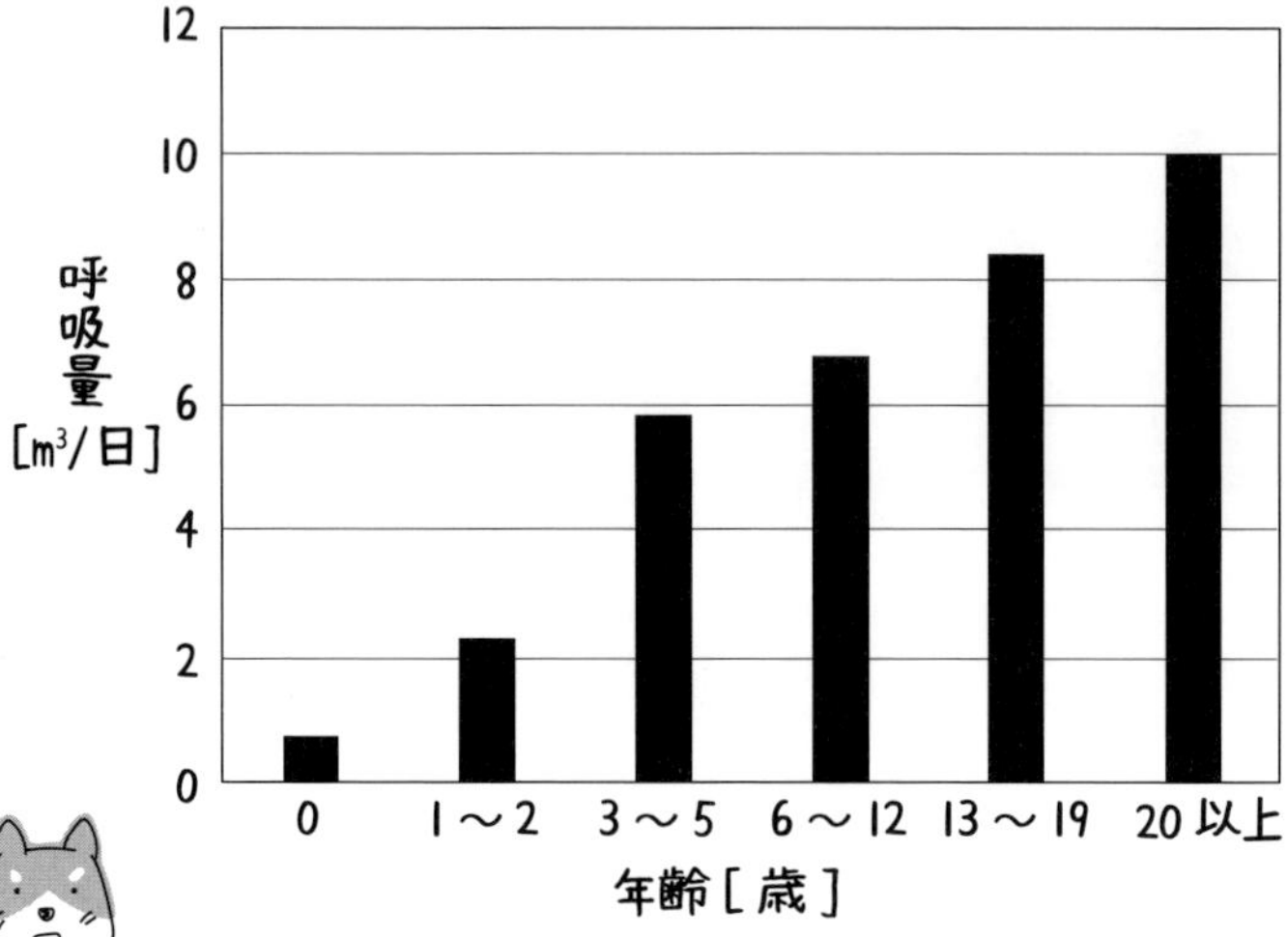

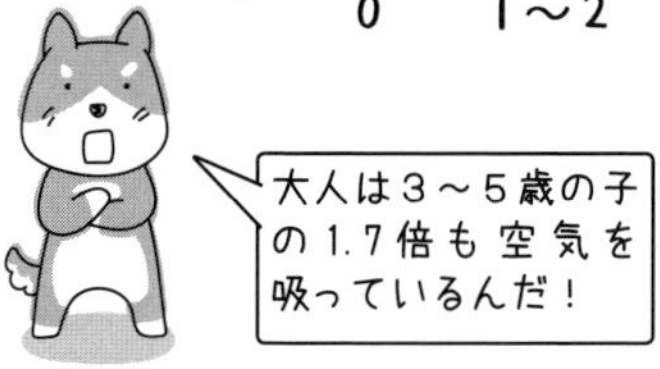

日本人の年齢による平均呼吸量についてはいくつかの報告がありますが、上図のようになると考えられ、大人の平均呼吸量は、毎日約10立方メートル、５００ミリリットルのペットボトル２万本分程度といわれています。[15]

空気の重さはゼロと言う人もいますが、空気1リットルの重さは約1.2グラムありますから、毎日吸っている空気の重さは、約12キログラムにもなります。

およそ4〜6日で体重分の空気を吸っていることになり、1年間では約４４００キログラム、体重の60〜90倍程度、すなわち飲食物よりはるかに重い量の空気を吸っていることになります。

人が空気を吸うのは、生きていくために酸素が必要だからです。

1気圧の空気中の酸素の濃度は、体積比で約21%、常温での酸素1リットルは約1・33グラムですから、大人は毎日約2.8キログラムの酸素を吸っていることになります。このうち約20%の約０・56キログラム、1年間に約２００キログラムの酸素が肺から吸収され、体中に運ばれています。

❺ 空気中にはたくさんの粒が入っている

地上に粒子が降下していますし、空気中にもたくさんの粒子があり、このうち降下しにくいものを浮遊粒子状物質（SPM）言いいます。

大きな粒子は、吸い込むときに鼻や気管支の中に付いて、鼻クソやタンとして外に出されますが、小さな粒子、特に2.5マイクロメートル以下の微小粒子状物質[16]（PM2.5といいます）は肺の中まで入って貯まり、さまざまな悪影響を与えます。

このPM2.5は、もともと粒子だったものだけでなく、工場などから気体で出たものが冷えて粒子になったものや空気中での反応で粒子になったものもあります。

コラム

❻ あなたが頼りにする天気予報はとても難しい

大気の圧力（気圧）や流れ方、海から蒸発する水分量などは、太陽の動きと海流、および人のさまざまな活動などが複雑に絡み合っています。

このため、天気は非常に複雑に変化します。

気象庁や気象予報士などは天気予報[17]が当たるように最大限の努力をし、的中率も高いと言っています。

しかし、人間が自然の変化を十分に理解し、天気などを予測することはとても難しいことです。

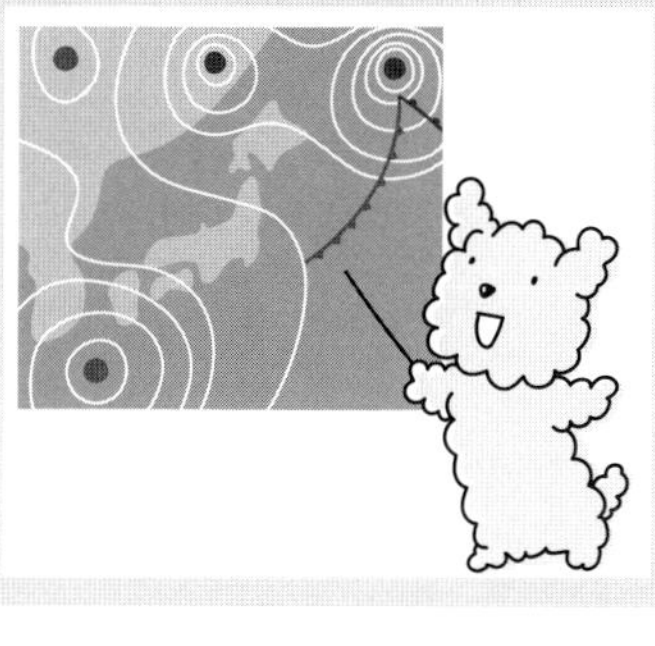

4 燃料から出る二酸化炭素が地球を暖めている

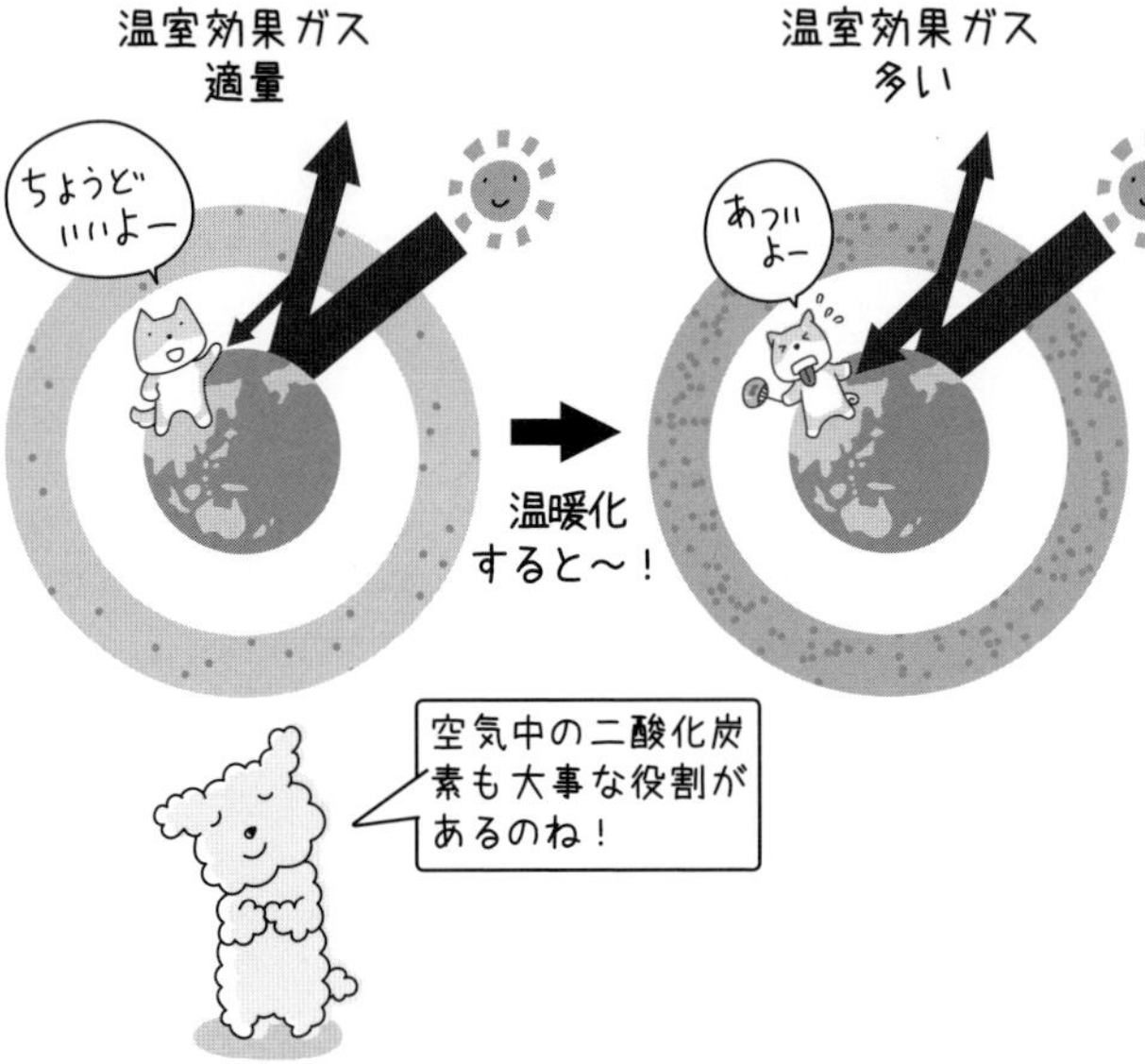

地球から宇宙に逃げる熱（赤外線）を空気中の二酸化炭素などが吸収して地球の気温を保っています。

最近の地球の平均気温は15℃程度ですが、もし、二酸化炭素がないと平均気温がマイナス45℃の氷河期のようになるといわれています。(18)

なお、惑星の平均温度についてもいくつかの情報があり、例えば地球より太陽に近い金星は４７０℃、火星はマイナス63℃、土星はマイナス１３９℃、天王星はマイナス１９７℃といわれています。(18)

また20世紀になってから燃料が大量に使われたため、これらの燃焼に伴って発生する二酸化炭素が赤外線を吸収して地球を暖め、地球の温度が上がりました。(19)

このような地球を暖めるガスを「温室効果ガス」といい、二酸化炭素のほかにもメタン、一酸化二窒素（亜酸化窒素とも言います）、対流圏オゾン、フロン類などがあります。

なお、これらの温室効果ガスの発生を抑制するために、「気候変動に関する国際連合枠組条約」(20)が成立していますが、アメリカのトランプ前大統領や開発途上国の一部はこの条約を受け入れていません。

7 気温がどんどん高くなっている

日本で気象観測が始まってから2019年までに、最高気温が40・4℃以上になった地点が16か所ありますが、そのうち8か所が2018年と2019年となっています。[21]

このままでは、さらに気温が高くなり、熱中症や干ばつなどのさまざまな被害が出ると予測されています。

特に、開発途上国の発展に伴って、石油や石炭などの燃焼量が増加し、地球温暖化[19]が進むと指摘されています。

開発途上国に対して、先進国が地球温暖化を進めないための技術と経費を援助することが求められています。

コラム

8 地球を暖めるガスでも種類によって影響が2万倍以上も違う

温室効果ガスには、左表のようなガスがあり、各ガスについて、二酸化炭素に比べた地球温暖化への影響の程度（100年間での計算）が定められています。[22]

ハイドロフルオロカーボン類は古いフロン類の代替品であり、またパーフルオロカーボン類や六フッ化硫黄、三フッ化窒素は半導体製造などに使われています。

なお、環境省が日本と世界の温室効果ガス排出量に関する情報を示しています。[23][24]

地球温暖化ガスの地球温暖化への影響比較（二酸化炭素を1とした場合）

二酸化炭素	1
メタン	25
一酸化二窒素	25
ハイドロフルオロカーボン類	1 430 など
パーフルオロカーボン類	7 390 など
六フッ化硫黄	22 800
三フッ化窒素	17 200

5

水田から地球温暖化効果の大きいメタンガスがたくさん出る

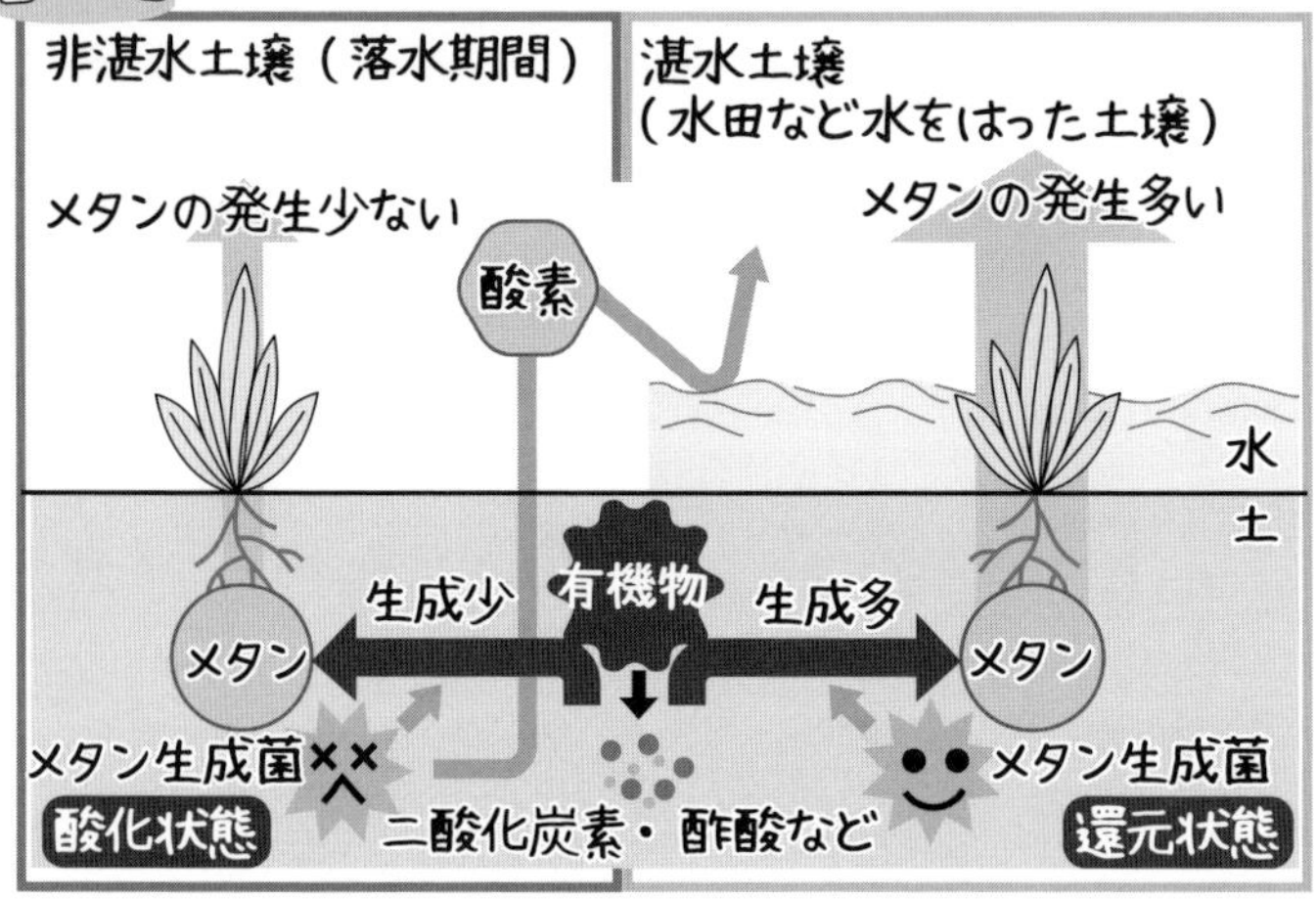

メタンガスは地球温暖化への影響が二酸化炭素の25倍であり、主要な温室効果ガスの一つです。

このメタンは、植物や動物の死がいなどが酸素の少ない状態で微生物によって分解される際に発生するガスです。沼地や湿地などから自然に出るほか、水田などからも多く出ます。

世界のメタン発生量の約4割が沼地や湿地などからの自然発生量で、シベリアの湿原の影響が大きくなっています。残り約6割が人の活動による排出量で、約24億トン[23]のうち約31％が畜産を含む農業由来とされています。

一方、２０１８年度の日本での人の活動によるメタン排出量[24]は二酸化炭素換算で約２９７０万トンあり、そのうち畜産を含む農業由来が約78・２％で、廃棄物の埋立と排水処理などが約16・３％、燃料の燃焼が約2.9％、天然ガスなどの燃料からの漏れが約2.5％、その他が約0.1％とされています。

また、農業由来のうち、水田からが約59％、ウシなどの消化管内発酵からが約31％、家畜の排せつ物からが約10％とされています。

9 ウシのゲップやオナラからメタンガスがたくさん出る

世界ではウシなどの家畜の消化管からのゲップやオナラから二酸化炭素換算で約5.8億トンものメタンガスが出ているとされています[25]。家畜の数が世界的に増えていますので、家畜由来のメタンガスの発生も増えているとされています。

なお、特定の化学物質を餌に混ぜて食べさせると、ウシから発生するメタンの量を3割減らせたという報告もありますが[26]、広く普及させるのは難しい状態です。

コラム

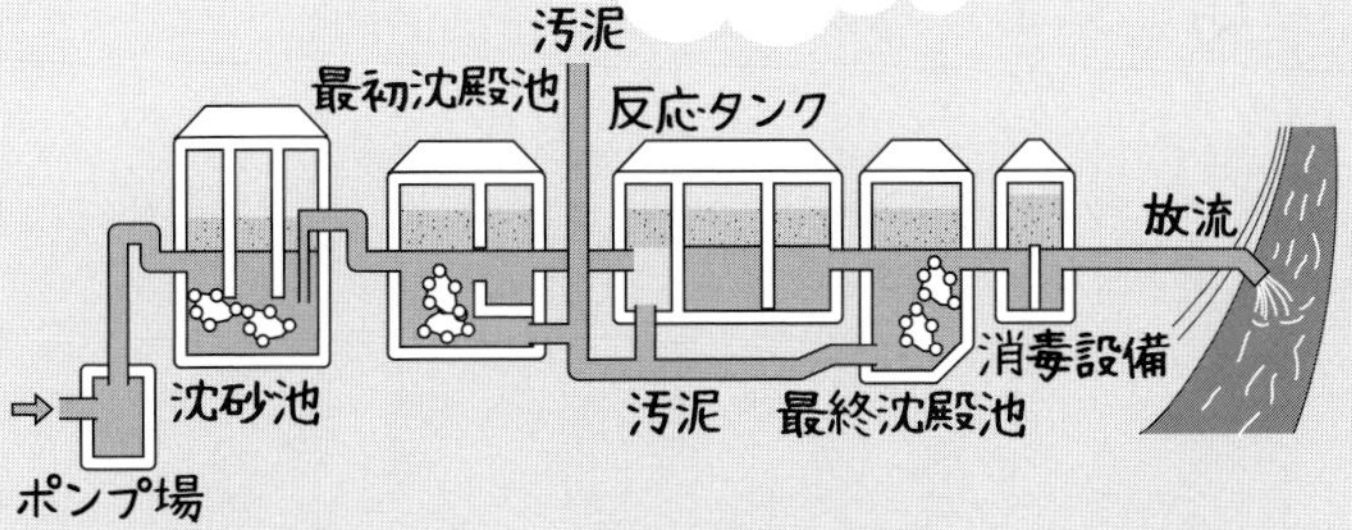

10 下水や肥料から地球温暖化効果が大きい一酸化二窒素ガスが出る

下水中の汚濁物質は、上図のような工程による下水の終末処理場の反応タンクで、微生物によって酸素で分解されます。

しかし、下水管中および下水処理場の沈砂池や最初沈殿池では酸素が不足して温室効果ガスである一酸化二窒素（亜酸化窒素）が発生し、下水汚泥の焼却時にも発生します[27]。

また、窒素肥料からも一酸化二窒素が発生することがわかっています[28]。

このため、窒素肥料の適正な使用などが指導されています。

6

空気の環境基準値が11項目しかない

物　質	環境上の条件（環境基準）
二酸化硫黄（SO_2）	1日平均値 0.04ppm 以下 かつ 1時間値 0.1ppm 以下
一酸化炭素（CO）	1時間平均値 10ppm 以下かつ 1時間値の 8時間平均 20ppm 以下
浮遊粒子状物質（SPM）	1時間値の 1日平均値 0.1mg/m^3 以下かつ 1時間値 0.02mg/m^3
二酸化窒素（NO_2）	1時間値の 1日平均値 0.04 ～ 0.06ppm 内以下
光化学オキシダント（Ox）	1時間値 0.06ppm 以下
ベンゼン	1年平均値 003mg/m^3 以下
トリクロロエチレン	1年平均値 0.13mg/m^3 以下
テトラクロロエチレン	1年平均値 0.2mg/m^3 以下
ジクロロメタン	1年平均値 0.15mg/m^3 以下
ダイオキシン類	06pg-TEQ/m^3 以下
微小粒子状物質	1年平均値 15μg/m^3 以下かつ 1日平均値 35μg/m^3 以下

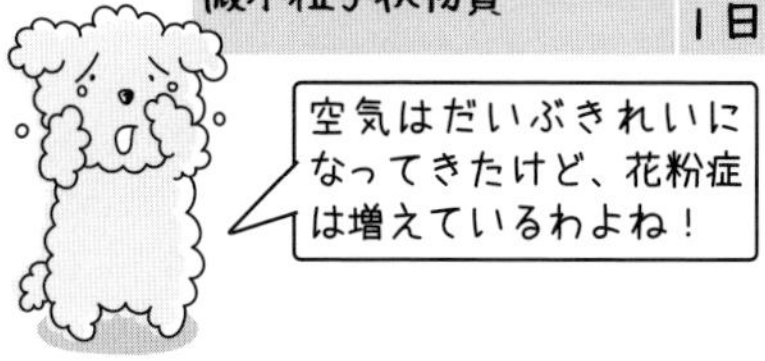

大気汚染に係わる環境基準値が上表の11項目について定められ、大気管理の目安となる指針値が9項目について定められています。[29]

一方、工場・事業場（固定発生源といいます）に対する排ガス規制には、国が定めた「一般排出基準」のほかに、大気汚染の深刻な地域で新設される施設に適用される硫黄酸化物とばいじんの「特別排出基準」、これらでは不十分な地域について都道府県が条例で定めるばいじんと有害物質の「上乗せ基準」があります。それでも環境基準を満たすことが困難な地域では、大規模工場に適用される硫黄酸化物と窒素酸化物の「総量規制基準」があります。

また、粉じんを発生する施設については、一般粉じんと特定粉じん（石綿）の排出が規制されています。[30]

さらに自動車についても排気ガスの基準を満たしていない車の新車登録をさせない「単体規制」、新規登録、移転登録、継続登録をさせない「車種規制」、特定地域で運行を制限する「運行規制」が行われています。[31]

なお、フォークリフトなどの排ガス規制も行われ、[32]船舶の排ガスも２０２０年から規制されています。[33]

予　報	注意報の発令基準の程度に汚染するおそれがあると予測したとき
注意報	光化学オキシダント濃度の1時間値が0.12ppm以上となり、気象条件から見てその状況が継続すると認められたとき
警　報	光化学オキシダント濃度の1時間値が0.24ppm以上となり、気象条件から見てその状況が継続すると認められるとき

11 光化学オキシダント濃度が環境基準値を守れない

オキシダントのほとんどが発がん性のあるオゾンガスですが、この濃度については環境基準値が守られていません[34]。

環境基準値の2倍の0・12ppm以上のオキシダント濃度が続くと認められる場合には都道府県知事などから「注意報」、1時間値が0・24ppm以上が続く場合には「警報」、0.4ppm以上が続く場合には「重大警報」が出されて、警報以上では、野外での運動を控える指導とともに、工場に窒素酸化物ガスの排出総量の規制が行われます[35]。

コラム

12 光化学オキシダントが外国からもくる

空気中のオキシダントは、二酸化窒素と酸素が反応して生成します。

このため、工場などから排出される二酸化窒素だけでなく、空気中で二酸化窒素になる一酸化窒素を含めた窒素酸化物ガスの排出が規制されています[35]。

また、下図のように、周辺国からも光化学オキシダントが日本に流れてきます[36]ので、それらの国々での対策についても協議が進められています。

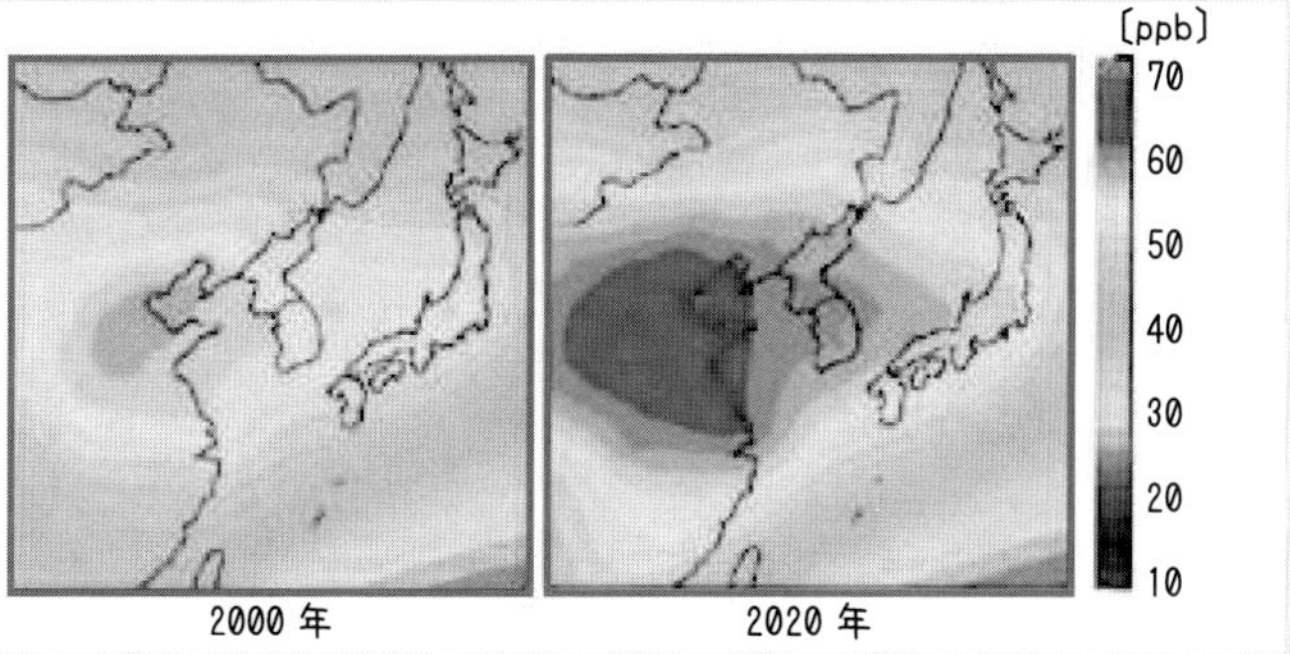

7 黄砂が中国やモンゴルの砂漠からやってくる

日本には砂漠がほとんどありませんので、砂漠に関心のない人が多いのですが、世界の砂漠は日本にも影響しています。[36-41]

例えば、中国やモンゴルのゴビ砂漠やタクラマカン砂漠などから、強風で舞い上がった土砂が黄砂となり、[37-42] 空風によって中国各地に深刻な被害を与えているだけでなく、数マイクロメートル以下の黄砂は冬から春にかけて、上図のように日本にも飛んできます。

中国では、マスク着用などの健康被害への自衛措置をしたり、精密機器を置いている部屋の扉や窓を二重扉と二重窓にしたりしています。

また、中国政府は植林や農業の改善などを行っていますが、砂漠化した地域を元に戻すのはとても大変です。

また世界的には、砂漠が毎年約6万平方キロメートルも増加し、陸地面積の約4分の1が砂漠化し、約9億人が砂漠化の影響を受けているとされています。[40]

なお、日本の大気中浮遊粒子状物質の基準は1日平均1立方メートル当たり0.1ミリグラムですが、[29] 黄砂の影響が大きな地域では基準を守れません。[42-44]

13 羊毛のスーツやセーターなどが砂漠を増やしている

日本人は羊毛を使ったスーツやセーター、オーバーコートなどが好きで、人口当たりの羊毛輸入量は日本が世界一です。

この羊毛の年間輸入量は1万3000トン程度であり、輸入元は、中国、ニュージーランド、マレーシア、オーストラリア、台湾、その他の順となっています。[45]

しかし、羊の過剰な放牧による草の食べ尽くしが、木の過剰伐採や焼き畑農業とともに、砂漠化を助長しているとされていて、日本人の羊毛好きが砂漠を増やしているともいえます。

なお、ウールとは、羊毛を含めた動物の毛のことです。

コラム

14 土が舞ってもPM2.5になる

最近は、テレビなどの天気予報でも日本気象協会の出すPM2・5の分布予測を伝えています。[43] このPM2.5には、黄砂由来のものもあるため、黄砂が多く飛来する地域では、PM2.5濃度が高くなる傾向があります。[30]-[44]

このため黄砂防止に官民の努力が行われています。

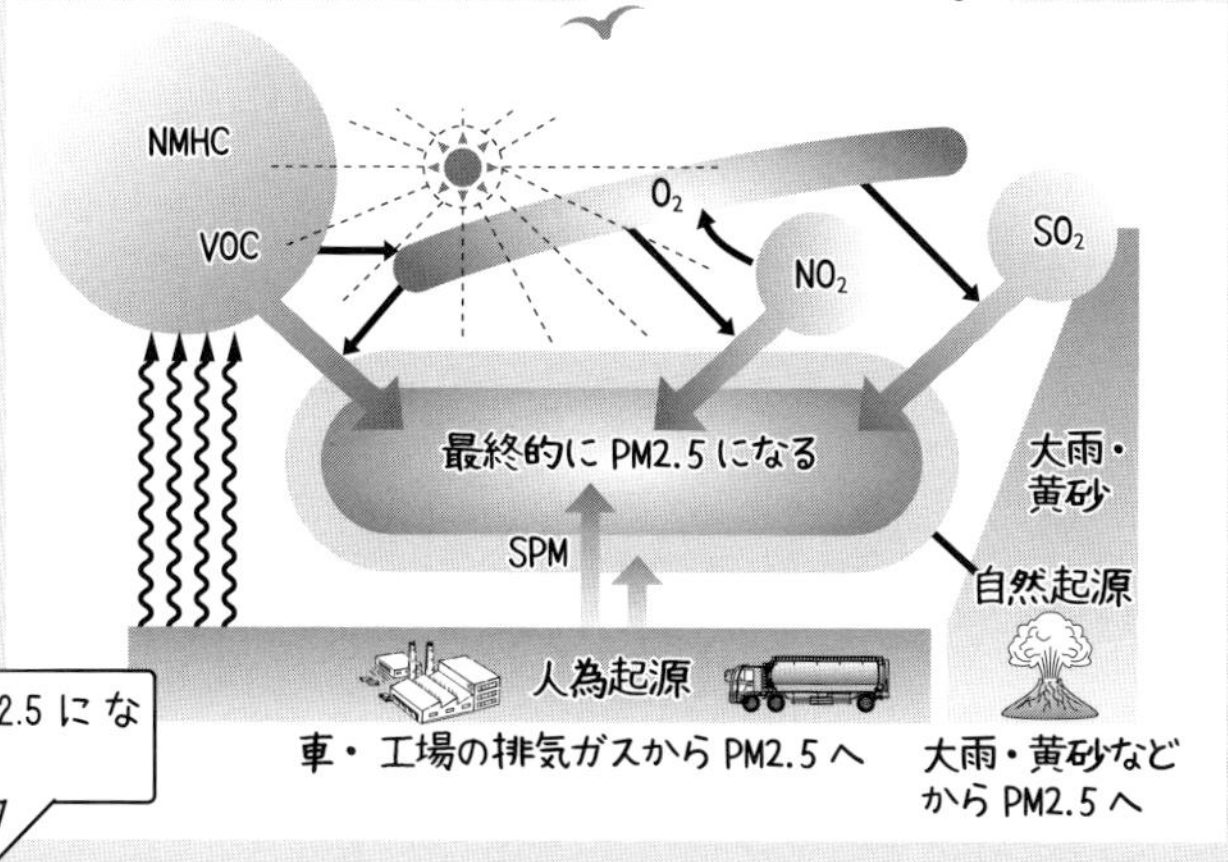

8 空気中に６００種類以上の化学物質が入っている

無機物質	一酸化炭素
	二酸化炭素
	硫化水素
	無機水銀
	バナジウム
	クロム
	アスベスト
有機物質（多環芳香族炭化水素類）	ベンツαピレン
	ベンツαアントラセン
	ベンゾbフルオランテン
	クリセン
	フルオランテン
有機物質（多環芳香族炭化水素類以外）	ベンゼン
	トルエン
	エチルベンゼン
	キシレン
	ホルムアルデヒド
	クロロホルム
	ジクロロメタン
	ジクロロエタン
	トリクロロエチレン
混合物	灯油蒸気
	ガソリン蒸気
	たばこの煙

大気中には、大気環境基準値[29]が定められている物質以外にも、上表に記載した物質をはじめ、６００種類以上もの化学物質が見つかっています[46]。

自動車などから排出される有機物質の多環芳香族炭化水素類、工場などから排出される合成有機物質のトルエンとその仲間のエチルベンゼンやキシレンなど、および塩素がついたクロロホルム、ジクロロメタン、ジクロロエタン、トリクロロエチレンなどが空気中にあります。

これらの多くは、揮発しやすいので揮発性有機化合物（略号ＶＯＣ[47]）と呼ばれています。

これらのＶＯＣは、化学品の原料や製品、ドライクリーニング用洗浄剤などのさまざまなものに含まれ、自動車排ガスにも含まれています[48]。

また、発がん性があるものや窒素酸化物と反応してオキシダントを生成するものもあります。

このため国や地方公共団体が窒素酸化物の排出を規制[49][50]したため、オキシダントによる被害はほとんどなくなりましたが、関東地域や阪神地域では最高値が１００ｐｐｂ程度になることがあります

15 空気中に有害な化学物質が1年間に約65万トンも出されている

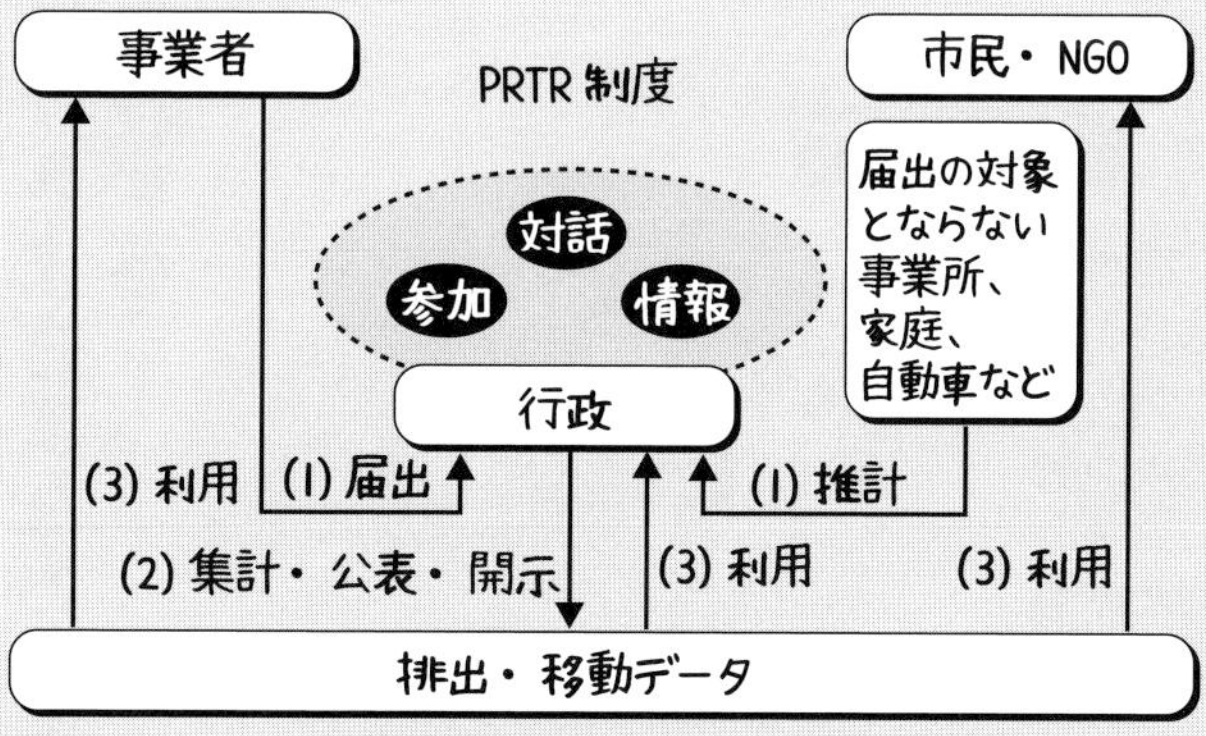

大気中に排出されている462種類の化学物質の量は、上図のような化学物質排出移動登録（略称PRTR）制度で事業者から毎年報告され、小規模事業者や自動車などからの排出量は国によって推計されています[51]。

これによると、最近は年間約65万トンの化学物質が排出されています。

コラム

16 塗料や接着剤などからも有害な化学物質が出る

有害な化学物質のうち、気化しやすいVOCは、塗料や接着剤、およびそれらの希釈用シンナーに多く含まれています。

このため、塗装や接着をしている工場や住宅などからVOCが多く発生します[52]。

一方、このVOCは石油や石炭などの貴重な資源から製造されていますので、回収・再利用が行われるようになりました[53]。

また、回収しても不純物などが多く、再利用できないVOCは、燃料として利用することも行われています[53]。

なお、最近、VOCを含まない塗料なども普及してきています。

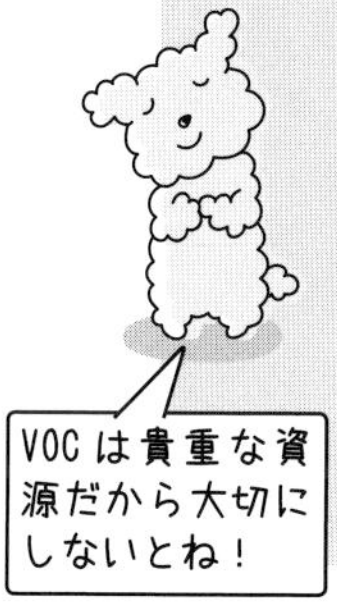

9

肺がさまざまなガスを約70％も吸収する

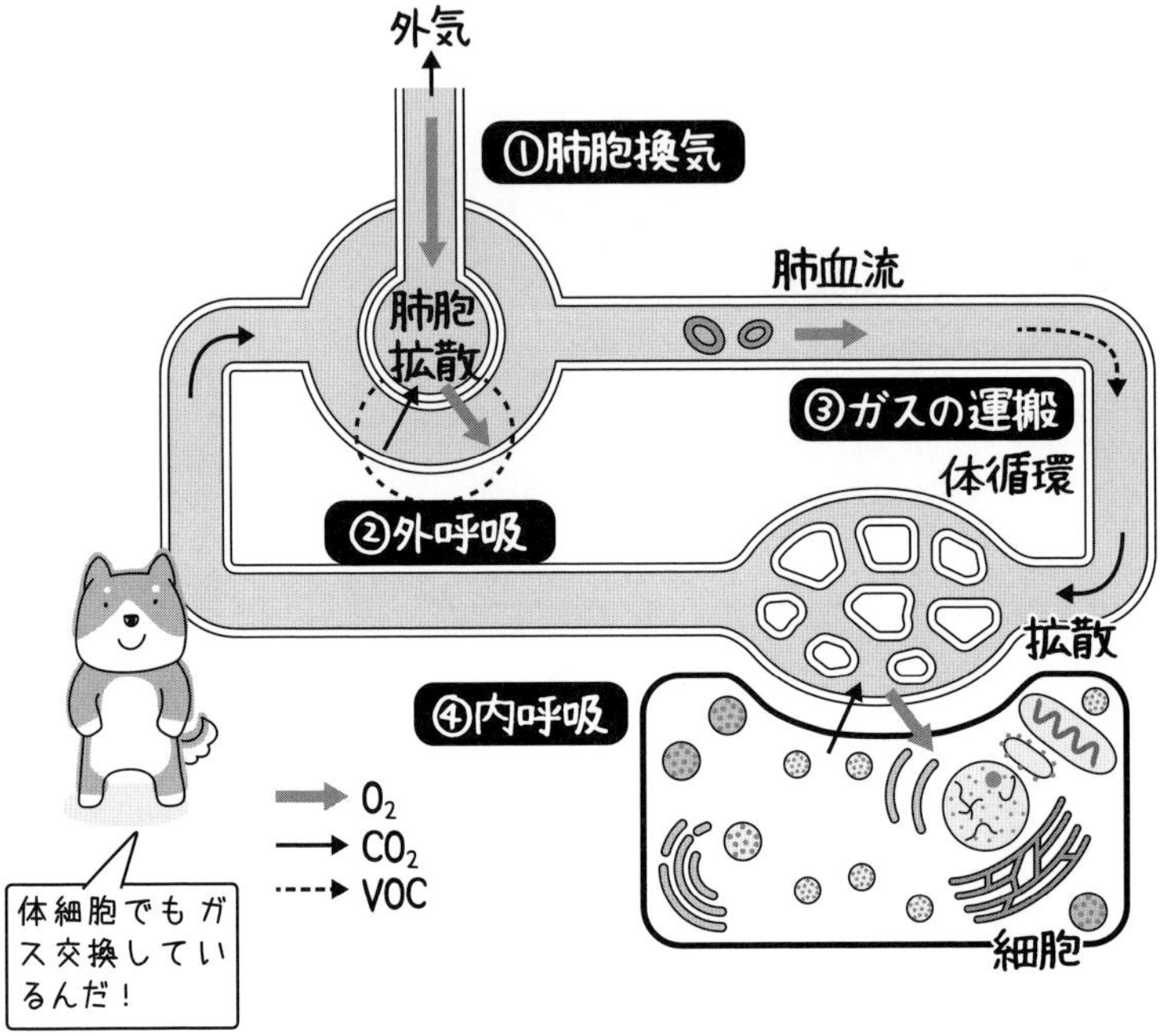

肺は空気中の酸素を体の中に入れ、二酸化炭素を出しているガス交換能力の優れた臓器です。[54]-[58]

このため、空気中のベンゼン、トルエン、エチルベンゼン、キシレンなどの化学物質を50～90％、平均約70％も吸収します。

吸収された化学物質は、血の中に入って全身に回り、神経や臓器などの機能に悪影響を与えます。

空気は、水とは違い、浄化してから吸ったり、ボトルで買って吸うことはできません。

また空気を汚染すると、地域の人や動物に影響するだけでなく、汚染空気が他国へ行ったり、他国からも来ますので、空気の汚染防止には国際的な協力が必要です。

日本では、規制や指針[52]などによって、化学物質による大気汚染や室内空気汚染[59]は減りました。

しかし、開発途上国では、工場からの排ガスが地域住民の健康に影響している例も少なくありません。

また、開発途上国では工場内や商店・住宅などの室内空気の汚染も十分に管理されていない例があり、これらを改善するために日本の支援が求められています。

17 血の酸素濃度が大動脈では大静脈より2.4倍も高い

人の大動脈の血の酸素分圧は約12・7キロパスカル（1キロパスカルは約0・01気圧）あるのに対して、大静脈の血の酸素分圧は約5.3キロパスカルです。

また、二酸化炭素分圧は大動脈では約5.3キロパスカル、大静脈では約6.4キロパスカルです。[60]-[65]

これらの差によって、肺で酸素や二酸化炭素の交換が起こり、大動脈は酸素濃度が高い血を全身に送り、大静脈は二酸化炭素濃度が高い血を肺に返します。

なお、肺動脈や肺静脈と大動脈や大静脈とは違います。

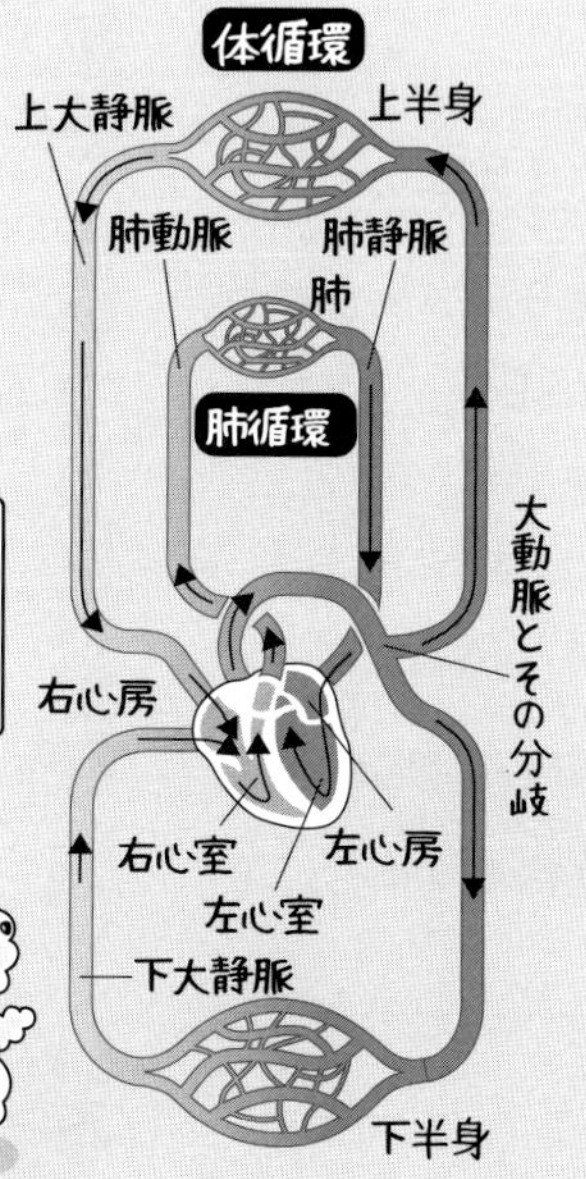

コラム

18 皮膚呼吸だけで生きている動物がいる

肺のないミミズは、皮膚呼吸[66][67]だけで酸素と二酸化炭素のガス交換をしていますし、両生類は、肺の構造が簡単でガス交換能力が低いため、皮膚呼吸と肺呼吸の両方でガス交換をしています。例えば、カエルは30～50％程度を皮膚呼吸でまかないっています。

なお、バッタなどは気管で呼吸しています。[67]

一方、肺が発達している哺乳類、鳥類、は虫類などのほとんどは、肺呼吸によってガス交換をしていますので、皮膚を火傷したとしても皮膚呼吸ができなくなって死ぬことはありません。

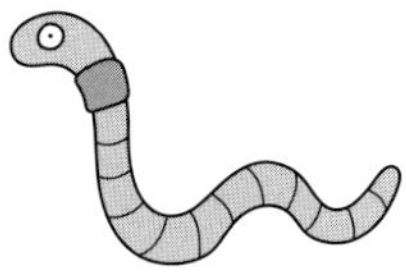

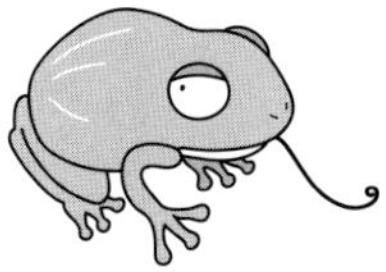

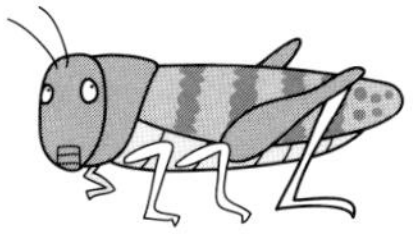

10

私たちはいつも放射線を浴びている

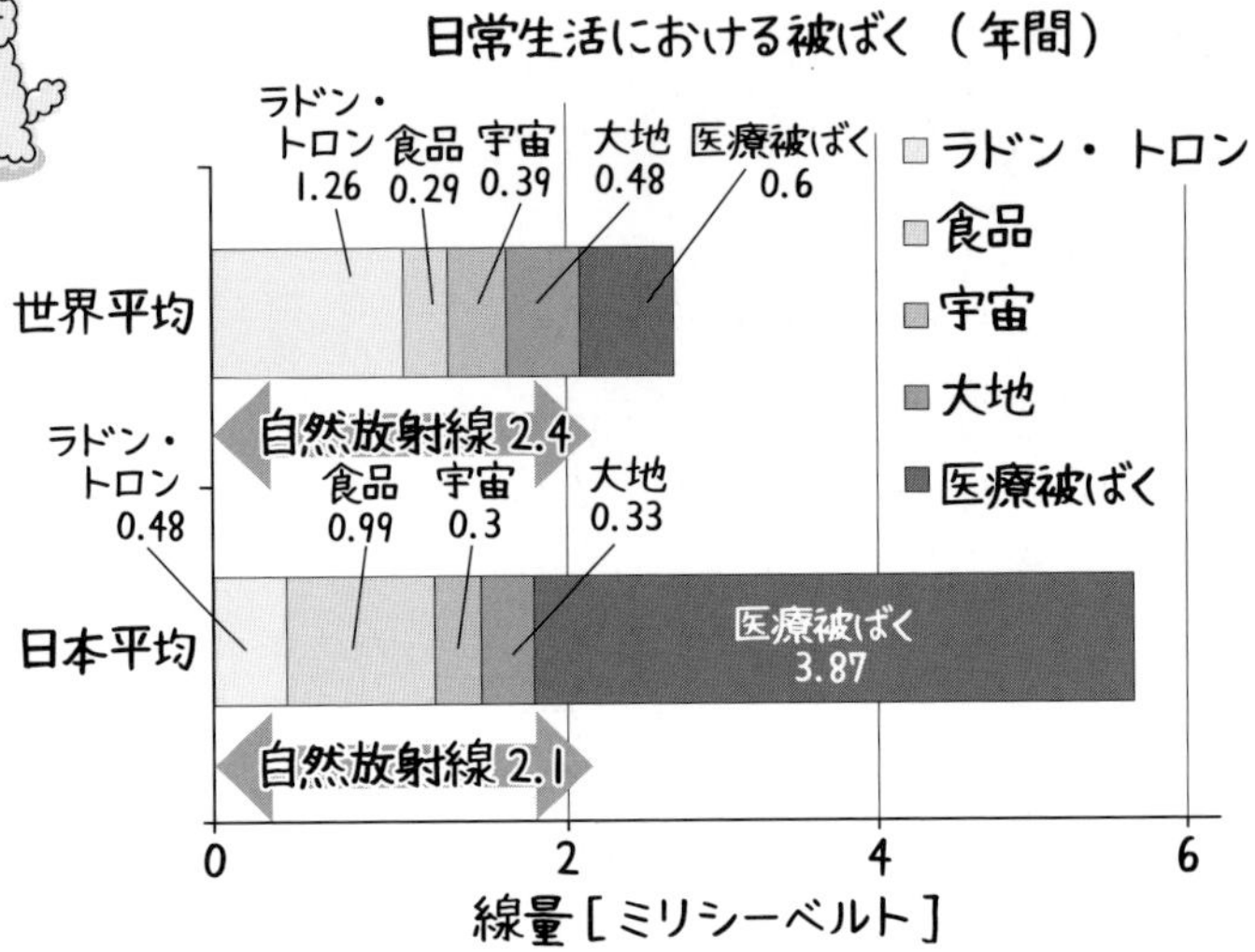

地域により異なりますが、日本人は大気中のラドンやトロン、および食品、宇宙、大地から、平均1年間に2・1ミリシーベルトの自然放射線を浴びています[(68)-(71)]。

大気中にあるラドンやトロンの放射線量は平均0・48ミリシーベルト、食品の放射線量が平均0・99ミリシーベルトです。

食品のなかでは、野菜類や魚介類の放射性ヨウ素、次いで野菜類や穀類、肉・卵・魚の放射性カリウム、放射性鉛、放射性炭素、放射性ポロニウムの寄与が多くなっています[(70)]。

日本地質学会によると、宇宙線は0・33ミリシーベルトとされ[(70)]、大地からの分と合わせた都道府県別の放射線量は[(71)]、北海道、青森県、秋田県、山形県、岩手県、宮城県、長野県、東京都、千葉県、埼玉県、静岡県、石川県、大分県等の一部が比較的少なく、新潟県、群馬県、富山県、岐阜県、三重県、島根県、岡山県、広島県、山口県、福岡県等の一部が比較的多くなっています。

なお、原発事故のあった福島県では、県内各所と農林水産物の放射線量を公開し、安全性を示しています[(72)]。

⑲ 放射線は種類によって性質が大きく違う

放射線にはアルファ線、ベータ線、ガンマ線、エックス線、中性子線があり、アルファ線、ベータ線、中性子線は小さな粒子が高速で飛ぶ粒子線で、ガンマ線とエックス線は光と同じ電磁波です。[73]

それぞれは、左図のように、紙、アルミニウムなどの薄い金属板やプラスチック板、厚い鉄板や鉛板、水やコンクリートを通るか、通らないかが違います。[73]

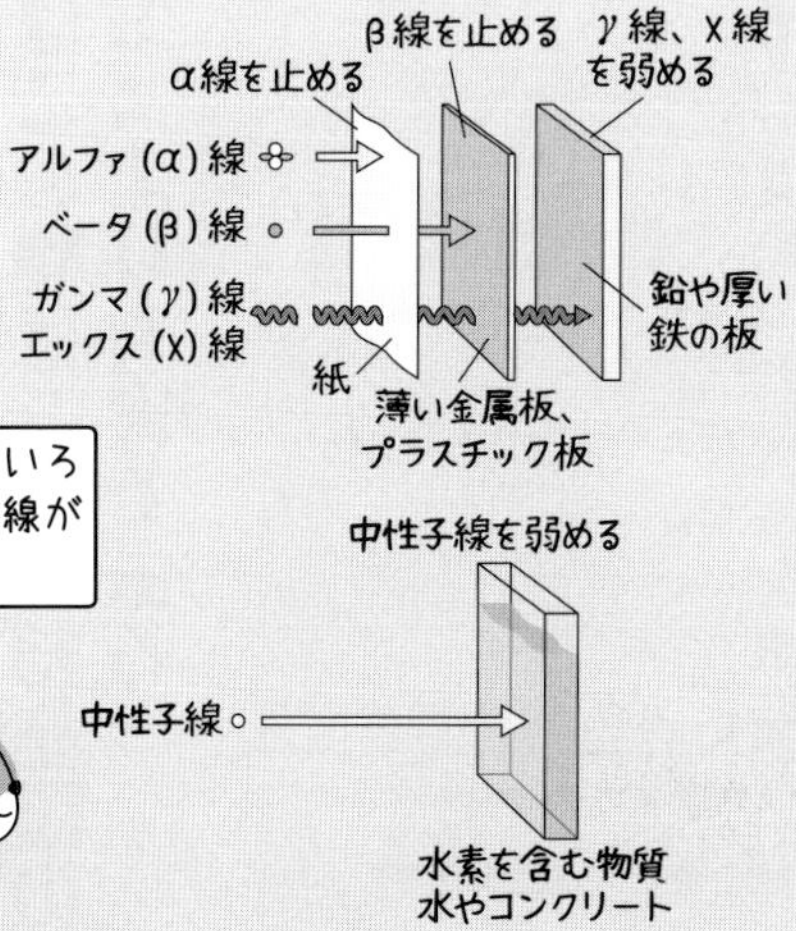

コラム

⑳ CT検査の放射線ばく露量は大きいが許容されている

最近の胸部レントゲン検査では、放射線を弱くしても写る高感度フィルムが使われているために放射線ばく露量は0・05ミリシーベルト程度、胃のバリウム検査でも2ミリシーベルト程度、頭部のCT（コンピュータ断層診断）では1ミリシーベルト程度ですが、胸部のCTでは7ミリシーベルト程度の放射線を浴びます。[74][75]

これらには、国際放射線防護委員会の定めた年間許容ばく露量[76]の1ミリシーベルトより大きなものもありますが、病気による被害に比べれば、検査で受ける放射線の被害が小さいので許容されています。

11

たばこの煙はごみ焼却施設の排ガスより有害である

たばこの煙中の有害成分

化合物	説明
アンモニア	悪臭物質の一つ、し尿臭の一つ
ホルムアルデヒド	樹脂の原料の一つ、シックハウス原因物質の一つ
ベンゼン	溶剤の一つ、各種合成品の原料、ガソリン成分の一つ
トルエン	溶剤の一つ、各種合成品の原料、シンナーの主成分、シックハウス原因物質の一つ
フェノール	樹脂や医薬品・染料の原料の一つ、消毒殺虫剤
シアン化水素	検疫用消毒殺虫剤や殺鼠剤の一つ
カドミウム	めっき材料や電池材料の一つ、イタイイタイ病の原因物質
一酸化炭素	自動車などの排ガス成分の一つ
ダイオキシン類	ごみ焼却場などの排ガスに含まれる物質の一つ
その他、60 種類の発がん性物質を含む 4 000 種類以上の化合物	

たばこの煙には、上表に示したように、多くの有害成分が含まれ、健康被害を与えます。[77]-[79]

この有害成分の一部を取り除くためのろ過フィルターや活性炭入りフィルターなどが付けられました。

また、味を変えないフィルターは難しいのでハッカ味などを付けたフィルターも使われましたが、これらのフィルターでも除去できない有害成分があります。

また、最近たばこを吸うことが「格好良い」という認識から、「格好悪い」という認識に変わりつつあります。

さらに、アメリカでは裁判で、たばこが健康をむしばんで医療費を増やしているとして、たばこ会社が損害賠償をするべきであるという判決が出され、[80] 禁煙国が増え、たばこの値段も高くなってきています。[81]

これらのことから、日本でもたばこの規制が強化され、飲食店などでの禁煙や分煙が進んでいます。[82]-[85]

なお、２０１９年７月から学校、病院、児童福祉施設、行政機関の敷地内は禁煙となり、２０２０年４月からはすべての施設で屋内禁煙となりましたが、加熱式たばこの扱いなど、禁煙や分煙は十分とはいえません。

21 たばこを吸う人は放射線許容量の3400倍も肺がんになりやすい

たばこを毎日1～9本吸う人の肺がんリスクは、たばこを吸わない人の1.5倍[86]であり、年間の放射線許容ばく露量1ミリシーベルトの約1500倍の放射線を浴びた状態に相当するといわれています。

また喫煙は、肺がんリスクを高めるだけでなく、その他のがんや心臓病のリスクも高め、老化を進め、平均寿命も10年程度縮めるとされています[87]。

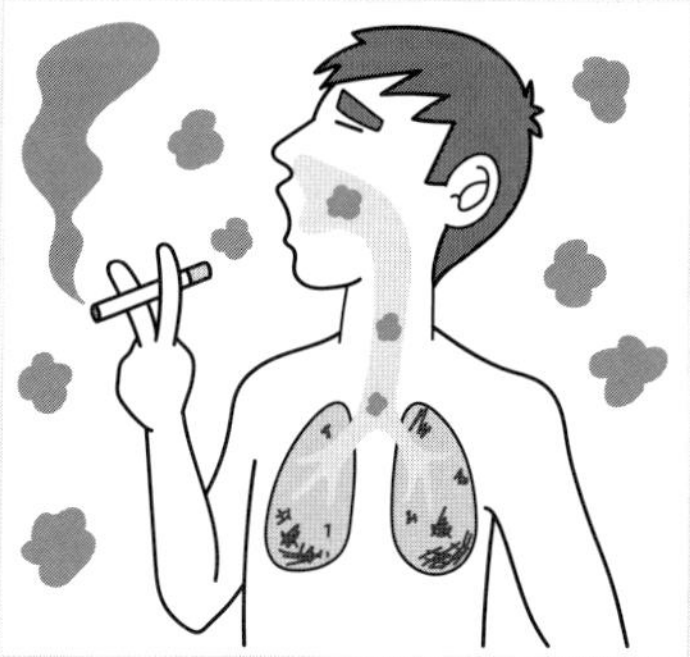

コラム

22 たばこを吸う男性が3割弱いる

男性の喫煙率は各年齢で下がり続けていますが、まだ3割弱が喫煙者です[88,89]。

一方、女性の喫煙率は9%程度になっていますが、50歳代女性の喫煙率はあまり減っていません[88,89]。

都市域では禁煙や分煙が進んでいますが、地方では客の減少を懸念して分煙や禁煙に踏み切れない飲食店などもあります。

また、家庭内で喫煙できない人が庭で喫煙して近所に迷惑をかけている例もあります。

なお、喫煙は麻薬中毒と同じ中毒の一種ですから、喫煙者も社会も、中毒としての対策を採る必要があります

12

人によって臭いを感じる力が1万倍〜100万倍以上も違う

法規制されている悪臭物質

	物質名
1	アンモニア
2	メチルメルカプタン
3	硫化硫黄
4	硫化メチル
5	二硫化メチル
6	トリメチルアミン
7	アセトアルデヒド
8	プロピオンアルデヒド
9	ノルマルブチルアルデヒド
10	イソブチルアルデヒド
11	ノルマルバレルアルデヒド
12	イソバレルアルデヒド
13	イノブタノール
14	酢酸エチル
15	メチルイソブチルケトン
16	トルエン
17	スチレン
18	キシレン
19	プロピオン酸
20	ノルマル酢酸
21	ノルマル吉草酸
22	イソ吉草酸

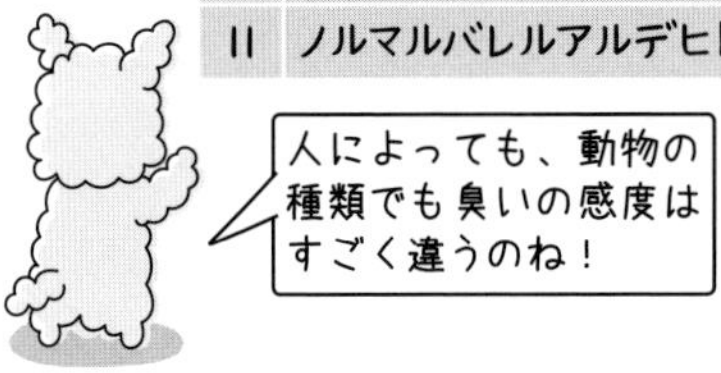

代表的な悪臭物質には、アンモニアやアミン類のような窒素化合物、硫化水素やメルカプタン類のような硫黄化合物のほかに、脂肪酸類や炭化水素類などがあり、上表に示す物質が法律で規制されています。[90]-[92]

しかし、臭いに対する感度は、人によって1万倍から100万倍以上も違い、また臭いは人によって感じ方が異なり、ある人はいやな臭いと感じる臭いが、別の人には良い臭いと感じることもあります。[93]

香水やアロマテラピー、あるいは香料入りの洗剤などで気分が良くなる人がいる一方で、気分が悪くなる人もいることに注意が必要です。

特に化学物質過敏症[94]の人は、臭いに敏感です。

一方、臭いの強さは、悪臭防止法に基づく臭気判定士[95]が、無臭室で臭気成分を含む空気と清浄な空気を交互にかいで判定され、臭気のある気体を無臭の空気で希釈し、臭いが感じられなくなる最大希釈倍数である臭気指数で[96][97]評価、規制されています。

なお、狩猟民族や猟犬は、動物の臭いに対する感度が極めて高いことがわかっています。

23 臭いの感じ方は臭い成分濃度に比例しない

臭いは、鼻の穴の最上部の臭上皮という粘膜に溶けて感知されます。

すなわち、臭気成分によって臭上皮にある臭細胞が電気信号を発生し、臭神経、臭球、脳へと伝達されて、感じますが、臭いの感じ方は、臭気成分の濃度に比例せず、濃度の対数にほぼ比例するといわれています。(97)

例えば、臭気成分の濃度を3％程度まで減らして、やっと臭いの感じ方は2分の1程度になるとされています。

また、同じ臭いをしばらくかいでいると、その臭いを感じにくくなる疲労性（順応性）(98)もあります。

なお、公害苦情で悪臭苦情が最も多くなっています。

コラム

24 悪臭を微生物が分解してくれる

悪臭物質のうち、硫化水素のような酸性物質はアルカリ液で、アンモニアなどのアルカリ性物質は酸性液で洗浄吸収して除去されることもありますが、(99)低濃度の場合には十分に除去されないこともあります。

また、吸収しにくい脂肪酸類や炭化水素類は活性炭で吸着除去したり、直接燃焼、蓄熱燃焼、触媒燃焼、オゾン酸化などで分解されることもあり、さらに、多成分が混合した下水臭や食品工場などの悪臭は、微生物に臭気成分を分解させる活性汚泥生物脱臭法、充填塔生物脱臭法、土壌脱臭法も使われています。(100)

悪臭対策技術の種類
薬液洗浄吸収法
活性炭吸着法
直接燃焼法
蓄熱燃焼法
触媒燃焼法
オゾン酸化法
活性汚泥生物脱臭法
充填塔生物脱臭法
土壌脱臭法
消臭剤法

13

「香害」に悩まされている人がいる

香水メーカーだけでなく、洗剤メーカーが香料入りの洗剤や柔軟剤の宣伝をすることがあります。

例えば、花の香りが続くなどと宣伝をすることがあります。

しかし、すでに記したように、臭いに対する感度は人によって1万倍から100万倍以上も違い、また、ある人は良い臭いと感じても、別の人にはいやな臭いと感じることもあります。

特に、臭いに敏感な人の中には、香料入りの洗剤や柔軟剤を使った衣類が、近所で干されているだけでも気分が悪くなる人がいます。[101][102]

このような被害を「香害」といい、その防止の要望[103][104]が出され、多くの都道府県や市で香料自粛のポスターなどによる呼びかけが行われ、[105]-[111]特に、化学物質過敏症[94]などの臭いに敏感な人への配慮が求められています。

なお、欧米人には体臭が強い人が多く、入浴習慣も少ないので、香水を付ける人も多いのですが、日本人がその真似をする必要はありません。

25 芳香剤のコマーシャルに乗せられているかもしれない

家庭用の消臭剤、防臭剤、除菌剤、防かび剤、防虫剤などには、主成分として農薬と同じ成分が使われている場合があり、香料や界面活性剤なども含まれています。[102][112]

特に、人気のある女優さんを使ったコマーシャルで、香りがするのがよいかのような宣伝がされていますので、つられて買う人もいます。

なお、食品をはじめとする販売物については、原材料や製造者などのほかに、香料を含む添加物を表示することになっていますが、[113][114]素人の消費者には表示物質がどのようなもので、安全性がどうかなどはわかりません。

コラム

26 室内空気の基準は7項目しかない

厚生労働省によって、空気調和設備を設けている場合の建築物環境衛生管理基準値は左表のような7項目（機械換気設備を設けている場合には温度と相対湿度なし）について定められています。[115]

また、このほかにもアセトアルデヒド、パラジクロロベンゼン、トルエンなどの有機溶剤類、クロルピリホスなどの農薬類、フタル酸エステル類などの12物質と総揮発性有機化合物（略号TVOC）の指針値が定められています。[115]

なお、VOC濃度が高くなった家や学校をシックハウスやシックスクールといいます。[116]-[118]

これらに対して、住宅メーカーや関連団体が改善を行い、VOCの発生が少なくなるようになってきました。

室内空気の基準
浮遊粉じん量
一酸化炭素の含有率
二酸化炭素の含有率
温度
相対湿度
気流
ホルムアルデヒドの量

身近な水のホント?!

14 水には特別で不思議な性質がある

水には他にない特殊な性質があります。[119][120]

例えば、水は分子内の電子の偏りが大きく、いろいろなものを溶かし、溶かした無機塩類をプラスイオンとマイナスイオンに分離します。

また、水は結合体（水和物といいます）をつくります。

さらに、固体状の鉛や鉄の密度は液体状の鉛や鉄の密度より大きいですが、水は固体状の水の密度が液体状の水の密度より小さいのも特殊な性質です。

また、水は比熱が非常に大きいため、熱しにくく、冷めにくいのも特殊な性質です。

例えば、20℃での水の比熱は、エチルアルコールの約1・76倍、アセトンの約2・05倍、ベンゼンの約2・47倍、クロロホルムの約4・34倍です。このため水は、蓄熱剤としても利用されています。

さらに水の蒸発熱（凝縮熱）は2257ジュールで、エチルアルコールの約2・69倍、アセトンの約4・51倍と大きいのも特殊な性質です。

このため、水は蒸発させて冷やす冷媒や、凝縮させて温める熱媒としても利用されています。

27 空気にも大量の水が含まれている

空気には、大量の水が含まれ、一般にいう湿度（相対湿度）は、左図に示す各温度での飽和水蒸気量[121]に対する実際の水蒸気量の百分率です。

このため、空気を暖めると飽和蒸気量が多くなり、水分を補わなければ相対湿度が下がり、洗濯物が乾きやすくなったり、皮膚のうるおいが失われたりします。

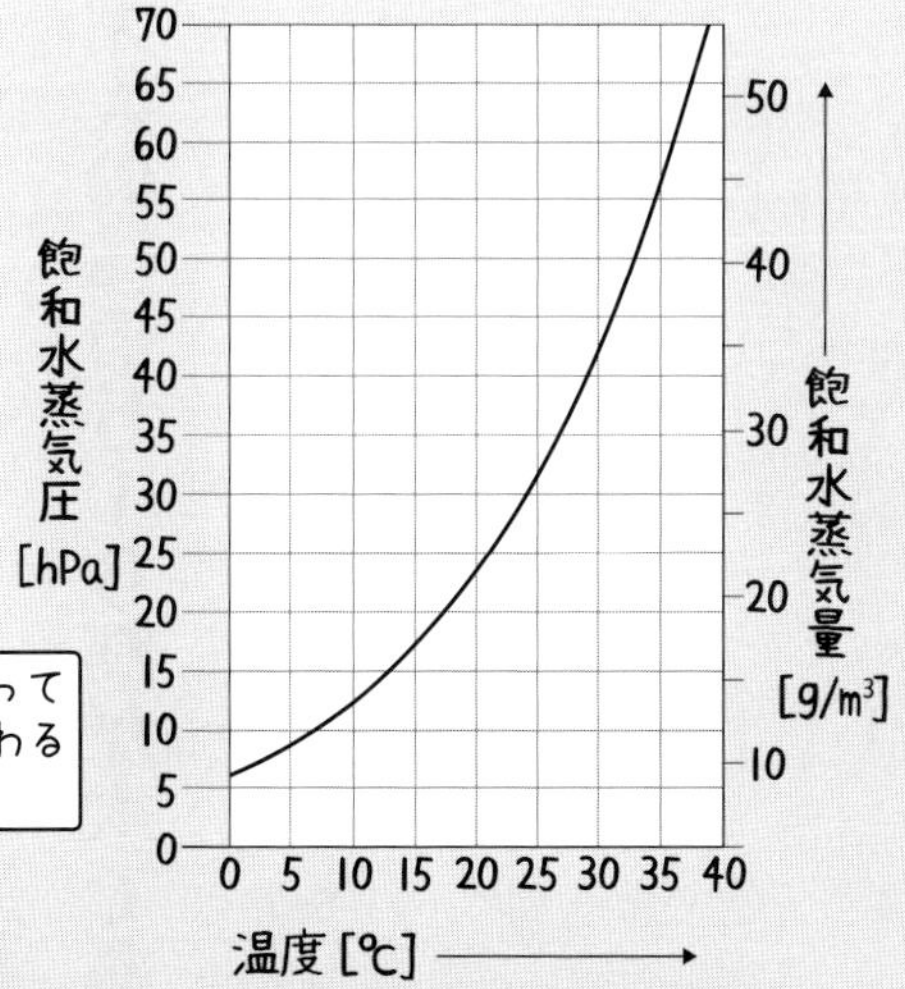

コラム

28 妊婦のお腹の中の羊水が海水に近い

約35億年前に、海の中で生まれた植物プランクトンが生命の起源といわれています。

その後、海の中で生まれた生物の一部が陸に上がり、進化を遂げてさまざまな植物と動物が生まれました。

また、現在の人類の祖先は約20万年前に生まれたとされています[122]-[124]。

現在の人類でも、妊婦が胎児を育てるお腹の羊水の組成が海水の組成に近い[124]のは、生命が海の中で生まれた証拠とされています。

すなわち、私たちもお母さんのお腹の中の海（羊水）で、受精卵から赤ちゃんとして生まれるまで育ったのです。

15

大人の体の5~6割が水である

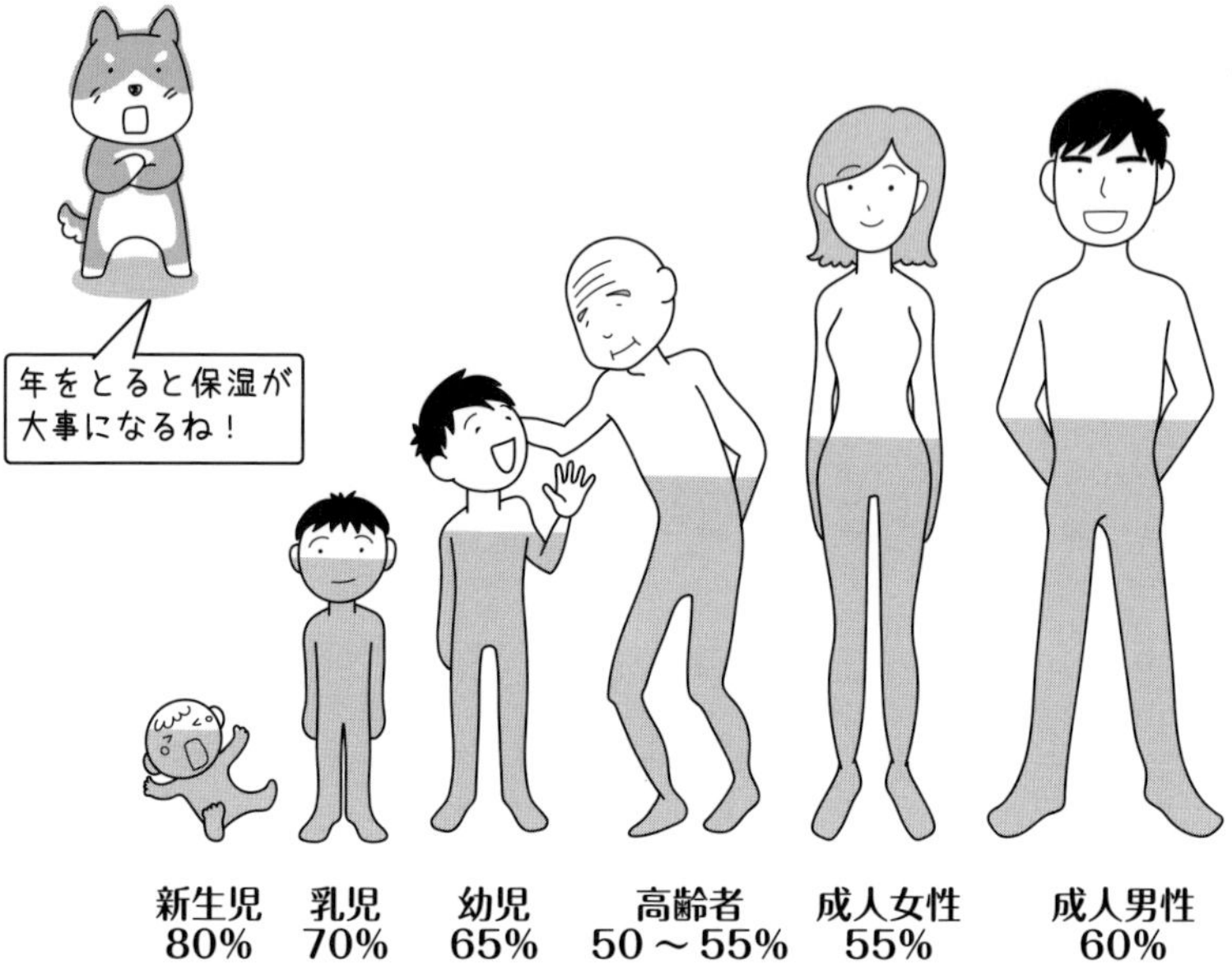

●年齢による体の水分割合

海から生まれたすべての生物の細胞の中には、多くの水分があります。

生まれて間もない赤ちゃんの体は80%が水分ですが、年齢を重ねるとだんだん水分が減り、成人男性の水分は平均約60%、成人女性の水分は平均約55%です[125]。

体の中の水分が通常値より減ると、体温調節ができなくなって脱水症状になり、場合によっては意識不明になったり、死に至ることもありますので、人は常に水分を補給しなければなりません。

最近は、暑い日に熱中症[125]になる人が増えています。

また、トイレに行きたくないから水分を取らないという若い女性などが、体温を調節できなくなったり、腎臓を悪くしてしまうことがあります[126]。

さらに、エアコンのきいた部屋にこもった子供が汗による体温調節ができずに、少し暑いところに出ると体温が上がって倒れる例も増えています[127]。

なお、血液の約50%が水であり[128]、この水分が栄養を運び、いらないものを尿として出しています。

29 大人は1日に500ミリリットルのペットボトル5本分の水を出し入れしている

大人は1日平均1.2リットルの水を飲み、食事で1.0リットル、食べ物が代謝されて生じる代謝水と合わせて2.5リットルの水を採り、便や尿で1.5リットル、息で0.4リットル、汗で0.6リットル、合わせて2.5リットル[129][130]を出しています。すなわち、1日に500ミリリットルのペットボトル5本分、1年間に風呂桶4.5杯分以上の水を出し入れしています。

コラム

30 体の中の水分が1日に6回も入れ替わっている

腎臓は、水分は通しますが塩分などはあまり通さない「半透膜」で血をろ過し、過剰な塩分などは尿や汗として排せつし、浄化した水を体内に戻します。この腎臓での浄化は1日に約6回も行われます。

なお、腎臓機能の衰えた人[131]は、機械で塩分などを除く人工透析を毎日、あるいは隔日に行う必要があり、本人はもとより、健康保険制度の大きな負担になっています。

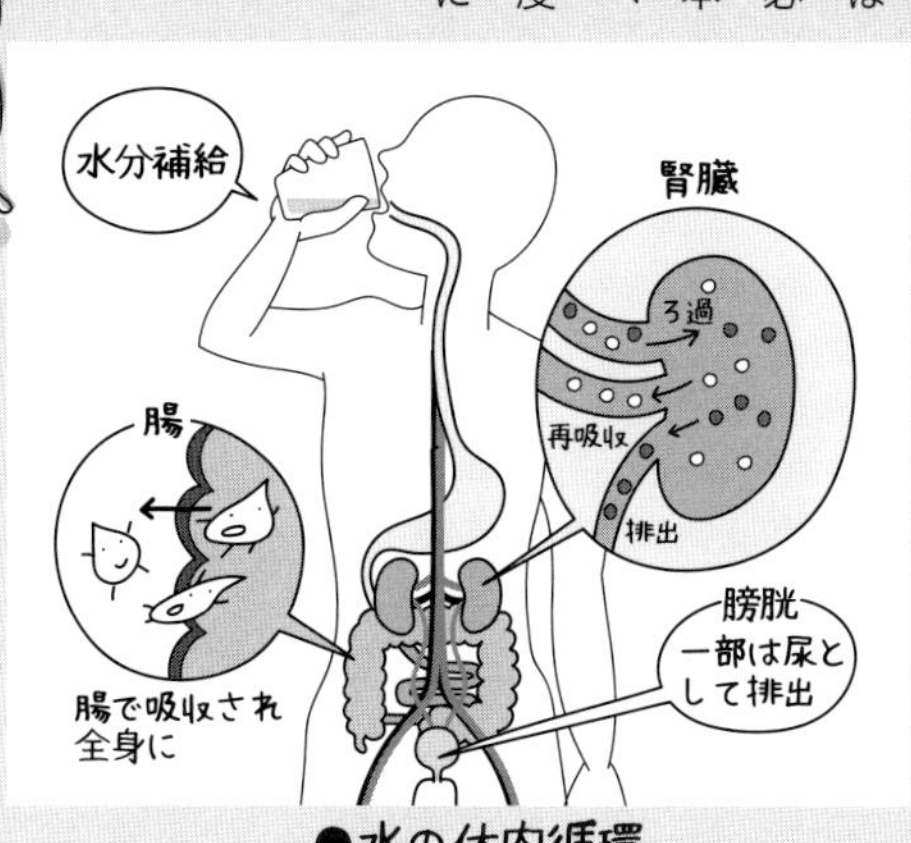

●水の体内循環

16

日本は水に恵まれた国ではない

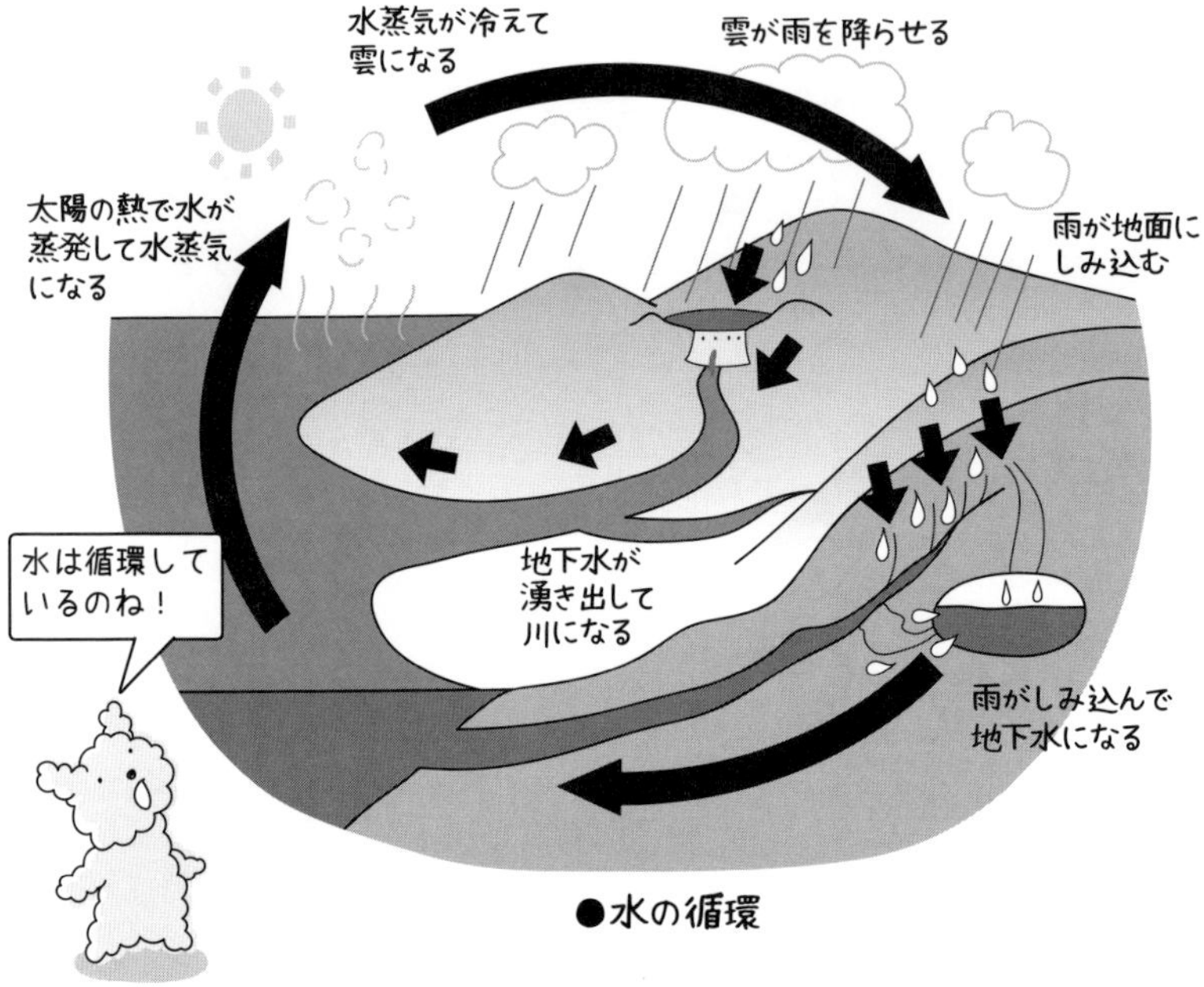

●水の循環

日本の雨や雪の量は比較的多い[132]のですが、1人当たりでは世界平均の約2分の1しかありません。

この日本に降った雨や雪の量約6400億立方メートルのうち、約2300億立方メートル（約35・9％）は蒸発し、約797億立方メートル（約12・5％）が取水され、残りの大部分は河川[133]などから海に流れ出ます。

取水された797億立方メートルのうち、約717億立方メートル（約90％）が河川水と湖沼水で、そのうちで2016年に使われた水は、農業用水が約538億立方メートル（約67・5％）、工業用補給水が約96億立方メートル（約12・0％）、生活用水が約129億立方メートル（約16・2％）[134][135]です。

なお、川は水が見えるところ以外に、周辺でも流れています。この周辺を流れる水を伏流水[136]といい、砂でろ過されているので見える河川水よりきれいなため、多くの工場では伏流水を使っている場合もあります。

また、約89・1億立方メートルある地下水も河川水よりきれいであるため、工場だけでなく、生活用水、都市用水、農業用水などに利用されています[134]-[137]。

31 使いやすい水は地球にある水の1万分の1しかない

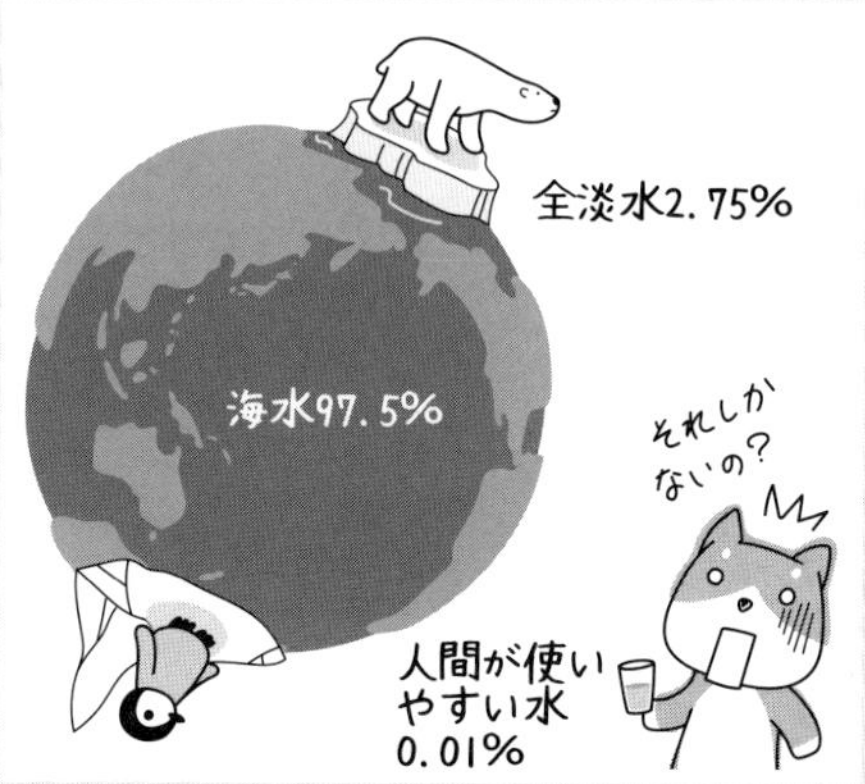

地球の水の大部分は海にあり、大気中や岩石などにももちろんありますが、実際に使いやすい川や湖の水は、地球の水の約0・01%しかありません。[138]

水の総量は地球誕生からほとんど変わっていませんが、約40億年前に、地殻中の水蒸気が噴出し、海となりました。[139]また、太陽が水を蒸発させたり、海流を起こして水を動かし、動植物はこの水を求めて移動しました。

コラム

32 日本は使いやすい水の約19・7%しか使えていない

日本の年平均降水量から蒸発量を差し引いた、４１００億立方メートルが理論的に使える水ですが、このうち、約19・4%の約８００億立方メートルしか使えていません。

これは下図のように、日本の河川が急勾配で、[140]-[142]水が海に流れ出やすいことにもよります。

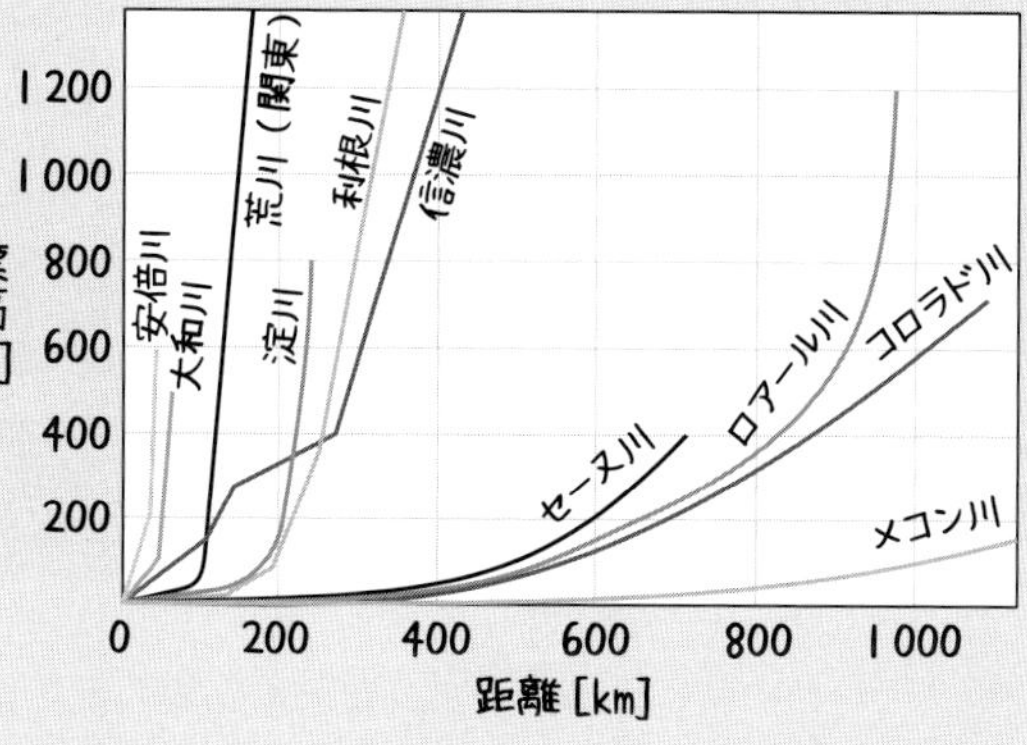

17 年間降水量は都道府県によって2.7倍も差がある

順　位	都道府県	年間降水量〔mm〕
1位	高知県	2 548
2位	宮崎県	2 509
3位	石川県	2 399
4位	静岡県	2 325
5位	富山県	2 300
6位	鹿児島県	2 266
7位	福井県	2 238
41位	福島県	1 166
42位	山形県	1 163
43位	山梨県	1 135
44位	北海道	1 107
45位	岡山県	1 106
46位	香川県	1 082
47位	長野県	933

１９８１年から２０１０年までの30年間の都道府県別平均降水量[143]は、上表のように、高知県が２５４８ミリメートル、宮崎県が２５０９ミリメートルあり、石川県や静岡県、富山県、鹿児島県、福井県などが２２００ミリメートル以上あるのに対して、長野県は９３３ミリメートルで高知県の約2.7分の1であり、香川県、岡山県、北海道、山梨県、山形県、福島県なども１２００ミリメートル以下しかありません。

一方、水の年間需要量（有効水量[144]）は、東京都の約15億２５００万立方メートル、大阪府の約10億９３００万立方メートル、神奈川県の約10億３１００万立方メートルなどが多く、また、鳥取県、島根県、高知県、佐賀県などでは少なく、各都道府県の降水量とはかなり異なります。

このため、降水量が多く、需要量の少ない地域などのダムで水を貯めて需要量の多い都道府県に送っていますし、河川に堰《せき》をつくって水を利用しやすくしているところも多くあります。

33 飲む水は水使用量の1%しかない

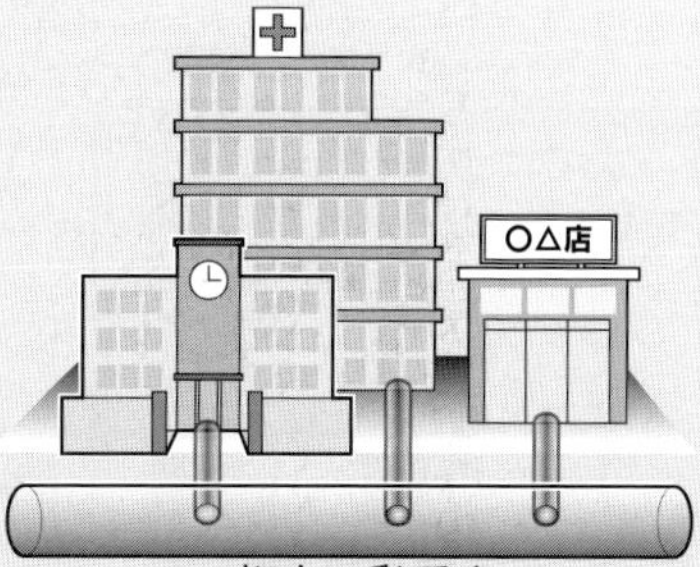

病院、学校、商店などの家庭以外の用水を「都市活動用水」といい、「家庭用水」と合わせて「生活用水」といいます。

この生活用水量は1人1日当たりで平均約284リットルですが、東京都の家庭では1人1日当たり219リットル使っているとされています。(145)このうち、飲料水は1%以下ですが、日本の水道水は、すべて飲める水質になっています。(146)(147)

水道水が安定供給され、そのまま飲める国は特殊で、ペットボトルやポリ容器の水を買って飲む必要はありません。

外国製のペットボトル水の中には硬度が高いものがあり、(148)胃腸の弱い人が下痢をすることがあります。

コラム

34 使用機器や使用方法で水使用量を大幅に減らせる

5人分の食器の手洗いでは1日約110リットルの水が必要ですが、食洗機では約10リットルですみ、年間約36・7立方メートルの節水ができるとされています。

また、シャワーを流し放しにせずに、こまめに止めることで、年間約4.4立方メートルの節水ができるとされています。

さらに、毎日洗濯をするのではなく、洗濯機の容量に合わせてまとめて洗濯し、洗濯回数を減らすことで、年間約16・8立方メートルの節水ができるとされています。(149)

18 水道水をつくる浄水場が民営化されるかもしれない

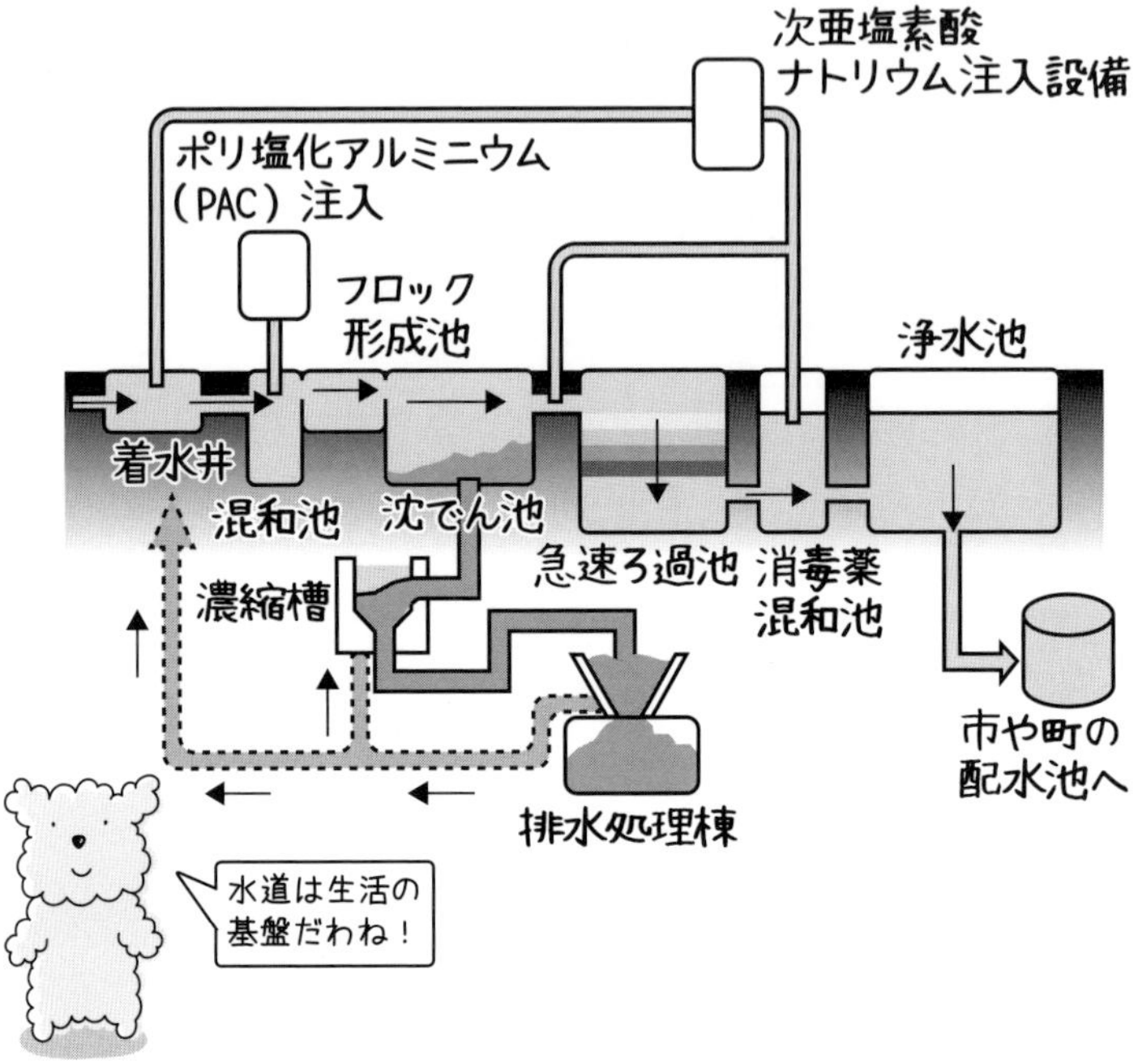

日本の水道の人口普及率は約98％になっていますが、水道経営は難しくなっています。[150]

水道水をつくる浄水場は、地方自治体や共同企業体などで運営されてきましたが、民営化を可能にする改正水道法が2018年末に成立しました。[151][152] とはいえ、今後とも安全と安定供給や料金維持が求められています。

一方、水道水のつくり方としては、上図のように、早い速度（急速）でろ過後に消毒する方法がイギリス技師によって導入されましたが、このほかに、遅い速度（緩速）でろ過して消毒する方法、スクリーンなどで大きな懸濁物を除いてから膜でろ過して消毒する方法、消毒だけする方法も使われています。[153]

なお最近は、テロ攻撃に対応するため、浄水場のフェンスや警備が厳重になっています。[154]

また、浄水場の地震や渇水に対する対応も充実してきていますが、事故による水源の汚染などへの対応はかなり大変です。

さらに、トリハロメタンなどの塩素処理副成生物の管理[155]やその原因物質の削減が検討されています。[156]

35 水道水をつくる浄水場が5600以上もある

水道水をつくる浄水場は、左表に示すように約5600以上もあります。その中で、原水がきれいで、塩素消毒だけして配る浄水場が3107か所もあります。[157]

●都道府県別の浄化場数（2014年）

北海道	179	石川県	61	岡山県	81
青森県	97	福井県	60	広島県	66
岩手県	139	山梨県	106	山口県	61
宮城県	88	長野県	443	徳島県	38
秋田県	116	岐阜県	121	香川県	79
山形県	72	静岡県	323	愛媛県	122
福島県	146	愛知県	144	高知県	65
茨城県	121	三重県	150	福岡県	140
栃木県	181	滋賀県	62	佐賀県	64
群馬県	180	京都府	61	長崎県	136
埼玉県	192	大阪府	52	熊本県	158
千葉県	151	兵庫県	245	大分県	81
東京都	99	奈良県	43	宮崎県	66
神奈川県	113	和歌山県	69	鹿児島県	299
新潟県	106	鳥取県	82	沖縄県	27
富山県	79	島根県	55	全国合計	5619

コラム

36 衛生的な水を飲めない人が世界人口の約4割もいる

飲める水が全国に配られている国は日本以外には、15か国のみで[158]、水道設備があっても雑用水が配られているだけで飲めず、断水することが多い水道もあります。

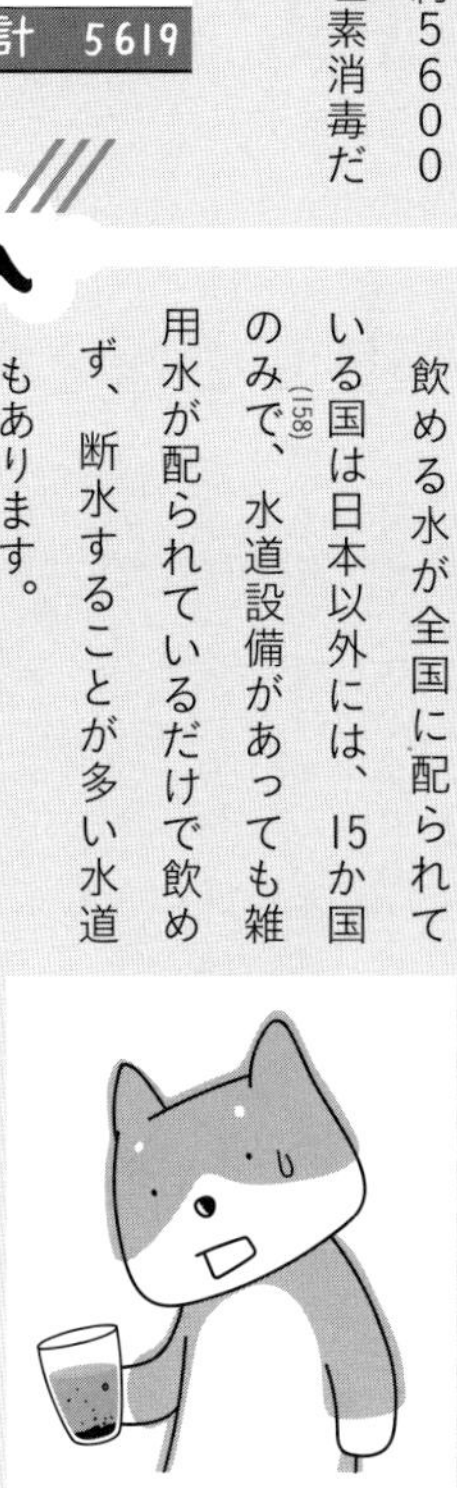

なお、世界で8億人が飲み水不足であり[159]、約4割の22億人が衛生的な水が得られず、河川水や湖沼水、雨水などを浄化・殺菌せずに飲んでいます。また、容器に入った飲料水を売っている国もあります。

さらに、42億人が衛生的なトイレが使えず[160]、伝染病の原因になっています。

近年、塩分濃度が高い海水などの塩分を膜利用装置や蒸留装置で減らす方法[161]も使われています。

19

蛇口に付ける浄水器では発がん性のトリハロメタン類はとれない

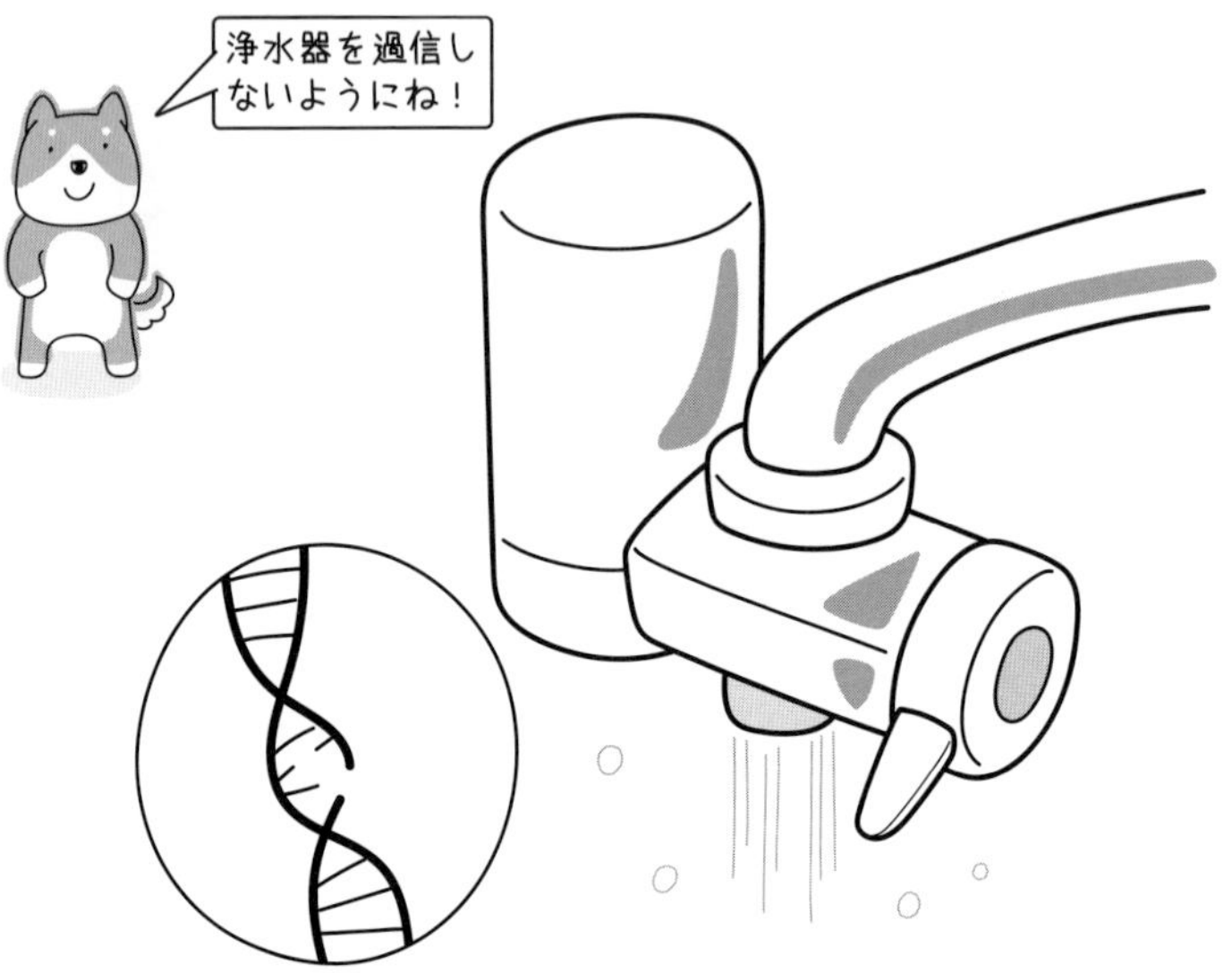

水道水の塩素消毒は、飲料水の細菌による汚染を防ぐ一方で、加えた塩素や水中にある臭素が一般的な汚れと反応し、発がん性のクロロホルムやブロモホルムなどのトリハロメタン類ができます。[162]

また水道水の塩素消毒によって、トリハロメタン類だけでなく、いろいろな有機ハロゲン化合物（全有機ハロゲン、略号ＴＯＸ）[163]、および遺伝子のＤＮＡを傷付ける変異原性物質もできます。[164]-[168]

このため、浄水器を付けている人も多くなっていますが、通常の蛇口に付ける浄水器ではトリハロメタン類や変異原性物質は初期だけしかとれません。

なお、活性炭を多量に使った浄水器ではトリハロメタン類が長期間とれますが、マイナスイオンができるというような意味がない宣伝で浄水器が高い値段で売られていることもありますので注意が必要です。

なお、団地や大きなビルでは貯水槽に水を貯めてから配ることもあり、貯水槽の管理[169]が大切です。

特に、休日後の朝は、ビルなどでは配管などに貯まった水が出てくるので捨てることが望ましいといわれています。

37 水道水の塩素添加量が大幅に減った

アンモニアは、重量で約8倍もの塩素と反応し、カルキ臭の元になるクロラミン類を生成します。[170]

下水道の普及率が低かった頃は、人や家畜のふん尿由来のアンモニアが飲料水源に流入したため、確実に殺菌できるように塩素が大量に加えられていました。[171][172]

しかし、下水道や合併浄化槽が普及し、ふん尿由来のアンモニアの水道水源への流入が減ったため、水道水への塩素添加量が大幅に減り、[173] その結果、クロラミン類の生成やカルキ臭も大幅に減って、飲料用にボトルウォーターを買う必要はなくなりました。

コラム

38 水道水がオゾン殺菌されている国も多い

日本では、水道水は殺菌（消毒）することが義務付けられています。

水の殺菌方法には、塩素、次亜塩素酸塩、二酸化塩素、オゾン、紫外線などによる方法がありますが、日本では残留性が高い塩素か次亜塩素酸塩で消毒されます。

世界では水道水を飲まないところも多く、飲むところでもオゾンで殺菌するのが普通で、[174] トリハロメタン類などが生成しません。

20

捨てられた下水が水道水になっている

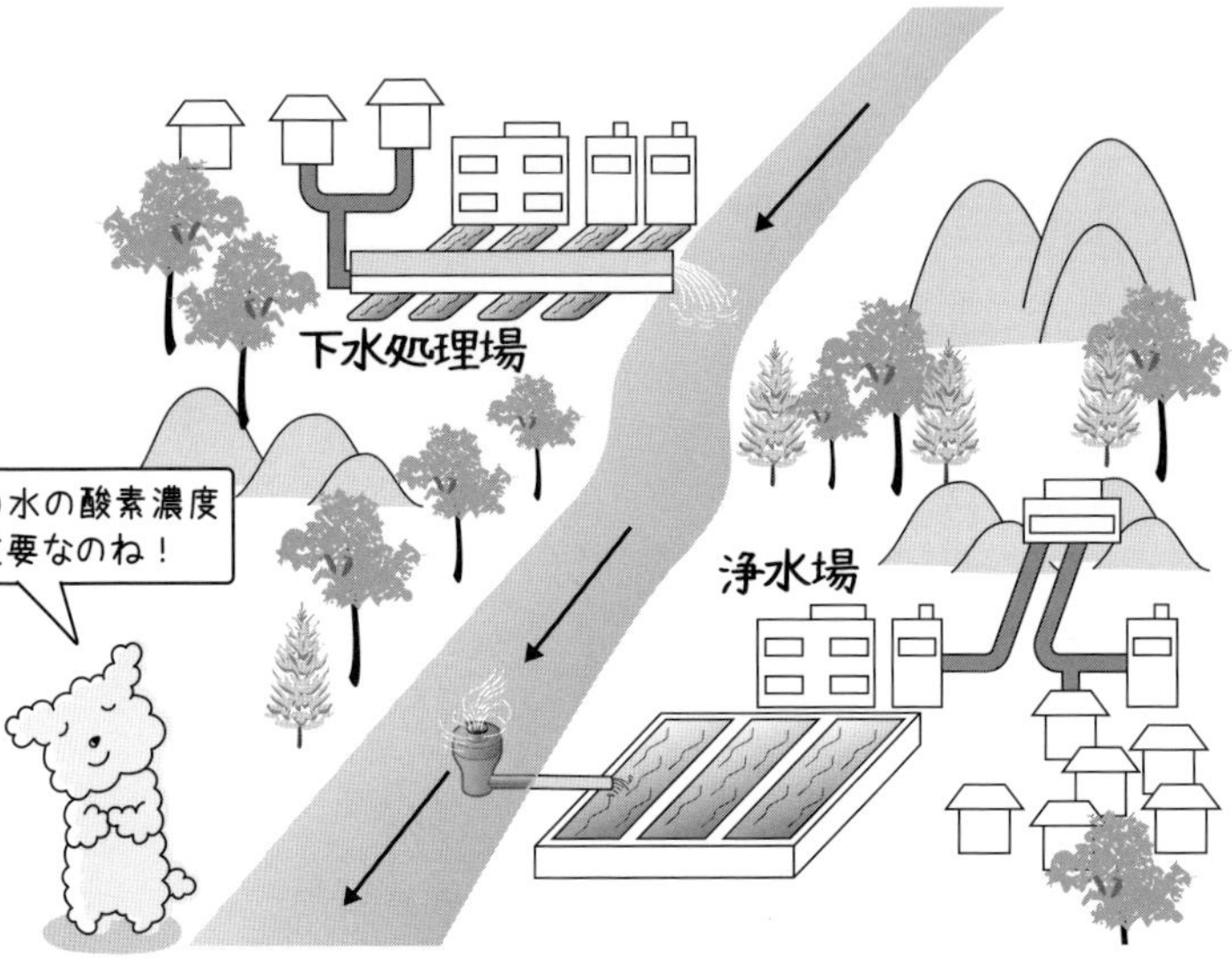

下水処理場や浄化槽の処理水あるいは下水道が普及していない地域の生活排水は、河川などに放流されています。また、上図に示すように、下水処理場の放流先河川の下流で浄水場が取水していることがあります。[175]

例えば、利根川水系では群馬県、茨城県、埼玉県、千葉県、東京都などの下水処理水が水道水源に入っています。

ここで河川の汚れの程度は、水中の細菌が汚れを分解するときに消費する1リットル当たりの酸素量（生物化学的酸素消費量、略号ＢＯＤ[176]）で表されています。

水中の酸素濃度（ＤＯ[177]）は温度によりますが、1リットル当たり10ミリグラム（０・００１％）程度ですから、空気の酸素濃度21％に比べると2万分の1程度です。

水中の魚は、このわずかな酸素をエラから取り込んで生きていますから、ＢＯＤが高く、細菌が酸素を多く消費してしまうと、魚は生きていられなくなります。

例えば、家庭の炊事、洗濯、風呂などから出される「雑排水[178]」の平均ＢＯＤは、1リットル当たり１４５ミリグラム程度ですから、この雑排水を処理せずに河川などに流すと、魚がとても生きにくくなります。

39 森林が全ダムの9倍以上の水を貯められる

森林は保水力が高く、洪水や山崩れを防いでいます。[179][180]

全国の2600のダムでは、最大約204億立方メートルの水を貯められますが、[181]森林は全ダムの9倍以上の水を貯められます。

この森林の保水量は、1年間の生活用水量である約129億立方メートル、工業用水の淡水補給量である約96億立方メートルの合計約225億立方メートルの約8.4倍にもなります。

また森林の雪溶け水が、夏場の河川水と地下水の水量を保ち、[182]小水力発電にも役立っています。[183][184]

コラム

40 川が利用目的で6ランクに分けられている

河川の類型と利用目的

類型	利用目的の適応性
AA	水道1級、自然環境保全およびA以下の欄に掲げるもの
A	水道2級、水産1級、水浴、およびB以下の欄に掲げるもの
B	水道3級、水産2級、およびC以下の欄に掲げるもの
C	水産3級、工業用水1級、およびD以下の欄に掲げるもの
D	工業用水2級、農業用水、およびEの欄に掲げるもの
E	工業用水3級、および環境保全

河川は利用目的によって、上表のような6ランク、水生生物の生息状況によって4ランクに分けられて基準値が定められています。また、湖沼は利用目的で4ランク（全窒素と全リンは5ランク）、水生生物の生息状況で4ランク、底層の溶存酸素で3ランクに分けられ、海域は利用目的で3ランク（全窒素と全リンは4ランク）、水生生物の生息状況で2ランク、底層の溶存酸素で3ランクに分けられてそれぞれ基準値が定められています。[185]

21

ペットボトルの水は中の水よりボトルのほうが高価である

ペットボトルの水にはサイズがいろいろあり、サイズが小さくなれば、水量当たりの値段は高くなります。大きな2リットルのペットボトル入りで、82円から168円程度で市販されています[186]から、1リットルの水当たりにすると41円から84円程度になります。しかし、ペットボトル入りの水の値段の大部分はボトルの値段と輸送費や広告費などです。

一方、水道水の料金は1立方メートル、すなわち1000リットル当たりで、最も高い埼玉県寄居町では7695円、最も安い兵庫県赤穂市では961円であり[187]、地域によって7倍以上の差がありますが、水1リットル当たりの値段は約7.7円から1.0円で、ボトルウォーターの数分の1から数十分の1です。

最近は、水道水源がきれいになり、やや汚れた水でも浄水場で活性炭吸着などの高度処理が行われ、かび臭もなくなり、消毒用の塩素添加量も激減しました[173]。

ペットボトルは、水道水源が汚れていた頃のイメージが忘れられない人が、中の水よりも高いボトルを買っているといえます。

41 空ペットボトルは高級なプラスチックである

プラスチックには、塩化ビニル、酢酸ビニル、ポリエチレン、ポリエチレンテレフタレート（PET）、ポリウレタン、ポリスチレン、フッ素樹脂、エポキシ樹脂などの多くの種類がありますが、PETは加工性や高い透明性がある高級なプラスチックです。また、PETは約3分の1が酸素で占められているため、石油依存度が低く、炭素より重く、水に沈むのも特徴です。(188)

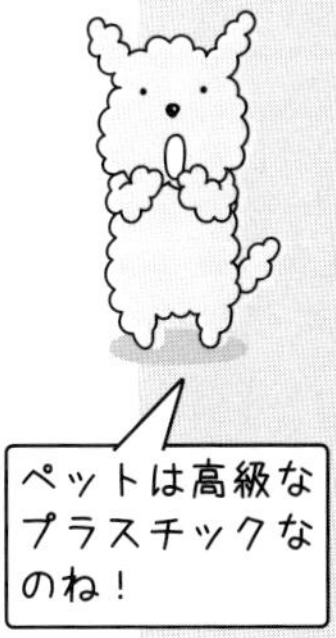

コラム

42 水道局が水の缶詰を売っている

例えば、名古屋市水道局では、災害時などに使えるアルミスクリューボトル缶入りの水を販売しています。(189)

これは、水道水を細かいフィルターでろ過後に、110℃で加熱殺菌して製造し、10年間は保存しても品質に変化がなく飲めることが確認されているとされています。

また、北は小樽市から、南は沖縄県までの150以上の地方自治体や水道企業団などが、地下水などの水道原水、あるいは高度処理をした水道水を缶やペットボトルに入れて売っています。(190)

販売している場合、価格は、500ミリリットルで100円程度です。

© 名古屋市

22 飲める水を風呂やトイレなどに使っているのは特殊な国である

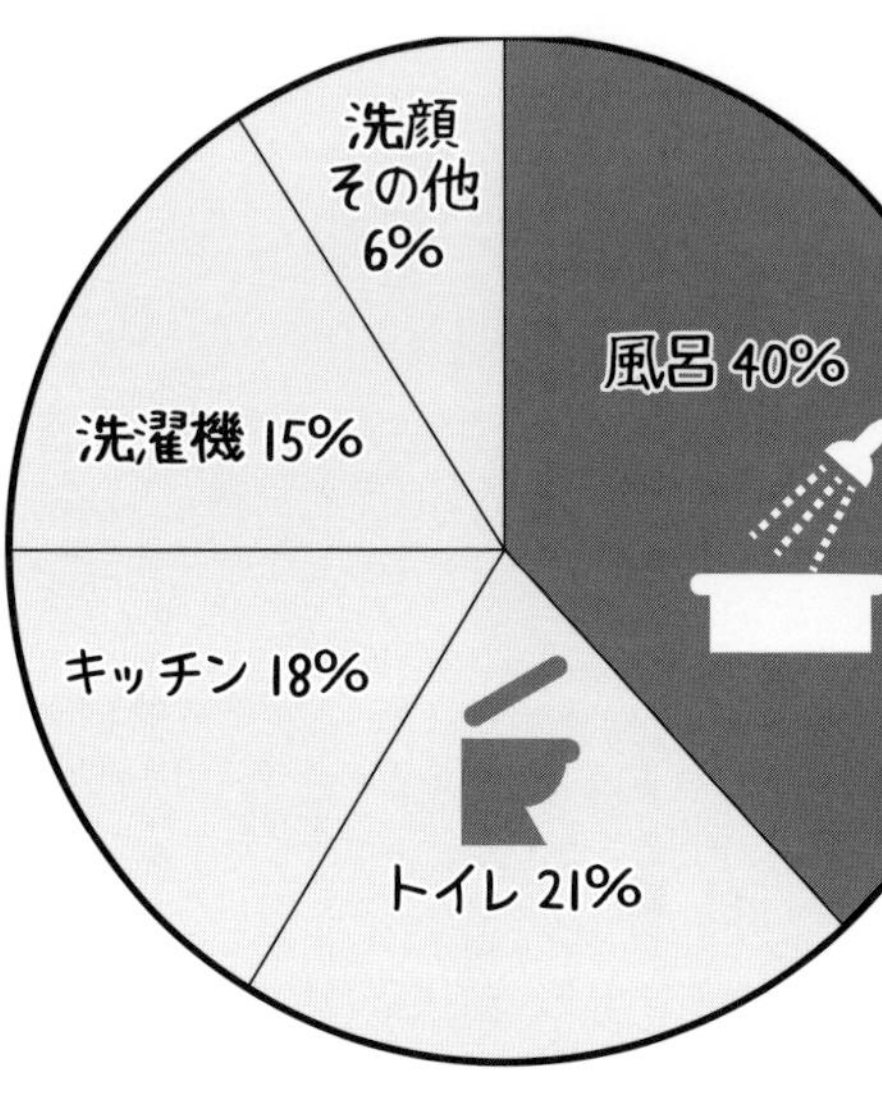

●家庭での水使用の用途別使用割合の例

東京都の２０１５年度調査によると、家庭での水使用の割合は上図のとおりとされています。[191]

また、神奈川県寒川浄水場の２０１４年度の調査によると、家庭での平均的な水使用量は２４０リットルで、１回の風呂が１８０リットル、１回の洗濯が１０５リットル、５分間の水まきが60リットル、１回の靴洗いが30リットル、１回の食器洗いが20リットル、１回の水洗トイレが６リットル、20分間の洗車が２４０リットルなどとされています。[192]

このように、飲める水質の水を風呂やトイレ、洗濯などに使っている国は特殊な国なのです。

飲めるようにするには、健康に有害な成分を水から除くとともに、色や臭いもなくす必要がありますが、トイレに流す水などには、このようなことは必要ありません。

特に災害時などには、飲み水の確保は不可欠ですが、風呂やトイレ、キッチンのうちの飲み食いしない水、および洗濯、その他に使う水は飲める水質である必要はありません。特に、災害時などに配られる水は必ずしも、飲める水質である必要はありません。

43 食べ物をつくるのには大量の水がいる

農産物（畜産物を含む）を１キログラム生産するのに必要な水の量（トン）は左表のとおりとされています。

例えば、米の生産には重量で３６００倍の水、小麦の生産には２０００倍の水が必要になります。[193]

また、ハンバーガーを１個食べると、牛肉が約45グラム使われているので、約９２０リットルの水を消費し、さらにパンやトマトケチャップなどをつくるのに必要な水を加えると、１０００リットル以上の水を消費したことになるとされています。[194][195]

●農産物1kgの生産に必要な水の量（トン）

農作物名	必要水量
米	3.6
大麦	2.6
小麦	2.0
トウモロコシ	1.9
大豆	2.5
牛肉	20.6
豚肉	5.9
鶏肉	4.5
鶏卵	3.2

コラム

44 日本は世界で一番多くの水を外国から買っている

ミネラルウォーターの輸入量は、１９８６年頃から急増し、２０１１年に約59万キロリットルでピークとなり、２０１９年の輸入量は、約36・１万キロリットルになっています。[196]

一方、２０１９年の国産ミネラルウォーターの量は、３６３・９万キロリットルになっています。[196]

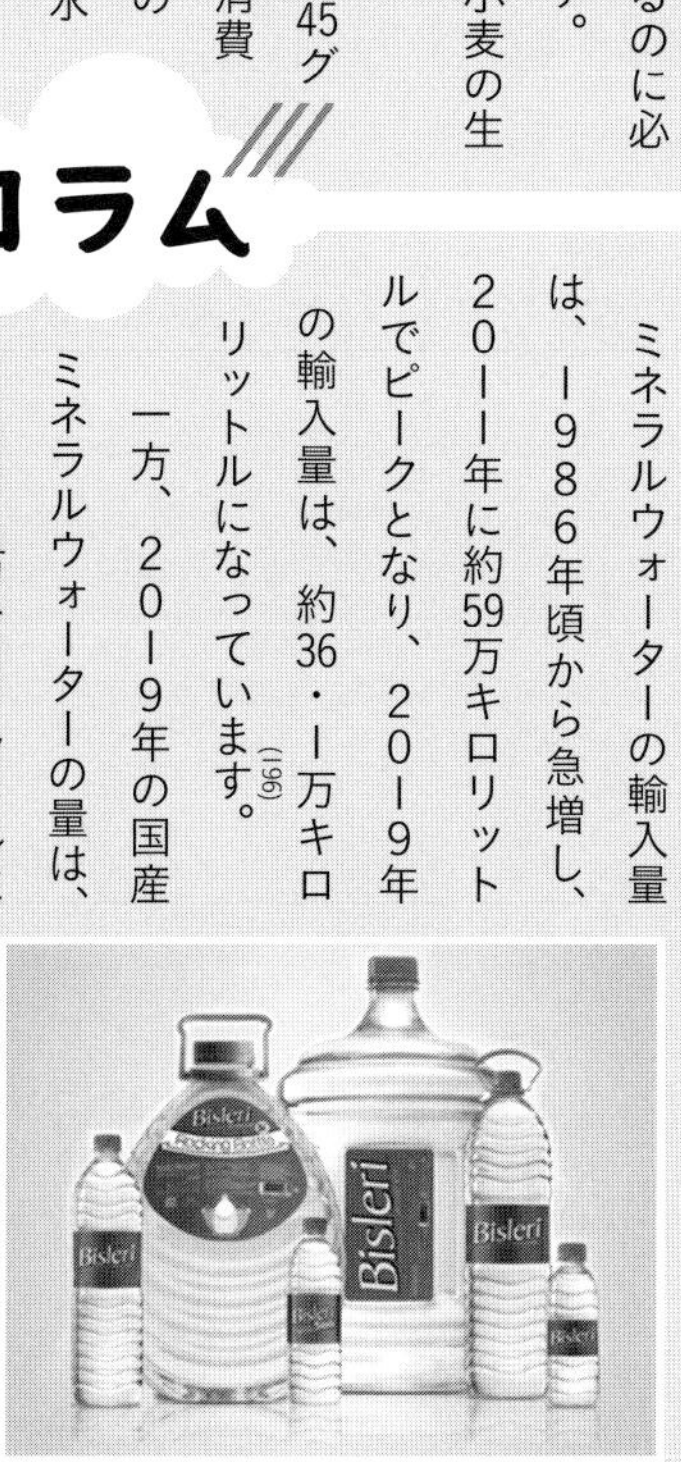

また、さまざまな清涼飲料の消費量も増えています。[197]

一方、日本はカロリーベースで多くの食料を輸入していますが、この食料生産に必要な水を「バーチャルウォーター（仮想水）」[198]といい、日本は灌漑用水の年間約５７０億立方メートルよりも多い、年間約６４０億立方メートルのバーチャルウォーターを輸入し、１人当たりの輸入量は世界一となっています。

23

紙を1キログラムつくるのに水が約1000キログラムもいる

淡水使用量の多い業種

業種（産業分類）	淡水使用量〔万m³/日〕
パルプ・紙・紙加工品製造業	687
化学工業	570
鉄鋼業	342
食料品製造業	237
繊維工業	135
プラスチック製品製造業	82
電子部品・デバイス・電子回路製造業	79
石油製品・石炭製品製造業	78
輸送用機械器具製造業	69

２０１５年時点の業種別淡水使用量[199]は、上表のように、パルプ・紙・紙加工品製造業が最も多く、次いで化学工業、鉄鋼業、食料品製造業、繊維工業、プラスチック製品製造業、電子部品・デバイス・電子回路製造業、石油製品・石炭製品製造業、自動車などの輸送用機械器具製造業、以下、飲料・たばこ・飼料製造業、窯業・土石製品製造業、非鉄金属製造業などの順となっています。

例えば、パルプ・紙・紙加工品製造業では、上質紙１トンをつくるのに約１５０トン（立方メートル）の水、塗工紙１トンをつくるのに約１００トンの水、新聞用紙１トンをつくるのに約50トンの水が必要とされています[200]。

すなわち、紙１キログラム当たり、それぞれ１５０、１００、50キログラム、平均約１００キログラム（１００リットル）の水が必要であり、紙を捨てると約１００倍の水を捨てることになります。

また、鉄を１トンつくるのには、約30〜60トンの水が必要とされています[201]。

ただし、使用済みの鉄スクラップの一部は、水使用量の少ない電炉工業で再生利用されます。

45 水田はダム100個分の水を貯められる

水田は減ってきましたが、それでも約239・7万ヘクタール（約239億平方メートル）あります。[202]

この水田は時期によって、深水管理、浅水管理、間断潅漑、中干しなどを行うのが一般的です。

仮に、平均深さ30センチメートルの水を水田に張ると、約72億立方メートルの水が貯められ、貯水量7200万立方メートルの大きなダム約100個分にも相当します。[203]

また、水田は生物多様性を支え、1日に平均15ミリメートル程度の水を浸み込ませて地下水をつくっています。[204][205]

コラム

46 農業用水路が地球10周分もある

農業生産には、工業用水の約4.9倍、生活用水の約3.6倍、1年間に549億立方メートルの水が必要とされています。

農地にある太い農業用（排）水路の総延長だけでも地球1周分の長さがあり、細い農業用水路を加えた総延長は約40万キロメートル、地球10周分あるとされています。[206]

なお、農業用のため池も約21万か所あり、[207]~[209]このような水田、農業用水路、農業用ため池などが、日本の生物多様性を支えています。

しかし、農業従事者の高齢化や減少があり、農地や農業用水の維持と有効利用の促進が求められています。[210]

24

飲み水には77項目の制限がある

●体の塩分量

体の塩分量は上図のとおりですが、[211] 塩分濃度は大人も子供も約0・85％で、この塩分濃度より高い水を飲むと、浸透圧の関係で細胞内の水が出てしまいます。

例えば、塩分濃度が約3.5％の海水は飲めません。

このため日本では、飲み水の蒸発残留物（塩分）を1リットル当たり500ミリグラム以下としています。

なお、実際の水道水中の平均塩分濃度は1リットル当たり200ミリグラム程度です。[212]

また水道水には、蒸発残留物（塩分）を含めて、一般細菌数、大腸菌群数、有害金属類、亜硝酸態窒素、硝酸態窒素、シアン、フッ素、ホウ素、ベンゼン、有機塩素系溶剤、塩素消毒副生物などの51項目の基準値と、アンチモン、ウラン、ニッケル、トルエン、農薬類を含む26項目の管理目標値が定められています。[152]

なお、日本の成人男子は平均11グラム、成人女性は平均9.3グラムの塩分を飲食から摂取していますが、[213] 厚生労働省は摂取基準として男性は8グラム未満、女性は7グラム未満とし、[214] 世界保健機関（WHO）は5グラム以下が良いとしています。[215]

47 海水から真水をつくる世界の装置の約半分が日本製である

アフガニスタン、エチオピア、チャド、カンボジア、ラオス、モーリタニア等々では、安全な飲料水が入手できる人口が40％未満で、先進工業国以外の多くの国では10％未満です。[216][217]

このため、塩分濃度の高い地下水や海水を飲める水にする装置（淡水化装置といいます）が150か国、約1万6000か所で使われ、そのうち3分の2が中東で使われています。

淡水化方法は、上図のような逆浸透（略号RO）膜装置が増え、約半数が日本メーカーの装置ですが、[218]中国や韓国との競争が激化しています。[219][220]

コラム

48 海の水が上下混ざるのに約1000年もかかる

地球表面の約7割は海で、海の流れには、暖流と寒流があります。

日本周辺では黒潮と対馬海流が暖流で、リマン海流と親潮が寒流です。[221][222]

また、深さ200メートル以下の海水を深層水といい、独特の性質を持っています。[223][224]

この深海の水は、[225]ゆっくりと流れ、約2000年掛けて地球を回り、1年に約0・1％が浅いところに出て、約1000年で上下が混ざるとされています。[226]

25

下水や工場排水中の汚濁物質を細菌が食べてくれる

下水を処理する浄化槽、および農村集落排水処理施設や公共下水の終末処理場、あるいは工場排水処理施設では、細菌などの微生物が汚濁物質を食べ、酸化分解して浄化してくれています[227]-[229]。

すなわち、下水や工場排水の処理は細菌などを利用した最大の「バイオテクノロジー」ということができます。これらの処理場での浄化率は、通常はＢＯＤ[176]という、微生物で分解できる成分の除去率で評価し、90％程度以上になっているとされています。

しかし、通常の処理では、有機炭素の全量（ＴＯＣと記す）や窒素、リンの除去率は、ＢＯＤの除去率より低く、放流先への負荷が大きくなります。

このため、下水の高度処理[230]として、凝集沈殿やろ過、および脱窒素や脱リンなどの処理が行われていることがあります。

なお、工場排水の高度処理[230]としては、これらの処理のほかに、活性炭吸着やイオン交換、電気透析、逆浸透などによる処理が行われ、処理水が再利用されている場合もあります。

49 公共下水道・下水処理施設をつくる費用が1家族当たり約300万円もかかった

公共下水道をつくるには、家庭などからの下水と雨水を別に、道路の太い汚水管きょと雨水管きょを経て終末処理場で浄化されるようにします[231]。

これらをつくるのには一家族当たりで約300万円もかかったので、公共下水道料金はかなり高くなっています[232][233]。

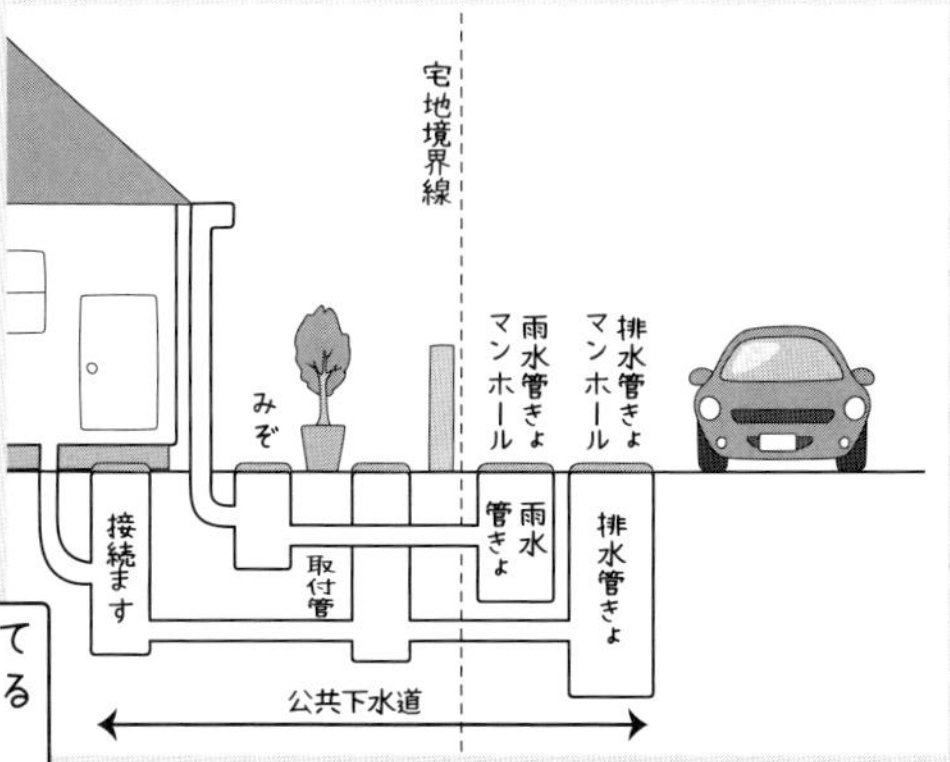

なお汚水は、国土交通省管轄の公共下水道のほかに、農林水産省管轄の農村集落排水処理設備、厚生労働省管轄の浄化槽など[234]での処理も行われています[235]。

コラム

50 下水や工場排水でミジンコが死ぬ

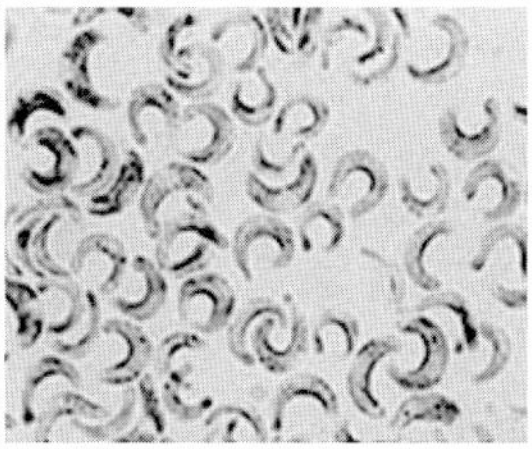

●ムレミカズキモ

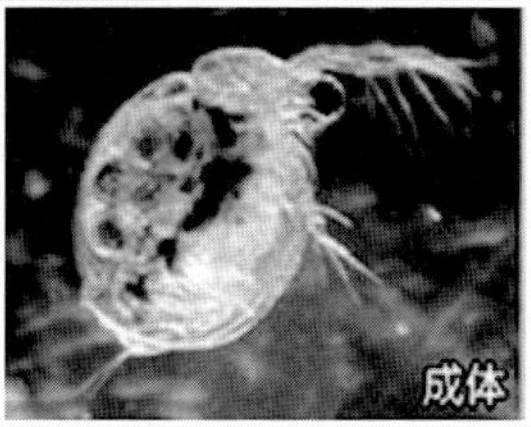

●オオミジンコ

下水や工場排水にはさまざまな毒性物質も含まれており、十分に処理されずに河川などに放流されることがあります。

このため、下水や工場排水の毒物を評価する方法として、藻（ムレミカズキモなど）、ミジンコ（オオミジンコなど）、および魚（ヒメダカやその受精卵など）を使う毒性試験（バイオアッセイ）法[236]があり、アメリカや韓国で公式に利用され、著者も多くの下水や工場排水にこの方法を適用し、下水や排水の管理に利用することを推奨しましたが[237]-[243]、日本では未だに採用されていません。

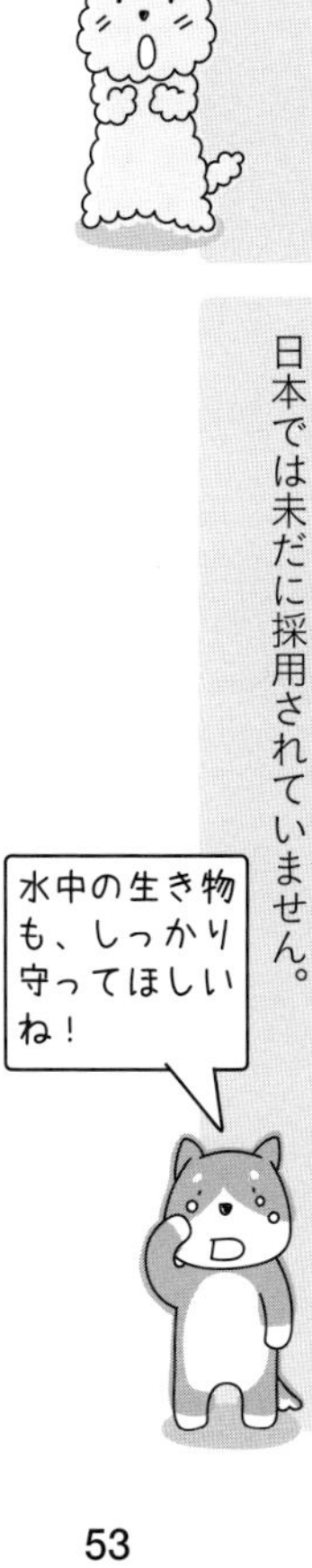

Ⅲ

身近な土と森のホント?!

26

土は岩石と火山灰や生物からできている

●土の分類例

成因材料による分類	
無機質土	風化・浸食を受けて物理的・化学的変化で生成された土壌
有機質土	生物の遺骸が生物的・化学的変化を受けて生成された土壌
堆積形態による分類	
定積土	岩石や生物が定位置で移動しないで生成された土壌
運積土	水（沖積土）や風（風積土）によって運ばれた土壌

土は水分を含むことができるため、洪水を防ぎ、空気の湿度を適度に保ち、農作物などの植物を育てています。

この土は、岩石が細かくなった鉱物粒子や火山から降った灰などの無機質成分と、そこに生えた細菌やかび、虫、草、木などの生物とそれらの死骸（有機質成分）によって構成されています[244]。

無機質成分は、主に酸化ケイ素と酸化アルミニウムから構成され、これにカリウム、ナトリウム、カルシウム、マグネシウム、鉄などが結合したものですが、これらに、マンガン、リン、硫黄、チタンが結合したものがあり、これらを含めて土壌の主成分元素といいます[244]。

一方、有機質成分は、主に炭素、水素、酸素、窒素から構成されていますが、これに硫黄やリン、およびフッ素、塩素、臭素、ヨウ素（ハロゲン元素といいます）などが結合したものもあります[244]。

これらの土の無機質成分と有機質成分が相互に影響し合って、土壌の吸着能、イオン交換能などのさまざまな機能を示し[245]、地球上のすべての生物を育て、支えているのです。

51 ビル建設に使われる砂利や砂も岩石からできる

住宅の基礎やビルをつくるのにはコンクリートが欠かせませんが、このコンクリートはセメントに砂利と砂と水を混ぜたものです。

砂利や砂[246]は、主に大きな岩石が自然に砕けてできるものですが、岩石を人工的に砕いてつくることもあります。[247][248]

なお、砂は16分の1〜2ミリメートル[249][250]、砂利は砂と2〜5センチメートル程度の石が混ざったもの[251]とされています。

コラム

52 砂利や砂が毎年約1億4000万トンも採られている

2016年度の砂利と砂の採取量は、約3284万立方メートルと約3909万立方メートル、合計7193万立方メートルでした。[252]

砂利や砂の1立方メートルを約1.9トンとすると、[253] 合計約1億4000万トンになり、積載量9.5トンの大型ダンプカーで約1470万台分、1日に約4万台分以上になります。

なお、有害物質で汚染されている場合には、土砂の利用が難しく、捨てる場所も制約されます。

27

関東の土は富士山などの噴火によってできた

富士山は活火山で、多くの地点から噴煙を上げ、近くには温泉があります。

また富士山は、ここ10万年で急速に大きくなったとされており、「若い火山」に分類されています。[254]

現在見えている富士山の外観は、約1万年前から噴火活動を開始した新富士火山であり、その下に約70万年前から活動していた小御岳火山と、約10万年前から約1万年前に活動していた古富士火山があります。[254]

富士山は前回の噴火が西暦１７０７年で、もう３００年以上も噴火していませんが、それ以前は１００年に一度は噴火した活発な活火山の一つで、大規模噴火の場合には、周辺にかなり大きな被害を及ぼしました。

また、富士山の麓に広がる青木ヶ原[255]は、富士山の噴火時の溶岩流でできたものですし、溶岩流が河川を分断して富士五湖[256]を生んだことがわかっています。

なお、日本にはローム層が広く分布し、[257]関東南部の土は富士山と箱根山の噴火の火山灰、関東北部の土は浅間山や榛名山、赤城山、男体山などの噴火の火山灰に由来するローム層で覆われています。[258][259]

53 関西の土は堆積土、九州の土は噴火によってできた

関西の平野は、西大阪と東大阪に二分され、西大阪には、沖積層の下に、洪積砂礫層、Ｍａ12層、第二洪積砂礫層が分布しています。

また、東大阪の平野には沖積層が分布し、生駒山麓には扇状地性堆積物の砂層と粘性土層が重なって分布しています。[260]

また九州には、鬼界カルデラの噴火によるアカホヤと呼ばれる土、火山灰からできた二次堆積物のシラスと呼ばれる土、ボラと呼ばれる桜島から噴出した軽石層、および最近の噴火の火山灰からできた新規火山灰の土が分布しています。[261]

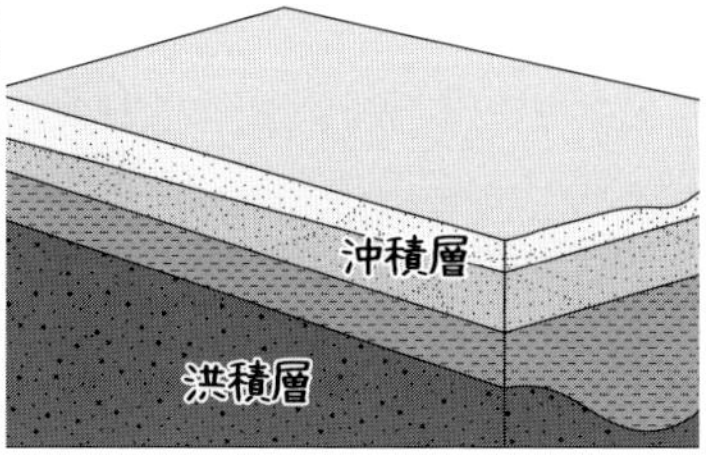

コラム

54 山道の壁面に貝殻が入っていることがある

長い年月の間に、陸地が部分的に沈んで海になったり、海が隆起して陸地になったりしています。

現在、造山運動が盛んなところはアルプス・ヒマラヤ造山帯と環太平洋造山帯です。

約３億９０００万年前に出現したラチス海が、インド大陸とユーラシア大陸との衝突で形成されたヒマラヤ山脈の形成[262]に伴って消滅したため、ラチス海の堆積物がヒマラヤの化石として見つかります。

日本列島にも、海の堆積物が押し上げられて山になった場所[263][264]があるので、山の斜面でサンゴや貝殻など、海の生物の化石が見つかることがあります。[265]

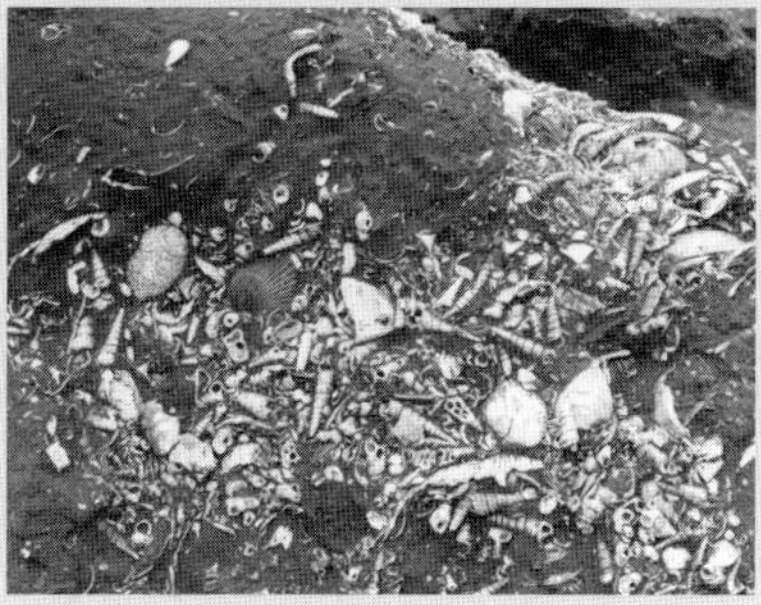

28

土の構造はあまり知られていない

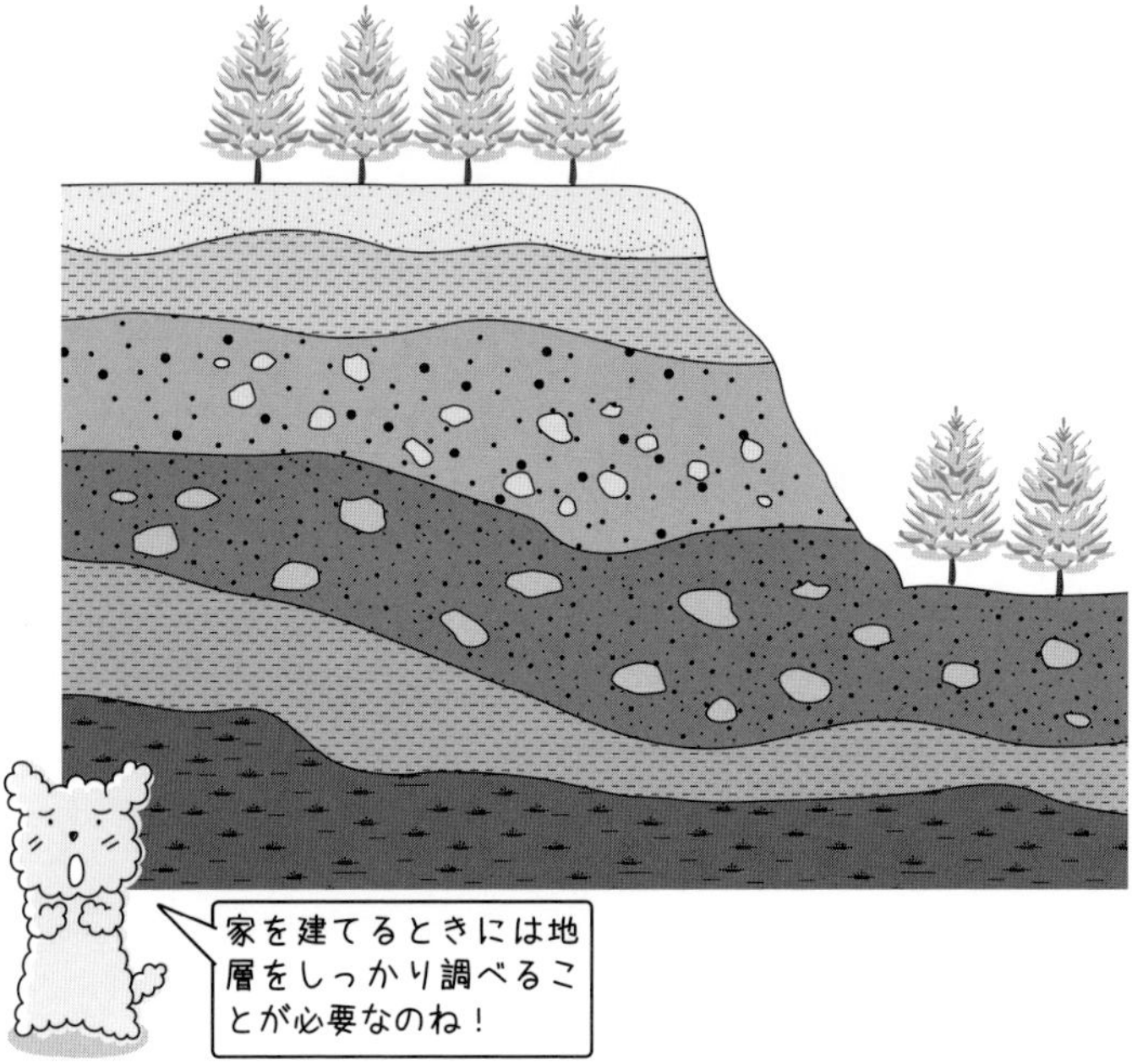

土の構造はあまり知られていません。

土は何層かの地層[266][267]で構成され、この構成によって、水はけや地震の際の耐久性が異なります。

家を建てたり、買ったりする際には、家が建っている土地の地層がどのようになっているのか、地震や大雨に強いか否かなどを調べ、強くなければ地盤改良をしたり、水抜き施設を設置するなどの対策が必要です。

特に都会では、山の斜面、あるいは山を削った下に住宅がある例がたくさんあります。

このような場所では、地震や大雨で土が崩れて家が転落、または崩壊する可能性が高くなり、実際に被害が出た例がいくつもあります。

これから増えるとされている大雨や地震に備えるためには、地層についての情報を得ることが大切です。

なお地層は、その土地の古くからの歴史を示していますので、地層から学べることもたくさんあります。[267]

住んでいるところの土に関心をもち、土の成り立ちや構造を知ることが、知識を増やすだけでなく、安心して暮らすために必要です。

55 土も健康診断がされている

土が作物の生育に適しているか、有害物質で汚染されていないか(268)などの健康診断がされることがあります。

例えば、畑やハウスの土が目的作物の生育に適しているか否かの診断(269)-(271)が行われることがあります。

特に自然農法(272)(273)では、土が健全で作物の生育に適した状態か否かが頻繁に診断され、管理が行われています。

さらに、土地の売買をするときに、買う人が、購入する土地が有害物質で汚染されていることがない証がほしいと要求する場合もあります(274)-(276)。

コラム

56 野生動物が土を食べる

ネズミ、ゾウ、オウムやウシの仲間のイランド(277)、イヌ(278)などは土を食べます。カリウム、ナトリウム、カルシウム、マグネシウム、鉄などのミネラル分の補給、および毒物の吸着、胃腸障害の改善などのためとされています(278)。

なお、マレーシア、ベトナム、インド、フランス、アメリカ先住民、アフリカ諸国、ハイチ、日本などで土を食べる文化があります(279)-(282)。

例えば、アイヌ民族は百合の根やタデ、ウドを土と煮て食べていましたし、フランス料理には、土を煮込んでルッコラの根を添えた料理もあります(282)。

29 化粧品や胃腸薬に粘土が使われている

粘土の用途の例

カラープリンタ	ペンキ
ノーカーボン紙	おむつ
油脂の脱色	化粧品
ガソリンの脱水	シャンプー
灯油や軽油の脱水	歯磨き
調湿剤	胃腸薬
ボーリングの潤滑剤	吸着剤
陶器や磁器	イオン交換剤
れんが	触媒

地質学では粒径が3.9マイクロメートル未満、鉱物学では2マイクロメートル以下、土質力学では5マイクロメートル以下の土を粘土といい、多くの種類があります。[283]

また、粘土には、上表の用途を含む「千の用途がある」といわれています。[283]

例えば、熱したり焼いたりすると堅くなる性質を利用して陶器やれんがなど、力を加えると軟らかくなってしばらくすると固くなる性質を利用してペンキ、吸水性を利用してガソリンや灯油、軽油の脱水、おむつ、余分な皮脂や汗を取り去る性質や塗布すると極めて薄い膜をつくる性質あるいはイオン交換性等々を利用して化粧品、シャンプー、さらに、有機色素を吸着して発色する性質を利用してカラープリンタに使われ、また、バクテリアを包み込んだり、余分な水分を吸着して下痢を防ぐ性質を利用して胃腸薬にも加えられています。

なお、粘土鉱物を含まないでも「粘土」といわれているものとして、紙粘土、木粉粘土、石粉粘土、小麦粘土、米粉粘土、油粘土、樹脂粘土等々があります。[284]

57 原子炉事故で放出された放射性物質が合成粘土で濃縮されている

福島の原子力発電所の事故では、原子炉建屋やタービン建屋などの高濃度の放射性物質を含む滞留水は、合成されたゼオライトを入れた吸着塔などで濃縮・除去されています。[285]

なお、自然に放射能が半分に減る期間（半減期といいます）[286][287]が長い放射性物質の例としては、プルトニウム238、239、240、241、242があり、半減期は、それぞれ87・74年、2万4065年、6537年、14・4年、37万6000年などです。

コラム

58 合成粘土が空気の酸素と窒素を分けている

粘土鉱物のうちのゼオライト（沸石）は、天然鉱物と合成品があります。[288]-[292]

合成ゼオライトは分子を大きさで分ける「分子ふるい」のほかに、イオン交換剤、触媒、吸着材料などにも利用されています。

例えば、下図のように、空気の窒素と酸素とを分けるのにも利用されています。[291]

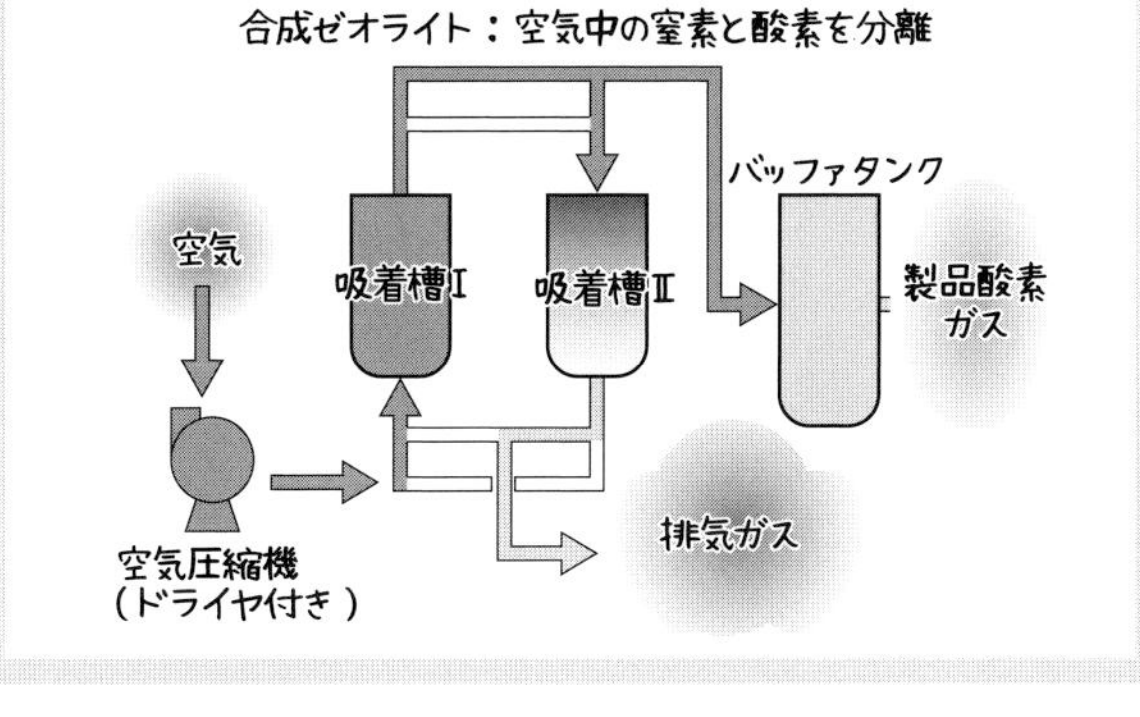

30 私たちは土の中のミミズに食べさせてもらっている

土の中にいるミミズは嫌がられますが、ミミズが落ち葉などを食べるときに、大量の微生物を飲み込み、その微生物を排せつするとともに、窒素、リン酸、カリウムなどの栄養が豊富な腐植土をつくります[293]。

この腐植土[294][295]は保水性、通気性に優れ、作物の成長を促します。

また、ミミズは土の中を掘って移動するので、土が掘り起こされ、耕された状態になり、さらにミミズの体を覆っている粘液に含まれる窒素が土に混ぜられ、より良い土になります[293]。

畑だけではなく、山や森林、庭などのあらゆるところで、ミミズは土を育み、生物を支えています。

例えば、庭に生ごみを埋めておくと、ミミズが生ごみを食べて繁殖し、庭の土を家庭菜園に適した豊かな土にしてくれます。嫌がらずに育てればおいしい野菜が採れます。

なお、仲間のイトミミズは、ドブなどに集団で繁殖していますが、養殖もされて魚釣りや観賞魚の餌として販売されています[296]。

59 粘土を使った土壁が湿度を調節できる

土壁[297]は、古くから使われている酒蔵や貯蔵庫でよく見られます。

その理由は、気温や湿度を調節してくれるからです。

日本の気候は、四季によって気温が大きく変化し、さらに雨が多く、多湿ですが、酒造りには湿度や気温の調整が必要になるため、調湿性に優れた土壁が酒蔵などに活用され、また、土壁の家は夏には涼しく、冬は優しい暖かさを持続しやすい特徴があります。[297]

さまざまな季節がある日本での快適な壁として人気が復活し[298]、土壁を売り込む業者も出てきています。[299]

コラム

60 森の土は燃える

土の無機成分は、岩や石が細かくなった鉱物です。[244]

一方、森林の土の中には、枯枝、枯葉、枯草などが多く含まれています。

これらは、いずれも木材と同じで、植物由来の炭素と水素と酸素からなる有機物質ですから、森林の土に火を点けると燃えることがあり、森林火災[300]にも影響します。

また、森林浴をすると、木が出すテルペン類のフィトンチッドによって、ストレスホルモンが減少し、交感神経が抑制され、副交感神経が活発化し、血圧や脈拍が低下して免疫力も上がるとされています。[301]-[303]

31

土に高濃度のダイオキシン類を含む灰が埋められている

ダイオキシン類を含む灰は、規制が強化される以前から埋められていました。

このため、埋立地（公式には最終処分場といいます）には大量のダイオキシン類が入っていますが、埋められた灰の中のダイオキシン類の量は明らかにされていません。

ダイオキシン類は、水に溶けにくいのですが、小さな土壌粒子とともに流出することがあるため、埋立地から出る浸出水は微小粒子の除去が必要です[304][305]。

また、一般廃棄物と産業廃棄物の焼却施設をはじめ、製鋼用電気炉、製鋼業焼結炉、亜鉛回収施設、アルミニウム第2次精錬・精製施設など、さまざまなところからのダイオキシン類出量の経年変化が示されています[306]。

さらに、自動車排出ガスやたばこの煙にもダイオキシン類が含まれていることが示されています[306]。

一方、金属精錬業からの灰などは、ダイオキシン類などの有害物質の濃度が測定された後、一部は再利用されていますが[307]、埋められているものも多くあります。

なお、土壌中のダイオキシン類を特定の菌[308]や堆肥[309]などで分解する方法も多数報告されています。

61 何を燃やしてもダイオキシン類ができる

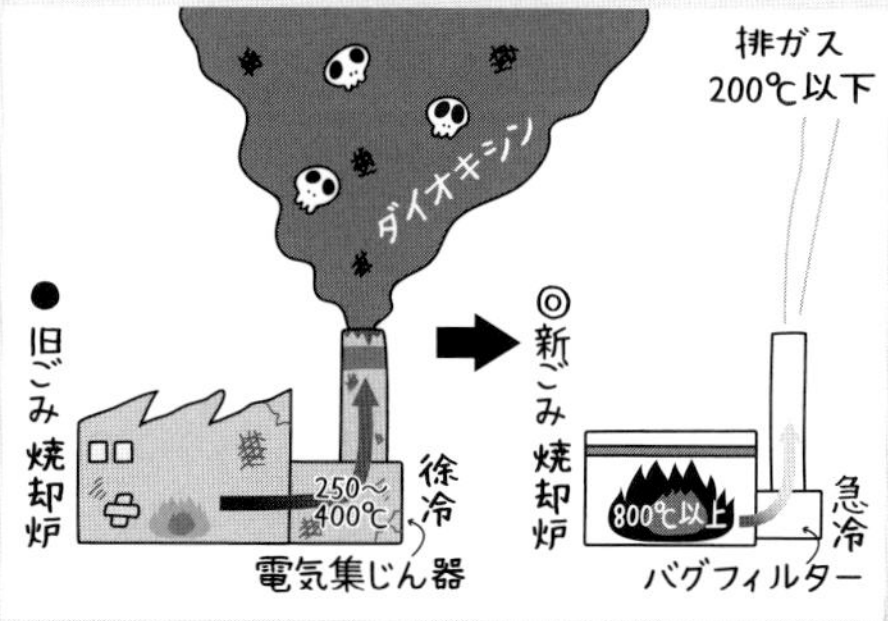

生ごみや新聞紙を燃やしても、完全燃焼しなかった有機物質と塩素が反応してダイオキシン類ができ、この反応は、排ガスが300～500℃で起こります。[310]

以前は、300℃付近で働く電気集じん器を使っていたため、ダイオキシン類の生成量が多かったのですが、排ガスを200℃以下に急冷してから、ろ布を使ったバグフィルターで除去するようになり、ダイオキシン類の生成量が大幅に減りました。[310]

なおダイオキシン類には、塩素の一部が臭素に代わったものが何万種類もあります。[311]

コラム

62 水田に大量のダイオキシン類が入れられた

水田にまく農薬の中には塩素系農薬が多数あり、この塩素系農薬の一部には、ダイオキシン類が含まれることがわかりました。[312]

例えば、農林水産省は、塩素系農薬の2・4-D、MCP、TPN、CNP、PCP、PCNBを調べ、CNP、PCP、PCNBにダイオキシン類が含まれていることを示しています。[312]

これらのダイオキシン類を含む農薬は水田などに散布されており、一部で流出挙動が調べられているものの[313]、全国の汚染実態や水生生物などへの影響は明確にされていないままです。

32 紙に土が入っている

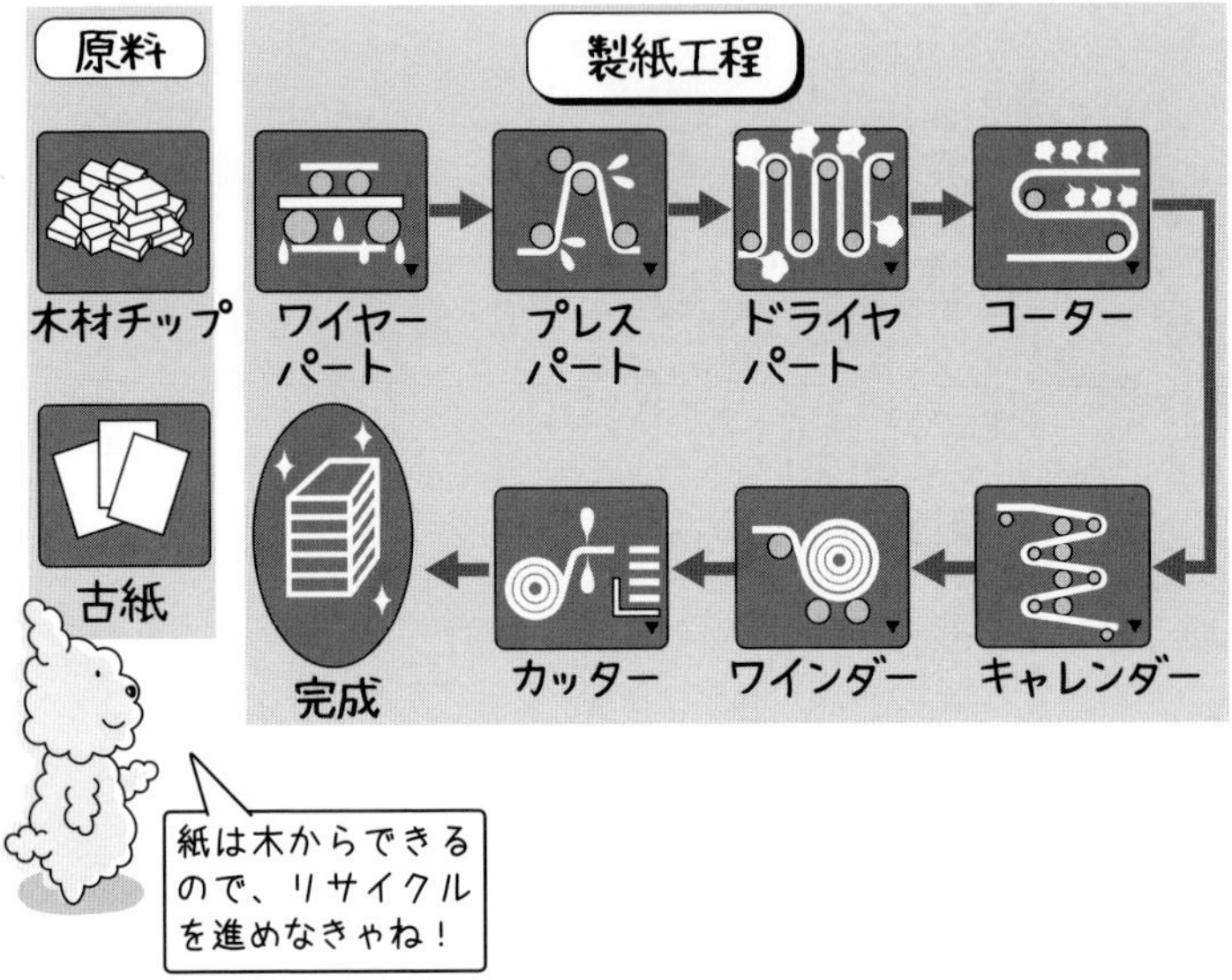

紙をつくる工程には、大きく分けて、パルプ化工程と製紙工程があります。[314][315]

パルプ化工程では、木を小さくした木材チップを蒸解釜という設備で反応させ、溶けたリグニンをスクリーンで繊維分と分離し、漂白した化学パルプをつくるか、あるいは回収した古紙をパルパーという装置でバラバラにして繊維分を浮上させ、スクリーンで分離して漂白した再生パルプをつくります。

これらのパルプを、上図のように、ワイヤパートとプレスパートという装置で薄くのばし、ドライヤパートで乾燥し、コーターという装置で表面加工をします。

さらに、キャレンダーという装置で熱と圧力をかけて光沢を出し、ワインダーという装置で巻き取った後に、カッターで必要なサイズに切って完成します。

このうちのコーターでは、カオリンなどの粘土や炭酸カルシウムなどの白色顔料とデンプンなどの接着剤を混合した塗料を塗布します。

なお、塗布された紙は、塗料の量によって、アート紙、コート紙、軽量コート紙などに分けられています。

63 陶器は土から、磁器は石からつくられる

陶器[316,317]は陶土という粘土で成形したものを、1100〜1300℃で焼いてつくるものであり、やや厚手で、熱しにくく、冷めにくい。また、釉薬を掛けて焼くため透水性はありません。

この陶器としては、美濃焼、瀬戸焼、唐津焼、益子焼、信楽焼、萩焼、萬古焼、備前焼などが有名です。

一方、磁器[316,317]は陶石を粉砕した石粉で成形したものを、1300℃程度で焼いてつくるものであり、熱伝導率が高く、熱しやすく、冷めやすく、硬く、透水性はありません。

この磁器としては、有田焼（伊万里焼）、九谷焼、砥部焼などが有名です。

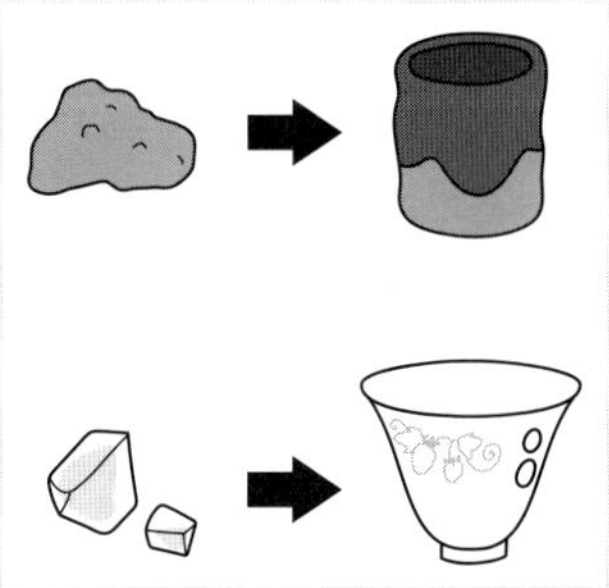

コラム

64 園芸用の土には求められる条件がある

園芸用に良い土には、植物に必要な水分と栄養分を保持する保水性・保肥性があること、根が呼吸しやすいように水が貯まらず通気性があること、必要な水は保持し、余分な水は排出する排水性が良いこと、酸性やアルカリ性に偏っていないこと、養分や水分を蓄え、緩衝作用があり、微生物を活発にする有機物が豊富なこと、作業が安全にでき、病原菌、病害虫、異物を含まず清潔であることなどが求められます[318]。

家庭菜園でも同じ条件の土が良いので、上手に土づくりをするか、売っている土を買ってきて使うことが必要です[319]。

33

土に抗生物質を出す「かび」がいる

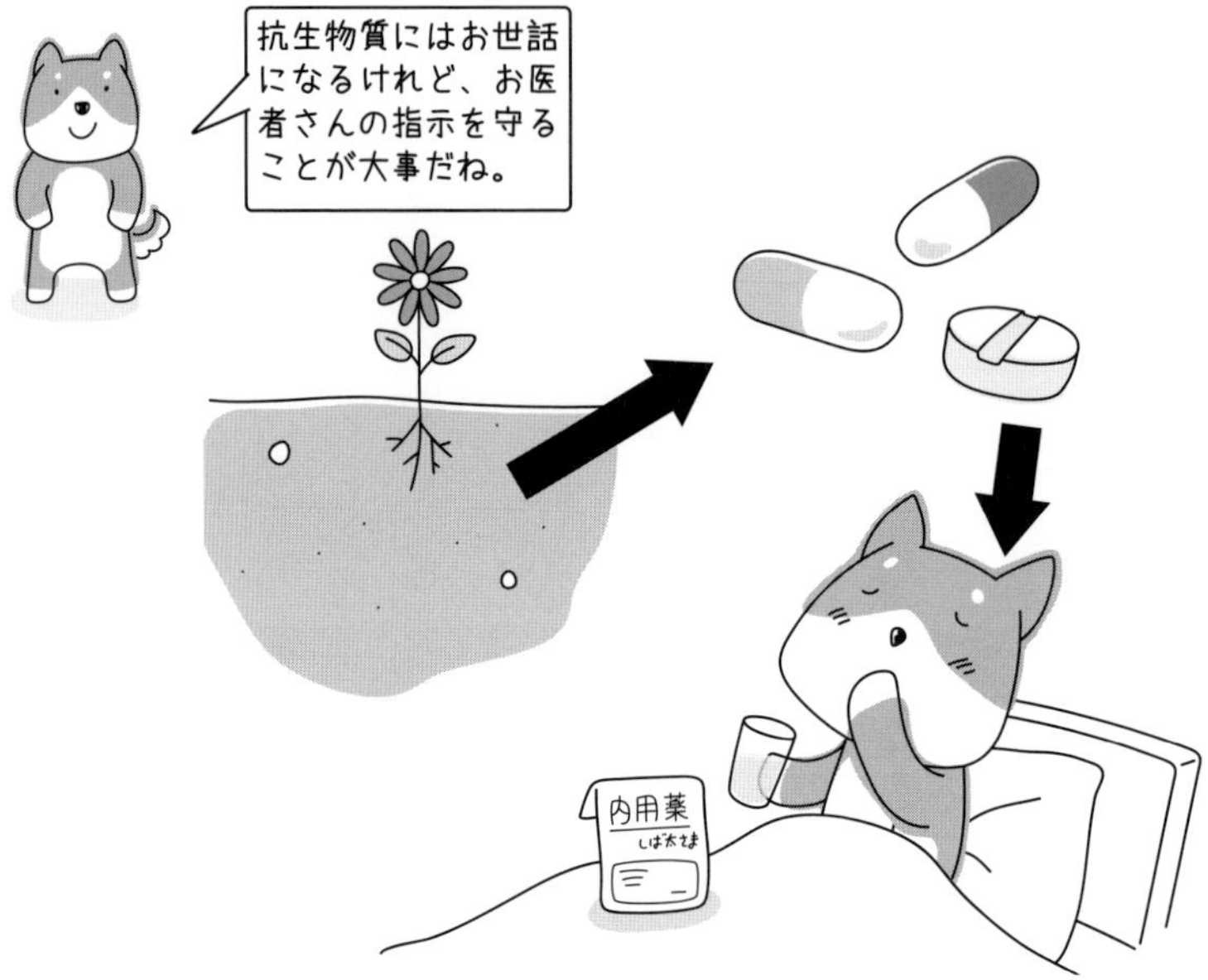

抗生物質[320]とは、微生物が産み出して、他の微生物の発育や機能を阻止する物質のことです。

１９２８年にフレミングがペニシリンを発見して以来、現在までに約４０００種類の抗生物質が発見され、そのうち約３００種類が医薬品として使われています。

抗生物質の分類方法はいくつかありますが[321][322]、作用する主な微生物別に分類すると、①グラム陽性菌に対するもの（ペニシリンなど）、②グラム陰性菌に対するもの（コリスチン、ポリミキシンなど）、③抗酸性菌に対するもの（サイクロセリンなど）、④かび類に対するもの（グリセオフルビンなど）、⑤グラム陽性・陰性菌と抗酸性菌に対するもの（ストレプトマイシン、カナマイシンなど）、⑥グラム陽性・陰性菌とリケッチアに対するもの（クロラムフェニコール、テトラサイクリンなど）になり、これらのほかに、がん（悪性腫瘍）に用いるマイトマイシンやブレオマイシンなどもあります。

これらには副作用[322]もあるので適正使用[323]が必要ですが、医薬品のほかに、家畜の成長促進剤や農薬などにも用いられています[324]。

65 抗生物質は使いすぎると効かなくなる

病気の治療に抗生物質を多用すると、使用していた抗生物質が効かない細菌などが増え、現在のすべての抗生物質が効かない細菌（薬剤耐性菌）[325][326]なども出てきています。

現在、世界で年間約70万人が薬剤耐性菌によって死亡し、アメリカでも年間2万3000人が死亡しているとされ、このままでは2050年に世界で年間1000万人が薬剤耐性菌によって死亡すると予測されています。

このため、厚生労働省は、薬剤耐性（AMR）対策についてのアクションプランを示しています。[327]

コラム

66 土の中の窒素固定菌はタンパク質のもとになる

植物の根には、空気中の窒素をアンモニアにする窒素固定細菌がいて、生成されたアンモニアを植物が吸収してタンパク質にします。[328][329]

また、草食動物は、食べた植物を体のタンパク質にし、[330]肉食動物は、食べた動物を体のタンパク質にし、[331][332]人類などの雑食動物は、植物と動物の両方をタンパク質にしています。[332]

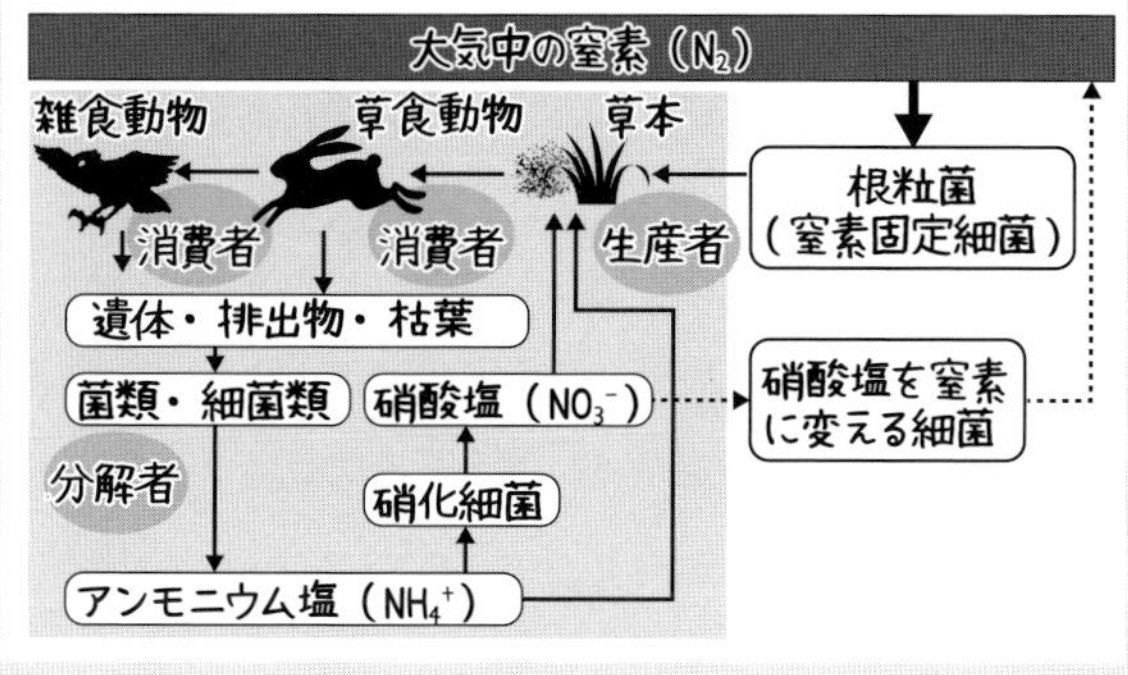

34

大木の根の大部分が土の深さ50〜160センチメートルにある

植物は、土の中に根を張って水分や栄養分を吸い取って生育しています。

この土の中には、地上からの植物の枝や葉、枯草および、これらを食べて無機栄養素にする微生物などがいます。[333]

また、空気中の窒素ガスを、植物の栄養になるアンモニアや硝酸に変える微生物もいます。[333]

これらの微生物の多くは、地表から50センチメートルの所にいますので、栄養分も地表から50センチメートルのところに多くなります。

このため、草木の根は、主に地表から50〜160センチメートルまでに張り、横に広がります。[334]

また、土の中の炭素には炭酸塩などの無機性炭素と生物やその死骸の有機性炭素があり、土の豊かさを評価する指標の一つとして有機炭素の窒素に対する比（炭素率）が使われています。[335]

なお、地上の木の乾燥重量と地下の根の乾燥重量とは、ほぼ同じであるといわれています。[334]

67 大量のプラスチックが土に埋められている

プラスチックのリサイクル方法には、再使用する「リユース」、素材として再利用する「マテリアルリサイクル」、化学反応で組成を変えて利用する「ケミカルリサイクル」、燃料として利用する「サーマルリサイクル」がありますが[336][337]、ほかの材料と混合していたり、ひどく汚れていてリサイクルできないプラスチックは埋められますが、かさばり、また土の中に長く残り埋立地の寿命を短くしています[338]–[340]。

さらに、日本の使用済みプラスチックの輸出先が輸入禁止になり、大量に貯まっている状態です[341]。

68 海の砂は建設用には使えない

砂利や砂は山を削って採らなくても海に大量にありますが、海の砂利や砂には塩分が付いているため、コンクリートに混ぜてビル建設などに使うと、コンクリートの固化後に塩分が溶け出して強度が落ちてしまうので、そのままでは建設用に使えません。

また、山の砂利や砂が世界的に不足し[342]–[344]、さまざまな問題が発生しています[345]–[347]。

コラム

なお、コンクリートに必要なセメントの工場では可燃性の廃棄物などを燃料として使っていますが、塩分の多い廃棄物を避け、また製造途中で塩化水素を抜いています[348]。

35

土や地下水が発がん性物質などで汚染された

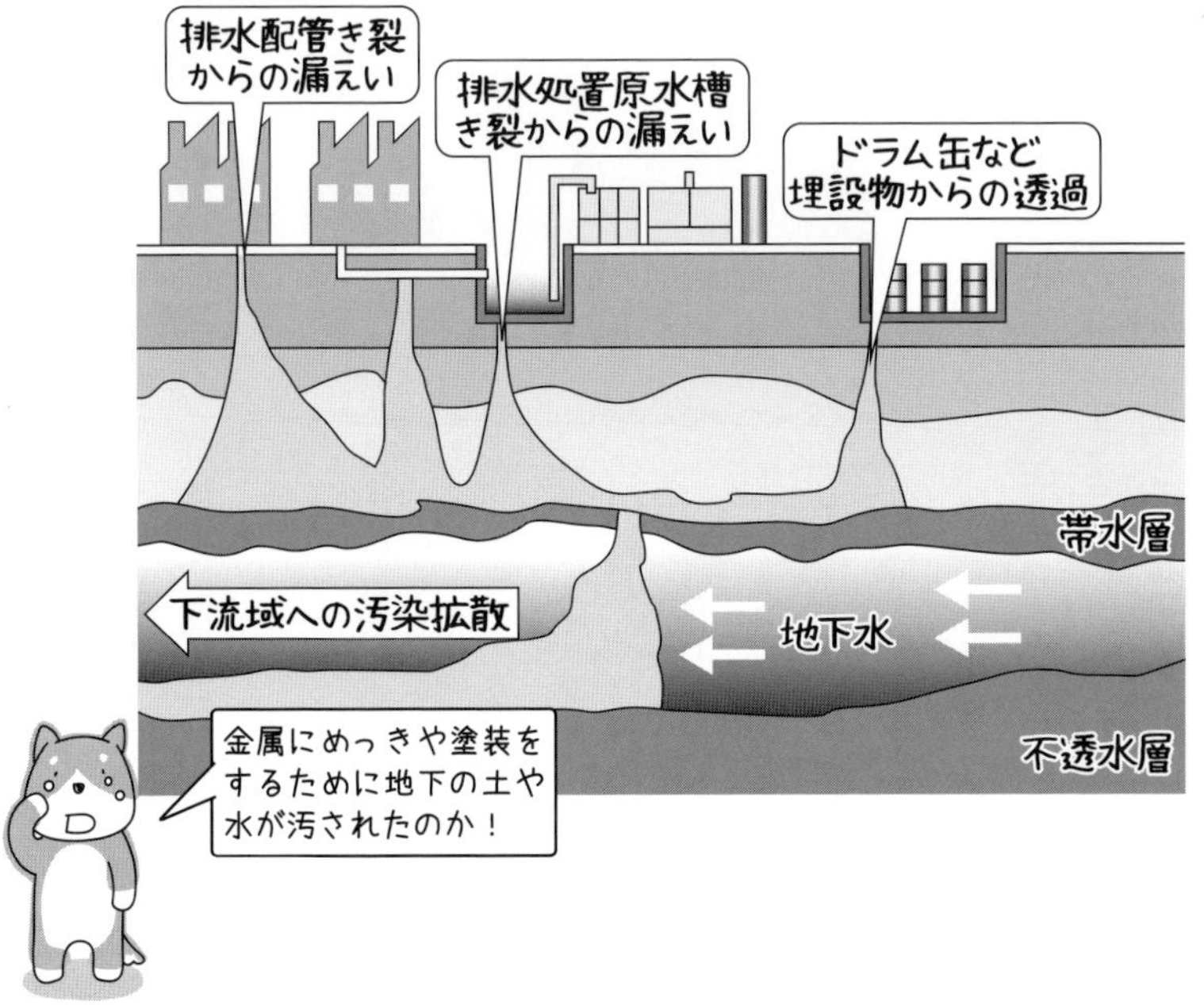

１８８０年代の足尾鉱毒事件[349]、１９６０年代の富山県神通川流域のカドミウム汚染によるイタイイタイ病[350][351]に加えて、２０００年頃からは、金属に塗装やめっきをする工場などで塩素系溶剤などによる全国的な土壌汚染と地下水汚染が明らかになりました[352][353]。

一方、（一社）土壌環境センターは、土壌汚染の恐れがある事業所は約93万か所、調査費用が約２兆円、浄化費用が約11兆円も必要と推定しましたが、実際に法律の規制で対策が行われたのは年間約１２００件、事業者による自主的な対策が行われた件数を合わせても、年間数千件とされています[354]。

この数は、土壌汚染の恐れがあるとされた事業所数の約９３万か所に比べて１００分の1程度に過ぎません。

このように調査や対策が十分に行われていない理由の一つは、調査費用と対策費用が土地の価格を上回ってしまうためで、汚染地を利用せざるを得ない場合以外には、調査も浄化対策もされないことになります。

このような土地は、塩漬けの土地（ブラウンフィールド[355]）といわれ、全国に多数あると推定されています。

69 汚された土や地下水は浄化しにくい

金属類は土壌に吸着されやすいため、金属による土壌汚染は浅いところに留まるので、金属汚染土壌は、掘削除去し、汚染物質濃度が高くなる微細粒子を分離して処理するのが普通です。[352][353]

一方、塩素系溶剤などの揮発性有害物質は、土壌に吸着しにくく、地下水まで汚染することがあります。

この揮発性有害物質で汚染した土壌や地下水は、主に孔を掘って通気または吸引し、揮発性有害物質を気化させて浄化しますが、[352][353]数か月から数年かかっても完全に浄化できない場合もあります。

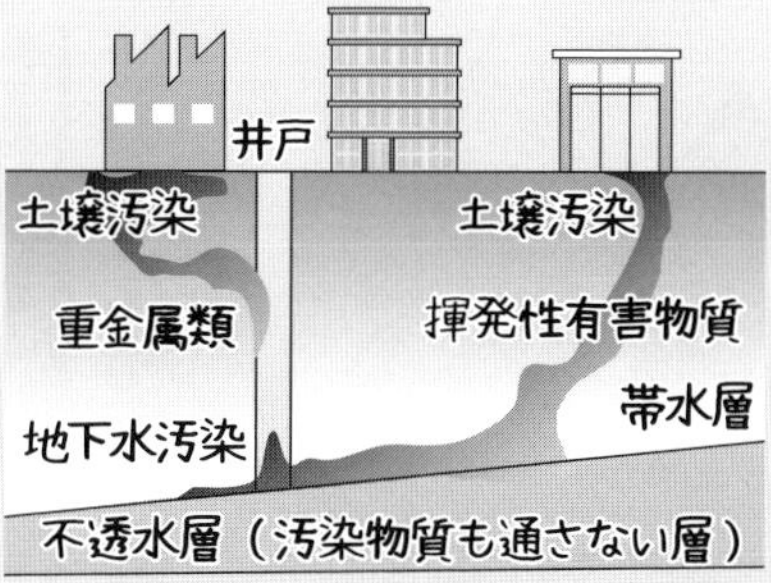

コラム

70 汚された土の溶出量基準値は飲み水の基準値と同じである

土壌汚染対策法[356][357]では、汚染土壌の10倍重量の水で溶出した液の左表の26物質の濃度が、飲料水としても利用される地下水の基準と同じ濃度以下と定められ、また、カドミウム、六価クロム、シアン、水銀、セレン、鉛、ヒ素、フッ素、ホウ素、およびそれらの化合物には、含有量基準値も定められ[356]-[358]、調査・対策の指針が示されています。[359]

クロロエチレン	六価クロム化合物
四塩化炭素	シアン化合物
1,2-ジクロロエタン	水銀およびその化合物
1,1-ジクロロエチレン	セレンおよびその化合物
1,2-ジクロロエチレン	鉛およびその化合物
1,3-ジクロロプロペン	ヒ素およびその化合物
ジクロロメタン	フッ素およびその化合物
テトラクロロエチレン	ホウ素およびその化合物
1,1,1-トリクロロエタン	シマジン
1,1,2-トリクロロエタン	チウラム
トリクロロエチレン	チオベンカルブ
ベンゼン	PCB
カドミウムおよびその化合物	有機リン化合物

36 植林されたスギやヒノキが売れなくなって花粉症が増えた

日本の家屋は主にスギやヒノキでつくられていましたが、最近は合板[360]を使った家屋が多くなりました。1990年代前半には東南アジアのラワン材などの合板が多かったのですが、2002年頃からはロシアの針葉樹の合板が増え、2008年からは国産材、特に国産の針葉樹の合板が多くなり、壁や天井や床だけでなく、柱にも使われるようになりました。

このため、国が推奨して植えたスギやヒノキが、成長した頃には売れなくなり、たくさんのスギ林やヒノキ林が放置されるようになりました。

このようなスギやヒノキが花を付け、各地で花粉をまき散らすようになり、くしゃみ、鼻水、鼻詰まり、目のかゆみなどの症状がある花粉症患者が激増しました[361]-[363]。

国の推奨が、木材として伐採される頃の需要とずれていたために花粉症患者が増えたともいえます。

なお、花粉症は一種のアレルギー症ですので、花粉症になった人は他の物質にも敏感になります。

すなわち、花粉症が化学物質過敏症[94][364]患者の増加にもつながっていると推定されています。

71 日本は1人当たり約2000平方メートルもの森林を持っている

日本は国土の約3分の2、約2510万ヘクタールが森林で、1人当たり約2000平方メートルにもなり、このうち、約55%が天然林、約41%が人工林、残り約4%が竹林その他です。(365)–(367)

また、森林は、二酸化炭素の吸収と酸素の供給、表面土壌の流出や土砂災害の防止、河川や海への養分の供給、雨水の貯留による洪水の防止、土壌からの水分蒸発による気温変化の緩和、防風や防音、レクリエーション場の提供、文化・信仰の場の提供、木材やキノコ・山菜などの提供をしています。しかし、世界的には減少し(368)(369)、保全が求められています。(370)–(372)

コラム

72 日本には自然公園がたくさんある

自然公園法で定められた国立公園、国定公園、および都道府県立自然公園の3種を自然公園といいます。(373)–(375)

2016年度時点での日本の国立公園数は34、国定公園数は57、都道府県立自然公園数は311、合計は402で増加傾向であり、身近にもたくさんあります。

なお、これら3種類の自然公園の2017年の利用者数(374)は、国立公園が約35・9万人、国定公園が約29・0万人、都道府県立自然公園約24・5万人、合計が約89・5万人で、過去30年以上、大きくは変わっていません。

37

日本人の好きなエビのフライや天ぷらが熱帯林をこわしている

日本人はエビのフライや天ぷらなどが大好物といわれていますが、２０１７年時点で輸入品が91・3％で、ベトナム、インド、インドネシア、アルゼンチン、タイなどから17・5万トンのエビを輸入しています。[376]

これらの輸入元の国は、もともとエビ漁が盛んでしたが、乱獲によってエビの漁獲量が減ると、マングローブ林を破壊してエビの養殖を行うようになった国もあります。[377][378]

また、狭い場所で養殖され、抗生物質入りの配合飼料で育てられることも多く、注意が必要です。[379][380]

一方、パンやポテトチップスなどの加工食品、および食器、洗濯用、掃除用の洗剤やシャンプーなどに使われているパームヤシ油を得るために、インドネシアやマレーシアの熱帯林がヤシ畑にされています。[381]

さらに、バイオ燃料であるエタノールへの需要の高まりで熱帯林を伐採してバイオ燃料の原料作物をつくることも行われていますが、バイオ燃料による環境貢献よりも熱帯林破壊による環境損害のほうが大きいといわれ、[382]-[384]両立させる方法[385]が検討されています。

73 世界で排出される二酸化炭素の約20%を熱帯雨林が吸収している

熱帯雨林の面積は陸地面積の約7%ですが、最新のシミュレーションによると、世界全体での年間25億トンの二酸化炭素吸収量のうちの14億トン、すなわち、人為的に排出されている二酸化炭素の量である約70億トンの20%を、熱帯雨林が吸収していると推算されています。[386]

また、国際連合森林フォーラムが2017～2030年森林戦略[387][388]計画と2017～2020年作業計画を定めていますが、世界の森林の減少は続いています。[368]-[370]

コラム

74 日本の木材輸入元が熱帯林地域から世界中になってきた

熱帯林の伐採が規制されたため、2015年の日本の丸太、製材、合板などやパルプ・チップの輸入元は、下表のような順位になり、世界中から木材を輸入しています。[389][390]

なお、木材の国内自給率は、2000年に最小の18・2%となり、2015年以降は31%前後となっています。[391]

順位	丸太	製材	合板など	パルプ・チップ
1	アメリカ	カナダ	マレーシア	ベトナム
2	カナダ	フィンランド	中国	オーストラリア
3	ニュージーランド	ロシア	インドネシア	チリ
4	マレーシア	スウェーデン	ロシア	アメリカ
5	ロシア	アメリカ	その他	南アフリカ

Ⅳ

身近な生物と人体のホント?!

38 酸素があると死んでしまう細菌がいる

偏性好気性細菌	酸素があるところでのみ生育する細菌	枯草菌、結核菌、酢酸菌など
通性嫌気性細菌	酸素があってもなくても生育する細菌	ブドウ球菌、サルモネラ菌、大腸菌など
絶対(偏性)嫌気性細菌	酸素がないところのみで生育する細菌	クロストジウム、メタン菌、硫酸塩還元菌、光合成菌など

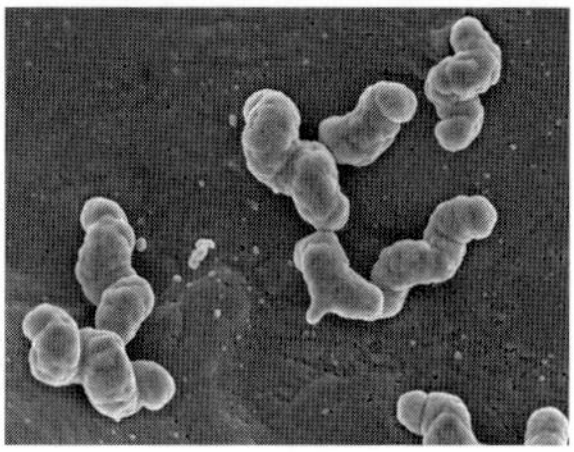

ヒトなどの高等動物は酸素がないと生きられませんが、細菌には、上表に示したように、酸素があるところのみで生きられる「偏性好気性細菌」、酸素があってもなくても生きられる「通性嫌気性細菌」、酸素ないところのみで生きられる「絶対(偏性)嫌気性細菌」がいます[392][393]。

例えば、土の下部、あるいは川底や水田の下部には通性嫌気性細菌のほかに、絶対(偏性)嫌気性細菌が多くいます。また、鉄や硫黄を食べて(酸化して)生きている細菌[394]や磁力で動く細菌[395]もいます。

一方、細菌だけでなく、動植物にも、ミジンコの卵のように、特定条件になるまでふ化しない卵(休眠卵または耐久卵といいます[396])や数千年経ってからでも芽が出るハスの種などがあります[397][398]。

また、ヒトの卵子、精子、受精卵を何年間か凍結保存して、必要なときに利用する方法も実用されています[399]。

さらに、細胞の人工的培養方法も進歩し、培養された皮膚[400]が広く火傷などの治療に使われています。

なお、北極に閉じ込められていたマンモスの細胞からマンモスを復元する検討もされています[401][402]。

75 100℃でも死なない細菌がいる

特殊な環境で生きる細菌[403][404]には、次に示すような例があります。

①好熱細菌・好冷細菌

火山付近の温泉や地中の90～100℃で生活する好熱細菌、あるいは0℃以下で生活する好冷細菌。

②好酸細菌・好アルカリ細菌

火山周辺のpH（7が中性、7未満が酸性、7超がアルカリ性）が2～3の強酸性で生活する細菌やpHが10～11の強アルカリ性で生活する細菌。

③好塩細菌

飽和食塩濃度で生活する細菌、ナトリウムイオンやマグネシウムイオンがある程度以上必要な細菌。

④その他の細菌

溶媒耐性細菌（有機溶剤に耐える細菌）。
好圧細菌（1200気圧に耐える細菌）。
放射線耐性細菌（3万Gyのガンマ線に耐える細菌）。

コラム

76 子孫が遺伝子操作されて産まれるかもしれない

アメリカを中心に、植物の遺伝子を人工的に変えて植物病原菌や環境ストレスに強くする方法や栄養価や収穫量を増やす方法が実用されてきています。[405]

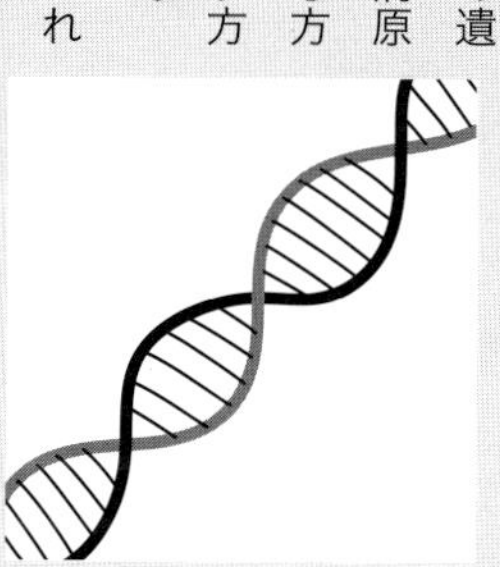

●遺伝子（DNA）

日本でも遺伝子操作されたジャガイモ、大豆、トウモロコシ、菜種、テンサイ、綿などやそれらの加工品などが出回り[406]-[410]、母乳を出すウシ、羽がないニワトリ、ゲップをしないウシ、害虫毒を出すキャベツ[411]、成長の速いサケ[412]などがつくられており、バイオテクノロジー[413]-[418]が注目されています。

なお、中国で人の受精卵の遺伝子を改変して双子を産ませたことなどが大きな問題になっています。[419]-[423]

日本でもヒトの遺伝子改変が検討され[424]-[427]、実験が行われています。

39

3分の1もの生物が21世紀に絶滅しそうである

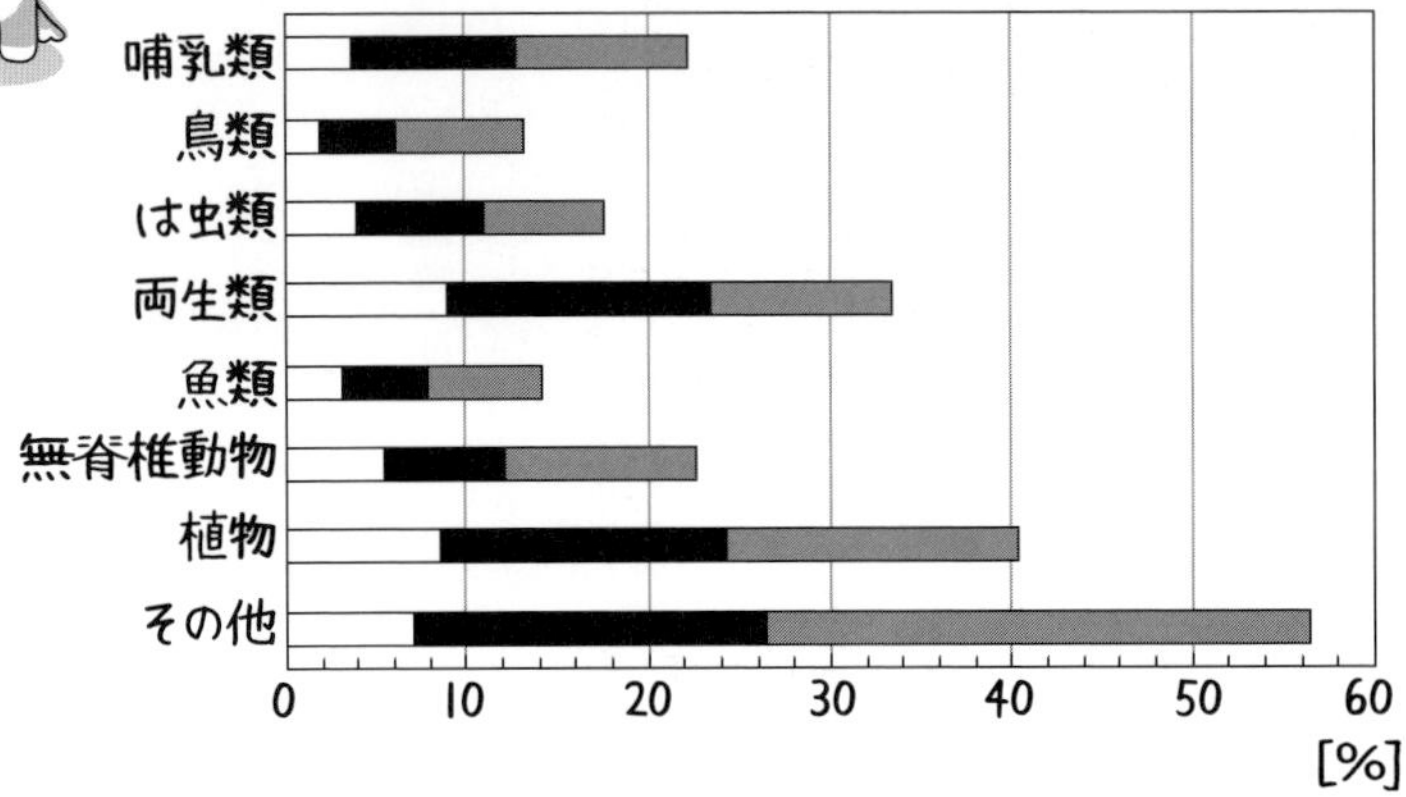

生物の群別によるレッドリスト指定種の割合。□は近絶滅種、■は絶滅危惧種、▩は危急種（2020 IUCN Red Listより）

単細胞の藻類や細菌類以外の生物種は、約１６０万種が確認されていますが、国連環境計画などの最新の研究では、約８７０万種類いると推定されています。[428]

一方、外来種の侵入、生息地の開発、および乱獲や密漁によって多くの生物が絶滅したとされています。

特に、アフリカ諸国や南アメリカ諸国での生物の絶滅が多いのですが、最近は東南アジアでの生物の絶滅が増えてきています。[429]

また、国際自然保護連合（略号ＩＵＣＮ）によると、２０２０年３月時点で、哺乳類の絶滅寸前の「近絶滅種」が２２１種、「絶滅危惧種」が５３９種、絶滅の危険性が高い「危急種」が５５７種あり、鳥類がそれぞれ２２３種、４６０種、７９８種、は虫類がそれぞれ３２４種、５８４種、５４１種、両生類がそれぞれ６５０種、１０３６種、７０４種、魚類がそれぞれ６６６種、１０３６種、１３３８種、無脊椎動物がそれぞれ１３１１種、１６２３種、２５５５種、植物がそれぞれ４３３７種、７９２５種、８０９８種あり、各評価動植物の13～41％が絶滅の危機に瀕しています。[430–432]

77 日本でも多くの生物が絶滅してしまった

環境省によると、日本では、写真の生物を含む7種の哺乳類、15種の鳥類、3種の汽水・淡水魚類、4種の昆虫類、19種の貝類と28種の維管束植物、4種の藻類、4種の地衣類、26種の菌類がすでに絶滅したとされています。[433]

また、722種の動物と1358種の植物が野生での存続が困難な「絶滅危惧Ⅰ類」、688種の動物と908種の植物が絶滅危惧Ⅰ類への移行が危惧される「絶滅危惧Ⅱ類」とされています。[433]

オキナワオオコウモリ

ニホンカワウソ

ニホンオオカミ

コラム

78 宝飾品になるサンゴが4割も死んでしまった

私たち日本人が指輪やイヤリング、ネックレスなどの宝飾品としてきたサンゴはイソギンチャクやクラゲと同じ刺胞動物と呼ばれる動物で、群体を形成し、細胞内に藻を共生させ、補い合って生きています。[434]

日本では、小笠原諸島、大隅諸島、トカラ列島、奄美群島、沖縄諸島、大東諸島、宮古群島八重山群島の海域[435][436]でサンゴ礁が発達し、豊富な種からなるサンゴの群集が見られます。

しかし、地球温暖化で海水温が上がり、サンゴの4割が白化して死に、このままでは、2040～2050年にはサンゴが全滅すると予測されています。[437]

40

日本にしかいない貴重な生物がとても多い

動物	
哺乳類	50 種
鳥類	16 種（繁殖固有種 6 種）
は虫類	60 種
両生類	60 種
魚類	60 種
鱗翅類	1 720 種
陸・淡水産腹足類	746 種
植物	
維管束植物	2544 類
シダ植物	125 種
コケ植物	157 種
海藻	269 種
淡水棲珪藻	113 種
菌類	
菌類	71 種
地衣類	340 種

日本は約２３００万年前にユーラシア大陸と分かれたため、日本にしかいない生物である「固有種」が多く、わかっているだけでも、上表に示す数の固有種が生きているとされています。(438)-(440)

例えば動物としては、何万年も前から隔離された小笠原諸島や西表島にいるオガサワラオオコウモリ、カラスバト、メグロ、ヤンバルクイナ、イリオモテヤマネコなど、太古から生き残ったニホンカモシカ、ライチョウ、オオサンショウウオなど、および森林に棲息し続けているアオゲラ、セグロセキレイ、ヤマドリ、ムササビ、ヤマネ、アカネズミ、ハタネズミ、カワネズミ、ニホンウサギ等々です。(439)(440)

また植物としては、広域に見られるモミ、スギ、ヒノキ、ブナ、コウヤマキ、ホオノキなどの樹木やヤマユリ、マツムシソウ、シラネアオイなどの草木のほかに、特定の地域のみに見られるオナガカンアオイ、サンショウバラ、ムニンツツジ等々です。(439)(440)

なお、日本固有の種が多い理由の一つとして、水田が多いことがあり、(441)-(443)水田を守ることが重要です。

79 薬の約半分が生物からつくられている

	生薬名	薬用作物名
1	センキュウ	センキュウ
2	トウキ	トウキ、ホッカイトウキ
3	ボウイ	オオツヅラフジ
4	ブシ	ハナトリカブト、オクトリカブト
5	コウボク	ホオノキ、他
6	モクツウ	アケビ、ミツバアケビ
7	シャクヤク	シャクヤク
8	ドクカツ	ウド
9	オウヒ	ヤマザクラ、他
10	サイコ	ミシマサイコ

日本の医薬品には、医師や歯科医師が使用するか、医師の処方箋によって薬局が出す「医療用医薬品」と、処方箋がなくても購入できる「一般用医薬品」があります。

医薬品の多くは、動植物や微生物などから得られる成分が約半分ありますが、有効成分を人工的に合成する方法が開発され、大量に製造されることもあります。

また、漢方薬などの伝統的治療薬は、動植物や鉱物から製造されますが、薬に利用されている植物は、右表の植物[444]をはじめ、約2万種類あるとされています[445]。

コラム

80 薬をつくっている会社が畑をつくっている

製薬会社は、薬を人工的に合成するだけでなく、植物（薬草）から有効成分を抽出して薬をつくることもあります。

このため、製薬会社が薬の原料となる植物を得るための畑を直接つくったり、農家に委託してつくっています[446][447]。

特に漢方薬製造会社では、大量の薬草が必要なので、多くの薬草畑をつくっています[448][449]。

例えば、岩手県[450][451]では、製薬会社の委託を受けて、200戸の農家が45ヘクタールの畑で、10種類以上の薬草の栽培をしています。

また、薬草生産組合があり、薬草店も多くあります。

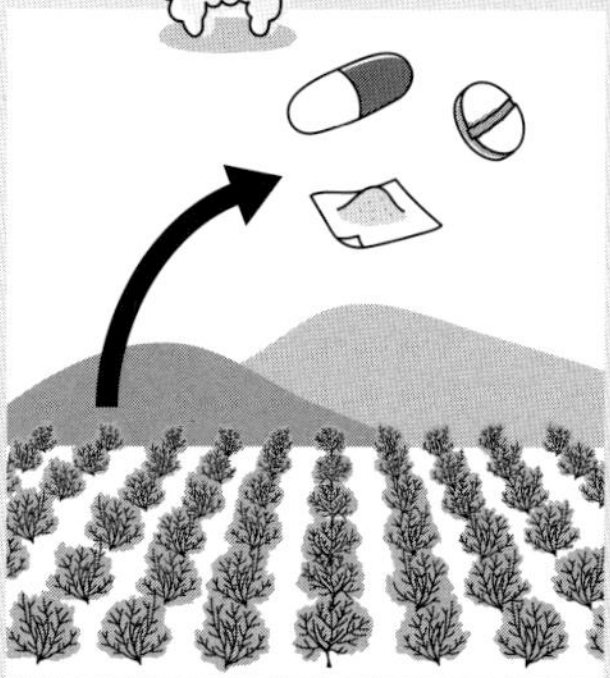

41

サルやシカが増えすぎて被害が続出している

サルは保護されていることもあるのですが、増えすぎると、木の実が不作の年や森林が減少している地域では、畑の作物を食べたり、人家に入って食料を奪うことがあります[452]-[455]。

シカも保護されていることもあるのですが、増えすぎると田畑を荒らしたり、木の皮や葉、若芽を食べて木を枯らし、畑の作物を食べてしまうことがあります。

特に、北海道や長野県などでは、鹿の被害が大きくなり、道路の凍結防止のために撒く塩化カルシウムがシカの餌になっているともいわれています。

サル、シカ、カモシカ、イノシシ、クマ、野ネズミ、野ウサギ、アライグマ、イタチ、ヌートリア、カラスなどの鳥獣による森林の被害[456]や田畑などの被害は全国に及び、捕獲のほかに、柵、ネット、ワナの設置などのさまざまな鳥獣被害対策[457][458]がとられていますが、十分な効果が見られない地域もあります。

なお、鳥獣被害が増えた原因としては、耕作放棄地の増加[459]-[462]、オオカミの絶滅[463][464]、ハンターの大幅な減少[465]等々があるとされています[466]。

81 林や公園がアライグマやブルーギルなどに侵略されている

以前、テレビアニメの「あらいぐまラスカル」でアライグマの人気が出て飼育する人が増えましたが、アライグマは本来どう猛な動物であるため、飼いきれなくなった人が野外に放ち、森林や公園がアライグマに侵略されています[467]。

台湾リス、台湾ザル、カミツキガメ、ブルーギル、ウシガエル等々、日本にいなかった数多くの動物が日本を侵略している状態であり[468][469]、特に外来の毒グモや毒アリの侵入には注意が必要です[470][471]。

コラム

82 日本は世界で最も生物の拉致に手を貸している

１９７３年に「絶滅のおそれのある野生動植物の種の国際取引に関する条約（ワシントン条約）」[472][473]が提案され、日本も１９８０年に締約国に加盟し、１９８７年に関連国内法と施行規則などを改正しました[474]。しかし、十分に効力を発揮しているとはいえないようです。

また、トラ、パンダ、ゾウなどの野生生物とその剝製や加工製品などの輸出入を規制しました。

なお、国際動物愛護基金（略号ＩＦＡＷ）[475]が、野生生物たちの輸出入防止に努めています。

42

カメは温度によって生まれてくる子のオス、メスが変わる

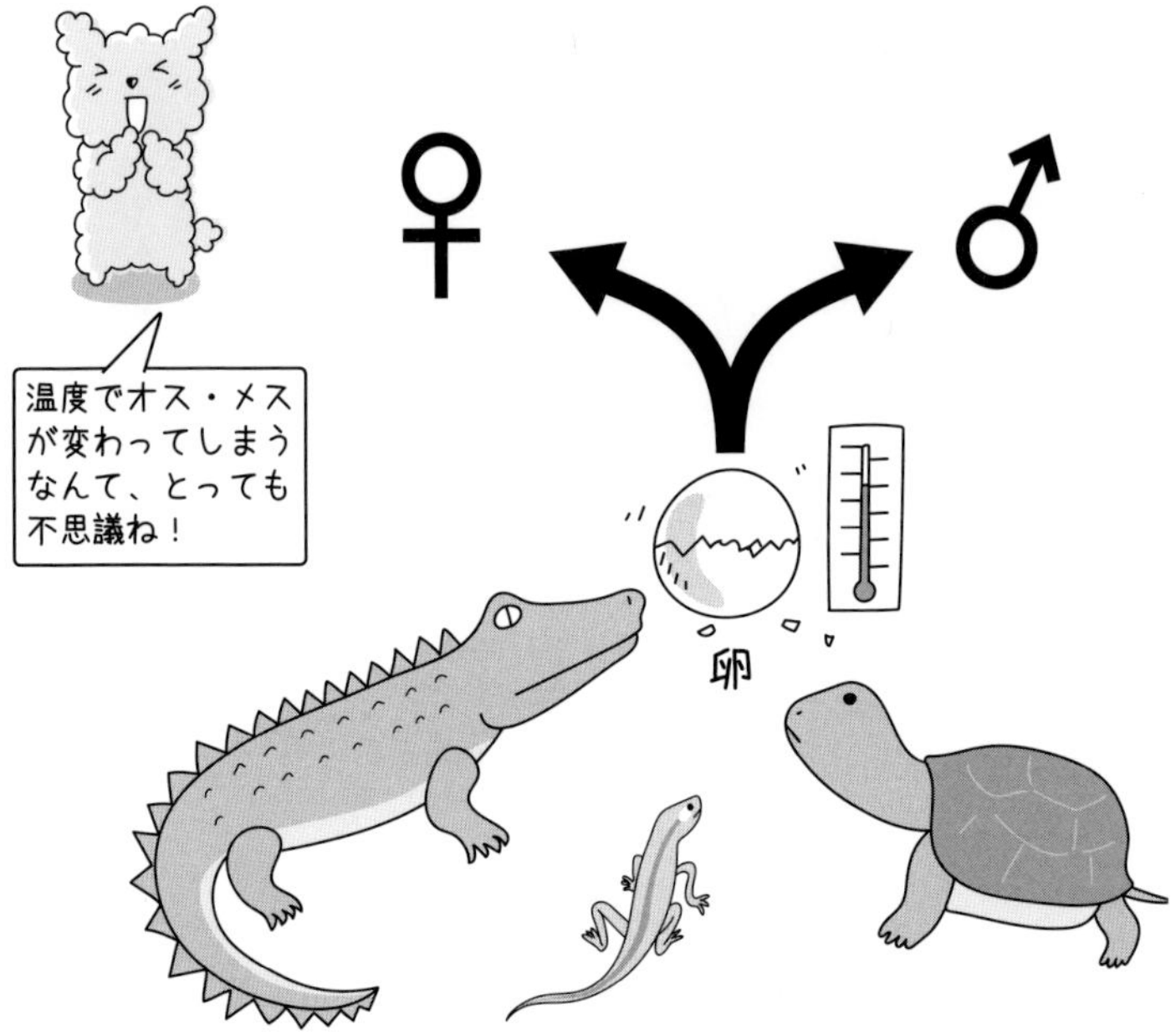

カメ類、トカゲ類、ワニ類などは、卵の温度で生まれてくる子のオス、メスが変わります。[476][477]

このため地球温暖化で、これらの生物のオスとメスのバランスが崩れることが懸念されています。

例えば、地球温暖化によって、ウミガメのメスの比率が高まることが心配されています。[478]

また、高山の植物[479]や高山の動物は生息域が減少し、絶滅する種も出てくるといわれています。[480][481]

このように、地球温暖化によって、動植物の生息場および競争と共生の関係や食物網の関係が変化し、絶滅する動植物と異常増殖する動植物が増えると予測され、農業への影響も心配されています。

すなわち、多くの生物が地球温暖化のスピードについていけないのです。

また地球温暖化で、豪雨と干ばつが増え、[482][483]生態系に大きく影響するといわれています。[484][485]

なお、イガイ、カタツムリ、ナメクジ、タイ、ハゼ、クマノミ、カキ、ホヤなどのように、1匹がオスにもメスにもなる生物（雌雄同体生物）もいます。[486][487]

83 イヌやネコなど、ほとんどの動物は自分でビタミンCをつくれる

ビタミンには、A・B_1・B_2・B_3・B_6・B_{12}・C・D・E・K・パントテン酸・ビオチン・葉酸の13種類があります。[488]

これらのビタミンは、人の健康維持に不可欠ですが、ビタミンCなど、人は体内で十分な量だけつくれないビタミンもあるので、他の動植物由来の飲食物でビタミンを補給する必要があります。[489]

なお、イヌやネコをはじめとするほとんどの動物は自分の体内でビタミンCをつくれますが、[490] 大きさや年齢によっては、ビタミンCが不足することがあります。そのため、がんの抑制効果があるビタミンCを薬として与えることもあります。

コラム

84 動物たちの能力が人間の能力をはるかに超えている

イヌの嗅覚は、人の千万倍～1億倍も優れているので、イヌは猟犬や警察犬として利用されています。[491][492]

また、ハチは花粉1粒を検知できるとされ、イルカは超音波を感知でき、ハブ、マムシ、ガラガラヘビなどの蛇類は赤外線を感知できるとされています。

このように、動物の能力が人の能力をはるかに超えている例がたくさんあり、[493][494] 動物たちのさまざまな特殊能力を人に役立てる方法が検討されています。

人工的に生物をつくることは困難ですから、このような多様な能力をもつ生物を保護することが重要です。

43 合成化学物質が野生生物を襲っている

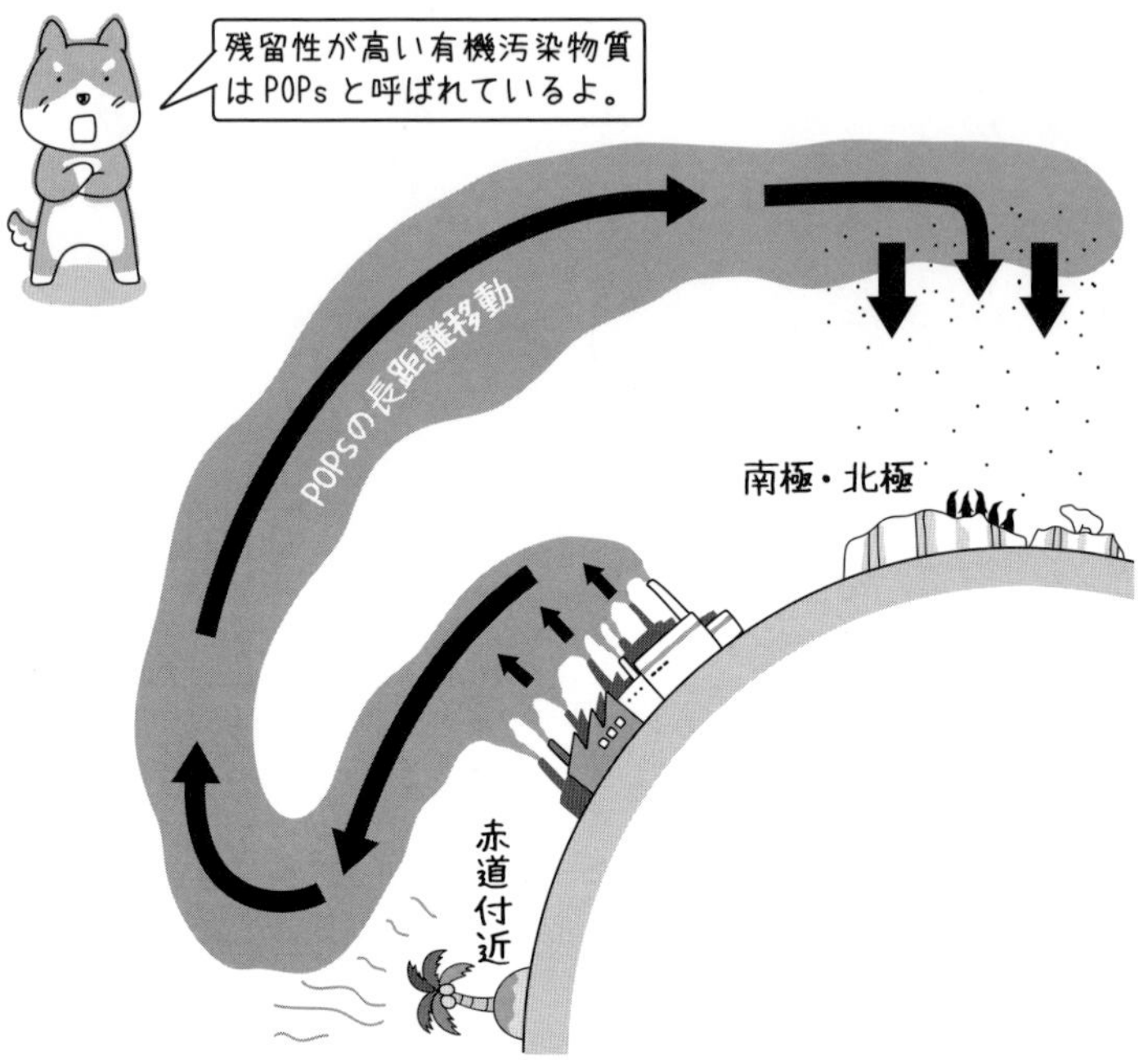

分解しにくく（難分解性）、体に貯まる（蓄積性）毒性物質（残留性有機汚染物質、略称ＰＯＰｓ[495]）が、上図のように、赤道付近の上昇気流で上空に昇り、極域に落ち、クジラやイルカ、アザラシ、シロクマなどを襲っています。

例えば、蚊を退治するのに使われた殺虫剤のＤＤＴ（ジクロロジフェニルトリクロロエタン）、あるいは絶縁油などに使われたＰＣＢ（ポリ塩化ビフェニル）などのＰＯＰｓを含む空気が、北極や南極付近に落ち、生物に貯まっていることがわかっています。

日本でも農薬について、以前は人への毒性のみが試験され、水生生物への毒性などは考慮されていなかったため、農薬によって小動物や鳥たちが激減しました[496][497]。

例えば、タニシがいなくなり、タニシをエサとしていたトキの絶滅に影響したといわれています。

このため、農薬散布を減らしたり、農薬散布をなくす減農薬・無農薬農法（自然農法[498]）、例えばアイガモ・水稲同時作[499]が人気になり、また農薬の代わりに、テントウムシやカゲロウ、ハチなどが作物のさまざまな病害虫対策に利用されてきています[500]-[534]。

85 残留性で有害な化学物質が社会に多く残されている

野生生物の絶滅速度が著しく増加しています。(535)

例えば、イルカの大量死が多数報告され、直接的原因は感染症などとされていますが、(536)ＰＣＢやダイオキシン類などを含んだ魚の摂取によって免疫力が低下したことも影響しています。

日本でも約５万４０００トン使用されたＰＣＢの回収が図られ、約１６０万台(537)ある微量ＰＣＢ汚染トランスなどやコンデンサの回収・処理も進められていますし、(538)~(556)ＰＣＢやダイオキシン類などに対して「残留性有機汚染物質に関するストックホルム（ＰＯＰｓ）条約」(557)ができ、日本も批准しましたが、まだ多くの低濃度ＰＣＢ汚染機器類が残されたままです。

コラム

86 合成化学物質が野生生物の性別を狂わせた

カモメの甲状腺腫瘍が増加し、また卵の殻が薄くなって割れたり、ヒナ鳥が死んだりしました。

また、イボニシという貝類のメスがオス化してペニスができたりしていること、ピューマのオスのメス化、ミンクの不妊、カエルの雌雄同体化、オスのワニのメス化、サケの甲状腺肥大、シロイルカの甲状腺異常などが報告され、内分泌かく乱（ホルモン）作用(558)(559)のある合成化学物質が野生生物の性やその子供の健康に影響していることが明らかにされ、大きな衝撃を与えました。

その後、これらの化学物質の製造や使用が削減され、被害も限られていることが示されましたが、(559)今後も十分な注意が必要です。

44

人体は細菌と同じ20種類のアミノ酸でできている

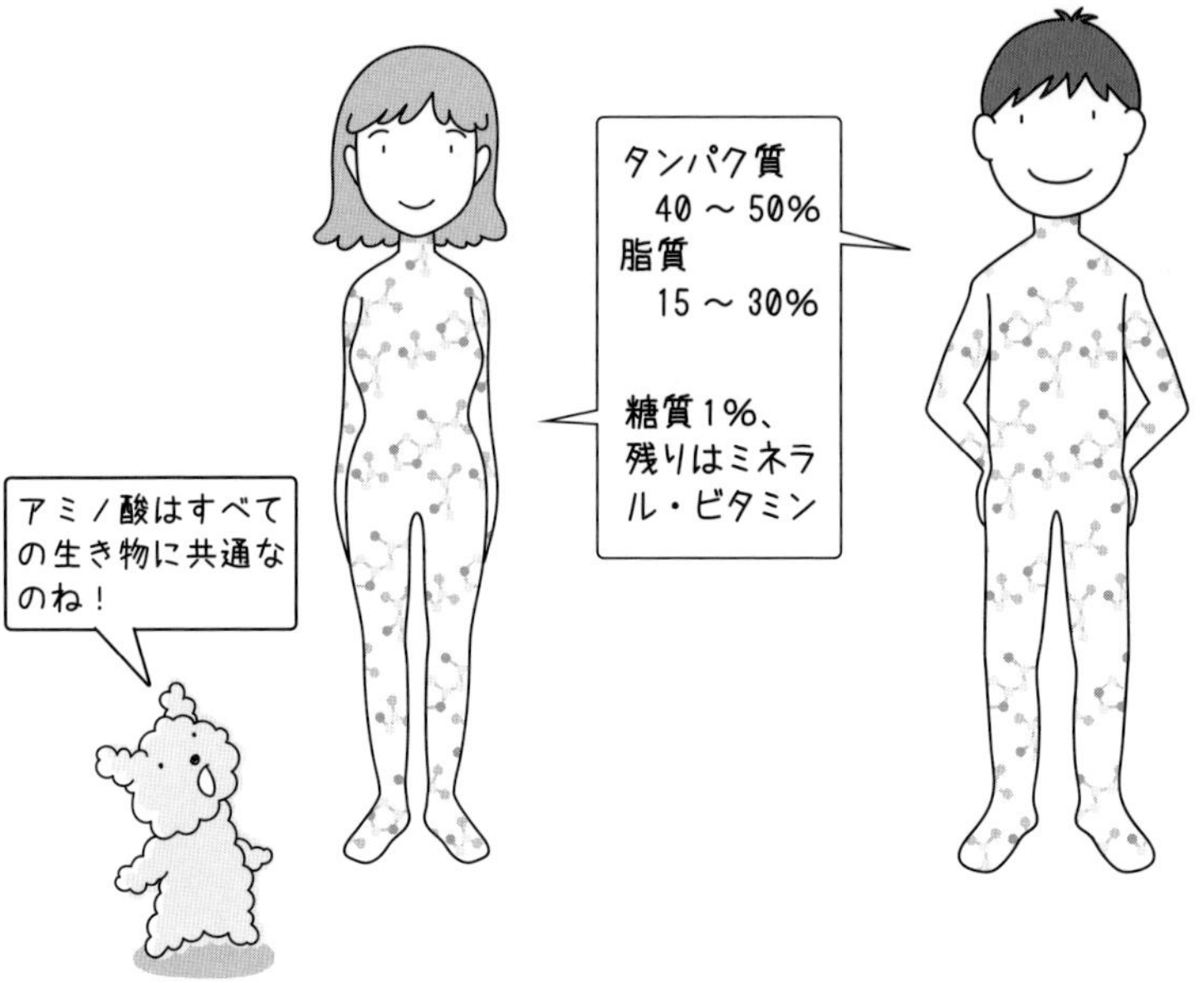

体を構成する成分のうち、最も多いタンパク質は20種類のアミノ酸が数十から数百つながったものです。[560]-[562]

このタンパク質を構成する20種類のアミノ酸は、人を含む高等動物から植物や細菌まで共通で、動物と植物や細菌の起源が同じであることを示しています。

また、他の生物であった食品中のタンパク質は、消化器官で20種類のアミノ酸に分解され、吸収されてから、人のタンパク質に組み立て直されています。[561]-[565]

なお、人が感じる甘味、酸味、塩味、苦味、うま味が「5基本味」[566][567]とされていますが、うま味を増す調味料[568]（味の素、いの一番など）に含まれるグルタミン酸やイノシン酸は、サトウキビやカツオ節から採ったアミノ酸の一種です。

また、脂質[569]-[571]は単純脂質、複合脂質、誘導脂質に分けられ、リポタンパク質やある種のビタミン、ホルモンを生成し、エネルギー源となりますが、過剰になると単純脂質が体脂肪として蓄積されます。

さらに、糖質や炭水化物も体の構成成分やエネルギー源となります。[572][573]

87 人体ではたくさんの酸がつくられている

食べ物は、人の体の中で消化し、何段階かを経て「クエン酸回路」[574][575]に入り、エネルギーを出し、最終的に二酸化炭素と水などになります。

糖や炭水化物はタンパク質や脂肪よりも早くピルビン酸になるため、これらをとると早くエネルギーが得られます。

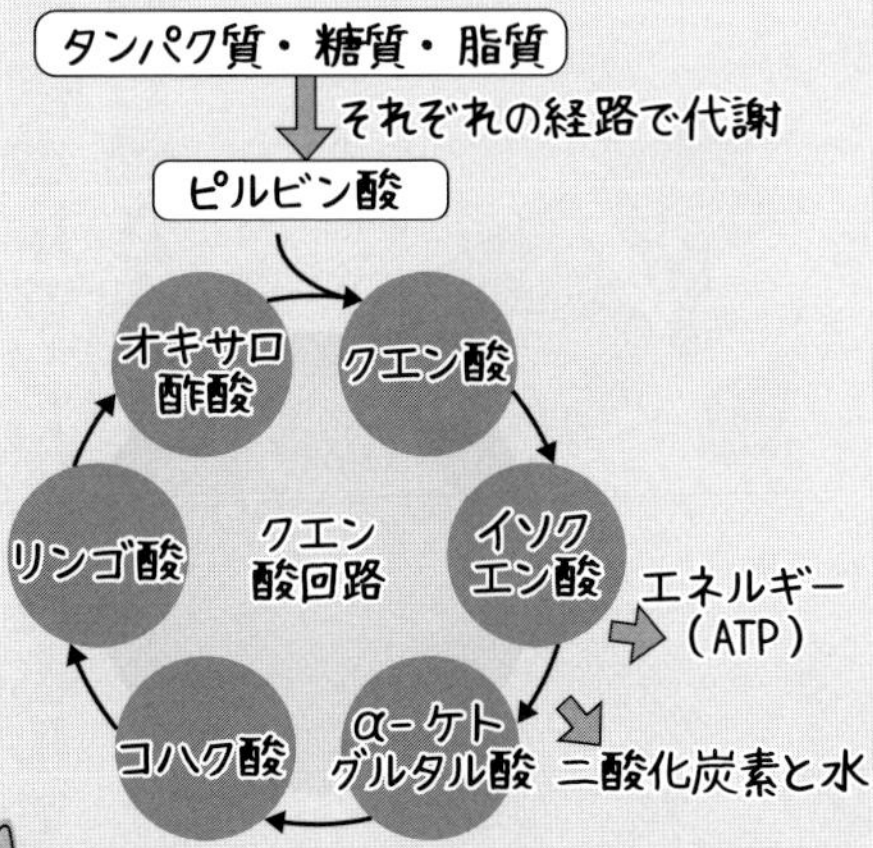

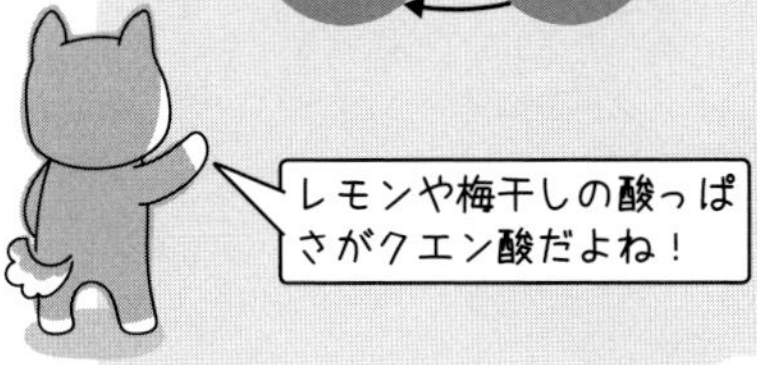

88 人体は酵素だらけである

体の中には多くの酵素（反応を促進する物質）があり、この酵素には、食べ物に含まれる食物酵素と、人体でつくられる消化酵素や代謝酵素があり、食物酵素は消化酵素を助けます[576][577]。

消化酵素[577]には、唾液中のデンプンなどの分解を進めるアミラーゼ、胃液中のタンパク質の分解を進めるペプシン、膵臓中のアミラーゼやタンパク質の分解を進めるトリプシン、キモトリプシン、エラスターゼ、カルボキシペプチダーゼ、脂肪の分解を進めるリパーゼなどがあり、腸には質の分解を進めるアミノペプチダーゼ、マルターゼ、シュクラーゼ、ラクターゼなどがあります。また、代謝酵素[577]にも多くの種類があり、基礎代謝や新陳代謝、自然治癒力や免疫力などを促進します。

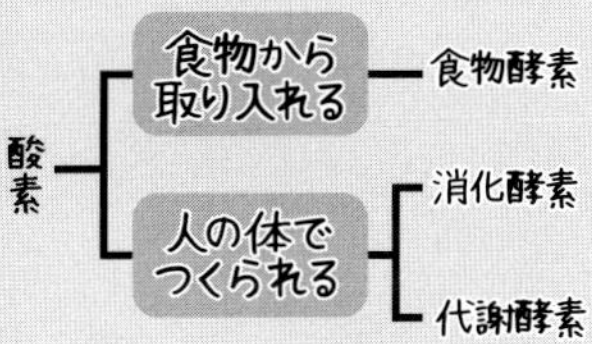

45

植物ホルモンが女性ホルモンと同じ働きをする

大豆や豆腐などの大豆製品、ザクロ、イチジク、ワイン、チョコレートなどに含まれる植物ホルモンが女性ホルモンと同じ働きをするため、これらを飲食することで女性ホルモンを補充することができます。[578][579]

一方、軟らかいプラスチックには女性ホルモン作用があるフタル酸エステル類[580]が入れられていましたが、これが室内空気や河川を汚したために規制され、別のプラスチック添加物にされました。[581]

また、発がん性があり、生殖毒性もある鉛[582]がバイクや自動車のバッテリーなどに使われ、少数ですが廃棄されて環境汚染を起こしたことから、鉛バッテリーの回収が徹底されました。[583]

さらに、道路に交通制御のために引いた黄色い線に、耐久性の良い鉛顔料が含まれていたため、それが摩耗して飛散したり、側溝に貯まったことから、鉛顔料に代わる有機顔料が開発されました。[584]

なお、巻貝の生殖に影響がある有機スズ系[585]の船底塗料が使われていたため、港近くの巻貝が異常になり、国際的に規制されました。[586]

89 骨が若さを保つ物質を出している

骨は、骨をつくる「骨芽細胞」と骨を壊す「破骨細胞」によって3〜5年で全身の細胞が入れ替わり、この入替りをコントロールしているのは骨細胞が出すメッセージ物質です。このメッセージ物質の一つである「オステオカルシン[587]」という物質が記憶力や筋力、繁殖力を若く保ちます。

また、骨粗しょう症は閉経後の女性に多いのですが、若い人にも起こります。これはスクレロスチン[588]という骨の細胞が出す物質が異常発生するためです。ジャンプや筋トレで骨を刺激するとスクレロスチンが減り、骨芽細胞が活性化し、オステオカルシンの働きによって若さが保たれます[589]。

コラム

90 脂肪と筋肉が命を守っている

体のどこに、どれほどの脂肪と筋肉が付いているのかをMRIという装置で撮影したデータに基づいて女性の全身の脂肪と筋肉の割合を出した例では、体重56キログラムの場合、およそ18キログラムの脂肪と、およそ21キログラムの筋肉が付いていることがわかりました。これらを合計すると40キログラムにもなり、体重の約7割を脂肪と筋肉が占めていることになります[590]。

また、脂肪細胞が出すメッセージ物質が食欲をコントロールし、筋肉もさまざまなメッセージ物質を出しています[591]。例えば、筋肉が出すIL-6というメッセージ物質で免疫の暴走が食い止められています。

このほかにも筋肉が出す未知のメッセージ物質で体の状態が正常に保たれていると考えられています[591]。

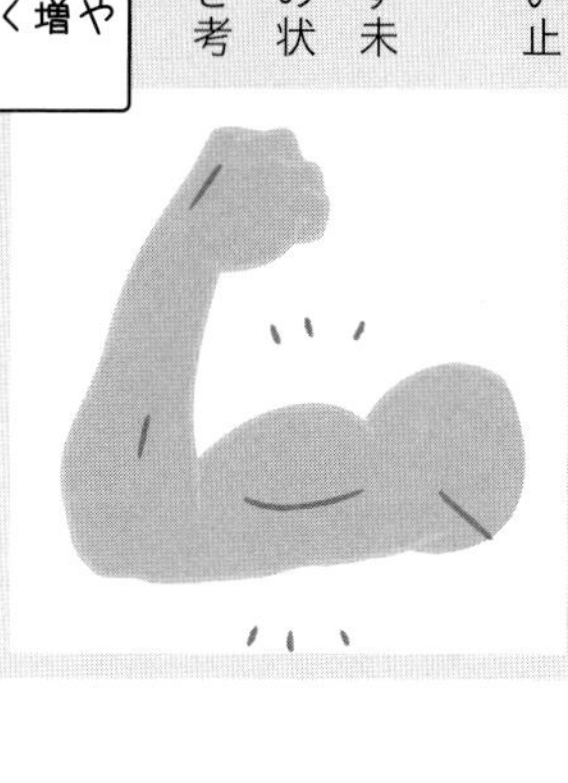

46 胃の細胞の寿命が約24時間しかない

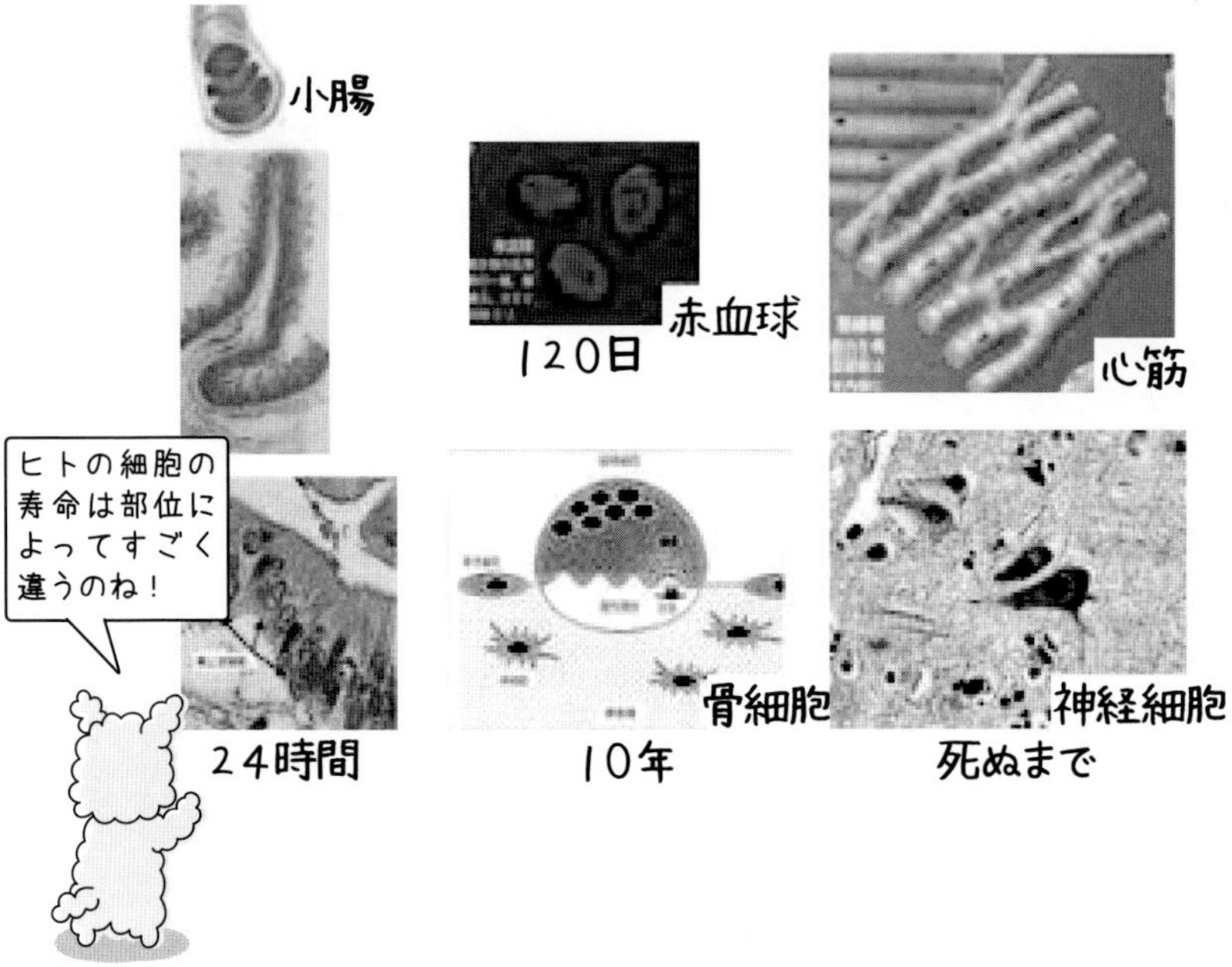

日本人の２０１８年時点での平均寿命[592]は、女性は87・32歳、男性は81・25歳ですが、胃や小腸の細胞の寿命は24時間程度しかありません[593]-[596]。

これは、胃内が強い酸性であり、また食べ物を分解する酵素を含んだ胃液が出ているので、胃や小腸の細胞自身が分解してしまうことを防ぐために、24時間程度の短時間に入れ替わっているのです。

このため、胃や小腸の病気は進行しやすくなりますから、１年に１回の検診では手遅れになる可能性があり、６か月に１回以上の検診が推奨されています。

一方、赤血球の寿命は約１２０日であり、骨の細胞の寿命は約10年になっています。

また、心臓や筋肉、脳や神経の細胞は、死ぬまで変わらないとされています[596][597]。

なお、最近は、細胞の人工培養技術が進歩し[598]、自分の細胞を培養して移植し、拒絶反応が出ないようにする再生医療が可能になってきています[599]-[601]。

また、いろいろな臓器になりうるｉＰＳ細胞などの研究が進み、医療への応用が検討されています[602][603]。

91 心臓や脳の細胞は死ぬまで機能が保たれる

心臓や脳・神経の細胞[604]の寿命はその人が亡くなるまで機能が保たれ、鍛えれば向上します。

また、タンパク質の貯蔵庫の役割がある筋肉の細胞は、使わないと機能が衰えますが、鍛えれば機能が向上します。

なお、50歳代で脳の情報蓄積量が最大になり、60歳代で情報処理能力が最大になるとされています[605]から、60歳代の人の判断は軽視できません。

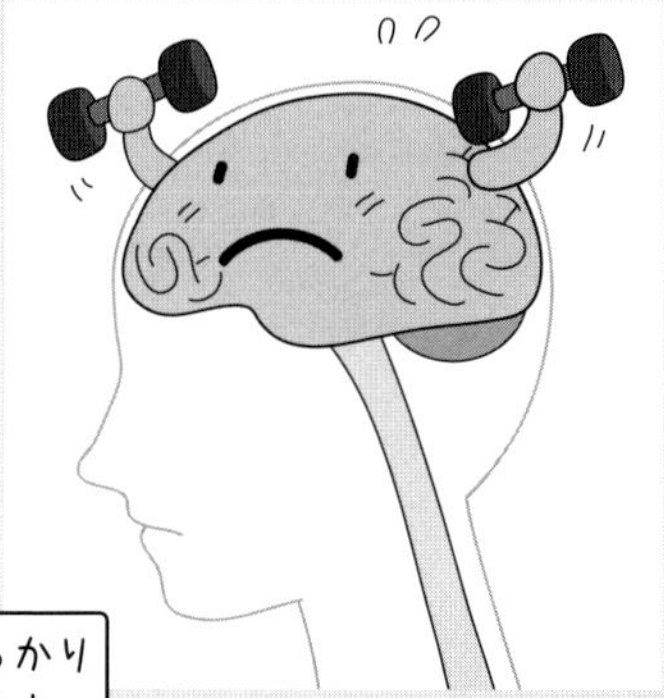

また、高齢になると脳が萎縮し、損傷を受けた細胞が多くなりますが、人には損傷を修復する能力があり[606]、これに役立つ食事やサプリメントが売られています。

コラム

92 あなたの髪の寿命は異性の髪の寿命と違う

髪は、ある一定数が自然に抜けます。通常、男性の髪の寿命は3～5年程度ですが、女性の髪はエストロゲンという女性ホルモンの影響で、男性の髪の寿命より長く、4～6年程度といわれています[607][608]。

すなわち、ヒトの細胞の平均寿命が7年であるのに比べると、髪の平均的な寿命は男女とも短いといえます。

ただし、髪の寿命は個人差が大きく、髪の長さが2メートル程度の人もいますし、ギネスブックによると、髪の長さが約17メートル、重さ約19キログラムの人がいたとされています[609]。

47

人体には約１００兆匹もの細菌が住みついている

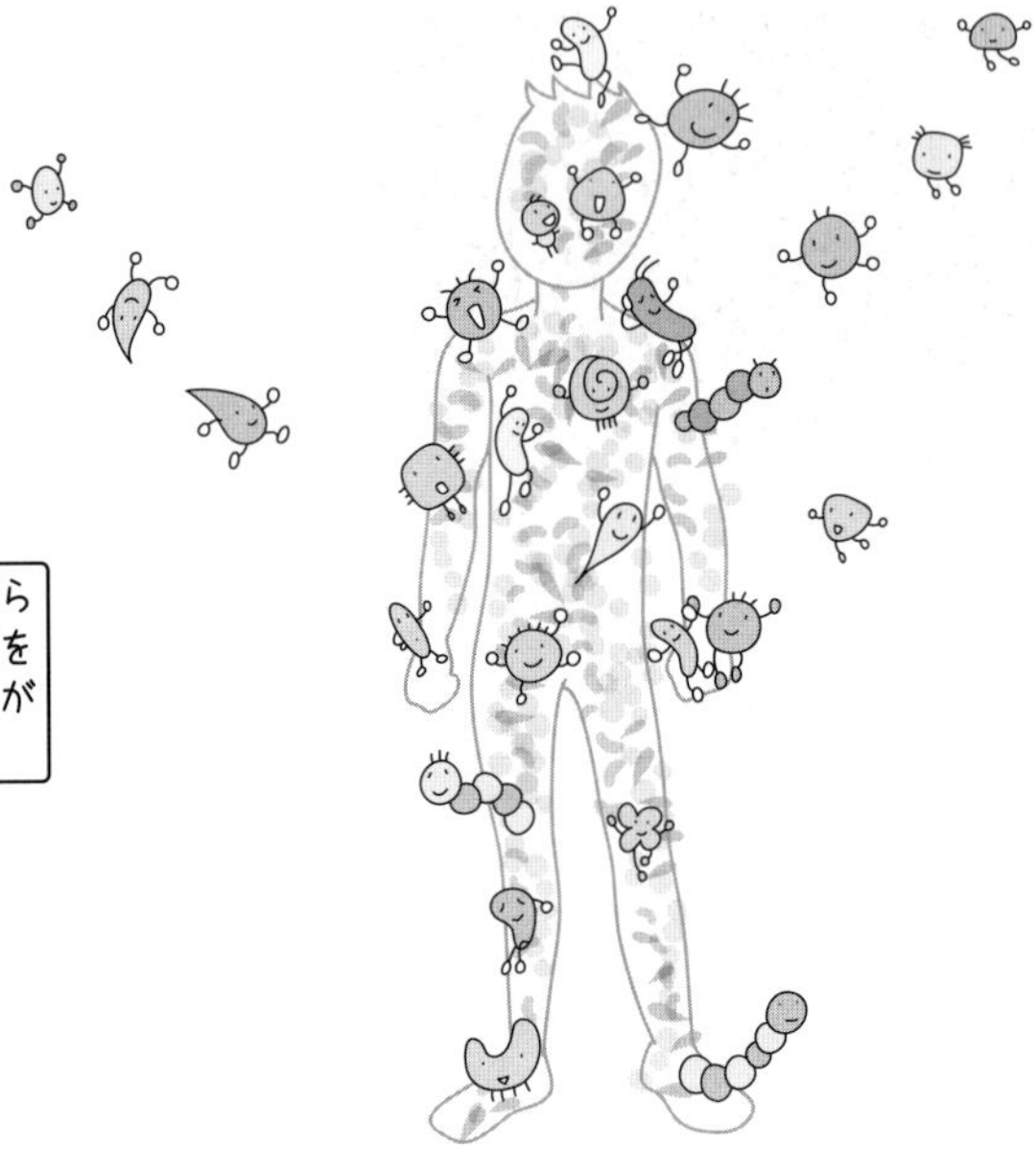

成人の口の中には約１５００億匹、皮膚には約１兆匹、腸には一番多い約１００兆匹、１００種もの細菌が住みついているとされています。

このように、体に住みついている「常在菌」[610]が外部からのさまざまな病原菌から人体を守ってくれています。

また、腸内細菌のおかげで消化ができています。[611]

しかし、誕生直後の赤ちゃんの腸内には細菌がいないので、母乳などから細菌を体内に取り込んで消化力をつけていますし、[612]ウサギの子は生まれて最初に親のフンを食べ、消化力をつけます。[613][614]

なお、恐れられている大腸菌は実は無害ですが、井戸水や食料品などが消化器伝染病を起こす細菌で汚染されていないことを確認するために大腸菌数が測られています。[615]

ただし、大腸菌は腸内以外にもいますので、腸内大腸菌を区別して測定する方法も使われています。[616]

また、植物も土壌細菌によって栄養素を供給されています。

すなわち、人類をはじめとする動物や植物は、大昔から細菌と共生し、助け合って生きているのです。

93 人はウイルスから逃れられない

ウイルスは人類よりはるか前に生まれ、簡単に変異して周辺環境に適応する能力をもち、あらゆるところにいます。

またウイルスは、遺伝子のDNAあるいはRNAしかもたず、DNAとRNAの両方をもっている他の生物に寄生して増殖します。[617]〜[621]

なお、鳥インフルエンザ、[622] 狂犬病、[622] 新型インフルエンザ、[623] 新型コロナウイルス感染症[624]などのウイルスによる病気には抗生物質などは効果がありません。

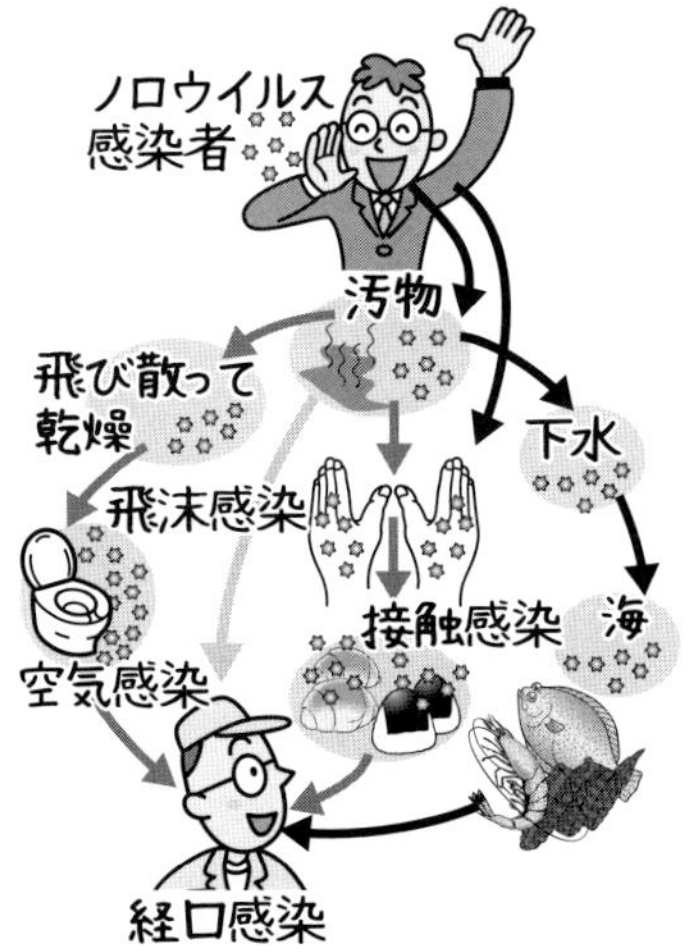

コラム

94 牛肉は細菌がつくっている

ウシは四つの胃をもっていて、第1胃では細菌が繊維（セルロース）を発酵させ、第2胃では食道に戻し、第3胃は第4胃へ送る量を調節し、第4胃で消化吸収しているので、[625] 牛肉は細菌がつくっているといえます。

また、ウシ、ウマ、ヒツジなどの草食動物は、タンパク質の少ない草を毎日体重の10分の1程度も食べています。[626][627]

ただし最近は、ウシに栄養価の高い配合飼料が与えられ、生育を早くしたり、乳を多くしたりされています。

なお、ヨーグルトは牛乳を乳酸菌発酵してつくられ、漬物は乳酸菌などによっておいしくできます。[628]〜[630]

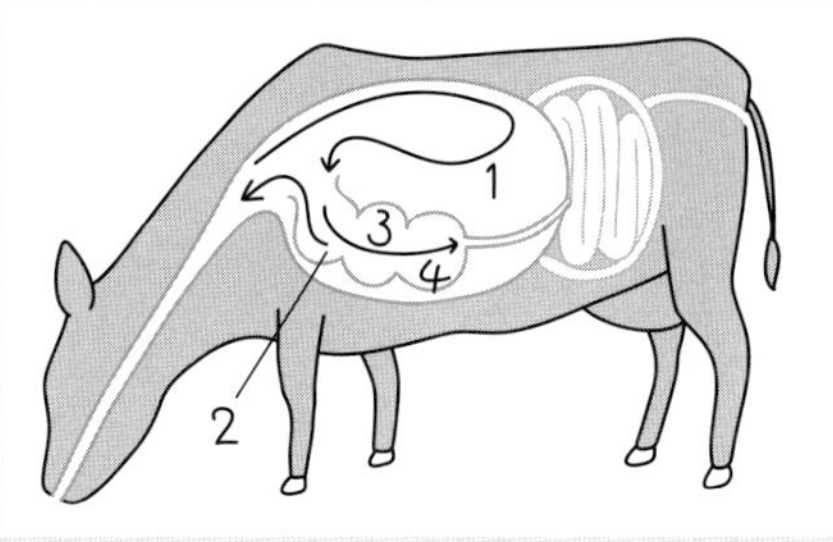

48

日本人の大腸がんが増えた

穀物が生育しやすい温暖な地域のアジア人の腸は長く、欧米人は主に肉を食べているので腸が短いという俗説がありますが、実際はアジア人と欧米人の腸の長さに大きな差はありません[631]。

しかし、日本人の食の欧米化が大腸がんや便秘などのさまざまな障害を増やしているとされています[632][633]。

特に、日本の若い人[634]には、米飯や野菜の摂取が減ったため、腸の3分の1程度が働かなくなっている人が増え、便秘[635]が多くなり、大腸がん（腫瘍性大腸炎）が増加しているとされています。

すなわち、米飯や野菜を摂ることが大腸がんにならない秘訣の一つです。

なお、がん検診の実施率が大腸がんの増減に大きく影響していることも指摘されています。

また、腸は第2の脳と呼ばれ、独自の神経機能を持ち、消化や排せつなどの重要な活動を行っています。

さらに、腸内には人体の約70%の免疫細胞[636][637]があり、外部からの細菌やウイルスだけでなく、体内で生まれるがん細胞をも撃退しています。

95 日本人が糖尿病になる確率が20年間で1.4倍になった

血糖値を制御するホルモンであるインシュリンの分泌が正常でない糖尿病患者が増え続け[638]-[641]、過去20年間で約1.4倍になりました。20歳未満の糖尿病患者数も増加[642][643]しており、その主な原因は、不適切な食生活だと言われています。

特に偏食[644]すると、発育不全、老化促進、免疫力低下、便秘、糖尿病や高血圧などになりやすくなります。

コラム

96 日本人の死因が大きく変わった

日本人の死因は、１９４０年代には、結核、肺炎、脳血管疾患（脳梗塞）、がん（悪性腫瘍）、心疾患の順でしたが、結核の治療方法が進歩したことなどによって、２０００年代の日本人の死因は、がん、心疾患、肺炎、脳血管疾患、老衰の順に変わってきています。[645][646]

寿命が長くなるとともに、傷を受けた細胞が増え、修復能力も弱くなるのでがんによる死者が増えました。

がんに対する治療方法もいろいろ工夫されていますが、今のところ決定的な治療方法[647]は確立されていない状態です。

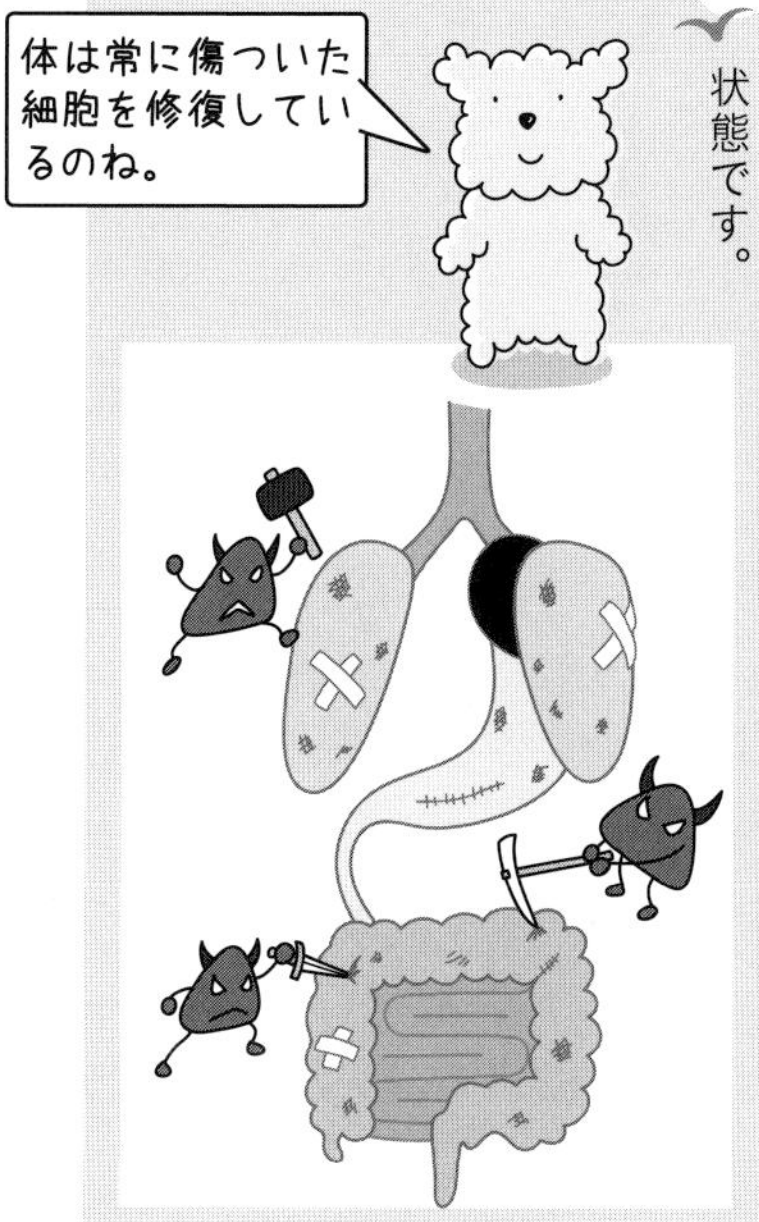

49 アレルギーや先天異常の人が急増している

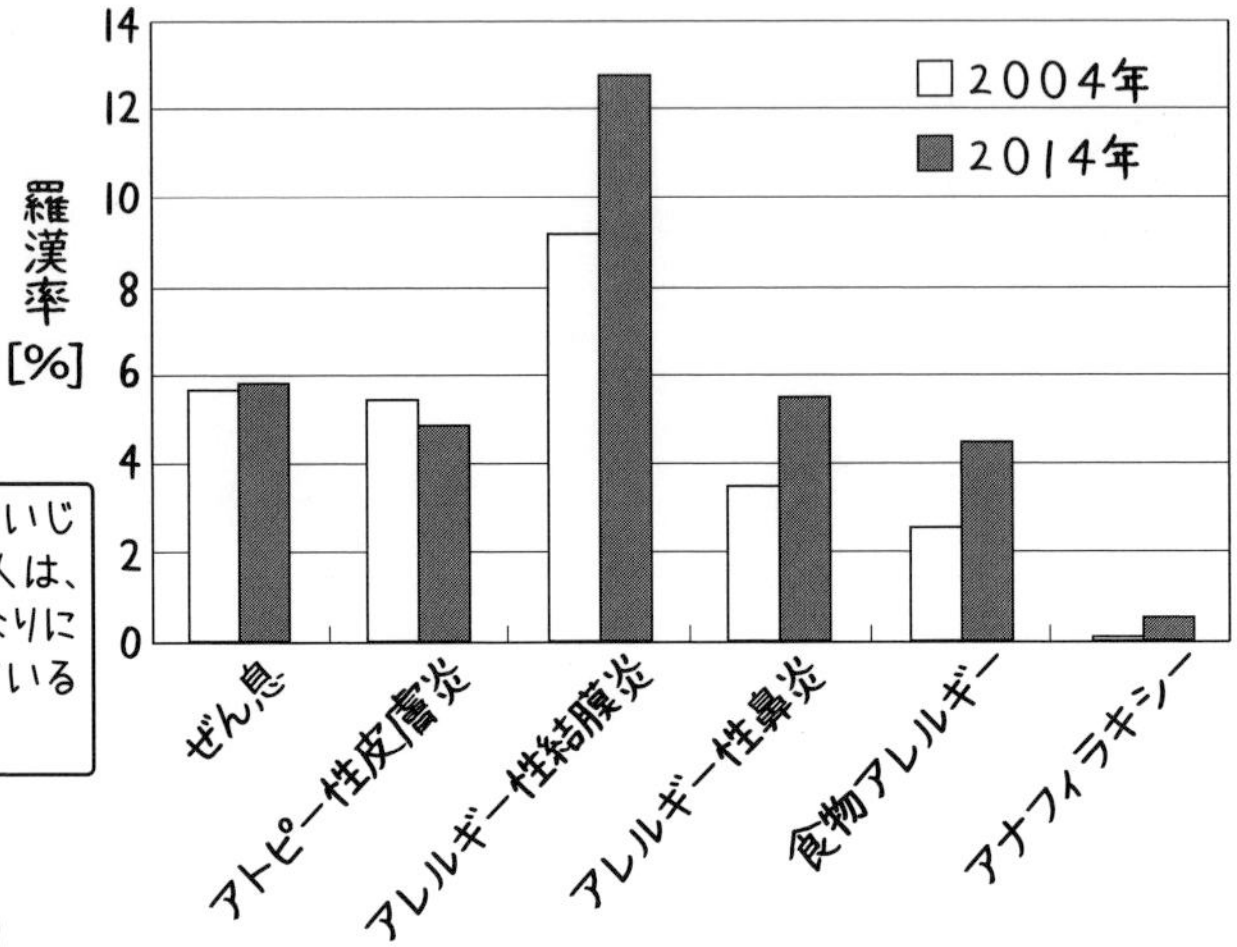

国民の約半数にアレルギー（公式には感作性といいます）症状があるといわれています。このアレルギー症の増加、特に子供のアレルギー症の増加の原因としては、日本人の免疫力の低下、合成化学物質の急増、花粉の増加、住宅の気密化、極端な清潔主義、ストレスの増加、食事内容の欧米化や偏食者の増加、母親の母乳からの免疫伝達の減少があるとされています。

アレルギーとは、体へのある刺激に対して過剰に防御反応を起こすもので、ある量の刺激物質にばく露された後に、少量の物質でも症状が出るようになることです。[(648)(649)] 子供にも多く見られます。[(650)]

特に、新築や改築の家屋で、接着剤、塗料、床下の白蟻駆除剤の溶剤などにばく露された後などに発症します。

また、輸入木材の増加で木材生産のために植えられたスギやヒノキが放置され、これらが大量の花粉を放出するようになって花粉症が増えたとされ、[(651)] 環境省[(652)]や日本気象協会[(653)]が花粉の飛散情報を出しています。

一方、先天異常児が30年前の約2.6倍に増えている原因の追及と対策が検討されています。[(654)-(657)]

97 人は8万種類もの化学物質に囲まれている

化学物質に番号を付けているアメリカ化学会の情報機関であるケミカルアブストラクトサービス（略号ＣＡＳ）[658][659]に登録された化学物質が1億種類以上になり、[660]８万種類の化学物質が販売されているとされています。[661]-[663]

なお、日本では代表的な有害化学物質の環境への排出量と処理業者への移動量を毎年届け出る（ＰＲＴＲ）制度ができ、[664]エコケミストリー研究会が、[665]これらを毒性で重み付けした情報などを発信しています。

コラム

98 全化学物質の5％程度しか詳しい毒性が調べられていない

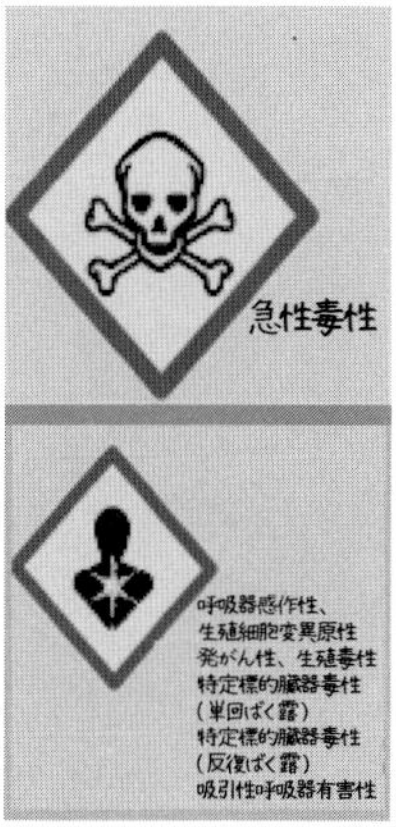

毒物・劇物取締法では、[666][667]化学物質の短時間での毒性（急性毒性）で分類・規制されていますが、毒性には、長期間での慢性毒性や刺激性、免疫毒性、発がん性、遺伝毒性、催奇形性、生殖毒性などの特殊毒性もあり、[668]右記のようなマークで表示され、また毒性の強さは、半数致死量、半数作用量、最大無毒性量、最大無影響量、1日許容（耐用）摂取量、実質安全量などで評価されますが、[669]毒性情報がそろっている化学物質は5％程度とされています。

また、化学物質の危険・有害性の種類と表示方法が国際連合で決められ、世界共通で利用されています。[670]

V

身近な生活様式のホント?!

50

スマホ中毒の人が増えている

都会で電車に乗って周囲を見ると、座っている人の大部分、立っている人の半数程度がスマートフォン（略称スマホ）[671]をいじっている「スマホ中毒（依存症）[672]」に見えます。

何を見ているかをのぞいてみると、ゲームや動画に夢中になっている人が多く、駅の階段を下りているときにも画面から目を離さない人さえいます。

スマホで急いで連絡する必要がある人もいるでしょうし、LINEなどでつながることで仲間意識を持つことができるのかもしれません。さまざまな情報が得られることも便利ですが、近くスマホはなくなり[673]、また、スマホから得られるインターネット情報の8割から9割が嘘であるとさえいわれています[674]-[676]。また、セキュリティの課題もあります。

一方、読書で得た情報は知識や視野を広め、想像力や豊かな感性を育て、自分自身を考え、自主的行動などにも役立つといわれています[677]-[679]。

コラム

99 インターネットの情報を妄信する人が増えている

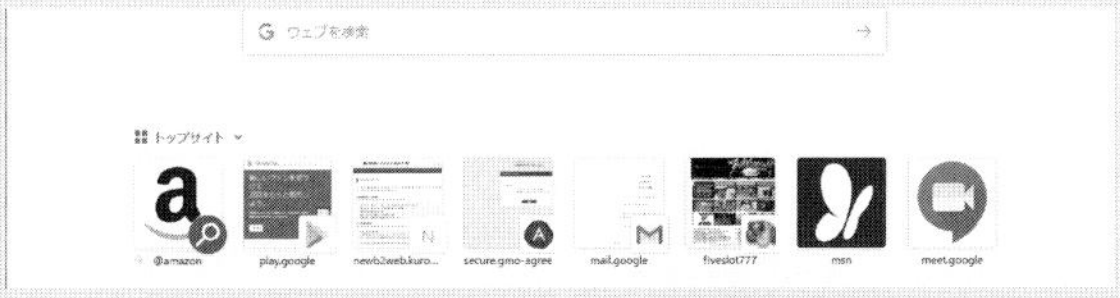

●インターネット web 画面の例

すでに記したように、インターネットで得られる情報のうち8割から9割が嘘であるされていますが、(674)-(676)最近では知りたいことがあったら、インターネットで手軽に調べる人が非常に増えています。また、往々にしてその人たちは、インターネットの情報すべてを正しいと信じがちです。

インターネットの情報には、組織が責任をもって出している情報のほかに、個人が故意または過失で偏った情報を出していることもあります。

このため、一つの情報源にこだわらず複数のサイトを巡ったり、(677)-(679)インターネットを離れて書籍の情報と比べてみるなど、自ら判断することが重要になっています。

100 大切な個人情報が盗まれている

インターネット社会では、個人情報(680)が非常に重要になります。個人情報があれば、ほしい物がある人に、その商品の広告を送ることなどができるため、多少高くても(681)個人情報を買いたがる人がたくさんいるのです。

さらに、自分で個人情報を売ったつもりはなくても、例えば買物や旅行したときなどに、情報が漏れてしまうことがあります。そうすると、その情報がさまざまなところに売られ、売込み電話や広告が届いたりします。

振込め詐欺などの特殊詐欺をする人は、ほかのことでだまされたことのある人の名簿情報(683)を利用しているといわれ、(682)名簿などの個人情報を売る業者もいます。

大切な個人情報を公にするのは必要最小限にするのが望ましく、本当に情報が必要なのか、目的外に使用しない約束がされているのかなどに十分注意することが必要です。

51

スニーカーと私服で働く人が増えている

少し前までは、勤務先は賃金をもらう重要な場所であるため、普段とは違う服を着て、革靴やハイヒールを履いて通勤するのが普通でした。

しかし最近は、スニーカーを履いて通勤することを政府も推奨しています[684]。

企業も社員の運動不足解消に、スニーカーでの通勤を推奨してきています[685]。

このため、若い人をはじめ、スニーカーで通勤する人が多くなり、合わせてジーンズやセーターなどのカジュアルな服装で働ける職場に人気が集まっています[686]。

さらに、新型コロナウイルス感染症の流行を契機に在宅勤務[687]が増え、勤務先と自宅との差があまり意識されなくなり、上司の意識も変わりました。

すなわち、働かせる人も、働く人も、衣類や履き物にこだわらず、指定された仕事をすれば相応の賃金を与え、また賃金が得られるという考え方が広がってきています。

101 リュックを背負って通勤する人が増えている

少し前までは、男性はカバンを持って通勤し、女性はハンドバッグかショルダーバッグをもって通勤するのが普通でしたが、最近は、男性も女性もリュックを背負って通勤する人が多くなっています[688][689]。

リュックを背負うことで両手が空き、スマホの操作がしやすく、リュックのポケットも利用しやすいことなどから、若い人を中心に受け入れられています。

これも、若い人が従来の形式にこだわらず、便利な生活様式を選ぶようになっている一面ともいえます。

コラム

102 ネクタイをしない男性が増えている

クールビズ運動[690][691]などを契機に、ネクタイなしで働くサラリーマンが多くなり、公務員の多くがネクタイをしなくなっています。

一方で、スーツはネクタイで完成するといわれ[692]ており、銀行員などの男性は、ネクタイをきちっと締めていることが多いです。

彼らは、面会する多様なお客さんの好みと合わないことがないように、無難な暗い色の背広を着る[693]必要があるため、ワイシャツとネクタイに凝っておしゃれをする人もいます。

52

スラックスをはく女性が増えている

古代エジプトでは、女性だけでなく、男性もスカート状のものをはいていましたが、６００年ほど前にヨーロッパでズボンのようなものがつくられ、馬に乗るときに便利だと男性の間で流行るようになり、男性はズボン、女性はスカートをはくことが定着しました。[694]

一方、日本では、以前は男女ともに着物を着ていて洋服を着たのは明治以降です。

洋服を着るようになってからも、しばらく男性はズボン、女性はスカートでした。[694][695]

しかし、第２次世界大戦中のモンペから始まり、戦後は男女平等の考えもあり、スラックス（パンツ）をはく女性が増えました。[696]

特に、男女平等意識の浸透、ファッションの多様化などのほかに、スラックスのほうが動きやすいため、働く女性がスカートよりスラックスを好むようになってきています。

なお、女性にとってはスカートとスラックスでおしゃれの幅が広がっていることが喜ばれ、またスカートは体型をカバーしやすいところが好まれています。[697][698]

103 まつげを付けた女性が多いのは特別？

「古事記」にも女性が眉を書いていたという記述があり、眉の化粧の歴史は非常に古く、魔除けの意味もあり、各時代に合うように眉が描かれてきました。[699]

一方、付けまつげは１９４７年に発売され、当時は芸者さん用でした。[700]

しかし最近では、目を大きく、小顔に見せるためなどに、一般女性にも付けまつげが広がりました。[701][702]

なお、多くの男性や高齢者はあまり化粧をしませんでしたが、最近は男性用[703]や高齢者用[704][705]の化粧品も販売されています。

コラム

104 日本の男女平等性はとても低い

２０１８年の世界経済フォーラムによると、日本の男女平等性は１５３か国中の１２１位で、とても低い状態です。[706][707]

１９８５年に「男女機会均等法」[708]が制定されましたが、ある年齢以上の男性の意識はあまり変わらず、下図のように、管理職や役員が男性だけの企業が多く、さらに役員、管理職、従業員も女性の割合が低く、[709][710]職場では男性優位のままです。[711]

ただし、家庭では女性のほうが立場が強い場合も多くあります。[712]

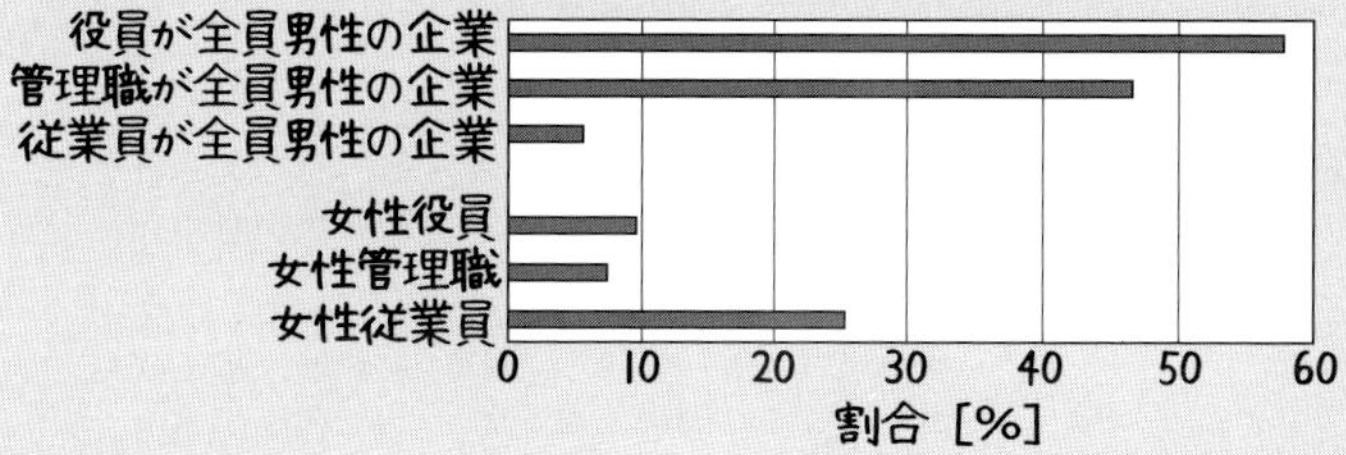

53 仮想通貨が法定通貨を脅かしている

仮想通貨とは、紙幣や硬貨のような貨幣なしで、電子データのみでやり取りされる通貨のことです。[713]

２００９年以降、価値をもった電子データとしてネット送金や決済に仮想通貨が使われるようになり、取引所に口座を開いて使うのが一般的になりました。法定通貨の円などとも交換できるようになっています。[714-716]

送金や決済に関わる複数のコンピュータでデータを管理する「ブロックチェーン」[717,718]という仕組みによって偽造を防いでいますが、従来の通貨のように特定の国家による価値の保証はありません。

代表的な仮想通貨には上図のものなどがありますが、世界全体では千種類以上あり、全体の時価総額は約60兆円にも達しています。[719]

不正防止のために高度な暗号化技術を用いる暗号通貨[720]も出されてきました。

なお、仮想通貨については、安全性や少数企業による管理に対して、欧州中央銀行などが懸念を示しています[721]が、日本政府は、仮想通貨大国を積極的に指向するとし[722]ています。

105 仮想通貨でだまされる人がいる

代表的な仮想通貨のビットコインが値上がりして人気が出ました(723)(724)が、仮想通貨は値下がりすることもある投資の一種であり、「必ず儲かりますよ」などといわれてだまされる人もいます(725)(726)。

一方、仮想通貨は銀行などがない国でも世界的に通用する通貨であるため、普及するべきだとの意見もあります(727)(728)。

今後、仮想通貨が日本で普及するためには、仮想通貨でだまされる人がいないようにできるか、各国の銀行などが仮想通貨をどのように扱うか、高齢者などに理解が得られるかによるとされています。

コラム

106 カードをたくさん持っている人が増えている

デパートやスーパーマーケットだけでなく、町の小売店などでもカード支払ができるようになってきています。政府はカード（キャッシュレス）支払を推奨(729)(730)していますし、現金をもたなくても買物ができるという便利さがあります。

しかし、多数のカードをもたされること、カード支払ができない場合を考えて現金ももたなければならないこと、使い分けが面倒であったり、紛失時の心配があること(731)などから、高齢者や地方では現金で支払をする人が多く、日本は先進国の中ではカード支払が少ない国となっています(732)-(734)。

54

自動車をシェアしている人が増えている

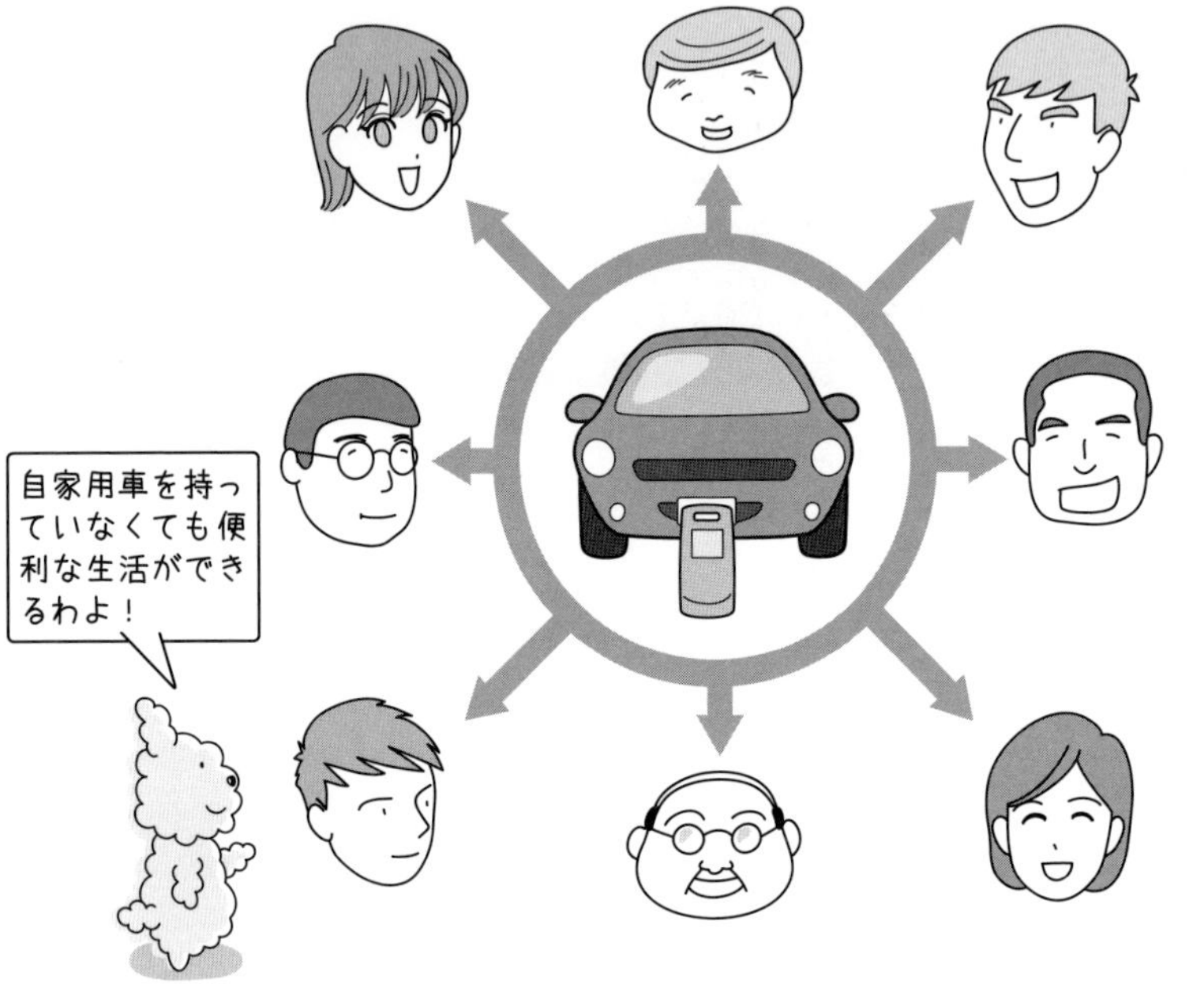

自家用車をもつと、車検や修理、税金などにまとまった経費が必要になり、また、車庫の確保など、さまざまな気を遣わなければなりません。

このため、カーシェアリング[735]で、必要なときだけ自動車を使う人が増えています。

カーシェアリング会社には、全国的なタイムズカープラスやオリックスカーシェア、アース・カー、エコロカ、Ｄ－ｓｈａｒｅ（Ｄシェア）のほかに、主に首都圏で営業するカレコ・カーシェアリングクラブ、中京圏で営業するカリテコ、および札幌、愛知、大阪で営業するラクモ等々[736]があります。

また、東日本大震災被害が大きかった石巻市では（一社）日本カーシェアリング協会[737]がカーシェア事業などを始め、他の震災被害地に広げています。

さらに、マンションのカーシェアリングを扱うオリックスカーシェアなど[738][739]ができています。

一方、多くの会社が自動車の長期レンタル[740]-[742]を始め、リコーが社用の電気自動車を土・日・祝日に貸し出す実証実験をしていました[743]。

107 貸自転車を利用する人が増えている

コンビニエンスストアのセブンイレブンが、東京都、神奈川県、埼玉県、千葉県、岩手県、大阪府、福岡県で自転車を貸し出しています。携帯電話かパソコンで登録して、登録済みのICカードで解錠して使用し、圏内のどこの店に返却してもよいシステムを構築しています。[744]-[746]

また、東京都ではNTTドコモと協力して、千代田区、中央区、港区、新宿区、文京区、江東区、品川区、目黒区、大田区、渋谷区の690か所のポートで、約7500台の自転車を貸し出し、どこのポートに返却してもよいシステムを構築してマイカーの減少を図っています。[747]

コラム

108 ガソリンスタンドが少なくなっている

ガソリンスタンド数が1995年3月末の約6万か所から、最近は約3万か所に減少し、また約300の市町村ではガソリンスタンドが3か所以下になっています。[748]-[751]

これは、若者の自動車離れ、電気自動車の開発、自動車の燃費の向上（エコカーの普及）、ガソリンの仕入れ価格と販売価格との差益（採算性）の低下、地下燃料タンクの埋設後40～50年後の補修義務付け、後継者難、燃料の開発などによるとされ、[752][753]社会インフラとしての維持対策が検討されています。[754]

55

家族揃って外食する人が増えている

共働きの人が増えていますが、料理は女性がするものとの考えが残っていることなどから、夕食を料理する既婚女性は76%とされています[755]。

男性が仕事から帰ってから料理をして、子供や奥さんに食べさせることもありますが、週に14食以上は13%、週に7~13食は22%、週に1~6食が43%、全くしないのが22%であり、多くは週に6食以下で[756]、共働きでも料理は女性がすることが多いままです。

また、油などで汚れた調理器具や食器の後片づけもけっこう大変であるため、油汚れがひどくなる揚げ物などを自宅でつくることには抵抗があり、出来たものを買って家で食べる「中食」も増えています[757][758]。

一方、外食店もおいしさや栄養バランス、衛生管理や価格について競争するようになり、また外食店が増えてきました。

しかし、感染症の流行や、大手飲食業が客単価の低い業態に進出しているため、価格競争に勝てない個人経営の飲食店を中心に、飲食店の倒産件数は過去最多となっています[759]。

109 ファストフードを食べる人やスマホで仕事をする人が増えている

注文してから短時間にハンバーガーなどの食べ物が提供されるファストフード店は、忙しく働く人たちなどには便利なため増えていますし[760]、ファミリーレストランなどの飲食店も増えています[761][762]。

また、店でハンバーガーをかじりながらスマホで仕事をしている人や、職場で昼食をとりながら仕事をする人もいますが、これらの人は仕事の能率が良いのか疑問視されています[763]。

またスマホを信用するあまり「スマホ依存症（中毒）」[764][765]に近い人は、スマホをさわっていないと精神的に落ち着かず、肩こりや頭痛、ストレートネック、不眠症、視力低下、小指の変形などを起こすとされ、対策方法も提唱されています[765]。

コラム

110 コンビニで買った物は食べる場所で消費税率が違う

お弁当をもってきていない場合には、食堂で食べるか、スーパーやコンビニなどで弁当やパンを買って職場や学校で食べるか、またはコンビニのイートインスペースで食べ[766]ますが、２０１９年１１月から、食品を買って帰る場合や出前では消費税が８％であるのに対して、食堂などで食べる場合には消費税が10％になりました[767]-[770]。

また、コンビニで買った食品を持ち帰ったり、店の外で食べる場合には消費税が８％、コンビニ内部のイートインスペースで食べると10％とされています。

56

結婚しない人が増えている

日本人千人当たりの婚姻率は、１９７２年に16・5でピークになってから下がり続け、最近は5.0以下になり、(771)-(774)ピーク時の約3割に低下しています。

また、最近の20歳代の男性は約73％が未婚であり、20歳代の女性は約61％が未婚です。(775)

さらに、35〜39歳の男性の未婚率は、１９７５年の約7％から、最近は35％程度に増加し、35〜39歳の女性の未婚率も、１９７５年の約６％から、最近は24％程度に増加しています。(775)

これは、働く女性の増加、女性の自立意識の向上、男女の出会いの場の減少などによるとされています。

しかし婚姻率の低下は、出生率の低下にもつながり、(776)-(778)国にとっては重大事項です。

また、１人親と未婚の子の所帯が、１９８６年には約１９１万でしたが、最近は約３７０万世帯に増えています。(779)

なお、親と子の同居率は減少傾向で、最近は4割程度になっています。(779)

111 子供の数が大幅に減っている

女性が一生の間に産む子の数は、１９４７年には４・34でしたが、１９６０年頃までは減り続け、１９７４年までは約２・14でほぼ一定で、その後は再び減少し、２００５年には１・26になりましたが、２００７年からは徐々に増加して1.4程度に回復しました。[778]

ただし、出産可能年齢の女性も減り、産まれた子の数は１９８５年には約１４３・１万人でしたが、１９９５年には約１１８・７万人、２００５年には約１０６・３万人で、最近は90万人台に減っています。[777]

なお、これは少子化で若い人が減った[780]ことにもよります。

コラム

112 ママっ子男子が増えている

母親と仲の良い成人男性を「ママっ子男子」といいます。[781]

母親と一緒に旅行に行ったり、買い物をする男性のことで、母親に固執し、支配されている成人男性、いわゆる「マザコン」とは違います。[782]

このような成人男子が増えた理由には、生活が向上し、母親に余裕ができて見かけも若々しいこと、ＬＩＮＥなどで親子が連絡しやすいこと、資産のある親のお金で子が買い物をしてもらえること、成人になっても親と同居している子が４割程度いること[779]などによるとされています。[775][776]

これらが悪いとはいえませんが、成人の未婚率の増加や少子化[778]につながっているようです。

57 日本人は世界で最も時間に正確といわれている

時間給の人などは、近年の働き方の多様化、テレワークの推進、労務管理の徹底などから、勤務時間を正確にする必要があります。

しかし、これらとは無関係なことでも、日本人は時間を守ることを重視しています。

例えば、約束時間に少しでも遅れると責められます。これは、多くの人が時間に追われて生活しているためともいえます。このような時間厳守の行動は、外国では一般的ではありません[783]。

また、日本人が時間を守るのは雇用主や上司に対する礼儀としてであり、本質は異なるとの意見もあります[784]。

しかし、時間に追われているのに、外国人から見ると日本人は仕事の効率が低く、残業が多いとの指摘があります[785]。

「働き方改革[786][787]」が唱えられていますが、勤務時間を厳守しても、成果がでなければ意味がありません[788]から、どうしたら労働の中身を適正に評価できるかを考える必要があります。

113 鉄道が1～2分遅れたくらいで駅員が謝るのは世界的にも特殊である

鉄道を利用して通勤や通学をしていると、駅で電車が1～2分遅れただけで駅員が謝る放送をたびたび聞きますが、このようなことは世界的には特殊です。[789-791]

駅員に謝らせたところで、鉄道が早く来るわけではありません。しかも遅れの原因は、車両や設備の故障は約18%で、乗客の飛込み、線路内への人の立入りなどが77%も占め、またそれらの原因による運休や大規模な遅れは1988年の約3倍になっています。[792]

鉄道多少は遅れることがあるという前提で利用することが必要になってきています。

コラム

114 日本の道路の渋滞が国際語になっている

日本の道路の渋滞[793]は世界的に有名ですが、道路の渋滞情報は、国土交通省と日本道路交通情報センター[794]から5分ごとに出されています。

これは、物品の自動車輸送やマイカーの増加に比べて、道路整備が追いつかないためであり、都市地域の一部ではディーゼル車の運行規制も行われています。[795]

一方、道路は高速自動車国道、一般国道、都道府県道、市町村道、私道に分けられ、農道や林道、臨港道路などもあり、[796] 相互に接続されていますが、国、都道府県・政令市、市町村、個人等が管理し、費用はこれらと高速道路会社がそれぞれ負担し、事故は警察が処理します。

渋滞の緩和には、これらの速やかな連携が必要です。

58 健康保険制度の持続が難しくなっている

保険制度	区 分	法定番号
被用者保険	全国健康保険協会管掌健康保険（協会けんぽ）	01
	船員保険	02
	日雇健康保険	03、04
	組合管掌健康保険（組合けんぽ）	06
	自衛官診療証	07
	共済組合保険	31 ～ 34
国民健康保険	退職者国民健康保険	67
後期高齢者医療保険		39
公費負担医療保険		10、12 など多数

日本では、全国民が公的医療保険に入る「国民皆保険制度」となっています。[797-806]

公的医療保険制度は、加入者およびその家族が医療を受ける際に、その医療費の一部を公的機関などが負担する制度です。

上表のように、加入対象者ごとに全国健康保険協会管掌健康保険、船員保険、日雇健康保険、組合管掌健康保険、自衛官診療証、共済組合保険、退職者国民健康保険、後期高齢者医療保険などがあります。[797]

これらの被用者保険の料金は、事業主が標準報酬月額と標準賞与額の5・49%、被保険者が3・51%を支払っているほか、標準報酬月額と標準賞与額の0・68%を介護保険料として支払っています。

また、少子高齢化に伴って、高齢者の医療費と若者の健康保険料負担が増加し、保険制度の持続が難しくなってきたため、保険適用範囲の見直しや診療報酬の改定も毎年行われています。[807]

なお、安易に医者にかかる高齢者[808]や患者と医者のコスト意識の低さも問題であるとされています。[809]

115 病院が減ってクリニックが増えている

厚生労働省によると、ベッドが20床以上ある診療所（病院）は、1980年の約2万9000から減り続け、最近は8400以下になりましたが、ベッドが20床未満の歯科を除く一般診療所（クリニック）は、1980年の約4万9000から増え続け、2015年に9万を超え、最近は約10万2000になっています。[810]

特に、クリニックでは待ち時間が比較的短いのが良いともいわれています。

コラム

116 虫歯の人は減っているのに歯科診療所が増えている

生活環境が良くなったことや、親が子供に甘い物を控えさせ、しっかり歯磨きをするように習慣づけていること、子供が歯の定期検診に行くようになったこと、フッ素塗布が常識になったこと、売られている歯磨き剤にフッ素が入っているようになったことなどによって、虫歯が大幅に減りました。[811]-[813]

一方、歯科診療所は、1980年の約3.9万から、最近は約7万まで増加しています。[814]

このため、経営難の歯科診療所が増え、必要以上の高額治療を勧める歯科医も出ているので注意が必要です。

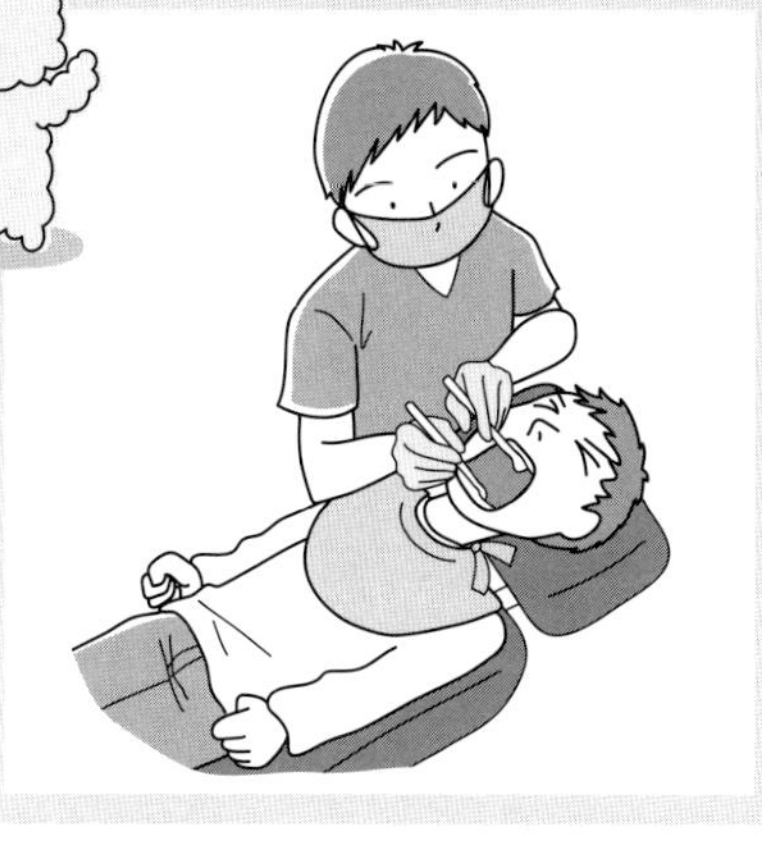

59 家で洗濯しない人が増えている

洗濯機のほとんどが全自動洗濯機になり、乾燥機付きにもなっています。[815] このため、衣類と洗剤を入れると自動的に洗濯と脱水、乾燥までをしてくれるようになっていますし、収納方法でも時短できます。[816]

しかし、家族全員の肌着と靴下などを一緒に洗濯することに抵抗がある人は、何度かに分けて洗濯するので、家庭で一台の洗濯機で洗濯する場合は負担が大きくなります。特に、共働きの家庭などでは、買物や食事の準備と片付けに加えて、洗濯するのは負担です。

このため、1週間分くらいまとめてコインランドリー[817][818]で洗濯する人も増えてきています。

また、単身の男性などは、洗濯物も少なく、肌着と靴下などを一緒に洗濯することに抵抗が少ない人も多いため、コインランドリーでまとめて洗濯を済ませる例が多くなっています。

さらに、洗濯機を持たなければ、洗濯機を置く場所が他に使え、引越も楽になることから、近くにコインランドリーがあれば、利用したほうがよいと考える人が増えてきています。

117 精米したてのお米を好む人が増えている

精米されたお米を買って食べている人も多いのですが、精米したてのお米がおいしいことから、長期保存できる玄米を買って食べる人[819][820]や必要な分だけ玄米を精米して食べる人が増えています。

このような人は、お米屋さんが減ったため、玄米を通信販売などで買い、近くにあるスーパーマーケットやコインランドリーなどに併設されているコイン精米所[821]で精米して食べています。

コラム

118 銭湯の人気が復活してきている

銭湯（公式には普通浴場といいます）は、１９７０年代は約2万軒ありましたが、最近は約４０００軒に減っています[822]。

しかし、風呂のない家に住んでいる下宿学生や在留外国人には銭湯が不可欠であり、また銭湯はゆったりした大きな湯船と洗い場があるので、最近人気が復活してきています[823]。

また、温泉地からお湯を運んできたり、自前で温泉を掘った銭湯もできています。

特に「スーパー銭湯[824]」といわれるところでは、日帰りだけでなく、宿泊もでき、娯楽施設やマッサージなどのサービスも充実しているため、人気になっています。

６０ 映画のスクリーン数が復活してきている

映画のスクリーン数は、１９６０年に約７５００ありましたが、１９９３年まで減り続けて１７３４になりましたが、その後は徐々に増え、最近は３５００以上に復活しています。[825][826]

２０００年には、１施設に１スクリーンの映画館が１４０１、同一施設内に複数のスクリーンがあるシネマコンプレックス（略称シネコン）が１１２３でした。

しかし、最近は通常の映画館が約４００施設であるのに対して、シネコンが３５００施設以上になり、約９割がシネコンになっています。[825][826]

一方、映画の公開本数は、１９５５年には約６１０本でしたが、２０１９年には１２７８本に増えています。[825]

なお、２００１年以降の映画館総入場者数は、１億７０００万人前後でしたが、２０１９年には約１億９５００万人にやや増加しています。[825][826]

また、興行収入も１８１２～２３５５億円であったのが、２０１９年には２６１１億円に増えています。[825][826]

119 テレビの視聴率がテレビ局によって大きく異なる

全国放送のテレビ局の視聴率は、2004年には、フジテレビ、日本テレビ、テレビ朝日、NHK、TBS、テレビ東京の順でしたが、インターネット動画などと競争になっている[827]ものの、2018年度には、日本テレビが11・9%、テレビ朝日が10・5%、TBSが10・0%、NHKが9.9%、フジテレビが8.1%、テレビ東京が6.3%になっています。[828]

なお、今までの世帯視聴率だけでなく、個人視聴率が指標として重要になってきているとの指摘もあります。[829]

コラム

120 レンタルCD・DVD店が激減した

レンタルビデオ店やレンタルCD（コンパクトディスク）店は、1980年頃から急速に増えました。

しかし、1989年に6213店でピークとなり、DVD（ディジタルバーサタイルディスク）も扱うようになりましたが、2019年には1882店に激減しています。[830][831]

一方、1店舗当たりの平均面積は、1994年の24平方メートルから、2019年には938平方メートルに増加し、また、1店舗当たりのCD・DVDの平均在庫枚数は、1994年の8585枚から、2019年には1万8677枚に大幅に増加しています。[830][831]

61 ペットに癒されている人が増えている

結婚しない人や子供のいない夫婦が増え、イヌやネコをはじめとするさまざまなペットに癒されている人が増えていますが、ペット保険[832][833]に加入している人は少数です。[834]

また、イヌやネコがペットショップなどへの流通中に2.6万匹も死んでいるといわれています。[835]

（一社）ペットフード協会[836]によると、2013年には全国でイヌが1026・5万頭、ネコが937・2万頭飼われていましたが、最近はイヌが約890万頭、ネコが約950万頭で、イヌよりネコのほうが多く飼われるようになっています。

イヌは飼い主に対して従順で、反抗することもほとんどないので女性に人気があり、特に室内犬が人気です。また、ネコは甘え上手なので飼育数が増えていますが、複数飼育が多いため、飼っている人の数はイヌのほうが多くなっています。[837]

また、子供がペットの世話をすると思いやりのある人に育つともいわれていますが、ペットの遺棄やペットへの虐待なども問題になっています。[838]–[845]

121 高額でペットを売る店が増えている

以前は、近所や知り合いの家で生まれた子イヌや子ネコをもらっていましたが、最近はペットショップ(846)(847)で購入するのが普通になっています。さらに、高価なイヌやネコを飼っていることで優越感をもつ人も出てきているため、血統書付きのイヌやネコは特に高い値段で売られています。

また、特定(848)-(850)の高価な種類のイヌやネコを繁殖させて売るブリーダーと呼ばれる人たちも増えています。

コラム

122 ペットの入院施設、葬儀店、墓地が増えている

ペットの病院（犬猫病院）が増えているだけでなく、手術ができ、入院施設もある病院が増えています(851)(852)。

すでに記したように、ペットの病気や怪我の治療には保険(832)(833)がありますが、まだ加入者が少なく(834)、治療費が高価になりがちです。

また、ペット専用の葬儀店やお墓も増えています(853)-(855)。

一方、捨てイヌや捨てネコを減らす活動もあり(856)(857)、またイヌやネコにマイクロチップの装着を義務付ける法律の制定が進められています(858)(859)。

62

日本にいる外国人が増えている

訪日外国人は、２０１２年以降、急激に増え、２０１９年には約３２００万人になりました。また、出国日本人も２０１９年には２０００万人を超えました。[860][861]

さらに、２０１９年には日本に住んでいる（在留）外国人も３４０万人を超えました。[862][863]

すなわち、訪日外国人は日本の人口の20％を超え、人数に滞在日数を掛けた値にしても日本人の１％程度になり、在留外国人も、日本の人口の３％を超えてきました。

このような外国人の増加によって、今後の日本社会や日本人の在り方が変わらざるを得なくなります。

政府は、観光客（訪日外国人など）をいっそう増やす方針とし、[864]また労働力不足を補うものとして、外国人労働者の受入れを進める方針としましたが、[865][866]新型コロナウイルス対策で出入国が制限され、[867]-[869]この方針は大きく変わらざるをえなくなってしまいました。

なお、海外に住んでいる（在留）日本人の数は増加傾向にあります。[870]

123 日本にいるヨーロッパ人やアラブ人は少ない

2019年6月現在、日本に永住または中・長期間在留している外国人は、中国人が約79万人、韓国人が約45万人、ベトナム人が約37万人、フィリピン人が約28万人、ブラジル人が約21万人、以下、ネパール人、台湾人、インドネシア人、アメリカ人、タイ人、その他となっています。(862)(863)

このように、エジプト、チュニジア、スーダン、シリア、サウジアラビアなどのアラブ系の人は少なかったのですが、最近は増加傾向ですので、イスラム教の礼拝場所やイスラム法で許される「ハラール対応」の食材や料理を出す店の増加が必要になっています。

コラム

124 海外に長期滞在や永住している日本人が増えている

外務省によると、1998年時点では、日本人の海外長期滞在者は約52万人、永住者は約28万人でしたが、増え続け、2018年には長期滞在者が約87・7万人、永住者が約51・4万人、合計で約139万人になっています。(870)

このようなことは、日本の国際化のために望ましいともいわれていますが、一方で親との同居や親の老後の世話をするために、長期海外滞在や永住は避けたいという若者も増えています。

Ⅵ

身近な食べ物のホント?!

米の消費量が１９６２年の半分以下になっている

日本人のお米の消費量は、１９６２年には１人当たり１１８キログラムもありましたが、２０１９年には半分以下の約55キログラムまで減っています。[871]

これに伴って、お米の需要量も毎年約８万トンずつ減っています。[871]

このため農林水産省は、米づくり農家への資金繰り対策、他の作物への転換補助、ブタやニワトリの飼料用米の増加政策、流通過程の整備、省力化機器への助成、規模拡大への助成、輸出の強化など、さまざまな政策を行っています。[872][873]

２０１９年時点の米の輸出額[874]は、精米が約46億円であり、そのうち香港が約１３・７億円、シンガポールが約8.0億円、アメリカが約5.4億円、台湾が約4.1億円で、これらで約68％を占めています。

また、２０１９年時点の米加工品の輸出額[875]は、アルコール飲料が約６６１億円（うち日本酒が２３４億円）、米菓が約43億円などとなっています。

なお、水田は生物多様性の維持に大きく貢献していますので[876]-[878]、野生生物のためにも水田を守る必要があります。

125 世界では8億2000万人以上も飢えに苦しんでいる

2017年時点で、世界の飢餓人口は約8億2100万人、世界人口の約9人に1人が飢えに苦しんでいます。[879]-[882]
また、天候不順や自然災害によって穀物の生産量が減ると穀物が投機の対象となり、食料が得られない人たちが増えるといわれています。[883]

さらに、世界の5歳未満児の死因の3分の1が、栄養不足などによる肺炎や下痢などです。たとえそれらの病気で命を落とさなくても、栄養不足が子供の発育を妨げ、十分に働くことができなくなったり、知的障害になったり、[884][885] 妊婦が十分な栄養をとれないために、生まれてくる子供の成長に影響することもあります。[886][887]

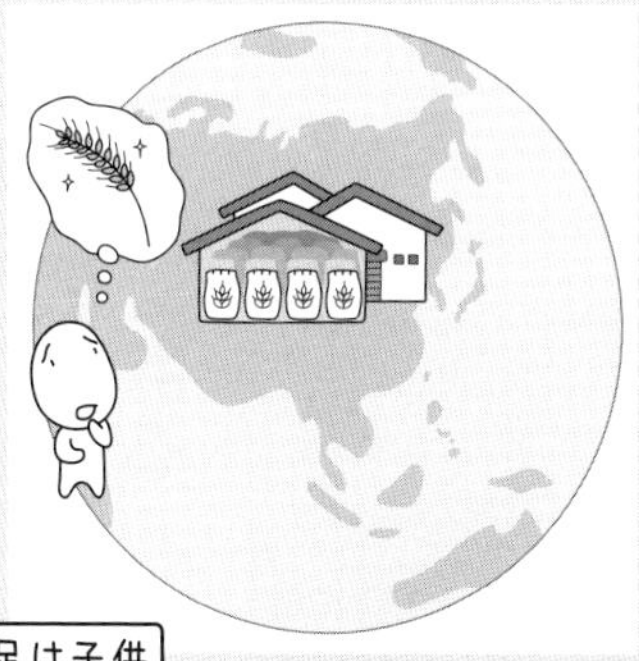

コラム

126 世界の穀物生産量は全人口を飢えさせないだけある

人口増加に伴い穀物の消費量は毎年増加していますが、生産量も増加していますので、世界全体では全人口を飢えさせないだけの量はあります。[888]-[890]

もし、世界に住む73億人に穀物が平等に分配されていれば、生命を維持するために必要な量である1人当たり年間340キログラム以上が生産されていることになり、穀物の在庫率も安定しているはずです。[890]

しかし、穀物がバイオ燃料用などとして少数の国に買い占められて高額で輸出されたり、[891] 家畜の餌にもされるために、飢えに苦しむ人が多くなっています。

なお、現在ではロシアは穀物の輸出国となり、[892] 中国は大量の穀物を備蓄しているといわれています。[893]

64

日本の穀物の約7割が輸入品である

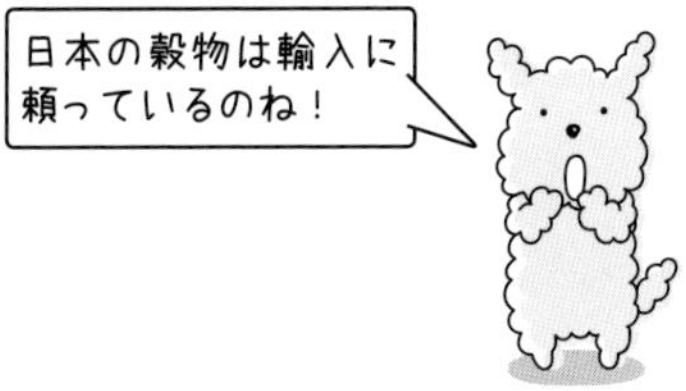

日本のお米の生産は国に保護されていますので、２０１８年の米のカロリーベース自給率は98％となっていますが、カロリーベース自給率は、小麦が１９６５年度には28％であったのが12％に低下し、大麦・裸麦が73％から9％に、全穀物が約62％から28％以下に低下してしまいました。[894][895]

この日本の穀物自給率は、人口１億人以上の国で最下位です。[896]

また、穀物以外の１９６５年から２０１８年の食料自給率は、イモ類が１００％から73％、豆類が25％から7％、野菜類が１００％から77％、果実類が90％から38％、肉類が90％から51％、魚介類が１００％から約50％に減り、さらにカロリーベースでの食料自給率は、１９６５年度の73％から37％に低下しています。一方、鶏卵の自給率は96％、キノコ類の自給率は88％を維持しています。[897]-[901]

なお、２０１７年の主要国のカロリーベース自給率は、カナダが２６４％、オーストラリアが２２３％、アメリカが１３０％、フランスが１２７％となっています。[896]

127 肉類や乳製品が輸入品になってきている

1965年には、牛肉の95%、豚肉の100%、鶏肉の97%が国産でしたが、最近では国産割合が大幅に下がりました。

例えば、2018年時点で、牛肉の64%、豚肉の52%、鶏肉の36%、牛乳・乳製品の41%が輸入品になっています。(900)

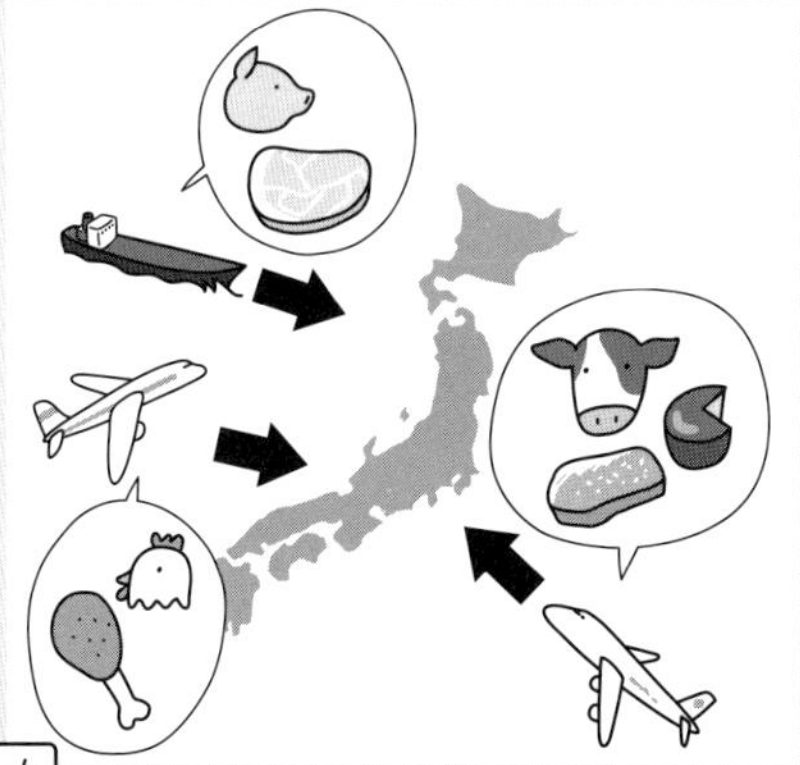

なお、高カロリーの肉類などに頼らず米の生産をイモなどの生産に転換すれば、国内農業だけでも全国民のカロリー供給が可能になるといわれています。(901)

コラム

128 ステーキを食べるとその8倍もの重さの穀物を消費したことになる

ウシは荒れ地の草でも育つため、荒れ地の多いアメリカでは牛肉を多く食べていましたが、ウシへのホルモン剤などの投与を嫌って、牛肉離れしています。(902)

一方、日本のウシは、青草、干草、稲わら、これらの発酵物のほかに、最近は、トウモロコシや大豆などの穀類や油かす類、脱脂粉乳や魚粉どで育てられることが多くなり、牛肉1キログラム生産に穀物が11キログラム必要とされ、2017年には、約1400万トンもの穀物が家畜用の飼料として輸入されています。(903)

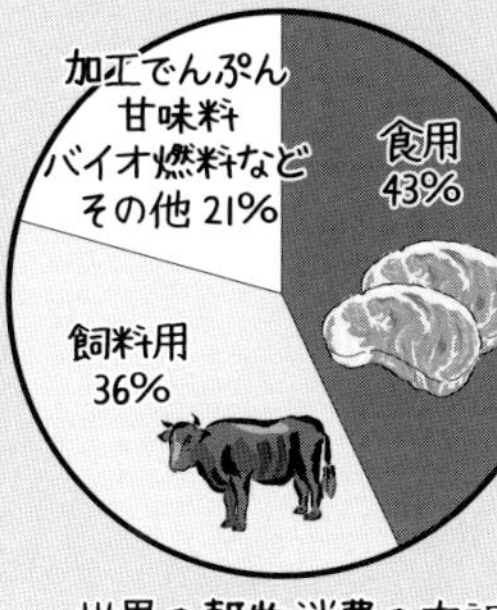

世界の穀物消費の内訳

65 朝食を食べない子供は能力が劣っている!?

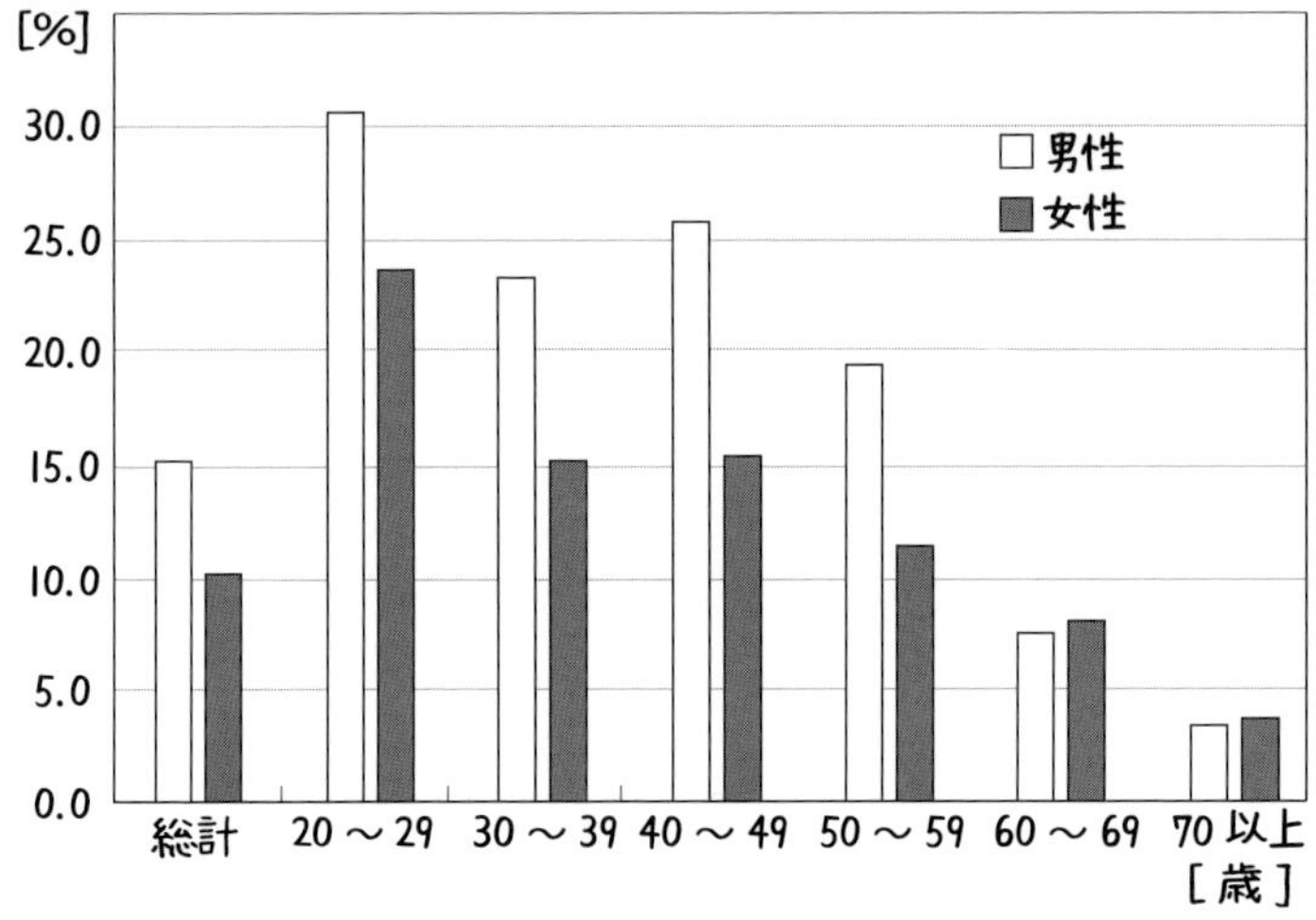

私たちは寝ている間にもエネルギーを使い、栄養素を使って細胞の新陳代謝を行っていますので、朝は体のエネルギーや栄養素が少ない状態になります。

朝食によって消化管の筋肉が動き出し、発熱し、体温上昇と脳の活発化が始まり、午前中を活動的にし、昼食でエネルギーを補給して午後の活動に備え、胃腸が刺激されて便秘などをなくします。[904]

なお、農林水産省の小学６年生と中学３年生の２０１７年度学力調査によると、朝食を食べない子より、朝食を食べている子の国語ＡとＢ、数学ＡとＢの正答率が14・6〜19・3％も高いことが示されています。[905][906] また、文部科学省の調査によると、２０１７年には小学生の13・1％、中学生の17・3％が朝食を食べていないとされています。[907]

また、国民健康・栄養調査報告[908]によると、上図のように、男性の15・0％、女性の10・2％が朝食を食べず、朝食抜きの人がいますが、[909][910] 朝食抜きでは学力低下だけでなく、脳出血リスクが４割増え、冷え性も２倍になるとされています。[911]

129 日本人の平均摂取カロリーは少ない

最近の日本人の摂取カロリーは、男性が平均約２１００キロカロリー、女性が平均約１７００キロカロリーで、開発途上国を含めた世界平均より少なくなっています[912][913]。

世界の平均摂取カロリーは、アメリカが３８００キロカロリー、次いでルクセンブルグ、ベルギーなどの順です[914][915]。

なお、日本人の摂取カロリーは減っているのに肥満率は増えています[916]。

コラム

130 ダイエットはカルシウム不足になりやすい

国立健康・栄養研究所によると、１日当たりのカルシウム摂取量は、１９９６年には、男性が５８５ミリグラム、女性が５６８ミリグラムでしたが、２０１７年には男性が５２０ミリグラムで11・1％減り、女性が５０９ミリグラムで13・1％も減っています[912][913]。

特に、ダイエットを気にしている20～29歳の女性の１日のカルシウム摂取量は４２０ミリグラムで、１９９５年に比べて約18％も減り、30～39歳の女性も４２１ミリグラムで、推奨量の６５０ミリグラムの約65％になっています[912][913]。

このため、骨粗しょう症などになる恐れが高まっています。

66

食べ物が1年間に約１５００万トンも捨てられている

２０１７年度時点で、食品製造業から約１３４６万トン、食品卸売業から約11万トン、食品小売業から約91万トン、外食産業から約57万トン、合計約１５０５万トンの食品廃棄物が出されています。この食品産業全体からの廃棄物のうち、約１３７０万トンが再利用され、その81％が飼料、16％が肥料、５％がメタン発酵、４％が油脂・油脂製品、少量が炭化されたり、エタノールに再利用されています。また、約１６１万トンが減量化され、約44万トンが熱回収されその他利用が約31万トンあり、埋立量は約１２３万トンとなっています[(917)]。

日本の食品廃棄物量は世界トップクラスであり、その削減が求められています[(918)-(920)]。

一方、一般家庭からの食品廃棄物の推計量は、２０１６年度で、約７８９万トンあり、そのうち、肥料化やメタン化などで再生利用されている量は56万トン、約7.1％で、焼却や埋立処分されているものが約７３３万トン、約92・9％です。家庭廃棄物のうちで食べられる部分の食べ残しと調理時の過剰除去や直接除去量が２９１万トン[(921)]となり、削減が求められています[(922)]。

131 日本人1人の食べ残し分で食料不足国の子供1人の命を助けることができる

前項に記したように、一般家庭で食べられる部分が捨てられる量は年間約291万トンにもなります。

その一方で、食糧不足に苦しんでいる国や地域がたくさんあります。[923][924]

例えば、コモロ、ブルンジ、エリトリア、ザンビア、エチオピア、スーダン、モザンビーク、エスワティニ、コンゴ、ジンバブエ、ナミビア、タンザニア、チャド等のアフリカ諸国とハイチ、タジキスタン、東ティモール、北朝鮮、モンゴル、イラクなどが深刻な食料不足です。[925]

これらの食料不足の国の子供たちへの影響[926]や餓死させないための活動が提案されています。[927]

コラム

132 見栄えが悪い作物が捨てられてしまう

見栄えが悪い野菜や果物は買う人が少ないので、農家で捨てられてしまうことがあり、また豊作になりすぎると、野菜や果物の値段が下がるので、農家で野菜や果物の一部が捨てられたり、堆肥にされてしまうこともあり、[928][929]食べきれずに捨てる食材も少なくありません。[930]

このため、見栄えの悪い野菜や果物を食卓に乗せる運動や廃棄野菜を減らす方法が提案され、[931][932]無料で配ることも行われています。[933][934]

アメリカ、[935]ドイツ、[936]フランス[937]などの国では、見栄えの悪い野菜や果物も普通に販売されています。

なお、世界では食料の3分の1が捨てられるともいわれています。[938][939]

67

貝類の漁獲量が約30年で4分の1以下に減った

貝のうちで最も多いアサリは、1986年までは年間12万トン採れましたが、年間4万トンを切り、さまざまな努力が行われましたが、2018年の漁獲量は約7700トンになっています。[940]-[943] シジミの漁獲量は、1981年までは年間4万トン以上でしたが、2007年以降は年間1万トン前後になっています。[944]

また、アサリは1989年から輸入され、最近の輸入量は年間約4万トンで、[945][946] シジミも2000年から輸入され、最近の輸入量は年間約4000トンになっています。[947] また、ハマグリは年間約6000トン輸入されていますが、[948] 輸入アサリの一部が一時的に日本の海岸に入れられるため、日本の生物多様性に悪影響を与えているとの指摘もあります。[949]

さらに、ホタテ貝の2016年の漁獲量と養殖生産量の合計は、約43万トンになり、約68%が北海道産、約29%が青森県産となっています。[950]

また、2017年のカキの生産量は、むき身換算で約17・4万トンであり、広島県産が約60%、宮城県産が約14%、岡山県産が約8%となっています。[950]

133 潮干狩りで採れる貝の多くが外国産である

前述のように、アサリやシジミなどの漁獲量が減り、また、輸入比率も下がり傾向です。

ただし、アサリなどの稚貝を輸入して、1週間程度日本の砂浜で育てると「国産」扱いになります[946]。

また、海岸で貝を採る潮干狩り[951]-[953]は、以前の6割弱になってしまった自然海岸だけでなく、人工海浜でも行われるようになり[953][954]、また自然の貝ではなく、漁業組合がまいた外国産の貝を採っている例も多くなっています[952][953]。

コラム

134 日本産の魚介類やマツタケが食卓から消えた

1990年代の魚介類の輸入元は中国が最も多く、次いで北朝鮮、韓国、ロシアの順でしたが、2002年頃から日本人の魚介類の摂取量が激減したのに伴って、輸入量も減り、中国、アメリカ、チリの順になっています[955]。

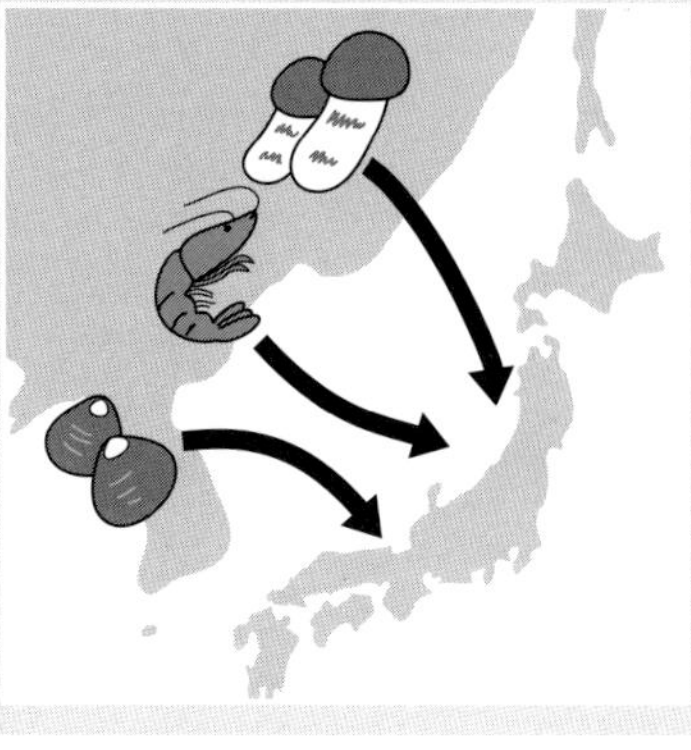

なお、アメリカやEU、日本などは、国際連合の決議を基に北朝鮮との輸出入を禁止していますが[956]、中国はこの決議に参加せず、北朝鮮産の魚介類[957]やマツタケ[958]などが中国経由で日本に輸入されていましたが、新型コロナウイルス感染症などの影響で変わってきています。

68

全国的に耕作放棄地や荒廃農地が増えた

1年以上耕作されず、また数年の間に再び耕作されないと推定される農地を耕作放棄地といい、放置された農地を荒廃農地といいます。(959)

２０１５年には、耕作放棄地が約42・3万ヘクタール、荒廃農地が28・4万ヘクタールあり、これらを合わせると約70・7万ヘクタールで、耕作地面積約３５０万ヘクタールの約20％にもなっています。(959)(960)

これらが増加すると、雑草や害虫の増加、鳥獣被害の増加、食糧自給率の低下、ごみの不法投棄の増加、農地集積化の阻害、農地の機能の喪失などを引き起こします。

その原因として、農地法や都市計画法の不備、農家の後継者不足や少子高齢化による労働力不足などがあるとされています。(960)-(963)

このため、耕作放棄地の固定資産税の値上げ、農地中間管理機構の農地集積バンクによる農地や耕作放棄地の集約による貸出、耕作放棄地再生利用緊急対策交付金や自治体の交付金、農産物の加工販売などの新しい農業の促進、農業への外国人の積極的な受入れなども図られていますが(960)-(964)、十分とはいえない状況です。

135 耕作放棄率が高いのは山梨県、長崎県、広島県、香川県の順である

２０１５年時点での都道府県別の耕作放棄率は、山梨県が最も高く、約19・1%、次いで長崎県が約18・5%、広島県が約17・5%、愛媛県が約17・0%、香川県が約16・2%、以下、群馬県、静岡県、島根県、山口県、福島県などで、北海道が最も低い約1.8%になっています。[965]

なお、荒廃農地の面積は増加傾向で、[959][960]再利用可能農地は減少傾向ですが、１経営体当たりおよび１戸当たりの経営耕地面積は増加しています。[966]

コラム

136 日本人が世界の農地をやせさせている

日本の農産物の輸入額は、１９６０年から２０１３年に9.9倍に増加し、２０００年から２０１５年でも約1.6倍に増加しています。[967]-[970]

また、世界の農産物・食料品の輸入額は、[971]アメリカ、中国、ドイツ、オランダ、日本の順ですが、輸入額から輸出額を差し引いた額では、[972]日本が世界一で、[973]-[975]日本人が世界の農地をやせさせているといえます。

輸入相手国別の輸入額では、中国、アメリカ、サウジアラビア、韓国、台湾、ドイツの順となっています。[975]

なお、２０１３年に環太平洋経済連携協定（ＴＰＰ）[976][977]に参加したことが、価格などを含め、今後の日本の農業への影響が大きいといわれています。

69 田畑にまく化学肥料の使用量が減っている

化学肥料の使用は1905年頃から始まり、1955年には約500万トンに達しました。[978-980]

窒素は作物に不可欠ですが、[981,982] 窒素肥料が土壌中の硝化菌によって酸化されて硝酸となり、さらに脱窒菌で窒素になって空気中に放出されるため、窒素肥料の約半分が無駄になります。[983] また何%かは水に流れ、この水に流れた肥料が湖沼のアオコや海の赤潮などの原因になることが明らかになってきました。[984]

窒素肥料を多用すると、葉物野菜に硝酸や亜硝酸が残って子供に悪影響を与えることが指摘され、[984] 化学肥料による土壌汚染などの問題も指摘されています。[985]

これらのため、近年、化学肥料の使用量の適正化が行われるようになり、耕地面積当たりの化学肥料の使用量が徐々に減少してきました。[986-988]

例えば、田畑10アール当たりの化学肥料の施肥量は、1990年の約12キログラムから2011年には約9キログラムに減っています。[987,988]

なお、世界での化学肥料使用量は、増加傾向が続いています。[989]

コラム

137 田畑に殺菌剤入りの肥料も使われている

窒素肥料が土壌中の硝化菌によって硝酸にされるのを防ぐために、硝化菌を殺す殺菌剤入り肥料などのさまざまな農薬入り肥料も使われています。[990-993]

このような化学肥料と農薬を多用する農業生産に対して、低農薬・低化学肥料、あるいは無農薬・無化学肥料の農業生産も徐々に増え、これらによる「特別栽培農産物」が人気になっています。[994][995]

例えば、アイガモに雑草や害虫を食べさせて、そのふんを肥料とし、生長したアイガモを食用にする「アイガモ農法」[996-999]による稲作が話題になっています。

138 農作物に欠かせないリン酸肥料が不足気味である

人類を含めた動物は他の動物や植物を食べて生きている生物（従属栄養生物といいます）[1000-1002]ですが、食料の基は植物です。[1003]

この植物に必要な三大栄養素は窒素、リン酸、カリウムで、[1004][1005]水耕栽培にはこれら[1006]と植物活力剤[1007]が使われています。

窒素は空気から、カリウムは主にカリウム鉱石から、リン酸は輸入したリン鉱石からつくられます。[1008]

このリン鉱石は主に水鳥のふんが固まったものですが、水鳥のふんが鉱石になるまでに時間がかかるため、リン鉱石は不足気味で、循環や有効利用技術[1009-1016]が開発され、[1017]し尿、下水汚泥、廃棄物などからリンを回収する技術が開発されています。[1018][1019]

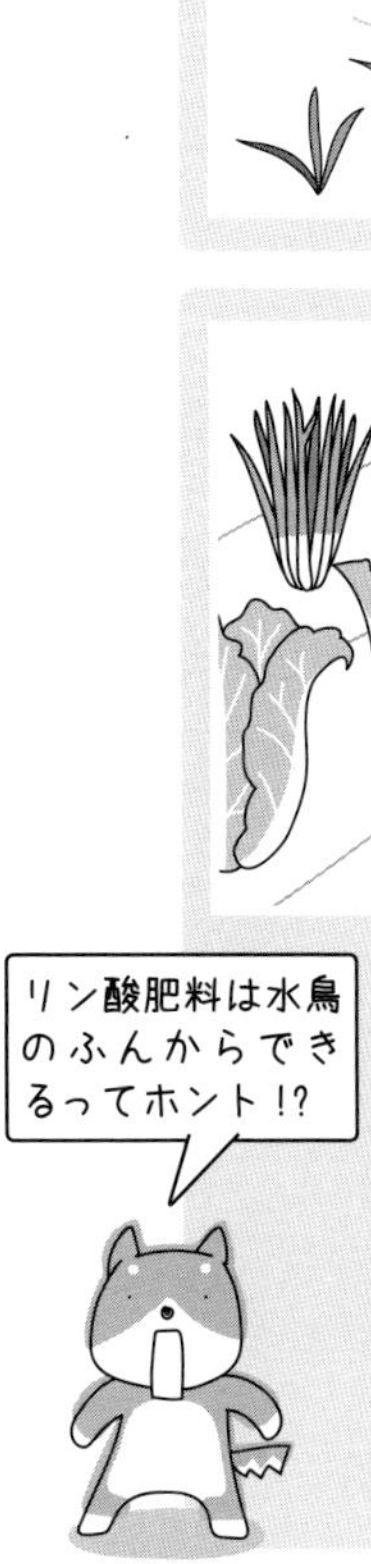

70

お米をつくるのに多くの農薬が使われている

農薬の散布は、作物だけでなく、農家や周辺環境にも悪影響を与える可能性があります。[1020]-[1022]

日本での農薬の使用量は、１９９０農薬年度（10月から翌年９月までを農薬年度といいます）には51万トンでしたが、２０１８農薬年度には約22万トンに減少し、除草剤が約8.2トンで水田除草剤が多く、殺虫剤が約7.3万トン、殺菌剤が約3.9万トン、殺虫・殺菌剤が約1.7万トン、その他が約1.2万トンになりましたが、これでも世界第３位です。[1023]-[1025]

一方、食品中の農薬の安全性を保障する制度は、残留してはならないレベルを定める制度（ネガティブリスト制度）から、残留しても問題がないレベルを定める制度（ポジティブリスト制度）に変えられ、国際基準を基に農薬の残留基準が定められました。[1026]

また、国内外で基準がない農薬については、一律に０・01ｐｐｍ以下とされ、対象とされる品目も33品目から２００品目以上に拡大されました。[1026]

ただし、厚生労働大臣が指定した「人の健康を損なう恐れのない農薬」は規制対象外とされています。[1026]

139 日本は耕地面積当たりの農薬使用量が世界第3位である

日本の耕地面積当たりの農薬使用量は、減ったものの、米づくりに多く使われているため、[1027] 前記のように、世界第3位です。[1024] 農薬に頼るのは農業従事者の減少や高齢化など[1028][1029]によるものです。それを受け、近年、さまざまな改善策が提案・実施されてきています。[1029][1030]

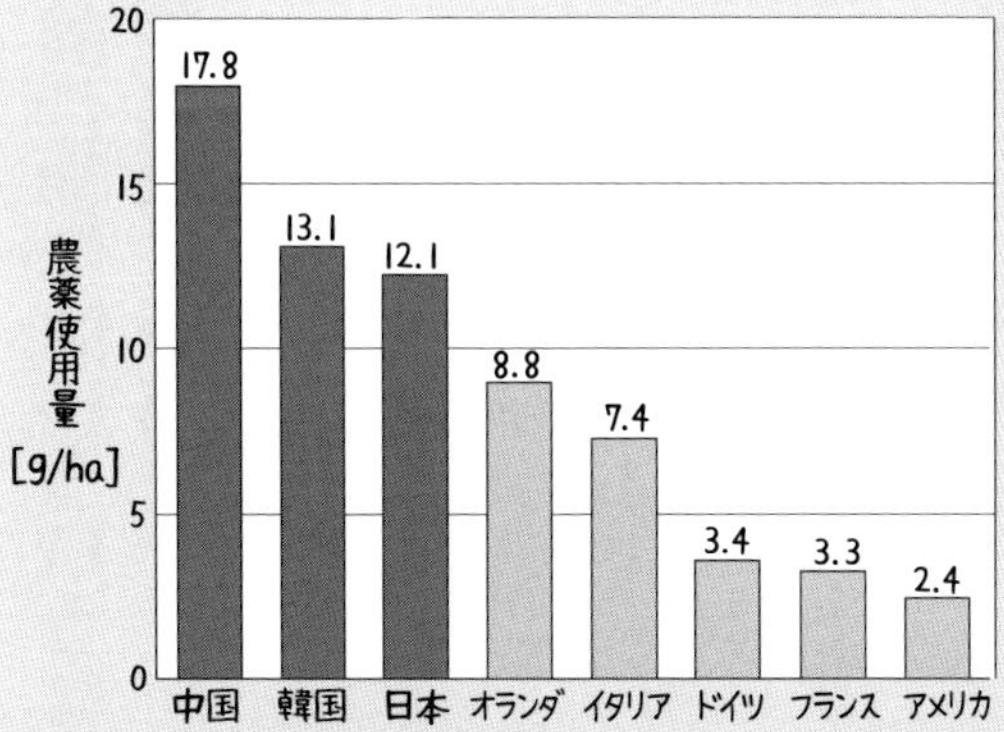

コラム

140 野菜の組合せ栽培が野菜の病害虫対策に有効である

いくつかの野菜を組み合わせて決まった順序で一定期間栽培する「輪作」、違う種類の野菜を一定期間重ねて栽培する「間作」、いくつかの作物を組み合わせて栽培する「混作」などが病害虫対策に有効とされています。[1031]〜[1034]

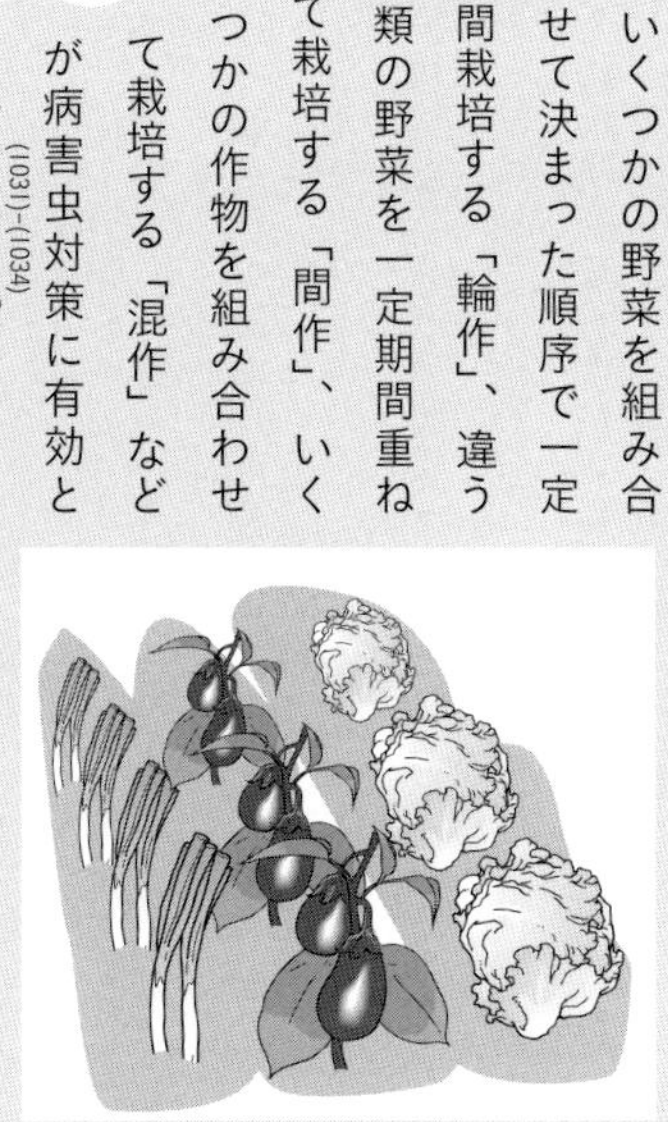

これは、作物に付いている病害虫や雑草の被害を減らす効果があったり、特定の組合せの作物が生育を助け合うためといわれています。

なお、長野県で白菜の連作による根腐れ病対策に多量の農薬が使われていたことが著者らの報告[1035][1036]で指摘されたことなどを契機に減農薬栽培が普及しました。

71 農作物にはいろいろな薬品が使われている

野菜・果物の残留農薬

多い順	野菜・果物	少ない順	野菜・果物
1	イチゴ	1	パパイヤ
2	ホウレン草	2	ナス
3	ケール	3	アスパラガス
4	ネクタリン	4	キウイ
5	リンゴ	5	キャベツ
6	ブドウ	6	カリフラワー
7	モモ	7	メロン
8	サクランボ	8	ブロッコリー
9	ナシ	9	マッシュルーム
10	トマト	10	ハネデューメロン

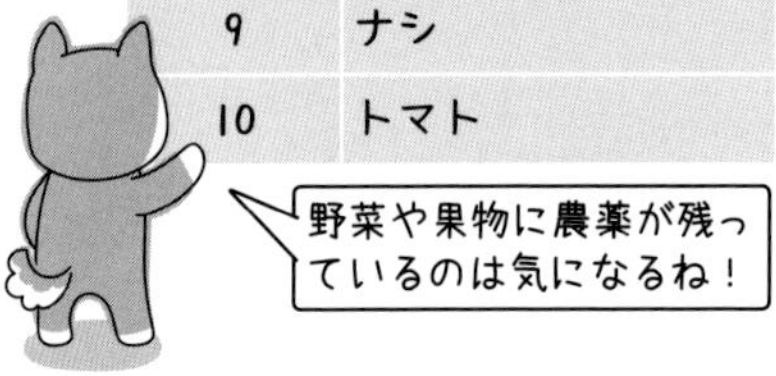

野菜や果物の市場価格を上げるために、いろいろな農薬などが使われていますが、野菜や果物の残留農薬[1037-1039]は、上表のように、イチゴ、ホウレン草、ケール、ネクタリン、リンゴ、ブドウなどに多く、パパイヤ、ナス、アスパラガス、キウイ、キャベツ、カリフラワーなどには少ないとされています。

なお、農薬[1040]や残留農薬の危険性とその低減方法[1041-1044]も示されています。

また、収穫後に害虫やカビの発生を防止するために農薬を散布する「ポストハーベスト」[1045-1047]は、日本では食品添加物扱いで禁止されていますが、輸入される穀物などは、[1048]倉庫や輸送船で防かび剤や防虫剤が使われることがあるので注意が必要です。

一方、輸入される野菜・果物は、病害虫の侵入を防ぐために植物検疫が行われ、輸出国の植物検疫機関が発行した植物検疫証明書が必要ですが、輸入不可のものや植物検疫が免除されるものもあります。[1049-1051]

なお、検疫のための消毒方法には、蒸熱処理と臭化メチルによるくん蒸処理があります。[1052]

141 ゴルフ場で大量の農薬が使われている

ゴルフコースでは雑草を増やさないために、農業用の農薬と同じ薬剤が使われるため、周辺の水生生物などの被害が懸念されました。[1053][1054]

このため環境省は、ゴルフ場で使用される農薬による「水質汚濁の防止および水産動植物被害の防止に係る指導指針」[1055][1056]を定めて地方自治体に調査・指導を求め、また、ゴルフ場における農薬使用の適正化についての通達[1057]を出しています。

コラム

142 化学物質の毒性にはいろいろある

化学物質の毒性には、急性毒性、皮膚腐食・刺激性、眼損傷・刺激性、呼吸器感作・皮膚感作性、生殖細胞変異原性、発がん性、生殖毒性、特定標的臓器毒性（単回ばく露・反復ばく露）、吸引性呼吸器有害性などがあり、[1058]これらの毒性影響のリスク評価方法が示されていますが、[1059]化学物質に弱い人も守れるような予防的管理と情報伝達の充実が求められています。[1060]

急性毒性（区分1～区分3）

呼吸器感作性、生殖細胞変異原性
発がん性、生殖毒性
特定標的臓器毒性（単回ばく露）
特定標的臓器毒性（反復ばく露）
吸引性呼吸器有害性

急性毒性（区分4）、皮膚刺激性
眼刺激性、皮膚感作性
特定標的臓器（区分3）
オゾン層への有害性

水生環境有害性

金属腐食性物質、皮膚腐食性、
眼に対する重篤な損傷性

支燃性または酸化性ガス
酸化性液体・固体

72 水田に大量のダイオキシン類が入れられた

過去に水田用の除草剤や農作物の殺菌剤として利用されていたＰＣＰ（ペンタクロロフェノール）、水田用除草剤として利用されていたＣＮＰ（クロロニトロフェン）、および野菜用の殺菌剤として利用されていたＰＣＮＢ（ペンタクロロニトロベンゼン）[1061]-[1063]などにダイオキシン類が混入していることがわかりました。

これらの農薬の散布によるダイオキシン類の量は、規制前の全ごみ焼却施設の排ガス中ダイオキシン類量を上回る[1062]とされており、具体的対策が必要です。

日本の水田にはダイオキシン類が残り、自然に流出したり、分解してなくなるのを待っている状態ですが、農家や消費者には十分に周知されていません。

なお、ダイオキシン類を含む農薬の使用許可を出した農林水産省、および製造・販売していた三井東圧化学（現三井化学）、住友化学、石原産業、日産化学工業、日本化薬、日本農薬などの企業[1063]の責任も重大です。

143 食べ物に含まれるダイオキシン類の３分の２がＰＣＢ類である

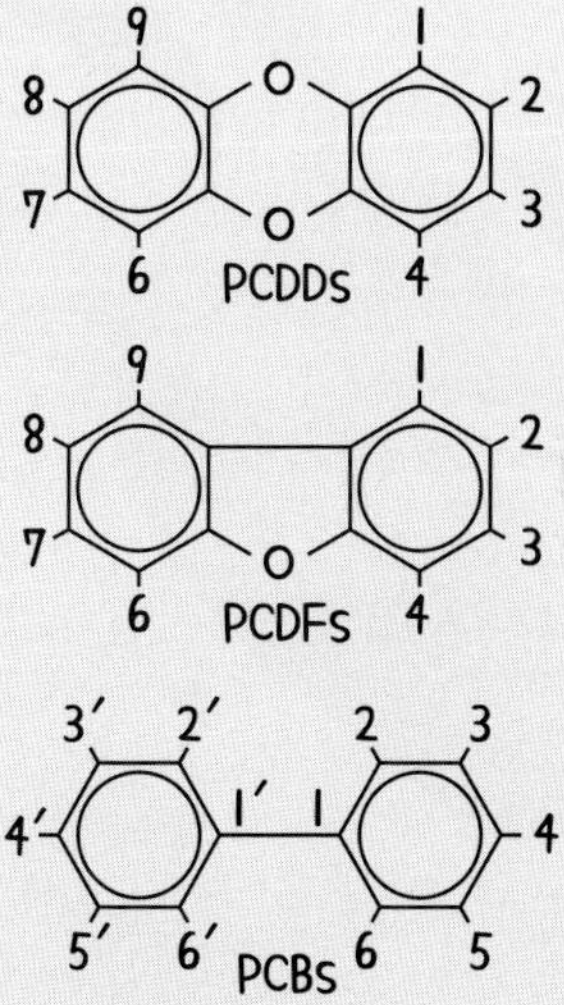

ＰＣＤＤｓ（ポリクロロジフェニルジオキシン類）やＰＣＤＦｓ（ポリクロロジフェニルフラン類）、およびＰＣＢｓ（ポリ塩化ビフェニル類）の特定位置に塩素が付いたものがダイオキシン類といわれ、特別措置法で規制され、[1064]毎年、排出目録が公表されています。[1065]

また、魚介類中のダイオキシン類の３分の２以上が、難分解で魚介類などに蓄積しやすい、特定位置に塩素が付いたＰＣＢｓになっています。[1066][1067]

コラム

144 マグロなどの大型魚にダイオキシン類やＰＣＢ類が貯まりやすい

日本人はＰＣＢ類やダイオキシン類の大部分を魚介類から摂取しています。[1068][1069]

中でも食物連鎖の上位にいる大型魚にＰＣＢ類やダイオキシン類が貯まりますが、日本人の平均摂取量は最も毒性の高いＰＣＤＤｓ換算で、１日体重１キログラム当たり１兆分の４グラム未満で安全とされています。[1068]

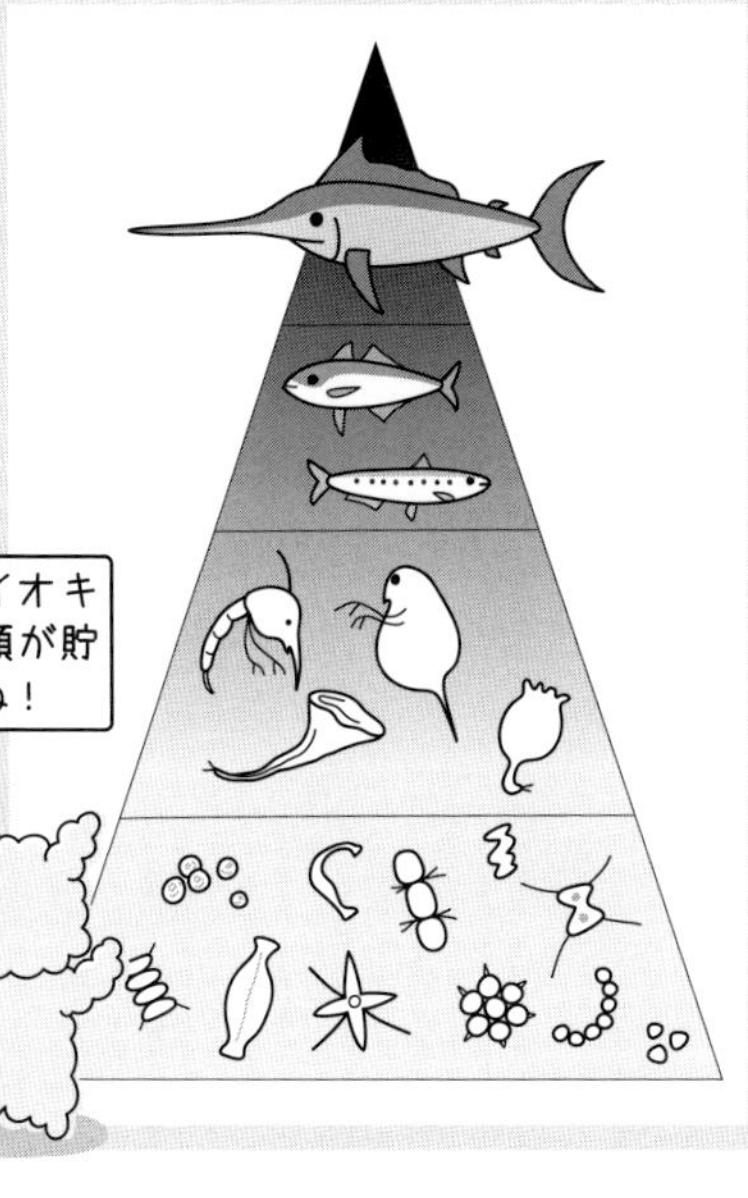

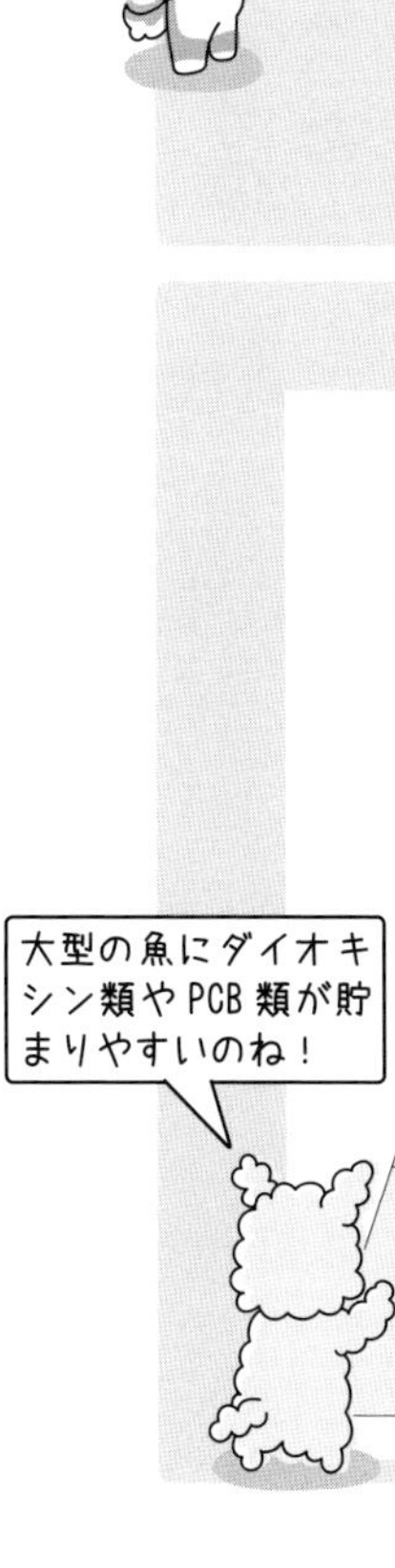

73

水銀で汚染された魚を食べた人やその子供が運動障害や先天性障害になった

熊本県水俣市で起こった原因不明の運動障害や奇形の原因を調べていた熊本大学には、1958年まで水銀の測定技術がなかったのですが、1959年に熊本大学水俣病研究班が水銀を測定し、原因物質が工場排水中の有機水銀であると発表しました(1070)(1071)。

また、同じ1959年には、原因とされた工場の付属病院長の細川一氏が、工場排水を投与したネコが水俣病を発症することを確認し、工場責任者に報告しましたが、結果の公表が禁じられました(1070)-(1074)。

さらに、東京工業大学の清浦雷作元教授らが根拠なく有機水銀説を批判した(1075)(1076)ため患者数が増え、メチル水銀化合物が原因とされたのは1968年になり(1074)-(1089)、新潟水俣病につながってしまいました。

1995年の政治決着で一時金を受け取った水俣病未認定患者は1万353人、裁判で水俣病と認定された人は7890人、2019年10月末で、熊本県や水俣市、鹿児島県で認定された人は2283人、認定申請者数は2万9912人になっています(1082)-(1089)。

また、新潟水俣病(1090)-(1096)の認定患者は704人です。

145 水銀を使った体温計、気温計、気圧計などがなくなった

1970年代から、アマゾン川流域で砂金と水銀を混ぜて金を回収する人が水銀中毒になり、水銀が河川でメチル水銀に変化して魚に蓄積していました。[1097]

ガーナ[1098]、タンザニア、フィリピン、インドネシア、中国などでも同様の水銀汚染が明らかになりました。

このため、水銀の用途などを制限する「水銀に関する水俣条約」が2017年8月に発効しました。[1099][1100]

日本でも水銀を使った体温計や気温計、圧力計などの回収・処分が進められました。[1101]-[1103]

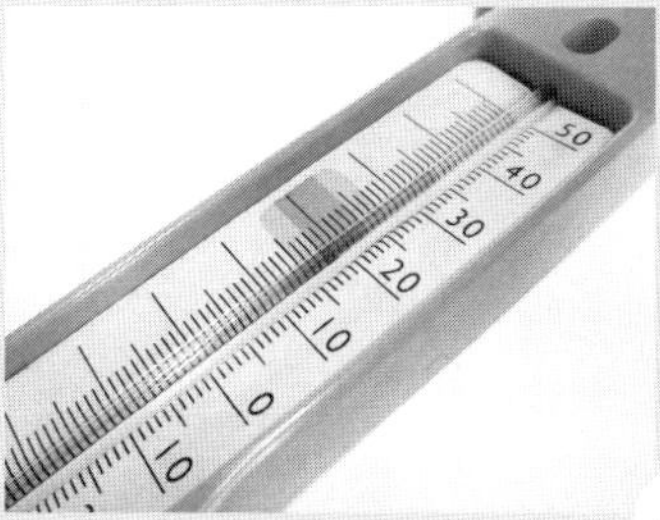

コラム

146 カドミウムで汚染されたお米を食べた人の骨がすぐに折れてしまうようになった

1956年頃に、富山県の神通川流域で激痛やすぐに骨折して運動不能になる人がたくさん出ました。

その原因が亜鉛工場のカドミウムを含む排水と確定され[1104]、日本の4大公害病の一つとされました。[1105]

国は407億円をかけて汚染農地の復元事業を2021年に完了する目標で進め[1106]、カドミウムが0.4ppm以上の米は買い上げて非食料用に売却し、1ppm以上のお米は焼却することにしました。[1107]-[1109]

74

アメリカ産のウシには成長ホルモン剤などが使われている

日本では、牛肉は高級な肉とされていますが、このウシを育てるために抗菌剤、[110] 抗生物質、成長剤、女性ホルモン剤等々が使われ、[111] 不安を持たれています。[112]-[114]

女性ホルモン剤は肉をやわらかく、乳を多く出しますが、ウシの子宮がんや膣がんを増やすといわれています。[115]

人間でも女性ホルモン剤の投与は、子宮がん、膣がん、卵巣脳腫、子宮内膜症などを増やすとされています。[115]

また養殖魚にも抗菌剤や抗生物質が使われ、成長促進に女性ホルモン剤が使われていることがあります。[116]

日本の２０１２年度の抗生物質使用量は、人用が５１７トンであるのに対して、家畜用が７２７トン、家畜の飼料添加物用が75トン、水産用が１８２トン、農薬用が91トンとなっています。[117]

この抗生物質の使用は薬剤耐性菌を増やし、人にも薬剤耐性菌を伝播させる可能性があります。[118]-[123]

なお、ＷＨＯが家畜への抗生物質使用について報告し、投与の中止を勧告し、[124] 日本でも抗菌薬の規制が強化されました。[125]

147 牛肉、豚肉、鶏肉の輸入元はかなり違う

2017の日本の牛肉の消費量は136万トンで、その65・4%が左上図の国からの輸入肉です。[1126][1127] また、豚肉の消費量は278・5万トンで、その53・5%が左下図の国から、[1126][1127] 鶏肉の消費量は282万トン、38・8%がブラジル、タイ、アメリカなどからの輸入です。[1127]-[1129]

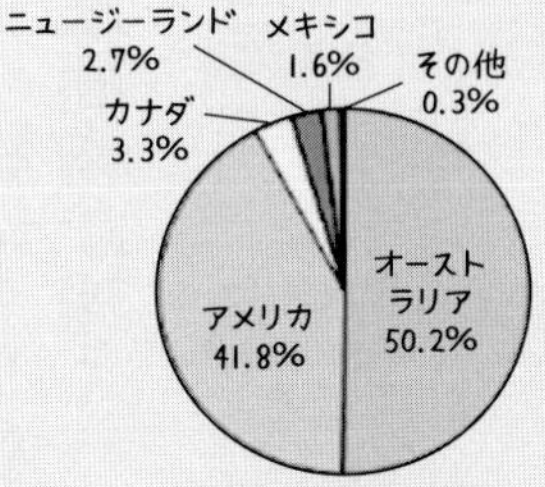

牛肉の輸入先

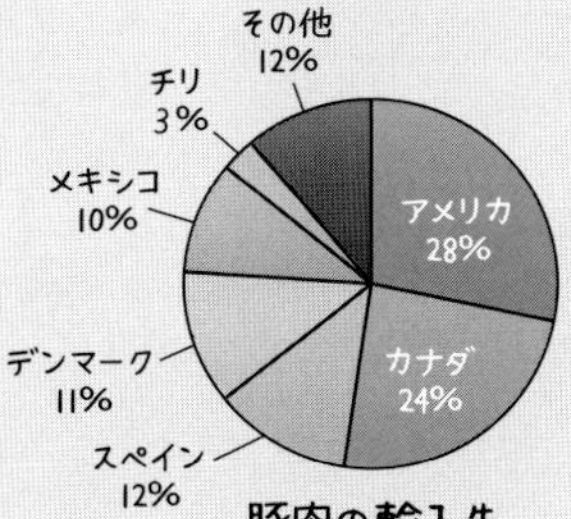

豚肉の輸入先

コラム

148 いろいろな家畜伝染病がある

2000年代にウシの海綿状脳症（BSEともいう）が問題になりましたが、[1130][1131] このほかにもさまざまな家畜伝染病があり、[1132]-[1134] 最も多いのはウシの腸炎であるヨーネ病で、2018年に321件、831頭に発生しています。また、BSE以外の伝達性海綿状脳症が、[1132] ヤギに2016年と2017年に各1件、高病原性鳥インフルエンザが[1132] 2018年に1件・8羽、2017年に5件・33羽に発生し、発生畜産場の家畜がすべて埋められたり、焼却されました。[1135][1136]

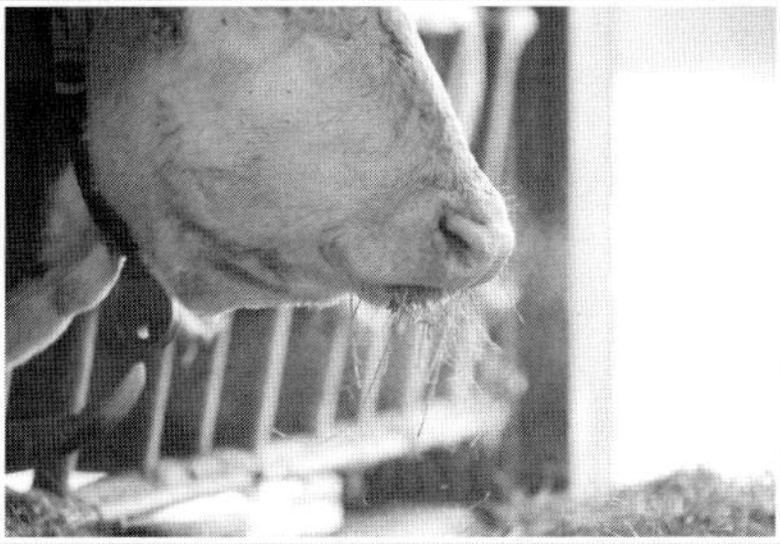

75 食べ物に1500種類以上の添加物が加えられている

食品添加物の種類

指定添加物（454品目）
食品衛生法第10条に基づき厚生労働大臣が定めたもの。安全性は食品安全衛生委員会で個別評価 （ソルビン酸、キシリトールなど）
既存添加物（365品目）
広く使用されていて、長い食経験のため例外的に指定を受けずに使用・販売などができるもの （クチナシ色素、柿タンニンなど）
天然香料（約600品目）
動植物から得られる天然物質で、香りをつけるもの （バニラ香料、カニ香料など）
一般飲食添加物（約100品目）
一般に飲食されているもので、添加物にも使用されるもの （イチゴジュース、寒天など）

厚生労働省では、決められた使用方法で安全性が実証または確認されるもの、および食品添加物の使用が以下の①〜④に該当することが実証または確認されるものを「食品添加物」として認めています。[1137]

①食品の栄養価を保持させるもの。

②特定の食事を必要とする消費者のために食品の製造に必要な原料または成分を供給するもの。

③食品の品質を保持しもしくは安定性を向上するもの、または味覚、視覚などの感覚刺激特性を改善するもの。

④食品の製造、加工、調理、処理、包装、運搬または貯蔵過程で補助的役割を果たすもの。

また、食品衛生法などによって、食品の原材料名および保存料、防かび剤、着色料、甘味料、漂白剤、酸化防止剤、発色剤、増粘剤・安定剤・ゲル化剤・糊料の８種類の添加物名と用途名を表示することが義務付けられています。[1138]-[1140]

しかし一般の人は、記載物質の安全レベルなどは理解できず、また発がん性の疑いが指摘されている食品添加物もあるので、さらに検討が必要です。

149 遺伝子組換食品の加工品に表示義務がない

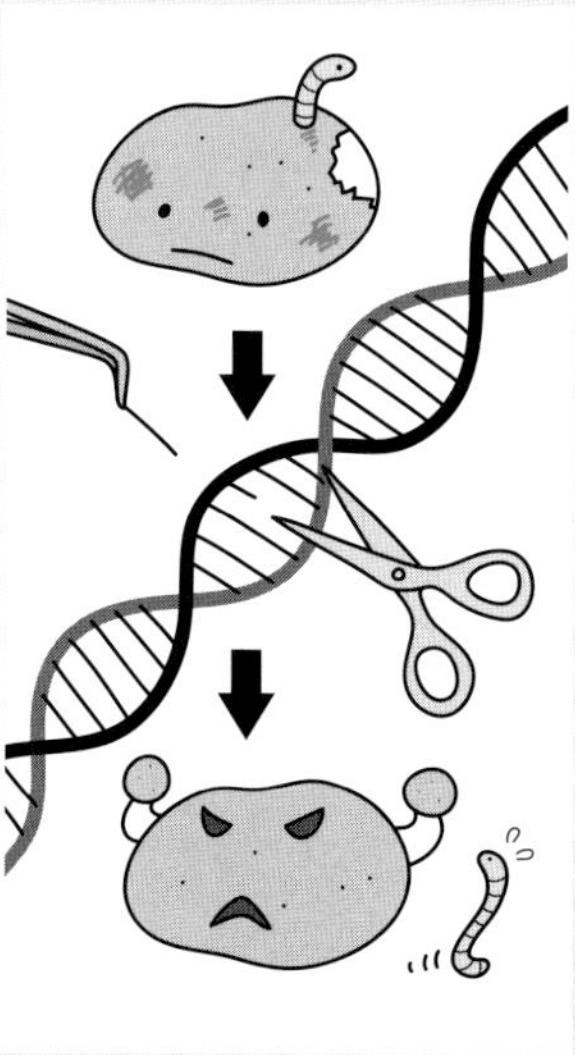

アメリカで、遺伝子組換によって除草剤に強い大豆やトウモロコシ、ナタネなど、および害虫に強いトウモロコシやジャガイモなどが開発され、日本へも１９９６年から輸入されています。[1141][1142]

消費者の不安解消のため、消費者庁が表示を義務付けました[1143][1144]が、しょうゆ、食用油脂、マッシュポテト、ジャガイモデンプンなどの加工品には、表示義務がないことなどに疑問が出されています。[1145]-[1147]

コラム

150 食べ物の消費期限と賞味期限は全く違う

多くの加工食品には、消費期限か賞味期限の表示義務があります。[1148][1149] 消費期限は、定められた方法で保存した場合に問題のない期限であるのに対して、賞味期限は、すべての品質が保持できる期限で、期限を少し過ぎたものを食べても健康上の問題はありませんが、これらの設定を過剰に安全側にしていることなどから、先に述べた食品ロスが多くなるため、さまざまな対策が提案されています。[1150]-[1157]

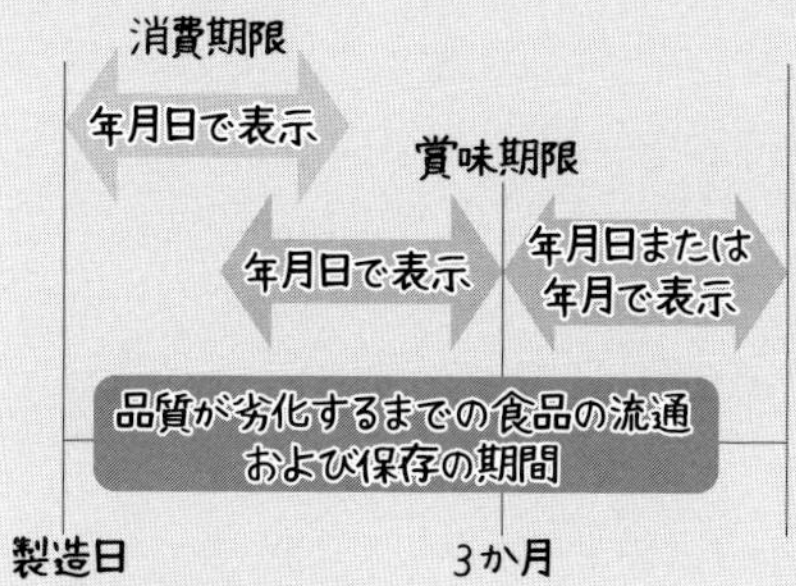

Ⅶ

身近なエネルギーのホント?!

76

燃料をたくさん使うと台風が強くなる

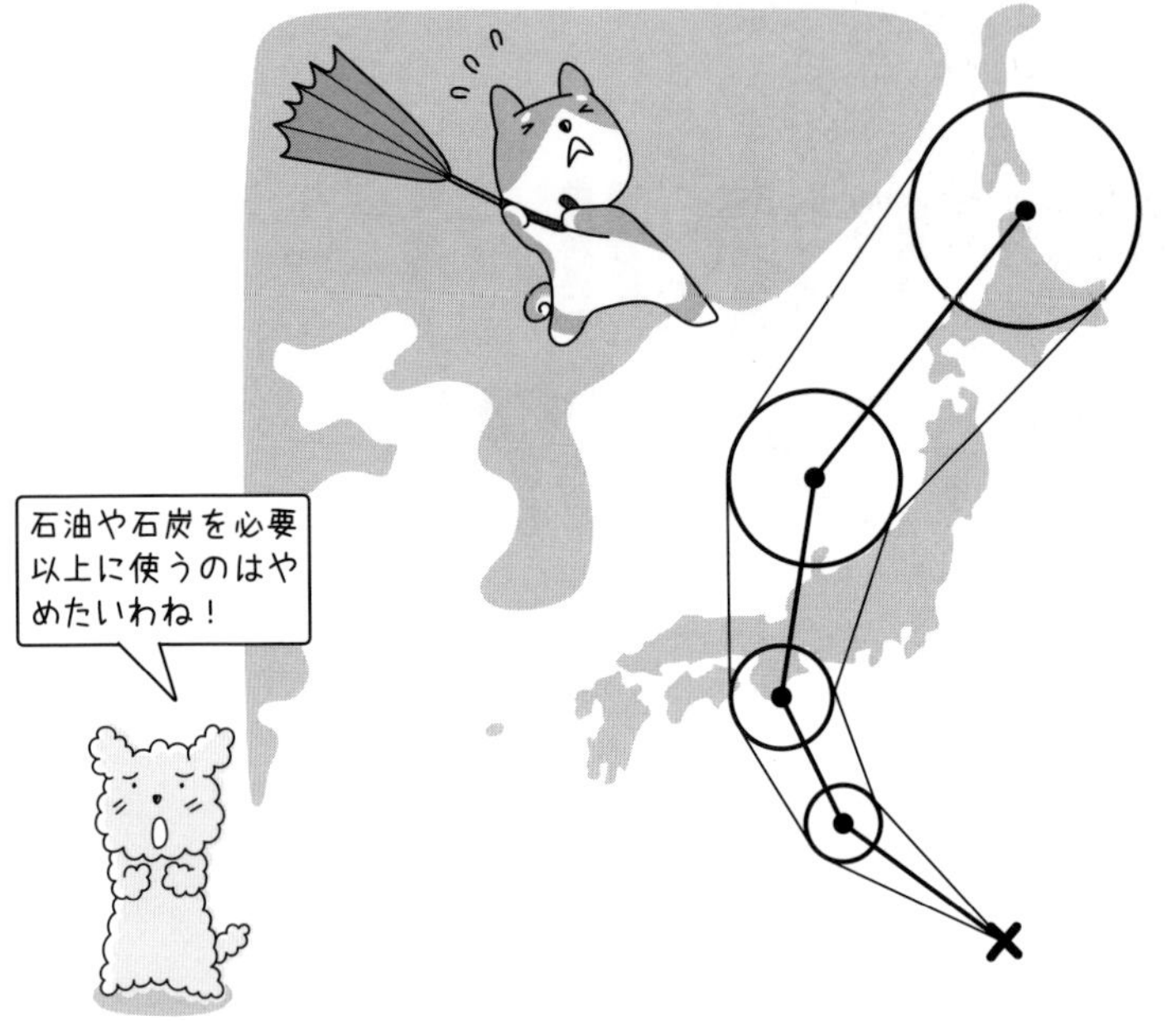

暖かい海洋上で発生する熱帯低気圧の中で、最大風速が基準値を超えた熱帯低気圧は、北西太平洋では台風またはタイフーン[1158]、アメリカなどの北中米ではハリケーン、その他の地域ではサイクロンと呼ばれていますが[1159][1160]、この熱帯低気圧のエネルギーは、大気中の水蒸気が上昇気流で持ち上げられ、冷えて液体の水になる際の凝縮熱であり、蒸発量が増えると強い熱帯低気圧ができます[1161]-[1163]。

「気候変動に関する政府間パネル（略号ＩＰＣＣ）」の第５次評価報告書[1164][1165]では、二酸化炭素を出す化石燃料を多く使って地球温暖化が進むと海水温の上昇につながり、強い熱帯低気圧の発生数が増え、最大風速や降水強度が増加するとされています。

最近は大型台風が増え、被害も急速に拡大すると指摘され[1166]-[1173]、ほかにもさまざまな悪影響が予想され、実際に世界各地で異常気象が頻発しています[1170]。

日本でも自然生態系が変わりつつあることも指摘され[1174]、マラリアやデング出血熱などの熱帯の感染症が増える可能性が議論されています[1175]-[1177]。

151 燃料をたくさん使うと高潮や水没地域が増える

アメリカの航空宇宙局（NASA）は、2003～2008年には南極の氷が820億トン増えているとして[1178][1179]いますが、気候変動に関する政府間パネルは、南極の氷は減っているとしています。[1180][1181]

また、最近の太陽活動の低下で北極の氷が増えていても[1182]、地球温暖化で海水が膨張し、高潮や洪水、および水没地域が増え、海流も変わるとされています。[1166]-[1168]

なお、海の平均深さは約3800メートル、陸地の平均海抜は約840メートルであり[1183]、全陸地を海に沈めると水深約2232メートルになるとされています。

コラム

152 燃料をたくさん使うと海の表面が酸性化してしまう

海は、年間37億トンの二酸化炭素を吸収し、17億トンの二酸化炭素を排出しています。[1184]-[1186]

また海には、大気中の二酸化炭素約3400億トンの約38倍、約13兆トンの二酸化炭素があり、これを深海の微生物が支配しているとされています。[1187]

一方で、空気中の二酸化炭素が右図のように、海の表面水を酸性化することが問題にされ[1188][1189]、さまざまな地球温暖化対策がとられつつあります。[1190]-[1196]

日本近海のアルカリ・酸性の指数（pH）
（紀伊半島沖・北緯30度）

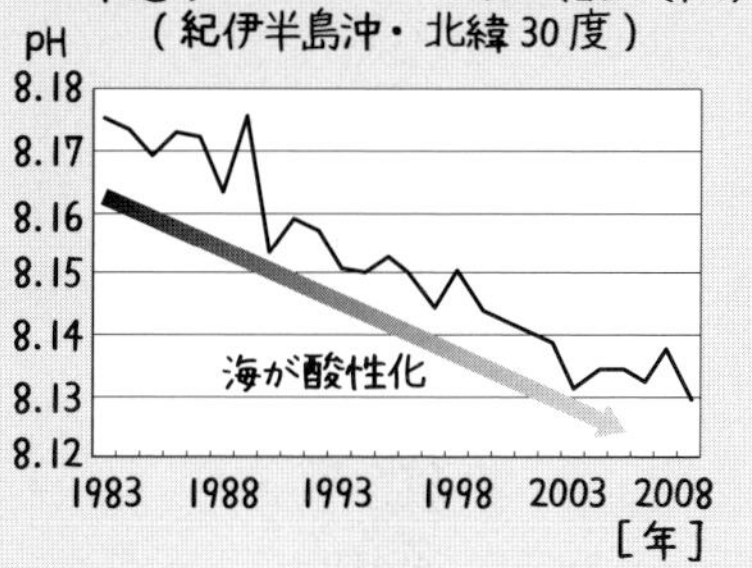

77

電力自由化で電気を売る事業者が約700社にもなっている

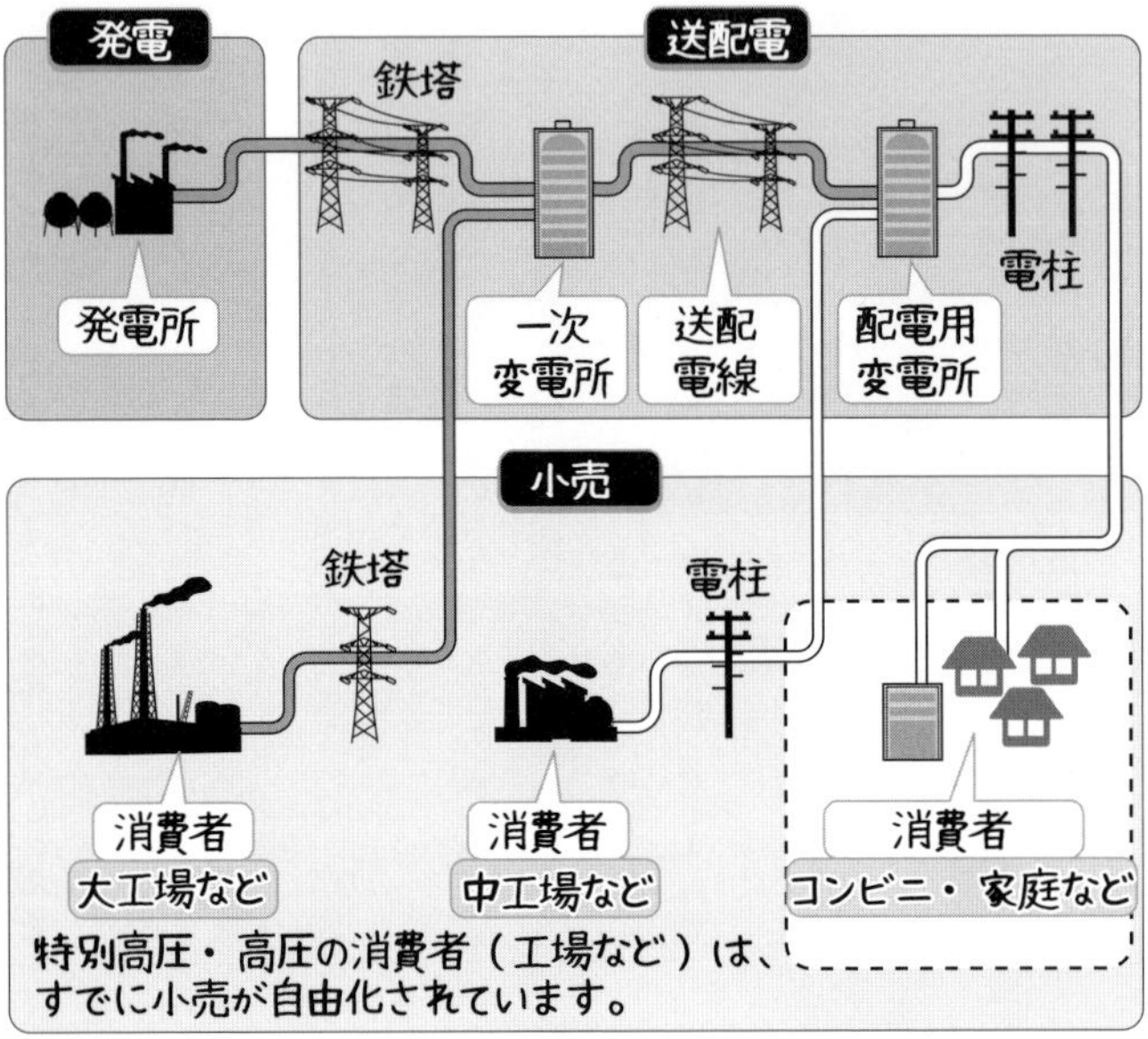

２０１６年度から電力小売自由化が行われ、[(1197)-(1205)] 登録小売電気事業者が急増し、約７００社にもなっています。[(1197)]

これらは、従来の発電会社とその関連各社や多くのガス会社のほかに、太陽光発電、石油供給、製鉄、鉄道、自動車、精密機械、通信、印刷、住宅建設、不動産、土木、空調、木材、産業廃棄物処理、文具、商社、葬儀社、テレビ・放送局、生活協同組合、市民団体等々、極めて多岐にわたっています。[(1197)-(1199)]

すなわち、電力小売のニーズは非常に広く、電力小売が少数の会社に独占されていたのが開放されたことは、電力自由化の大きな成果といえます。

安定供給への不安や関係会社のつながりや送配電が従来の電力会社に依存していることなどから、電気料金の値下げは十分とはいえませんが、基本料金、電力量（従量）料金、燃料費調整額、再生可能エネルギー促進付加金などからなる電気料金は、競争もあって安くなってきています。[(1206)-(1208)]

153 ガス自由化でガスを売る事業者が約1400社にもなっている

登録場所	事業所数
経済産業省本省	75
北海道経済産業局	57
東北経済産業局	140
関東経済産業局	376
中部経済産業局	95
中部経済産業局 電力・ガス事業北陸支部	36
近畿経済産業局	171
中国経済産業局	123
四国経済産業局	63
九州経済産業局	233
内閣府沖縄総合事務局	29
合計	1398

2017年度から行われたガス自由化[1209][1210]に伴って、ガス小売事業者が2020年には右表のように、約1400社にもなっています[1211]。

これらは、従来のガス会社とその関連企業や電力会社のほかに、石油、化学、産業廃棄物処理会社、商社、地方自治体等々、極めて多岐にわたっています[1211]。

コラム

154 電気やガスを配る会社が電気やガスをつくる会社から独立する

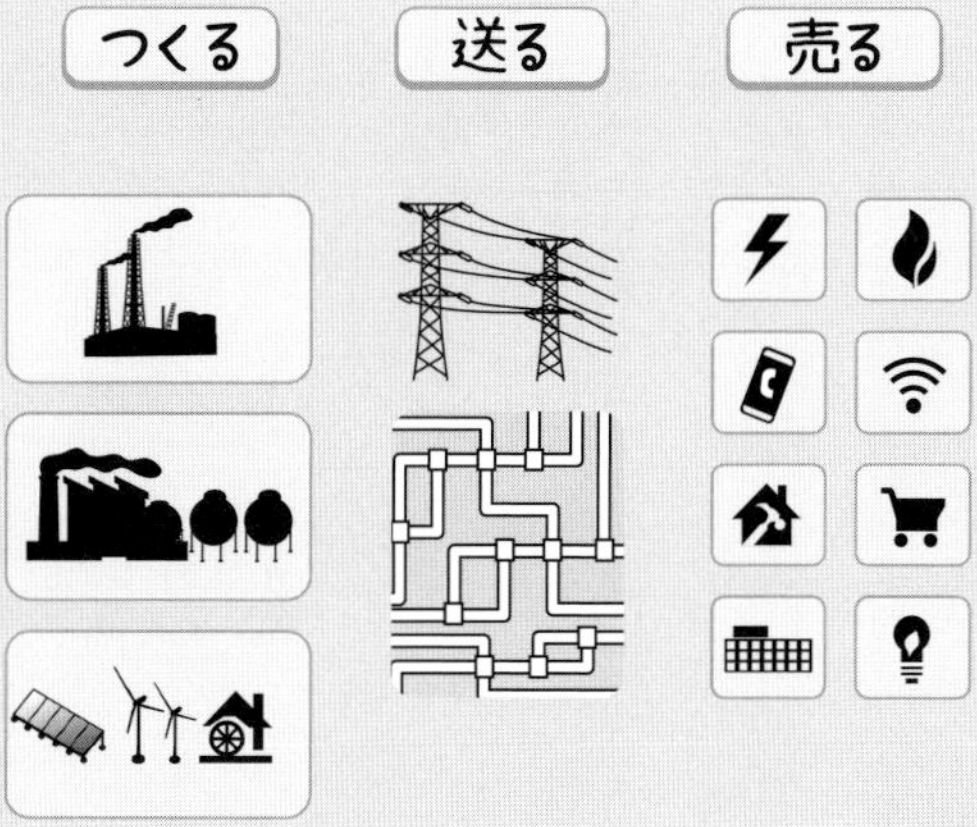

2020年から送配電会社が発電会社から独立し、どこの電力も送配電できるようになりました[1198]-[1200]。

また、2022年からガス導管会社がガス製造会社から独立し、どこのガスも供給できるようになります[1209][1210]。

この進捗[1212]によって、料金低下が期待できます[1213]。

78

電気の約8割が二酸化炭素を多く出す火力発電所でつくられている

２０１９年度の日本の１次エネルギー供給割合は、石油火力が37・6％、石炭火力が25・1％、液化天然ガス（ＬＮＧ）火力が22・8％、水力を含む自然エネルギーが8.7％、原子力が2.8％、未活用エネルギーが3.0％で、二酸化炭素を出す石油、石炭、ＬＮＧなどの化石燃料による火力発電が85・5％もあり、火力発電に依存したままです[1214][1215]。

一方、２０１８年度のＬＮＧの輸入量は６８１３万トンで、輸入元は、インドネシアが20・5％、マレーシアが19・6％、オーストラリアが17・9％、カタールが11・9％、次いで、ブルネイ、ＵＡＥ、オマーンとなっています[1216]。

また、石炭の輸入元は、オーストラリアが61・3％、インドネシアが15・2％、ロシアが9.9％、次いで、アメリカ、カナダ、コロンビアとなっています[1217][1218]。

さらに、原油（石油）の輸入元は、サウジアラビアが38・2％、ＵＡＥが25・4％、カタールが8.0％、次いでクウェート、ロシア、イランとなっています[1219]。

日本政府もようやく脱火力発電の方針を示しました。

155 石炭の灰が１年間に約１２８０万トンも排出されている

石炭には金属類や塩類が含まれているため、燃焼後の灰の処理が必要で、２０１７年度の火力発電所からの石炭灰の発生量は約９２３万トン[1220]、一般工場からの石炭灰発生量は約３５６万トン、合計約１２８０万トンになっています。

しかし、石炭灰の有効利用率は99%で、土木資材などに利用されています。[1220][1221]

また、石炭灰は輸出もされ[1222]、有用な資源の一つとされています。

コラム

156 石油タンカーの排水が沿岸の生態系を狂わせている

石油タンカーなどの貨物船が空荷で出港するときには海水を積み込み、貨物を積載する港で船外へ排出（バラスト水といいます）します。

このバラスト水中の生物が外来種として生態系に影響を与えることから、バラスト水規制管理条約[1223]-[1225]が定められ、沿岸から２００海里以上離れ、水深２００m以上の海でバラスト水を交換することとなりました。[1226][1227]

また、バラスト水の処理技術の開発も進展しています。[1228]

79

原子力発電に頼っている国も多い

原子力発電割合と発電量（2017年実績）

国名	発電割合〔%〕	発電量〔10億kWh〕	国名	発電割合〔%〕	発電量〔10億kWh〕
フランス	71.6	379.1	チェコ	33.1	26.8
ウクライナ	55.1	85.6	アルメニア	32.5	2.4
スロバキア	54.0	14.0	韓国	27.1	141.1
ハンガリー	50.0	15.2	スペイン	21.2	55.6
ベルギー	49.9	40.0	アメリカ	20.0	805.0
スウェーデン	39.6	63.1	イギリス	19.3	63.9
スロベニア	39.1	6.0	ロシア	17.8	187.5
ブルガリア	34.3	15.5	ルーマニア	17.6	10.6
スイス	33.4	19.5	カナダ	14.6	96.0
フィンランド	33.2	21.6	ドイツ	11.6	72.2

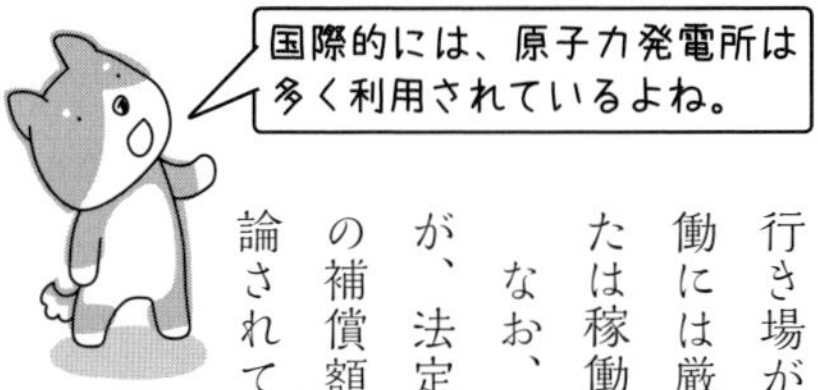

２０１７年時点での各国の全発電量に対する原子力発電量の割合（依存度）と発電量は、上表のようになっています。[1229]-[1231]

なお、ノルウェーやデンマークをはじめ、原子力発電所のない国もたくさんあり、さらに、過去に40基もあったドイツのほか、スイス、イタリアでは、近い将来に、原子力発電を使わないようにすると決めています。

また、可住面積当たりの原子力発電所の数[1231]は、ベルギー、韓国に次いで、日本が世界で三番目でしたが、事故時には被害が甚大になる可能性があること、日本は地震などの自然災害が多いこと、および発生する放射性廃棄物の行き場がないことなどから、日本での原子力発電所の稼働には厳しい条件が課せられ、２０２０年現在で稼働または稼働準備中の原子力発電所は、17となっています。[1232][1233]

なお、原子力発電は安価な発電方法とされてきましたが、法定耐用年数が16年で、建設と廃炉の費用や事故時の補償額が大きいことから、安全性と将来性について議論されています。[1234]-[1242]

157 世界で原子力発電所の大きな事故が6回もあった

国・地域	場所	事故内容	発生年	レベル
カナダ	チョークリバー	水素爆発	1952	5
ロシア	キシュテム	爆発	1957	6
イギリス	ウィンズスケール	火災	1957	5
アメリカ	スリーマイル	メルトダウン	1979	5
ウクライナ	チェルノブイリ	爆発	1986	7
日本	福島	メルトダウン	2011	7

原子力発電所の外にまで影響が及ぶレベル5以上の大事故が、上表のように、6回もありました。[1243][1244]

また、レベル4の事故が2回、レベル3の事故が3回、レベル2と1の事故が10回もあり、[1243] 日本でも事故やトラブルが多数ありました。[1245]-[1247]

コラム

158 原子力発電所からの放射性廃棄物は行き場が決まらない

放射性廃棄物[1248]-[1253]は高レベル放射性廃棄物と低レベル放射性廃棄物とに分けられ、高レベル放射性廃棄物は地下300m以深に処分するはずですが、処分地が決まっていません。

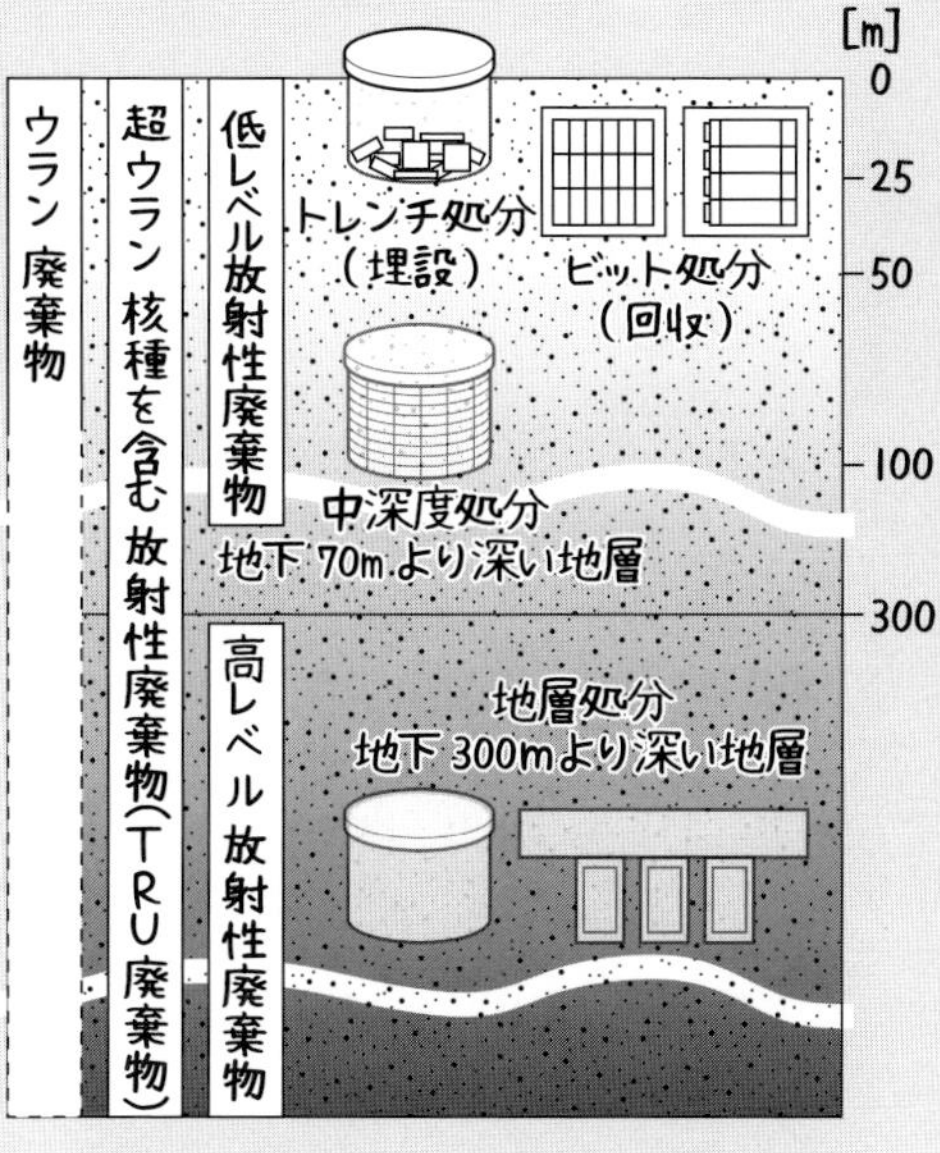

80

太陽光発電の効率が25％を超えた

汎用太陽光発電の効率は、１９７７年から大幅に向上してきています[1254]-[1258]。

住宅用単結晶パネルは、東芝がサンパワー製品を販売し、シャープがサンパワー製品の販売と独自製品を販売し、パナソニック、長州産業、カナディアンソーラー、トリナソーラー、Ｑセルズ、京セラなども製造・販売しています。また、住宅用多結晶薄層パネルは、ファーストソーラーとソーラフロンティアが製造・販売しています。

一方、産業用ソーラーパネルは、サンパワー、パナソニック、長州産業、サンテック、ハンファＱソーラー、ジンコソーラーのほか7社が販売しています[1259]。

このように、太陽光発電パネル製造会社が競争して発電効率が25％を超え、小型化も進んでいます[1258]-[1266]。

なお、宇宙で発電して地球に送るシステム[1267]-[1277]のための超高効率太陽光発電では、発電効率が34～46％となり、２０２５年に40～50％となることを目指した開発が進められています。

これに伴って、住宅用や産業用の発電効率も大幅に向上することが期待されています。

159 太陽光発電で発電された電気は多くの会社が買い取る

太陽光発電設備に対する国の補助金はなくなりましたが、地方によっては補助を継続している例もあります。[1278]また、太陽光発電に関連した機器や自動車、住宅などに対する国の補助金は続いています。[1279][1280]

太陽光などの再生可能エネルギーにより発電された電気は、国が決めた固定価格で一定期間は電力会社が買い取ることになり、[1281]-[1283]当初の買取り期限が過ぎた後も、電力会社をはじめ多くの会社が買取りを続けており、価格競争になっています。[1284][1285]

コラム

160 日本の太陽光発電容量が中国の太陽光発電容量に抜かれた

日本の太陽光発電容量は、さまざまな補助金もあった2004年までは世界一でしたが、[1286]2016年に中国に抜かれて以降、2018年時点では二番目です。[1286]-[1288]

それでも、原子力発電容量を上回りました。[1289]

資源の少ない日本は、太陽光、風力、波力などの自然エネルギーを利用した発電が社会の持続性にとって重要であることから、[1290]国や地方自治体のさまざまな補助の継続が求められています。

81

ごみからも電気がつくられている

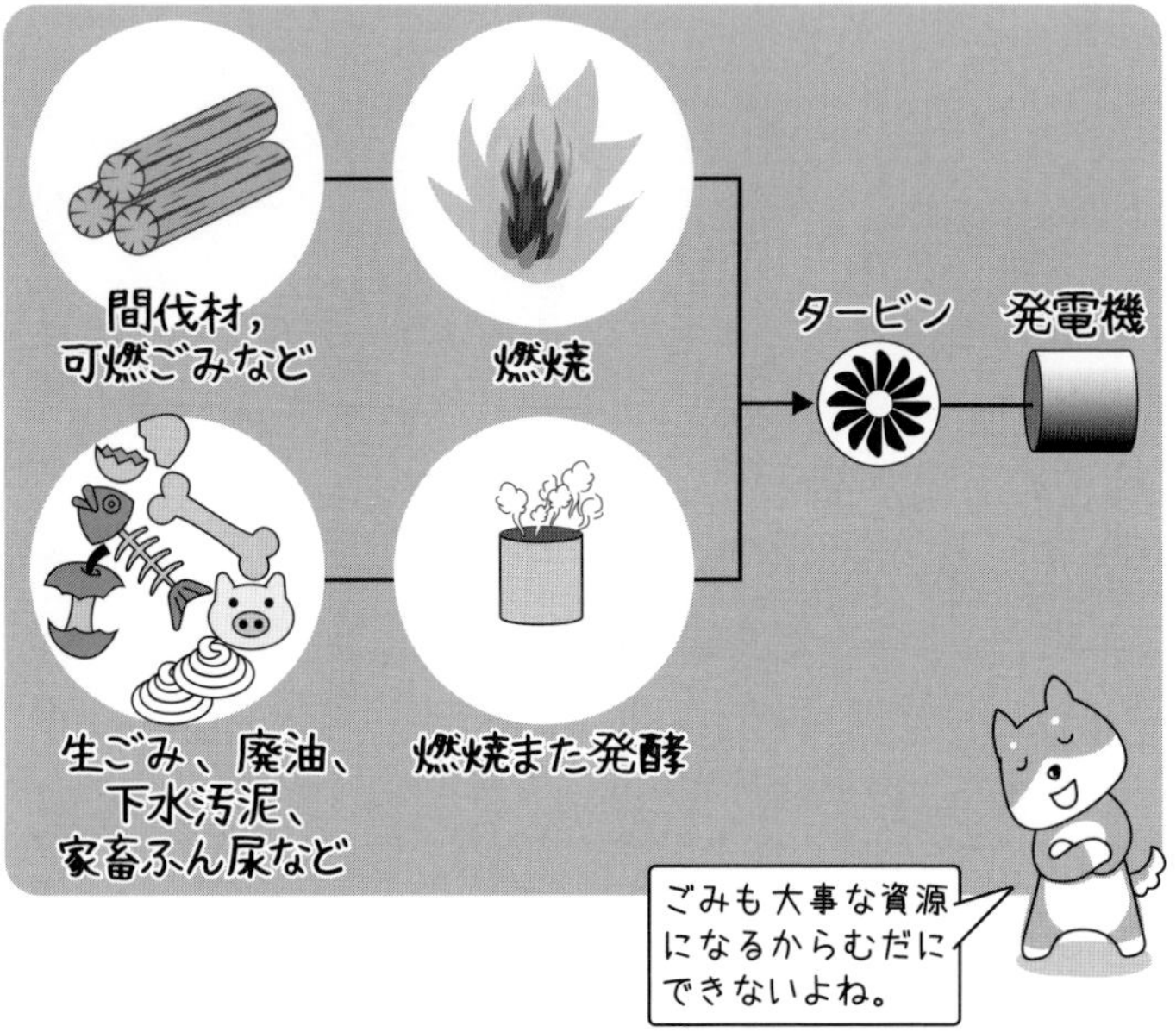

現在、家庭から出される可燃ごみは各自治体で焼却処分しているところが大半です。[1291]-[1293]

また多くの自治体では、ごみ処理費用の一部を住民に負担してもらい、[1294]排出削減を求めています。[1295]

ごみを燃やすだけならば二酸化炭素を放出するだけですが、ごみを燃やして発電すれば、ごみの燃焼熱を電気エネルギーに変換できて発電量に応じた費用が回収でき、ごみ処理費用の削減になり、また石炭や石油などの化石燃料による火力発電を減らすこともできます。[1296]

このため環境省は、発電効率の高い施設の整備マニュアル[1297]や廃棄物エネルギー利用高度化マニュアル[1298]を示しています。

ごみ発電[1299]-[1301]は、バイオマス発電として扱われ、電力は再生可能エネルギー[1302]-[1308]の一つとされていますが、毎日３０１トン以上のごみ焼却を行っている施設では85%以上で発電を行っているものの、全体の3分の1を占める１日当たり１０１~３００トンの焼却を行っている施設では、約３分の１しか発電していません。[1299]

161 日本政府は温室効果ガスを2030年までに26％減らす計画である

日本政府は2030年までに電源構造に占める再生可能エネルギー発電の割合を22〜24％に増やし、原子力発電などや省エネと合わせて温室効果ガスの排出量を2013燃度比26％削減するとし、進捗状況をチェックしています。(1309)

コラム

162 使用済みの天ぷら油からディーゼルオイルがつくれる

天ぷら油に使われた菜種油などの植物性油脂を原料とし、粘度を下げるなどの化学処理や改質処理をしてディーゼルエンジンに使えるようにしたものをバイオディーゼル燃料（略号ＢＤＦ）といいます。これは、バイオディーゼル100％か、軽油と混合して使い、船などへの利用例もあります。(1310)-(1314)

なお、「揮発油等の品質の確保等に関する法律」(1315)において、自動車用燃料として販売できる軽油中の天ぷら油などに含まれる脂肪酸エステルの目安は5％とされています。

82

世界の地熱発電用タービンの3分の2は日本製である

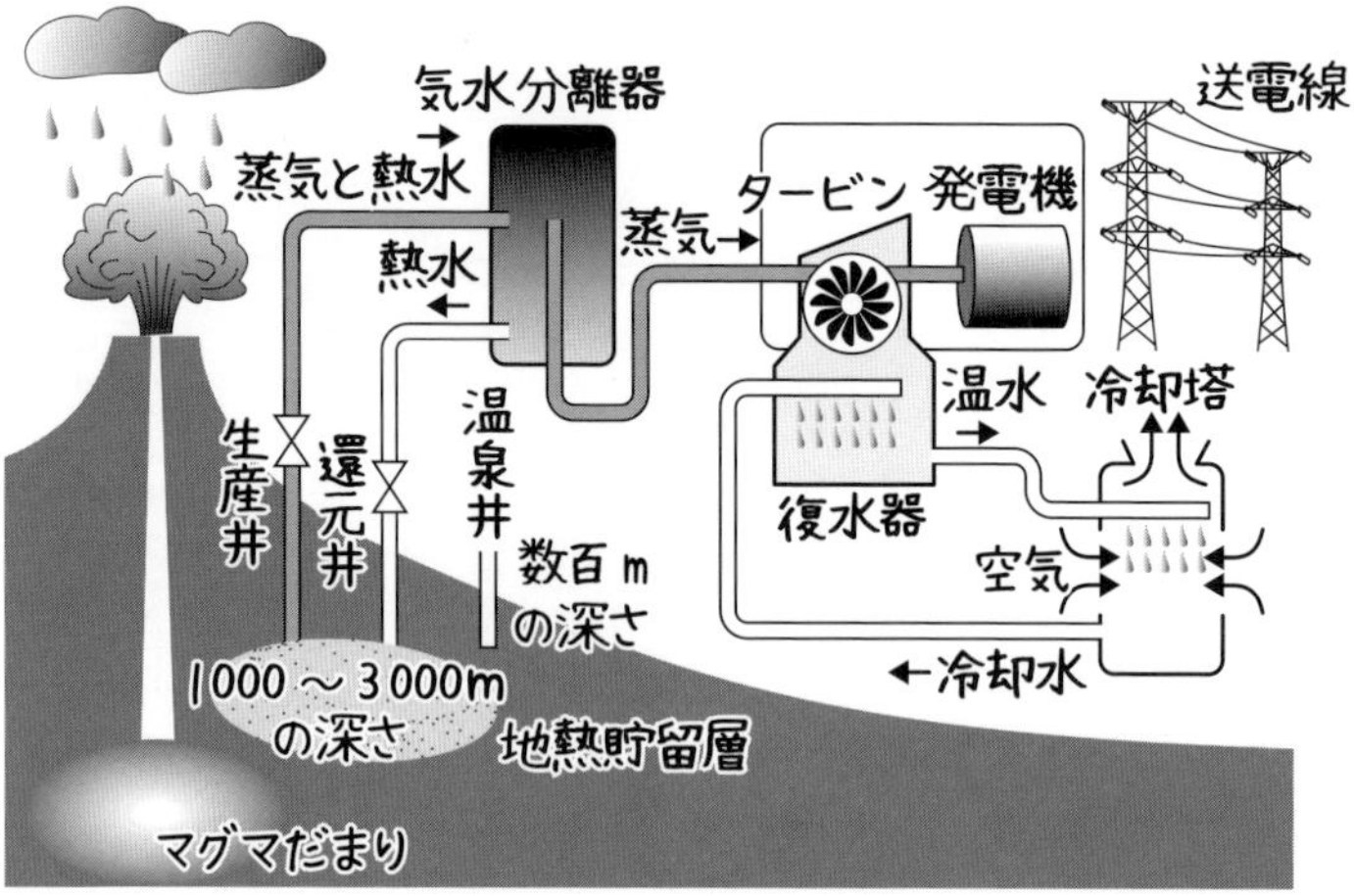

日本のメーカーは、早くから地熱発電用機器の製造技術を確立し、世界をリードしてきました。

特に、地熱発電所の心臓部といえる地熱発電用タービンは、日本のメーカー3社、すなわち、東芝、富士電機、三菱日立パワーシステムズが全世界の3分の2のシェアを占めています。[1316]

この地熱資源は地点ごとに性状が異なるため、地熱発電所は、地点ごとに最適な設計をしてつくる必要があり、建設には高度な技術と経験が必要です。[1317]

すなわち、日本の3社が高度な技術と経験を蓄えていることを示しています。

また、日本の会社は、地熱発電所用の機器を製造し、輸出するだけでなく、設計から調達、建設までを一貫して請け負うEPC方式[1318][1319]を多く行っています。

日本の高い「ものづくり力」が、世界の地熱発電を支えているといえます。

なお、外国での地熱発電所の建設や機器の受注は、一企業だけでは困難なこともあるので、関係会社や政府関連機関の協力と支援が必要です。

163 火山地帯で地熱発電が増えている

日本は火山国で、左図のような火山ハザードマップ[1320][1321]がつくられていますが、この火山付近には地下から噴出する水蒸気で発電する地熱発電の適地が多くあります。

国立公園[1322]-[1324]を管理する環境省が地熱発電所建設の条件を緩和[1325]-[1328]したこともあり、地熱発電所の建設が進められています。

コラム

164 日本周辺の海底にあるメタンハイドレートが期待されている

石油資源の不足や石油製品の値上げがある中で、省エネルギーや自然エネルギーの利用とともに、メタンと水が結合した「メタンハイドレート[1329]-[1331]」の利用が期待されています。

海に囲まれた日本は、他国が経済活動をできない「排他的経済水域[1332][1333]」が広く、その海底にメタンハイドレートが大量にあることがわかりました。

かなり深い海の底から、経済的にメタンハイドレートを採掘してメタンを回収し、周辺環境にも悪影響を与えない技術[1331]を確立する必要がありますが、これによって日本が化石燃料の輸入なしになることが期待されています。

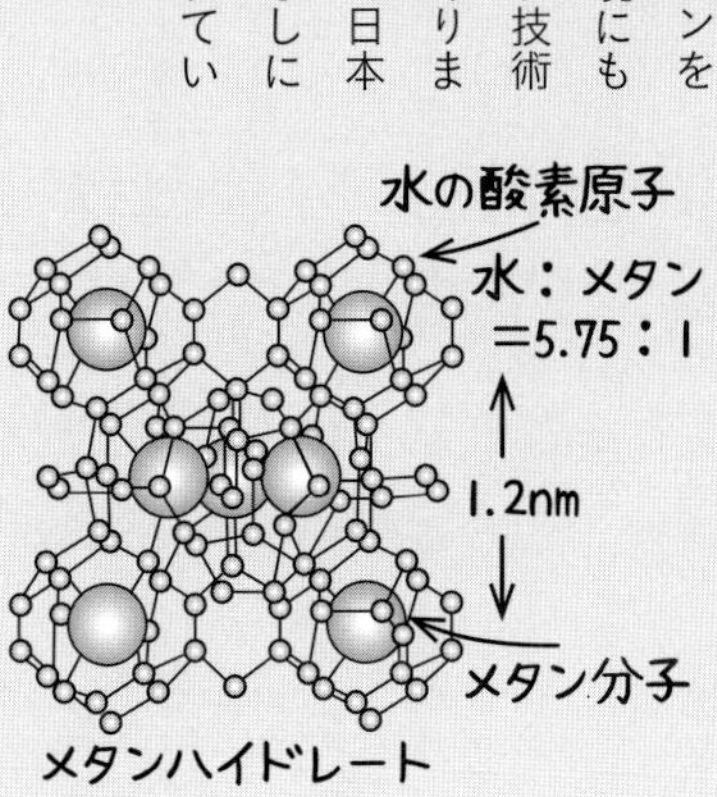

83 コンビニのエネルギー消費が5年で約17%増えた

コンビニエンスストア（コンビニ）を含む、いわゆる「業務部門」の年間エネルギー使用量の変化は、１９９０年頃から２００５年に急増し、特に事務所ビルと卸・小売業での使用量の増加が大きくなっています。(1334)

例えば、コンビニのエネルギー消費量は２０１２年度には約７４２億キロワット時でしたが、最近は約８７０億キロワット時に、約17%も増加しました。(1334)

ただし、床面積と営業時間の積当たりで見ると、１９９０年度に比べて、約35%減ったとされていることから、店舗数の増加を含めた床面積の増加がコンビニのエネルギー消費量を増やしていると推定されます。(1334)

なお、コンビニの24時間営業は、オーナーや店員の長時間労働につながっているため、見直しが検討されています。(1335)(1336)

一方、一部のコンビニでは、断熱建材、ＬＥＤ照明、太陽光発電、地熱利用、雨水撒水などで省エネに努力していますし、(1337) スーパーマーケットでも、同様の省エネや二酸化炭素を用いた冷蔵庫やショーケース、空調設備などを採用する例も出てきています。(1338)–(1340)

165 冬の野菜や果物の栽培に多くのエネルギーが使われている

野菜や果物を栽培するハウスでは、冷暖房をし続けることで、ハウス内を一定温度に保っています。このため、エネルギーを多く使い、生産コストが高くなってしまいます。[1341]-[1343]

例えば、冬場にハウス栽培のトマトを1キログラム食べると500ミリリットル、キュウリを1キログラム食べると600ミリリットル、野菜サラダ1皿を食べると約81ミリリットルの灯油を消費することになるとされています。

コラム

166 日本人1人がハイチ人242人分の電気エネルギーを使っている

日本は省エネルギーが進んでいるかのように言われていますが、日本人は世界平均の約2.6倍もの電力を消費しています。[1344][1345] これは、ハイチの約242倍、ネパールの約74倍、フィリピンの約12倍です。[1345]

このため、化石燃料の輸入に頼っている日本は、家や職場の省エネルギーおよび再生可能エネルギー[1302]-[1306]の利用をいっそう進める必要があります。

84

ガソリン自動車のエネルギー効率は10%程度しかない

ガソリンを燃料とする自動車や軽油を燃料とするディーゼル車は、加速時や低速時に走行1キロメートル当たりの燃料消費量（燃費）が多くなり、アイドリング時にも燃料を消費します。[1346]-[1348]

このため、停止、アイドリング、低速、加速を繰り返す渋滞時には、エネルギー効率が非常に低くなるので渋滞の解消とエコ運転[1349]が自動車のエネルギー効率を高めるためには重要です。

ガソリン自動車やディーゼル自動車のエネルギー効率は、車の大きさや車種によって異なりますし、毎年向上していますが、平均的には10%程度しかありません。[1350][1351]

このためエネルギー効率が高いハイブリッド車や電気自動車[1352]-[1362]が売られています。

なお、ハイブリッド車のエネルギー効率は15%程度、電気自動車のエネルギー効率は20～35%程度になるといわれています

167 パチンコ店が原子力発電所2基分の電気を使っている

2018年末時点のパチンコホール数は9794店[1363]であり、客の人数は約900万人、売上高は約19兆5400億円にもなっています。[1364]

また、パチンコ店は冷暖房完備で、パチンコ台はすべて電動式なので、全国のパチンコ店で1日に約2220万キロワット時の電力を消費していると推定されます。[1365][1366]

これは、1日約1100万キロワット時の発電をしていた福島第一原子力発電所1号機の発電量の約2倍の電力を消費していることになります。

コラム

168 自動販売機1台当たりの消費電力が大幅に減ってきた

日本には、2019年12月時点で、飲料用に約237・5万台、たばこ用に13・1万台、食券や入場券などの券類販売機用に約6.0万台、日用品雑貨用に約21・0万台など、さまざまな自動販売機や自動サービス機が合計約414・9万台もあり[1367][1368]、この数は乳幼児を含めた日本人約28人当たり1台にもなります。

これらの自動販売機は、多くの電力を消費していますが、飲料を温める部分と冷やす部分で熱交換をして消費電力を減らすエコ自動販売機や昼間に太陽光で発電するソーラー自動販売機などが出て、1台当たりの消費電力は10年前の約2分の1になっています。[1369]-[1371]

85

ＬＥＤ照明は蛍光灯の約4割の電力消費で同じ明るさにできる

各種電灯の消費電力比較例

白熱灯	電球型蛍光灯	LED灯
20	なし	2以下
40	10	4
60	15	6
100	25	11

（単位：W）

家庭、コンビニ、スーパーマーケットの消費電力の3割以上が照明によるものです[1372]-[1374]。照明用の電球のうち、白熱電球は、電力の2％程度しか光にできませんが、蛍光灯は電力の8％程度を光にします。また、ＬＥＤ（発光ダイオード）電球は、電力の20％程度を光に変換することができ[1375][1376]、従来の電灯器具にも使えるようになっています。

さらに、自動消灯システム[1377][1378]と組み合わせることで、さらに省エネに大きく貢献できます。

このため、コンビニ、スーパー、商店だけでなく、一般家庭の照明も、ＬＥＤ電球に変えられてきています。

また、全国にある信号機が、順次ＬＥＤに変えられ、薄型になっており[1379]-[1382]、学校や公共施設のＬＥＤ照明化が進められてきています[1383]-[1386]。

なお、学校や公共施設では、蛍光灯を寿命になるまで使いたいとの考えや、照明を変える予算が付きにくいことなどにより、ＬＥＤ化が遅れていると推定されますが[1387][1388]、補助もあり、グランド照明のＬＥＤ化も試みられています[1389]。

169 エアコンなどのヒートポンプが消費電力の約5～7倍のエネルギーを出せる

古い暖房は電熱器により、冷房はフロンなどの冷媒の蒸発によっていたため、工場や家庭などの冷房や暖房に大きなエネルギーを消費していました。[1390]

これに対して、ヒートポンプ[1391-1393]では、空気のエネルギーを利用でき、消費電力の約5～7倍のエネルギーを出せるため、新しい冷暖房機器などはほとんどヒートポンプ式になっています。

このほか、太陽熱温水器[1394-1396]や太陽光発電器[1397][1398]、電力需要が少ない夜間電力を利用する温水器[1399-1401]なども利用されています。

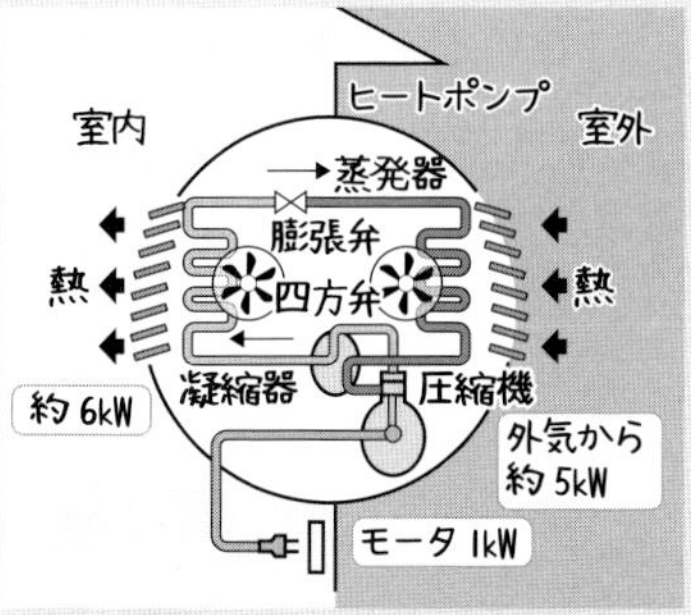

暖房時のヒートポンプ例

コラム

170 工場でもいろいろな省エネ技術が利用されている

工場では、さまざまな材料を切ったり、つなげたり、暖めたり、冷やしたりするために、多くのエネルギーを使っています。

電気エネルギーだけでなく、重油や灯油を燃焼させた熱エネルギーも多く使っています。

この熱エネルギーを有効に使うために、熱い気体または液体と、冷たい気体または液体とを金属を隔てて接触させ、熱エネルギーを受け渡す熱交換器[1402-1404]が、多くの工場で利用されています。

なお工場では、熱交換器のほかに、装置・設備の断熱などの省エネ対策[1405-1408]が実施されています。

86

マイカー通勤を電車通勤にするとエネルギー消費が約10分の1になる

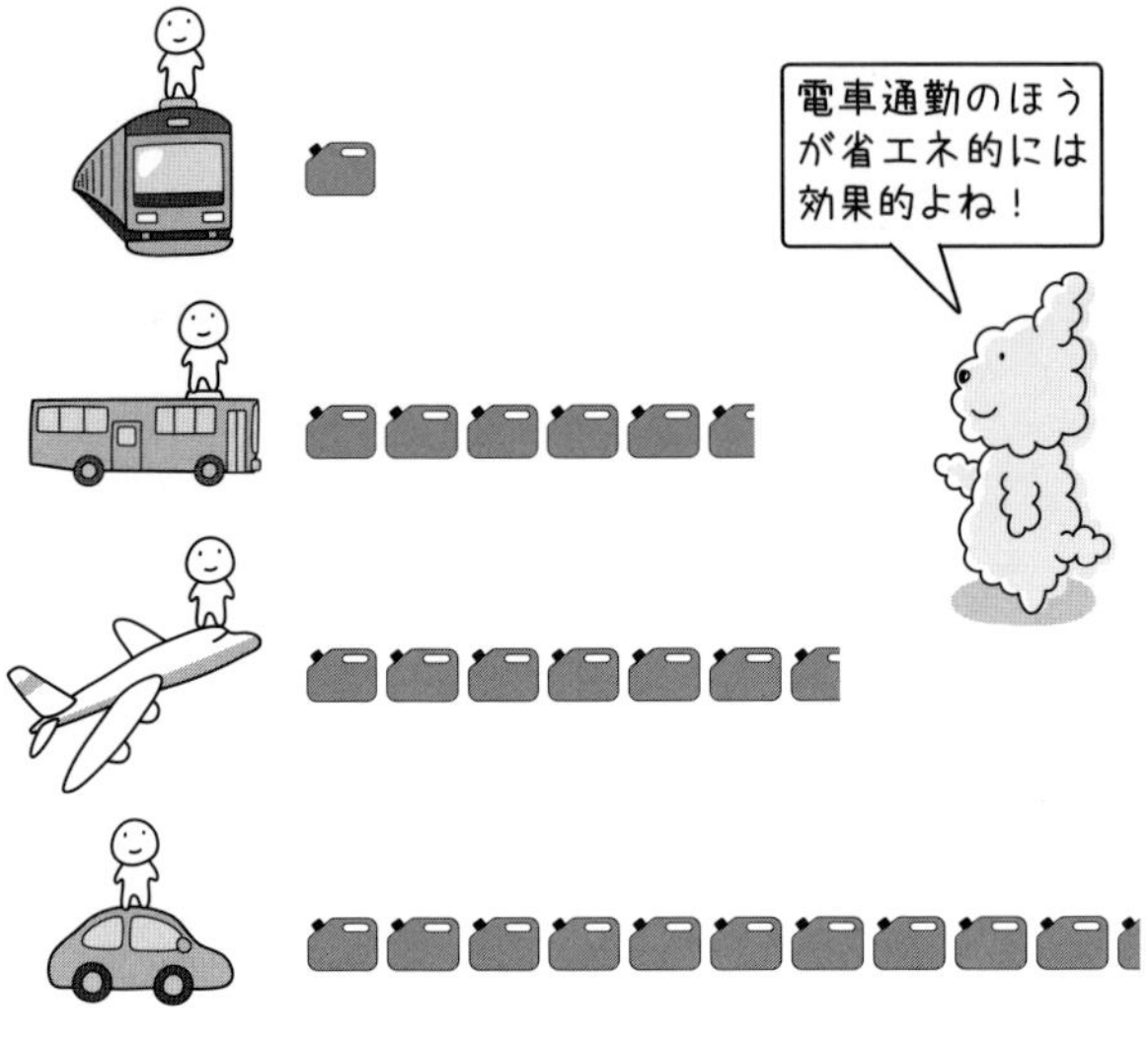

1人を同じ距離運ぶのに、鉄道は自家用車の約10・3分の1、バスの約5.5分の1、飛行機の約6.6分の1のエネルギーで済むとされ、[1409] また自家用車は、1人を同じ距離運ぶのに、自転車の約130倍のエネルギーを消費するとされています。[1410]

ただし、自動車は主に化石燃料で動き、自転車は人力で動くので、単純な比較はできません。

また、同じ荷物を運ぶのに、貨物列車輸送は船舶輸送の約6分の1、トラック輸送の約11分の1のエネルギーで済むとされています。[1411][1412]

さらに、いっそうの省エネを可能にするリチウムイオン[1413][1414]蓄電池を使った電気自動車や電気バス、およびガソリンエンジンやディーゼルエンジンとリチウムイオン蓄電池を組み合わせたハイブリッド自動車やハイブリッドバスも実用されてきています。

なお、自動車や家庭用の蓄電池には、リチウムイオン電池のほかに、水素、炭化水素、アルコールなどの化学エネルギーから電力を取り出す燃料電池[1415]-[1418]が使われ始めています。

171 電気製品には省エネルギーラベルがついている

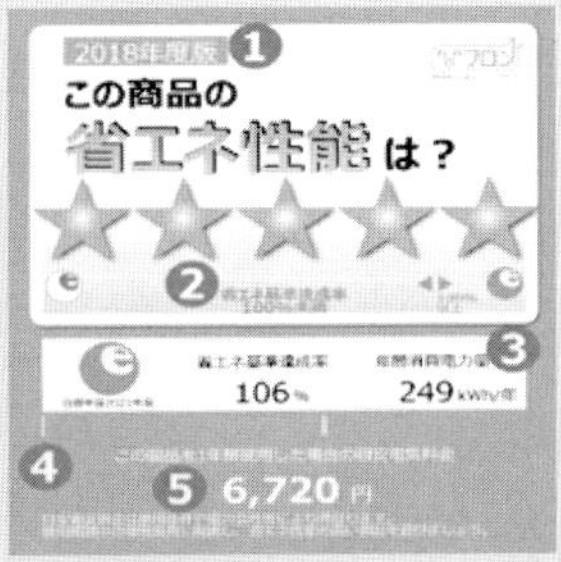

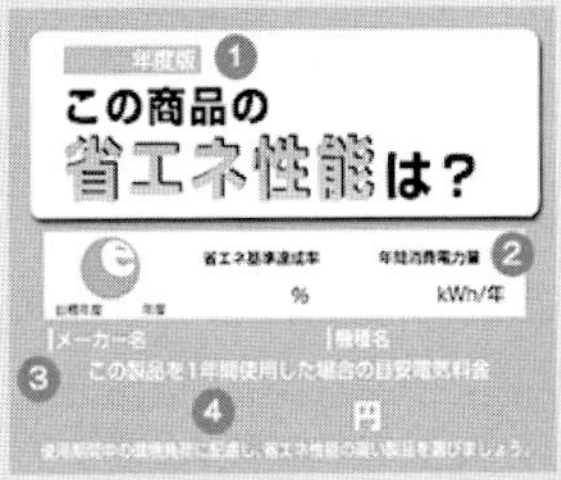

冷蔵庫、照明器具、テレビ、エアコン、温水洗浄便座の省エネルギーレベルは、右上図のように、省エネ性能が高い順に5つ星から1つ星の5段階のラベルが付けられ、また、多段階評価を行わない電気冷凍庫、ジャー炊飯器、電子レンジ、DVDレコーダ、VTR、ガス調理器、ガス温水器、石油温水器、電気温水器、電球形LEDランプの省エネ性能は、右下図のように、簡易版統一省エネルギーラベルが付けられています。(1419)-(1422)

コラム

172 事務所や学校の省エネルギーには空調と照明の対策が重要である

オフィスビルの平均電気使用比率は、空調（エアコン）が28%、照明が40%、OA機器などのコンセントが32%とされています。(1423)

このため、空調や照明などの省エネが重要になり、空調の室外機の日除け、効率的な場所への移動、温度の調整、および照明のLED化や不要時の消灯などによって、電気使用量が半分以下にできた例もあります。(1424)-(1427)

オフィスビルだけでなく、学校や工場などでも空調や照明の省エネ対策が重要です。

87 電気は大量に貯められる

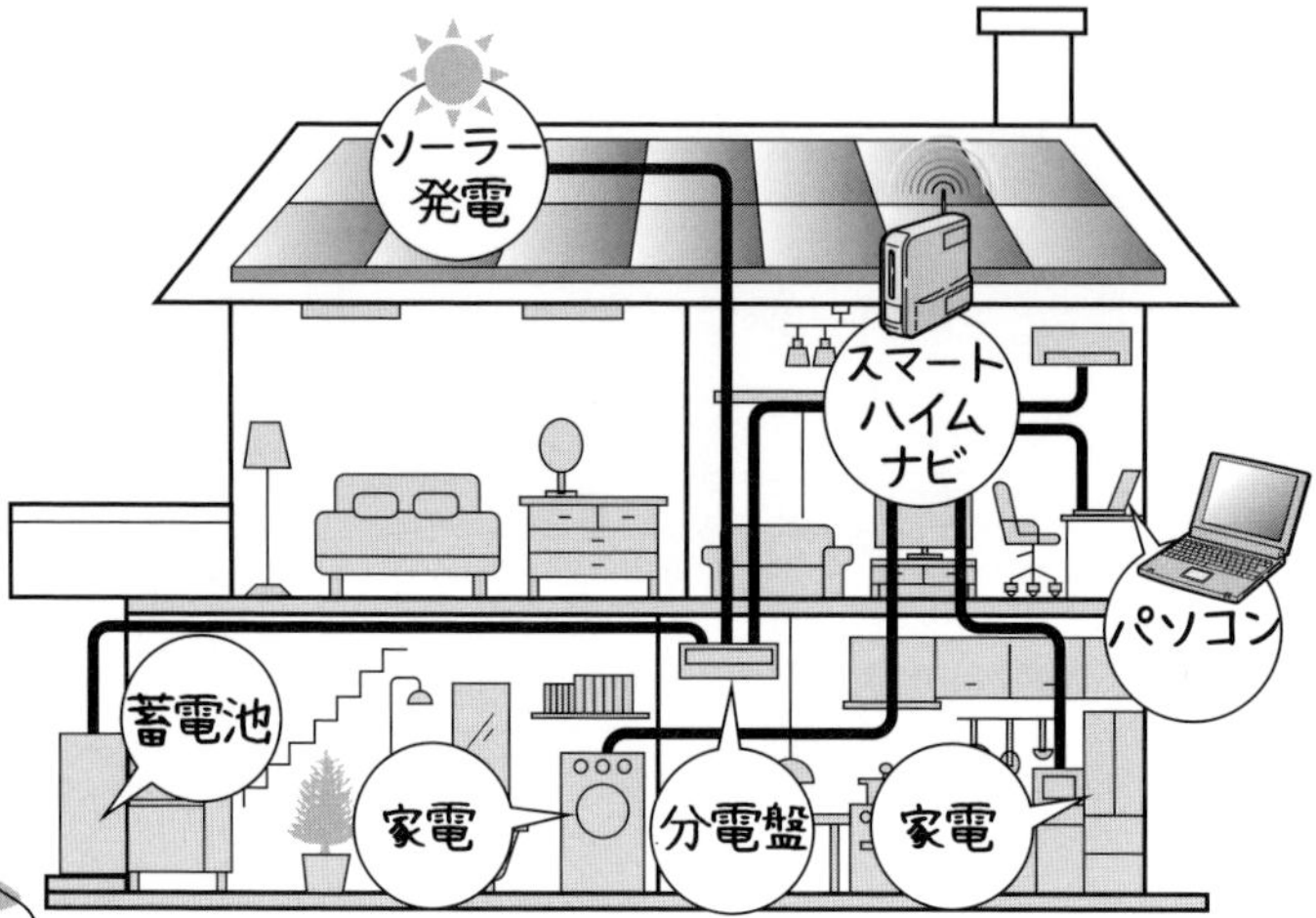

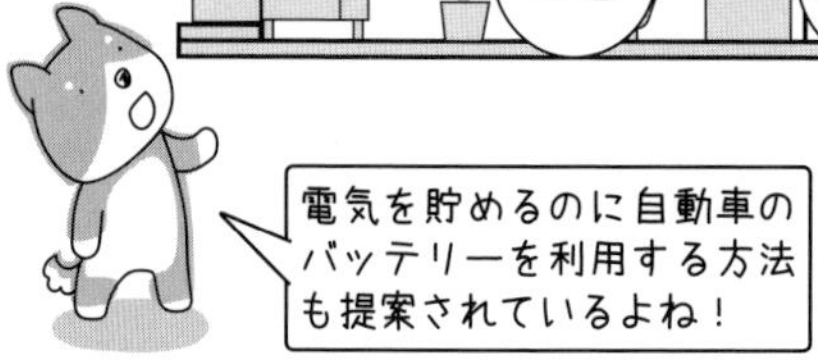

太陽光発電や風力発電などによる発電量は季節や天候、時間などによって大きく変わり、また、電力消費量も季節や天候、時間などによって大きく変わります。

このため、余剰になった電力で水をダムの上まで送って発電する揚水発電[1428]-[1431]も行われていますが、再生可能エネルギーの普及のために大量の電気を貯める蓄電池が開発されてきています。[1432]

家庭用などの蓄電池[1433]-[1446]は、事故や災害時の停電に対応し、また病人などの生命を守ることにもなります。

一方、世界的な電気自動車の普及などで蓄電池の利用が増え、大量生産による蓄電池の低価格化が進み、研究・開発などによる高性能化の進展が期待されています。

例えば、国際再生可能エネルギー機関（略号IRENA）の発表では、定置型蓄電池の価格は2030年までに最大66％低下するとされています。[1447]

日本でも電気自動車やハイブリッド車の蓄電池に、電力需要が少なく、安価な夜間電力を貯めて、昼間に電気自動車やハイブリッド自動車の運転、あるいは家庭で使用する方法が検討されています。[1448][1449]

化学的貯蔵	水素、液体窒素、過酸化水素など
電気化学的貯蔵	電池：レドックス・フロー電池、ナトリウム・硫黄電池など
電気的貯蔵	コンデンサ、超電導磁気エネルギー貯蔵など
力学的貯蔵	圧縮空気エネルギー貯蔵、フライホイール・バッテリー、アキュムレータ、揚水発電、ばね、コンクリートバッテリー、位置エネルギー使用装置など
熱的貯蔵	氷貯蔵、ソーラーボンド、蒸気アキュムレータなど

173 エネルギーを貯める方法がいろいろある

エネルギーの貯蔵には、電池のほかに、上表のようなさまざまな方法があります。[1450]

例えば、電気エネルギーを回転運動にして貯蔵し、回転運動から再び発電するフライホイール・バッテリー[1451]-[1456]が検討されています。

エネルギーを貯める方法にもいろいろあるのね。

コラム

174 電気の需要と供給が最適化できるようになる

近い将来、電力の流れを供給と需要の両側から制御する送電網（スマートグリッドといいます）[1457][1458]で電気エネルギーの需給を最適化し、事故や過負荷の影響を減らせるようになります。

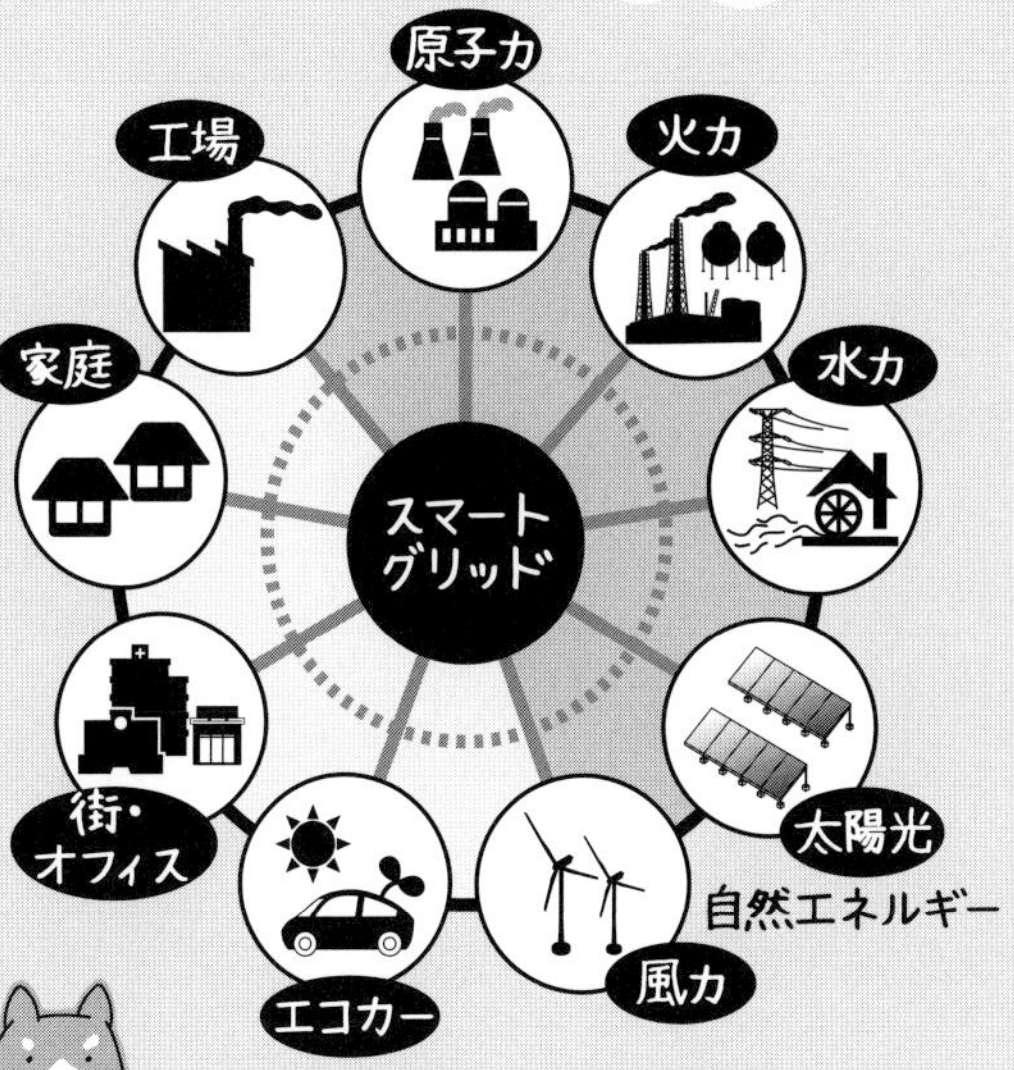

早く「スマート」な社会になるようにしないと！

身近なごみのホント?!

都市ごみが1年間に1人当たり約335キログラムも出されている

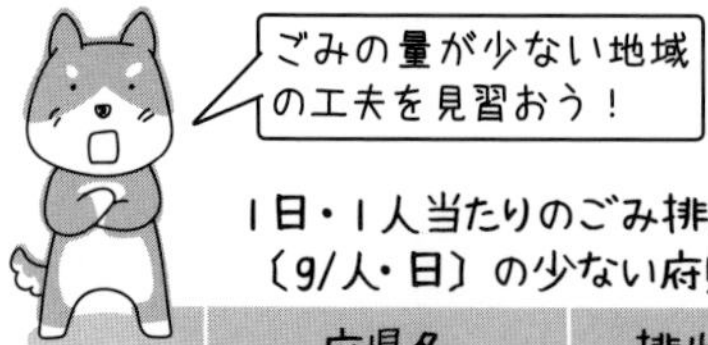

1日・1人当たりのごみ排出量〔g/人・日〕の少ない府県		
	府県名	排出量
1	長野県	822
2	滋賀県	831
3	熊本県	843
4	京都府	845
5	沖縄県	854
6	埼玉県	867
7	神奈川県	872
8	香川県	872
9	佐賀県	877
10	静岡県	886

1日・1人当たりのごみ排出量〔g/人・日〕の多い県	
県名	排出量
鳥取県	1 043
富山県	1 039
福島県	1 039
新潟県	1 012
群馬県	1 005
青森県	1 004
山口県	1 007
山梨県	99
宮城県	988
石川県	984

一般廃棄物は、家庭からの生活系ごみと小さな商店などからの事業系ごみがあり、２０１８年度の総排出量は、年間４２７２万トンで、生活系ごみが69・５％、事業系ごみが29・５％とされています。[1459]

また、全国平均の都市ごみ排出量は、徐々に減って、２０１８年度は、１人１日当たりで９１８グラム、１年で約３３５キログラム[1459]であり、４人家族であれば、平均で年間１３４０キログラムものごみを出していることになります。

また容積比では、約57％が容器包装であり、また、プラスチック製品が約43％、紙製品が10％弱などです。

なお、都道府県別の１人１日当たりの排出量[1460]は、２０１６年度実績で、上表のように、長野県の人は約８２２グラムで最少であるのに対して、鳥取県や富山県、福島県の人は約１０４０グラムで、約27％も多く出しています。

政令指定市では、平成29年度で、川崎市[1461]が１人１日当たり８３４グラムで、この年の全国平均９５３グラムより約12・５％も少なくなっています。

175 日本の都市ごみは世界一多くの焼却施設で燃やされている

2017年度時点で、都市ごみは、民間施設も含めた980施設で焼却処理されています。[1462]

これらの施設の中で、754施設では余熱利用が行われ、そのうち376施設で発電され、総発電量は9207GWh、平均発電効率は12・98%となっています。[1462][1463]

また、ごみの焼却率をOECD加盟国で見ると、日本はずば抜けて1位で、次いでノルウェー、デンマーク、スウェーデン、オランダとスイス、ドイツ、フランス、韓国、イギリスなどの順になっています。[1464][1465]

コラム

176 生ごみを堆肥にする工場がある

下図のような工程で生ごみを堆肥にする工場があります。[1466]-[1468]

この堆肥化工程は、まず生ごみに、できた堆肥の一部とオガクズを加えて水分を調整して2週間ほど置いた後、2週間から1か月間の発酵と10~20日間熟成後に袋詰めしたり、バラで出荷します。なお、生ごみを堆肥にすると、水分と分解ガスが抜けて、体積も約6割になります。

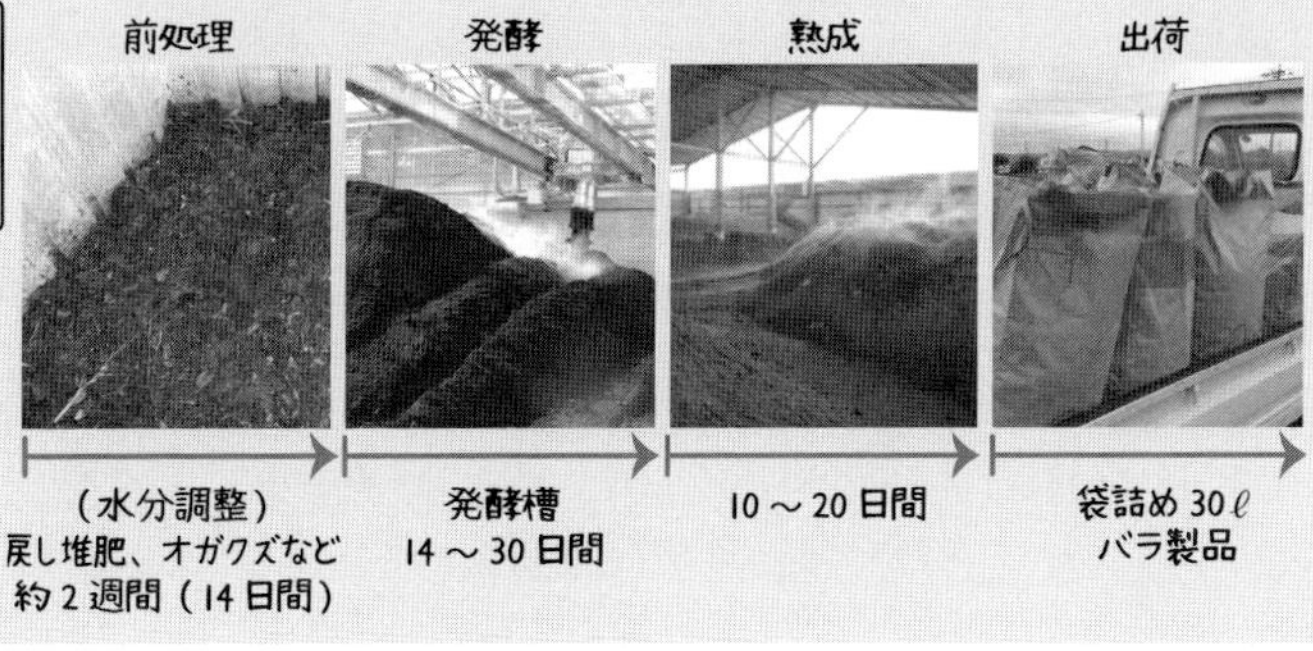

89

日本では羊毛を1年間に370万頭分も捨てている

最近の日本人は、合成繊維より天然の綿や麻、羊毛の衣服を好むようになっていますが、綿花も羊毛もほぼ100%を輸入に頼っており[1469]、日本の羊毛輸入量は世界一です。

例えば、2015年時点での輸入量は1万3100トンであり、これは羊として約370万頭分に相当し、この量がいずれ捨てられることになります。

また、2016年の輸入元は、中国が43・7%、ニュージーランドが18・9%、オーストラリアが12・7%、台湾が9.3%などとなっています[1469]。

なお、世界全体での衣料品廃棄物の素材は、約62%が合成繊維、約30%が綿、約6%がセルロース繊維であり、羊毛は1%強しかありません。

一方、日本での衣料品の廃棄量[1470]-[1478]は、年間約100万トンにもなっていますが、リユース率は13%程度、リサイクル率は11%程度しかありません。

なお、フランスでは売れなくなった衣服の廃棄を禁止し[1479]、ドイツでは古着のリユースが進んでいます[1480]から、日本でもリユースを増やす[1481]-[1483]必要があります。

177 日本人は紙を１年間に体重の約４倍も使っている

２０１９年に、日本人は１人当たり２０１キログラム、体重の約４倍、世界平均57・２キログラムの約3.5倍もの紙・板紙を使っています。[1484]

また、日本での紙・板紙の生産量[1484]は、中国、アメリカに次いで世界３位の年間約２５４０万トン、世界生産量の約６％です。

一方、紙の原料となるパルプ材の輸入割合は、２００５年から17％前後であり、２０１９年の輸入国別比率はアメリカが28・８％、カナダが25・１％、ブラジルが18・５％、以下、チリ、ニュージーランド、ロシア、インドネシアとなっています。[1485]

コラム

178 綿をつくる畑が農薬漬けである

日本は綿のほとんどを輸入しています。

輸入量は１９９０年までは約68万トン以上でしたが、輸入元で綿の加工をするようになって激減し、２０１９年には約5.2万トンになっています。[1486]

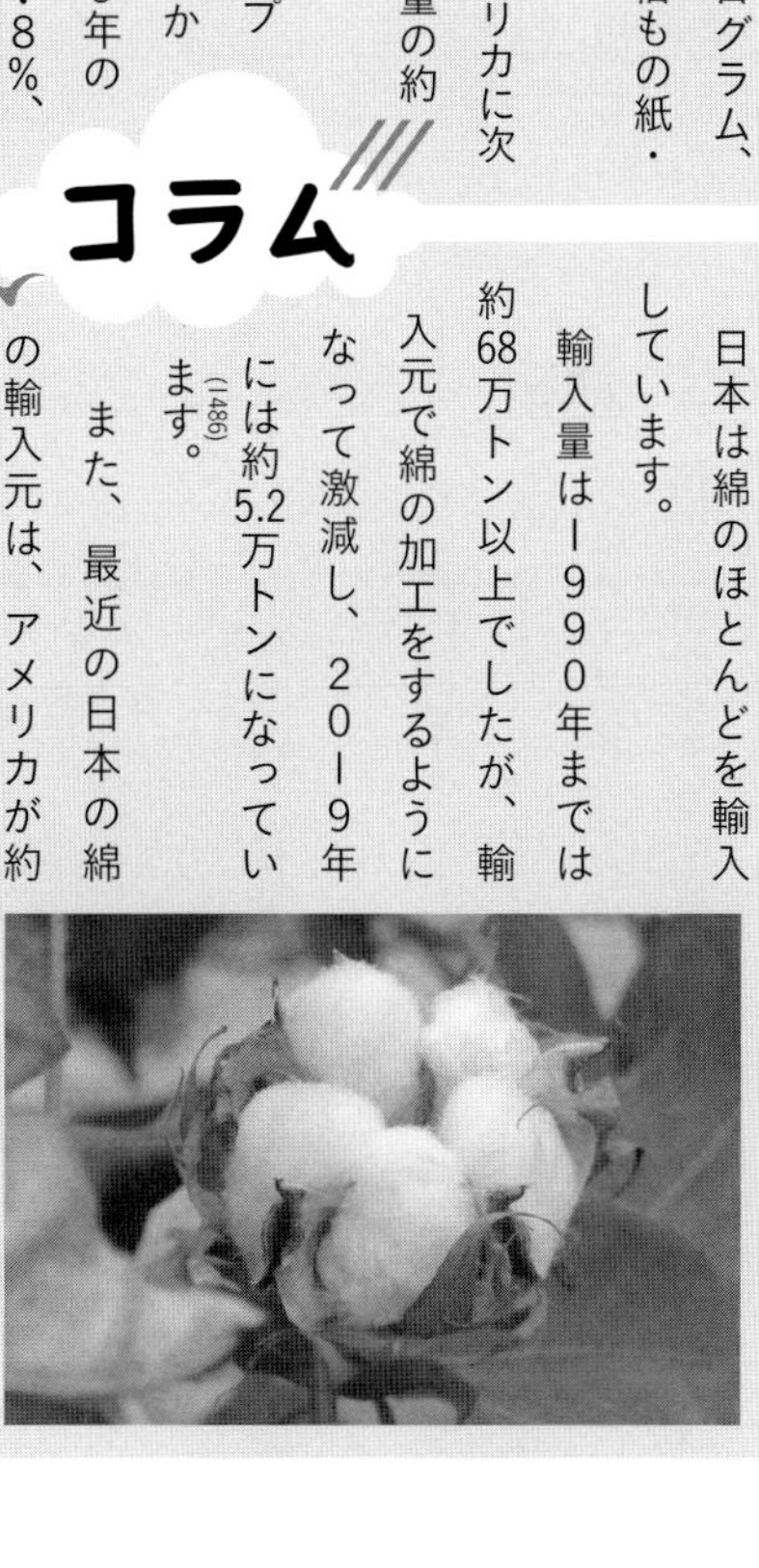

また、最近の日本の綿の輸入元は、アメリカが約35％、ブラジルが約16％、インドが約12％、ギリシャが約11％などとなっています。[1486]

なお、綿栽培の盛んなインドではアメリカの農薬メーカーであるモンサント社が農薬を大量に売り、世界の約2.5％の農地に、世界使用量の約16％もの殺虫剤が使われたといわれています。[1487][1488]

90

日本人はプラスチックを1年間に体重の1.6倍も使っている

２０１９年時点の樹脂（プラスチック）製品の国内消費量は９３９万トン、国内樹脂投入量は９１８トンです。[1489]この投入量を国民1人当たりにすると、約72・6キログラムになり、日本人の平均体重50キログラムの約1.5倍ものプラスチックを使っていることになります。

生産量が最も多いのは、ポリエチレンで２４５万トン（23・3％）、次いでポリプロピレンの２４４万トン（23・2％）、塩化ビニル樹脂の１７３万トン（16・5％）ポリスチレン類の１１７万トン（11・2％）、その他の樹脂が２７１万トン（25・9％）となっています。[1489]

プラスチックの国内消費量は、１９９０年から年間１０００万トン前後であまり変わっていませんが、廃プラスチックの総排出量は、１９９０年の５５７万トンから２００１年の１０１６万トンまで増え続け、それ以後は増減し、２０１９年は８５０万トンとなっています。[1489]

なお、国内の樹脂投入量と使用済樹脂の排出量の差は社会に蓄積し、いずれは排出されることになります。

179 プラスチックの大量生産はわずか65年前から始まった

●化学工業の主な歴史

1746年	鉛室法硫酸製造の工業化
1789～1894年	炭酸ソーダ、カルシウムカーバイド製造の工業化
1907～1909年	ポリフェノール、石灰窒素製造の工業化
1913年	アンモニア製造の工業化
1917～1920年	酢酸セルロース、ポリユリア、イソプロピルアルコール製造の工業化
1926～1939年	ポリ塩ビ、ポリエチレン、ポリスチレン、低密度ポリエチレン製造の工業化
1941～1957年	ナイロン、フッ素樹脂、高密度ポリエチレン、ポリプロピレン製造の工業化
1972～1980年	ポリエーテルスルフォン、ポリエーテルエーテルケトン製造の工業化

1900年頃から各種プラスチック製造の工業化が行われるようになりましたが、石油系プラスチックの大量生産が始まったのは今から65年程度前の1954年頃で、人類史の中から見れば、ごくごく最近です。[1490][1491]

コラム

180 微生物が分解できるプラスチックが使われ始めている

プラスチック廃棄物の問題の原因は、多くのプラスチックが自然界で分解しにくいためであるので、微生物で分解され、自然界にあるものだけを生じる「生分解性プラスチック」の生産が始められました。[1492]-[1495]

また、生分解性プラスチックと天然材料の合計が50％以上で、重金属などの含有量が少なく、生分解性の基準を満たし、分解生成物も安全なプラスチックを「グリーンプラ」といい、推奨されています。さらに、再生可能資源からつくられる「バイオマスプラスチック」[1496]-[1500]もあります。

なお、部分的分解プラスチックは、分解後にもマイクロプラスチックになるので、海洋のプラスチックごみ問題の解決にはなりません。[1501][1502]

グリーンプラ®

91

容器包装をリサイクルしないと罰せられる

家庭ごみの容器包装の容積比率は88のとおり約57%で、容器包装以外が約43%であり、家庭ごみ中の金属類は3%強、ガラス類は1%強となっています[1459]。

また、市町村が回収した家庭ごみのうちのＰＥＴボトルとその他のプラスチック製容器包装、ガラス瓶、紙製容器包装は、事業者にリサイクル（再商品化）の義務があり、違反者には罰が課せられます[1503][1504]。

なお、家庭ごみの総排出量は、２００８年度には３４１０万トンであったものが、２０１８年度時点では２９６７万トンになり、約13・０%減っています[1459]。

同様に、商店などの事業系ごみの総排出量も、２００８年度の１４００万トンから、２０１８年度には１３０４万トンになり、約6.9%減っています[1459]。

さらに、２０１８年度時点でのごみのリサイクル率は、19・9%、焼却などによる減量化率が98・9%で、直接埋立されるのは1.1%、最終処分（埋立）量は３８４万トンです[1459]。

このように、ごみは埋立量を減らすために、リサイクルされたり、焼却などによって減量化されています[1459]。

181 使用済みプラスチックの16％は有効利用されていない

2018年に使用後に廃棄された量828万トンと生産・加工ロス量75万トンの合計903万トンが廃プラスチックの総排出量で、(1489) 一般廃棄物が429万トン、産業廃棄物となるものが462万トン、合計891万トンですが、焼却による熱回収を含めた有効利用量は750万トンで、142万トン（約16％）が何も有効利用されていません。(1489)

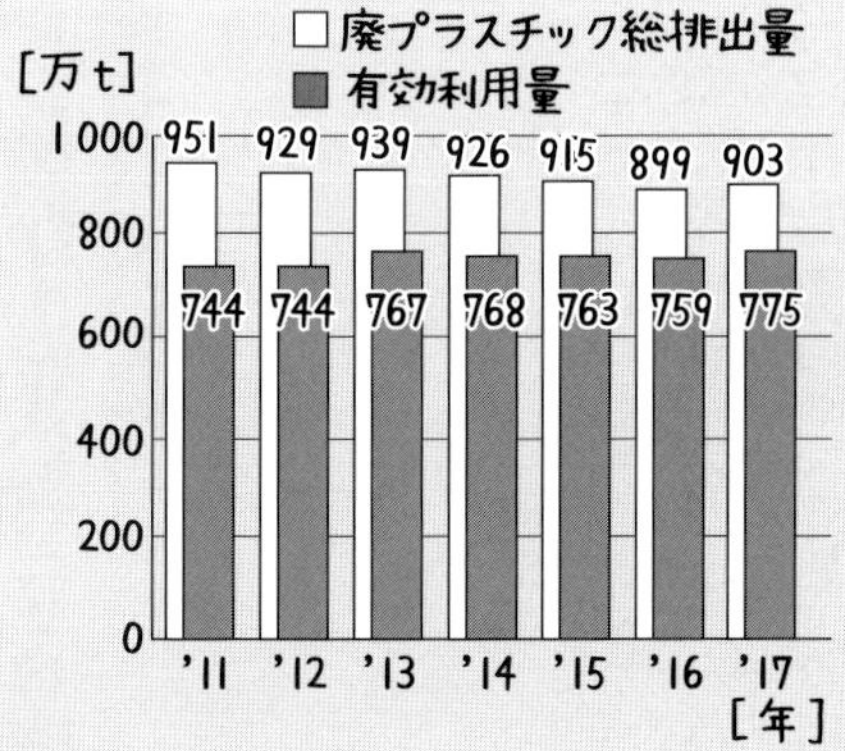

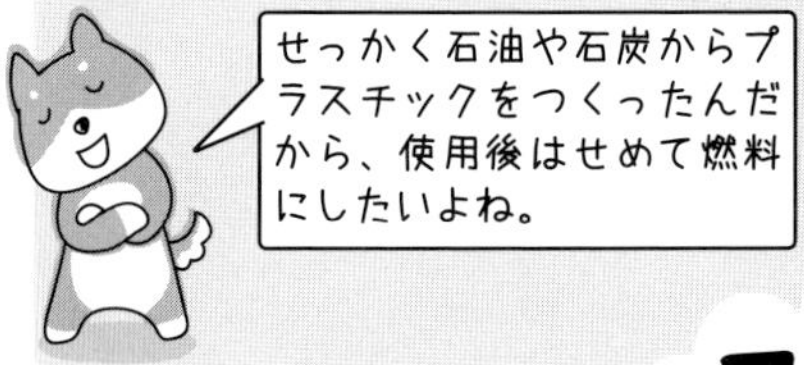

コラム

182 廃プラスチックの行き場がなくなった

廃プラスチックの輸出量は、(1505) 2007～2017年は約150万トンでしたが、廃プラスチックの主な輸出先である中国が2018年以降、輸入を原則禁止と決めたため、2018年時点の廃プラスチック輸出量は約110万トンに減り、輸出先は台湾、タイ、ベトナム、マレーシア、韓国などとなりました。

しかし、これらの国々でも廃プラスチックの輸入が制限され、行き場がなくなっています。(1506)-(1509)

一方、中古製品として輸出された(1510)-(1512)ものが、輸出先で金属だけ回収され、プラスチックが廃棄されることが問題になっています。

なお、廃プラスチックに混ざっている電子基板には、金、銀、銅などが含まれ、回収が重要になっています。

92 レジ袋が1年に570億枚も使われていた

日本で消費されるレジ袋は、1年間に305億枚程度とされていますが、[1513][1514] この数字は2020年6月までスーパーマーケットで提供されていた大型のレジ袋のみで、コンビニエンスストア分を合わせると570億枚、[1513] 乳幼児を含めて日本人1人当たり450枚と見られています。

このレジ袋1枚つくるために使われる石油は約17ミリリットルですから、[1515] 1年間にレジ袋の原料となる石油の量は、2リットルペットボトルに換算すると約4.8億本分になり、1人当たりでは、1年に2リットルのペットボトル約4.0本分にもなります。

このため環境省が、2020年にスーパーやコンビニなどの小売店でのレジ袋の有料化を義務づける方針を示し、[1516][1517] スーパーやコンビニでは、1枚当たり2円程度[1518]で販売されています。しかし、この程度では効果が限定され、対象の袋の区別も混乱した例があります。[1519]

なお、世界では有料が一般的で、[1520] フランスでは2016年からレジ袋が禁止され、[1521][1522] オランダ、ポルトガル、インドネシア、ドイツでは、1枚当たりおよそ10〜30円の有料[1523]となっています。

183 マイバッグは知的なおしゃれになる

レジ袋が普及するより前は、買い物に行く人は、買い物カゴや買い物袋を持って行きました。この買い物カゴや買い物袋には、さまざまな色柄のものがあり、好みのものを楽しんで持っていました。

マイバック（買い物袋、エコバッグ）[1524]-[1526]は、海洋生物などの保護や石油資源の消費などを少なくするという意志を示す知的なおしゃれといえます。

便利さの陰には弱者の犠牲があることに思いを馳せ、多くの人が、エコバッグを利用するか、レジ袋のリユースに協力することが期待されています。

コラム

184 ごみを34分別している地域もある

徳島県上勝町では、ごみを34品目に分別し[1527]、２０１８年度のリサイクル率を81％にしています[1528]。

一方、２０１８年度の１７４１市区町村の生活系ごみの収集（処理）手数料は、粗大ごみ以外が無料の市区町村が６０３、粗大ごみを含めても無料の市区町村が３３３あります[1459][1460]。

なお、事業系のごみは、粗大ごみ以外が無料の市区町村が56、粗大ごみを含めて無料の市区町村が47、粗大ごみの収集をしない市区町村が１８７です[1459][1460]。

93

清涼飲料は大部分がペットボトル入りになっている

日本の清涼飲料の１人当たりの消費は、２０１９年は２０１８年よりやや減少しましたが[1529][1530]、世界一です。一番多いのは炭酸飲料で、次いでミネラルウォーター、コーヒー飲料、緑茶、その他の茶、果実、スポーツ飲料、紅茶、乳飲料、ウーロン茶などとなっています[1531]。

また、清涼飲料の２０１９年の容器別生産量は、ペットボトル飲料が約１６２０万リットルでずば抜けて多く、缶飲料が約２７０万リットル、紙容器飲料が約１９０万リットル、ビン飲料が15万リットル、その他容器飲料が約70万リットルとなっています[1532]。

容器割合は、ペットボトルが75・2％、缶が11・9％、紙が8.5％、ビンが1.1％、その他が3.3％となっています[1533]。

缶飲料は１９５８年にビール、１９５９年にトマトジュース、１９６０年に炭酸飲料、１９６９年にコーヒーが発売されて以来、缶も接着缶、溶接缶、２ピース缶、ボトル缶、イージーオープン缶などが出て来ましたが、ここ10年ほど減少傾向が続いています[1534]-[1540]。

185 ペットボトルが年間26億本も捨てられている

2016年度時点で、ペット（ポリエチレンテレフタレート）ボトルは約232億本、1秒間に約740本も使われ、98%は飲料用です。[1541]

2018年の重量回収率は91・5%で高いとされていますが、年間約26億本も捨てられ、[1541]その理由が示されています。[1542]

回収率[1543]向上には、オランダやドイツのように、販売時に数十円を取っておき、回収時に返すデポジット制[1544]の導入が有効です。

なお、この飲料用ペットボトルを100%回収すれば、海洋プラスチックを3分の1減らせますが、[1545]ペットは海水より重いので、海底にたまっています。

コラム

186 自動販売機で買うペットボトル飲料はかなり割高である

500ミリリットルのペットボトル入り飲料の卸値は50円程度ですが、[1546]自動販売機で買う飲料は、500ミリリットルで130〜160円、200ミリリットルでも100〜130円します。自動販売機では、設置料を支払い、補充と集金に人手がかかるので、安く売れなくなっているのです。

同じものをスーパーで買うと3割以上安く買えます[1547]が、コンビニエンスストアや駅の売店では、横に自動販売機があることが多いので、店内でも自動販売機と同じ値段で売っています。

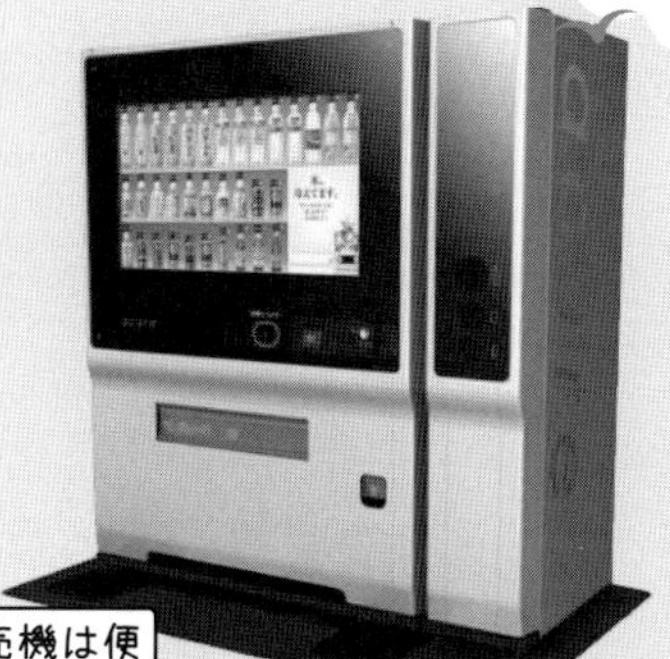

94

鉄製品のほとんどは使用済みの鉄からつくられている

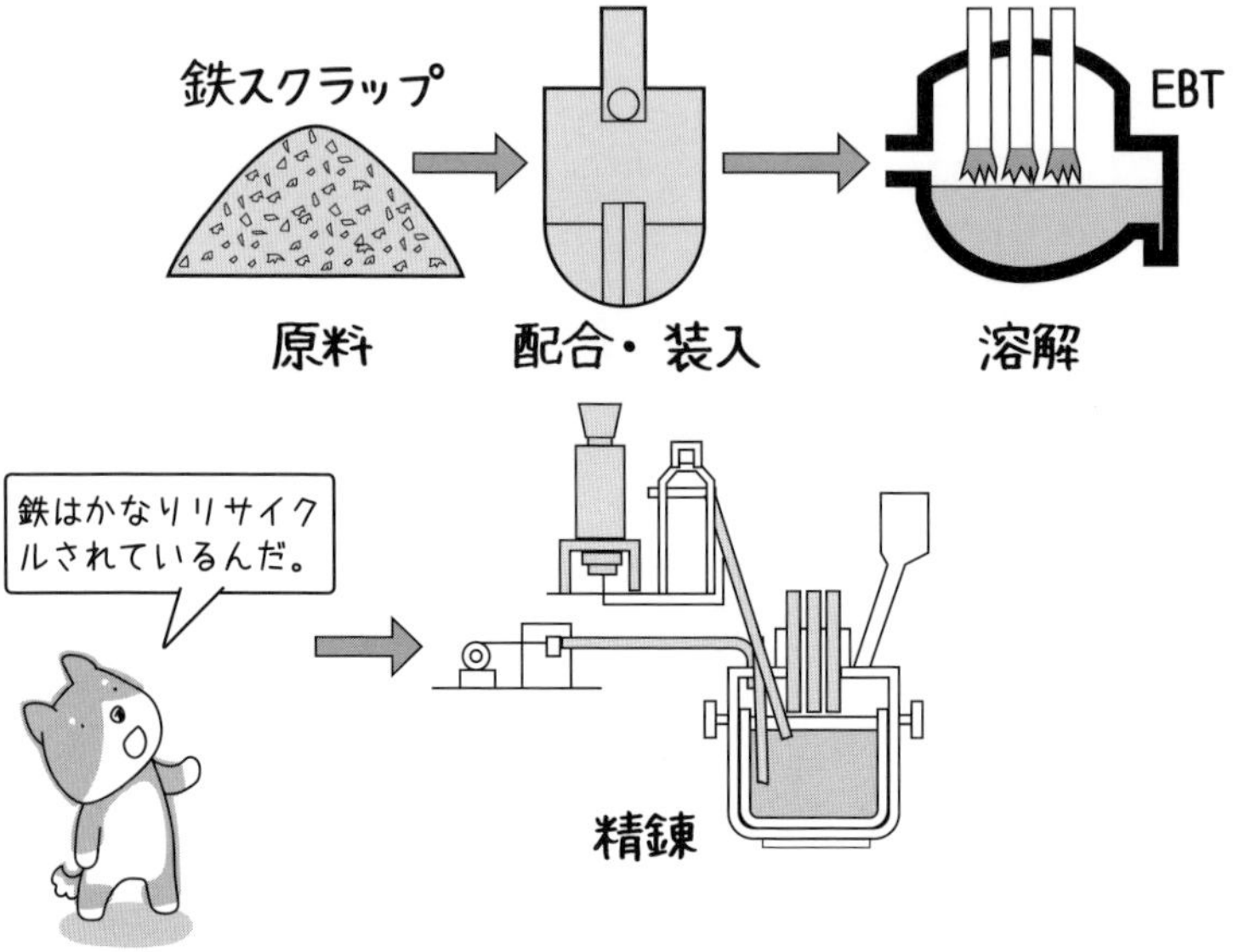

新しく鉄製品をつくるには、まず鉄鉱石とコークスや石灰石を混ぜ，焼き固めて焼結鉱にした後、焼結鉱や鉄鉱石をコークスとともに炉の上から入れ、下から約１２００℃の熱風を酸素とともに吹き込んで、鉄鉱石を溶かし、重い銑鉄を軽い不純物と分けて取り出します。

この銑鉄は炭素を４％程度も含むために固くてもろいので、スクラップなどと一緒に約１２００〜１６００℃の転炉に入れ、酸素を吹き込み、炭素などの不純物を燃やして鉄鋼とし、さらに圧延や鋳造によって鉄鋼製品とします[1548][1549]。

このように、鉄鉱石から鉄鋼製品をつくるには、加熱に多くのエネルギーが必要になります。

このため、上図のような工程で使用済みの鉄のスクラップを電気炉で溶かして鉄をリサイクルする「電炉メーカー[1550][1551]」が役立っています。

この電炉メーカーは、電気料金の安い夜間と休日のみに稼働する[1552]-[1554]特殊な会社です。

なお、特殊鋼を生産するのは特殊鋼メーカー[1555][1556]、鋳鍛鋼を生産するのは鋳鍛鋼メーカー[1557]に分かれています。

187 紙の約3分の2が使用済みの紙からつくられている

1990年には、使用済みの紙（古紙といいます）の回収率が約50%、利用率が約52%でしたが、1995年頃から急増し、2019年時点での紙の回収率は79・5%、利用率は64・4%と、約3分の2になっています。

この古紙は、紙用に約476万トン、段ボールなどの板紙用に約1176万トン消費されています。[1558]

なお、2019年時点で、古紙の15・8%が輸出され、[1558][1559]その52・2%が中国、18・6%がベトナム、9.7%が台湾、7.4%が韓国、12・1%がその他となっています。

コラム

188 衣料品のリサイクル率は1割程度しかない

(89)に示したように、日本の衣料品の廃棄量は、[1470]年間約100万トン、リユース率は13%程度、リサイクル率は11%程度です。

このように、衣料品のリユースやリサイクルが進まない理由は、[1560]①個人の好みが多様で、比較的低価格で供給されていること、②さまざまな素材が混紡・交織されていること、③流行があり、物理的寿命があっても捨てられること、④流通経路が複雑であること、⑤体型変化で捨てられること、⑥取扱業者が中小企業であること、などによるとされていますが、海外での利用に目を向けるなど新しい動きも紹介されています。[1561]

95 大量にアスベストが捨てられている

アスベスト（石綿）の種類と用途

分類	石綿類	用途など
蛇紋石族	クリソタイル（白石綿）	ほとんどすべての石綿製品に使われた。世界で使用された石綿の９割以上を占める。
角閃石族	クロシドライト（青石綿）	吹付石綿として使われた。石綿セメント高圧管にも使われた。
	アモサイト（赤石綿）	吹付石綿として使われた。断熱・保温材にも使われた。
	アンソフィライト石綿	ほかの石綿やタルク、石などの不純物である。トレモライトは吹付石綿としても使われた。
	トレモライト石綿	
	アクチノライト石綿	

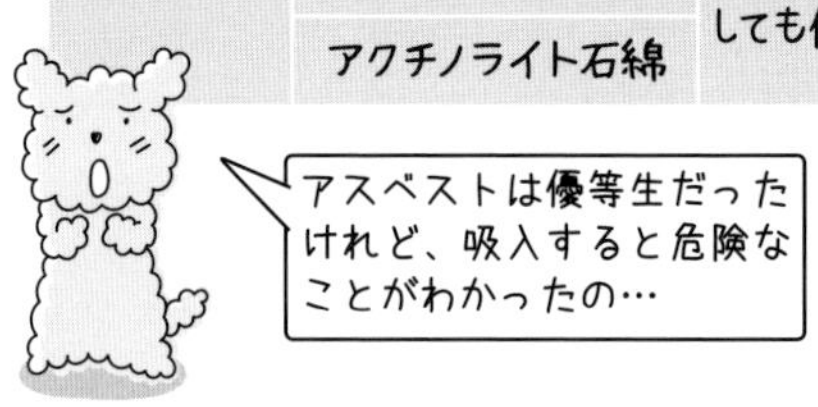

アスベスト（石綿）は繊維状の天然鉱石で、上表のような種類があります。[1562][1563]

このアスベストは、耐久性、耐熱性、耐薬品性、電気絶縁性などが優れ、安価であったため、建設資材のほか、電気製品、自動車などに広く使われてきました。[1564]

しかし、石綿を吸入すると、数十年後に肺がんや中皮腫を起こすため「静かな時限爆弾」と呼ばれ、２００６年９月から含有率が0.1％を超えるものの製造、輸入、新たな使用、譲渡、提供が禁止されました。[1565]

ただし、使用中のものは規制されていませんので、大量に残ったままで、環境調査もされています。[1566]

廃棄量の予測では、２０１４年までは年間１３０万トン程度ですが、その後増加し、２０２０年前後に年間１７０万トンでピークとなります。その後は減少し、２０３３年に40万トン以下になりますが、２０７０年以降まで排出は続くとされ、さまざまな対策が採られていますが、[1565]-[1568] 今が廃棄のピークですから、建物や電気製品、自動車などの解体時には、アスベスト対策をしっかりとする必要があります。

189 アスベスト廃棄物は特別な施設で処理する必要がある

区分		処理方法
飛散性のアスベスト		特別管理産業廃棄物「廃石綿等」として処理
非飛散性のアスベスト	重量で 0.1%超の石綿を含む物	産業廃棄物「石綿含有廃棄物」として無害化処理
	重量で 0.1%以下の石綿を含む物	産業廃棄物として処理（がれき類、ガラスくず・陶器くず、廃プラスチック）

アスベストを含む廃棄物を焼却処理すると飛散する可能性があるので、環境省は、埋立処分、溶融処理、そのほかの指定した無害化処理を選択して適切な処理を行うこと、正しく処理できる専門業者に依頼することなどを求め、飛散性の判断、図面確認、メーカーへの問合せ、現地確認などの手順、計画、撤去、収集運搬、中間処理、最終処分の方法を示し[1569]、基準値を定めています[1570]。

コラム

190 アスベストをセメントで固めたスレートがたくさんある

アスベストの繊維状のものをセメントで固めたスレート[1571]および、これにパーライト、ケイ酸カルシウム、スラグと石膏などを混ぜて固めたパーライト板、ケイ酸カルシウム板、スラグ石膏板などのアスベストを使った製品が、建築物の外壁や屋根、内装、外装などに使用されてきました[1572]。

またアスベストなどに、セメントやケイ酸質原料を混ぜた窯業系サイディング材も外装用に使われました[1572]。

これらは、非飛散性アスベストとされています[1569]が、身近なところにたくさん残っていますので、解体時などには注意が必要です。

96

一般廃棄物が4トントラックで毎日2.9万台分も出されている

㊽にも記したように、２０１８年度時点の一般廃棄物の排出量は４２７２万トン[1291][1292]あり、これを１日当たりにすると１１・７万トンになり、４トントラックで運ぶと、１日に2.9万台分になります。

　また、消費者が使ったり、食べたりするものをつくっている工場などから出される産業廃棄物は、２０１８年度に３億７５７７万トン出されています。[1573]-[1575]

　一方、都市ごみは、年間約３８４万トンが最終処分（埋立）され、[1576]産業廃棄物も約９８５万トンが最終処分（埋立）されています。[1577]

　この埋立されている産業廃棄物の種類は、汚泥が約22％の２１７万トン、ばいじんが約18％の１７７万トン、がれき類が約17％の１６７万トン、ガラス・コンクリート・陶器くずが約13％の１２８万トン、廃プラスチック類が約11％の１０８万トン、その他が約19％の１８７万トンとなっています。[1577]

　なお、産業廃棄物の処理事業者、処理責任者、収集運搬業者などは資格が必要になっています。[1576]

191 廃棄物を減らすには3Rより5R～18Rが重要である

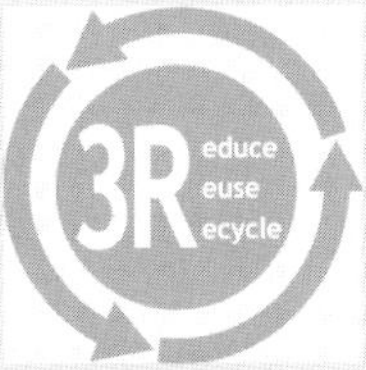

資源消費と廃棄物量を減らすため、2000年に「循環型社会形成推進基本法[1578]」という法律ができ、①廃棄物処理法などの改正、②再生資源利用促進法の改正、③建設資材リサイクル法の制定、④食品リサイクル法の制定、⑤グリーン購入法の制定が行われ、減らす（Reduce）、再び使う（Reuse）、再資源化する（Recycle）の3Rを促進することになりました[1579]。

これらに加えて、不要な容器包装を拒否する（Refuse）と修理して使う（Repair）を加えた[1580][1581]5R、さらにリフォームやレンタルなどの18Rまで提案されていますが[1582]、埋立地は不足状況です[1583]。

コラム

192 廃棄物は3種類の処分場に埋められている

廃棄物の最終処分場（埋立地）には、有害物質を含まず、変質しないものを埋める安定型、有害物質が一定未満しか溶出しないものを埋める管理型、有害物質が一定以上溶出するものを埋める遮断型があります[1584]。

2019年6月時点で、安定型処分場は1053、管理型処分場は726、断型処分場は24ありますが、埋立可能な（残余）年数は、全国的には17・0年とされ、首都圏では4.8年とされています[1584]。

97 日本人は１人当たり１年間に約８３６０キログラムもの産業廃棄物を出している

前項にも記したように、２０１８年度時点の産業廃棄物排出量は年間３億７５７７万トンで、１人・１日当たりでは約８１４２グラムになります。

これらの内訳は、排水の沈殿処理などで生じる汚泥が44・４％、動物のふん尿が20・７％、道路や家屋の工事などから生じるがれき類が16・１％、ばいじんが4.2％、鉱さいが3.5％、ガラス・コンクリート・陶器くずが2.1％、木くずが2.0％などとなっています[1574]。

ただし、これらの産業廃棄物は、約98％が減量化や再利用されていますので、最終処分（埋立）量は、約2.5％の９３１万トンになり、１人・１日当たりでは、約２０６グラムを埋め立てていることになります[1574]。

なお、２０１８年度時点の産業廃棄物排出量である３億７５７７万トンの地域別排出割合は、関東地域からが26・４％、中部地域からが14・７％、九州地域からが14・１％、近畿地域からが13・９％、東北地域と北海道地域からが10・２％、中国地域からが6.8％、四国地域からが3.7％となっていて[1574]、人口とは比例していません。

193 電気・ガス・熱供給・水道業の出す産業廃棄物量が最も多い

2018年度の業種別の産業廃棄物排出量[1574]を見ると、電気・ガス・熱供給・水道業（下水道を含む）が最も多く、26・9％になっています。

そのうち水道水をつくる浄水場で、原水中の土砂や懸濁物質を除去した汚泥が多くなっています。

次いで、建設業、農業・林業、パルプ・紙・紙加工品製造業、鉄鋼業、食料品製造業、化学工業、窯業・土石製品製造業、鉱業、その他の順になっています。[1574]

コラム

194 産業廃棄物などが1年間に約21万トンも不法投棄や不適正処理されている

産業廃棄物については、排出者から収集運搬業者、中間処理業者、最終処分業者までの流れを書類で確認するマニフェスト制度があります。[1585][1586]

しかし、このマニフェストのチェックが十分にできないこともあって、廃棄物の不法投棄や不適正処理が後を絶ちません。[1587]

2019年度時点では、不法投棄が151件、7.6万トン、不適正処理が140件、5.6万トンあり、不法投棄や不適正処理が残ったままの状態（残存事業）2710件、1625万トンもあります。[1587]

98

日本では貴重なレアメタルがたくさん捨てられている

金属類には、鉄、銅、鉛、亜鉛、アルミニウムなどの汎用されるベースメタルと白金や金、銀などの貴金属以外で、産業に利用されているレアメタル[1588]-[1597]があります。

これは、テレビ、ラジオ、携帯電話、固定電話・ＦＡＸ、デジタルカメラ、デジタルビデオカメラ、ＵＳＢメモリ、ハードディスク、電子書籍などだけでなく、カーナビ、ゲーム機、ＩＣレコーダ、電子書籍、電子辞書、電卓、電気カミソリ、リモコン、充電器、ヘアドライヤ、電動歯ブラシ等々の多くの電気・電子機器の部品に使われています[1593]。

このため、日本は、電気・電子部品が蓄積しているレアメタル資源国[1590][1595]になっていますが、回収されているレアメタルは、ニッケル、インジウムなどの高価なものの一部だけで、多くのレアメタルが捨てられています[1596]。

レアメタル鉱物の輸入に頼ることなく、電気・電子機器を回収して再利用しなければ、日本の産業や生活が成り立たなくなることもあるので、レアメタルの回収システムの拡充が不可欠とされています[1596][1598]。

195 日本が世界で一番多くの電池を使い捨てしている

２０１９年時点では、24・2億個の一次電池と14・5億個の二次（蓄）電池、合計38・8億個、金額では合計８２５１億円の電池が生産されました。[1599]

これを１人当たりにすると、一次電池が19・1個、二次電池が12・9個になり、世界一多い数になります。[1599]

これらの電池には、鉛、ニッケル、カドミウム、リチウムなどの貴重で有害な金属を含むので世界中で販売[1600]-[1602]するだけでなく、回収が重要ですが、小型電気製品からのリチウム電池などの回収率は十分ではありません。

コラム

196 日本周辺の海にごみが15万トンも漂流・漂着している

環日本海環境協力センターによれば、日本の海浜にある漂流・漂着ごみは、約15万トンと推定されています。

ただし、清掃されたり、自然に海に再流出するため、正確な量は不明です。

漂着ごみは、主に魚網や発泡スチロール製のウキなどの漁業関連のごみや容器・包装などの生活系のごみ[1603]-[1606]ですが、これらの中には、[1607][1608]韓国や中国からの漂流・漂着ごみも少なからずありますので、これらの国と協力した取組みが必要です。

ビルの壁や柱に大量の廃棄物が入っている

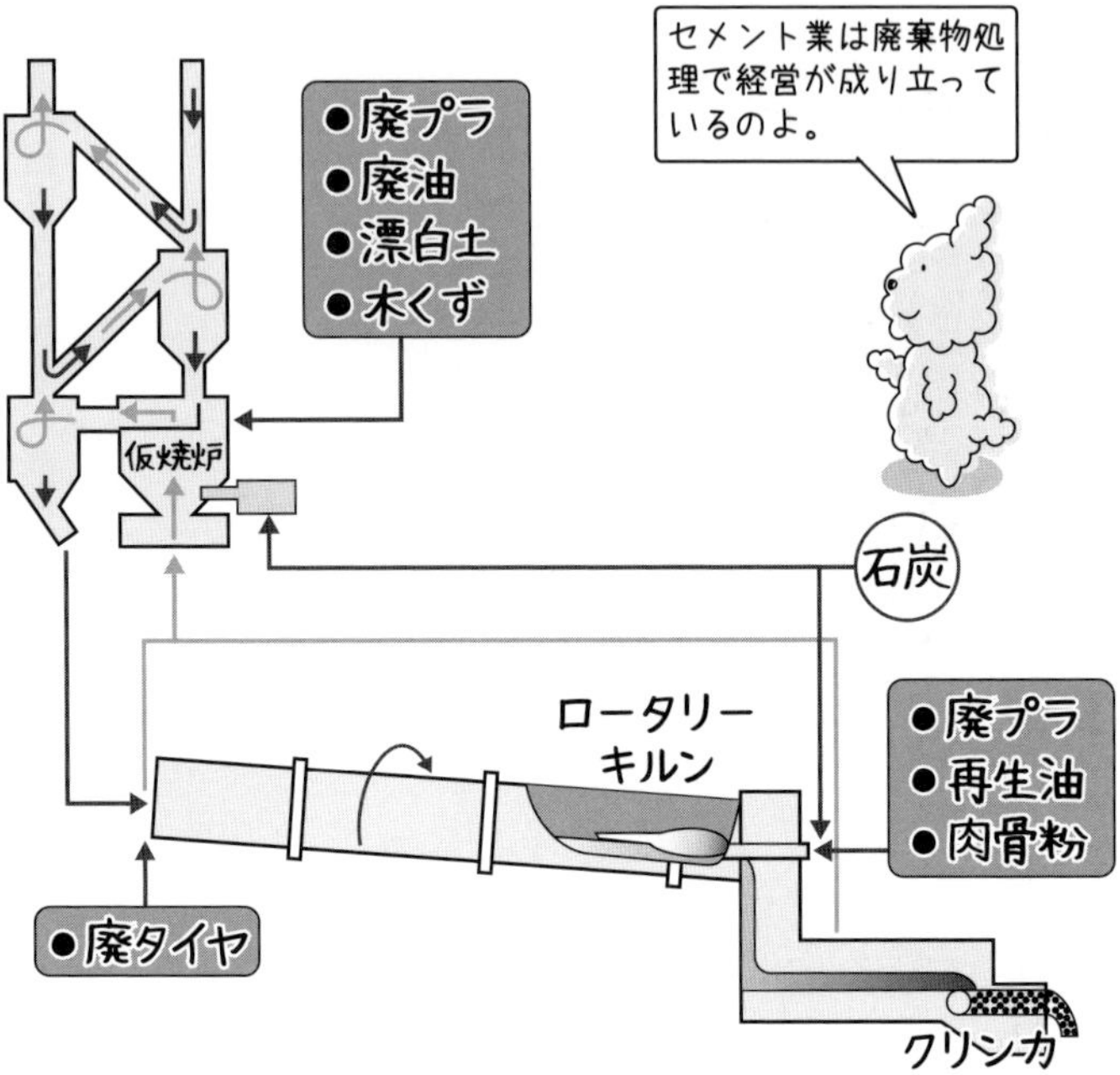

セメントは、石灰石と粘土、硅石、酸化鉄、石膏などを主な原料とし、1450℃程度で焼成してつくる[1609]ため、石灰石の産地や消費地に近いところで造られています[1610][1611]。

また、セメント製造業は、加熱のためのエネルギーを多く使う産業で、生産コストに占める燃料費の割合が高いため、廃プラスチック、廃油、廃タイヤなどの可燃性産業廃棄物を燃料として受け入れてきました[1610][1611]。

最近は、多種類の産業廃棄物を燃料および原料として使用するようになり、セメント製造業は廃棄物処理業として経営している状態になっています[1610][1611]。

例えば、製造量1トン当たり、500キログラム以上の焼却灰や下水汚泥などを混ぜてつくられたセメントをエコセメントといいます[1612]-[1614]。

なおエコセメント以外に、6種類のポルトランドセメント、製鉄所の高炉スラグを入れた高炉セメント、石炭燃焼からの飛灰を入れたフライアッシュセメント、天然シリカを入れたシリカセメントなどの混合セメント、および11種類の特殊セメントがあります[1615][1616]。

197 廃棄物を燃料にしているセメント工場では食塩が嫌われる

食塩などの塩化物が多いとセメントの硬化後の強度が落ちるため、セメント製造工場では、燃料として使う廃棄物などの塩素量を制限しています。[1617][1618]

また、セメントキルンの途中で、生成した塩化水素を抜く塩素バイパス設備やプレヒータで加熱して生成させた塩化水素を抜く設備などが使われています。[1619][1620]

なお、エコセメントのうち、塩化物イオン量が0.1％以下は普通エコセメント、0.5％以上で1.5％以下は速硬エコセメントといわれています。[1614]

コラム

198 ごみ焼却で発電する方法が進歩している

ごみ焼却の熱をボイラーに送って水蒸気をつくり、タービンを回して発電する方法が実用されています。[1621]

一般的なごみ発電では、400℃以上の高温で焼却するとごみに含まれる硫黄成分などが硫黄酸化物に変化してボイラー管などに付着し、腐食を早めるため、あえて300℃前後で焼却していますが、燃焼温度が低いために発電効率は10％前後です。[1622]

一方「スーパーごみ発電」[1622]では、停電などに備えて持っているガスタービン発電機から出る排熱を使って、ごみ焼却炉からの蒸気を400℃前後に上げ、発電効率を20％以上にしています。[1623]

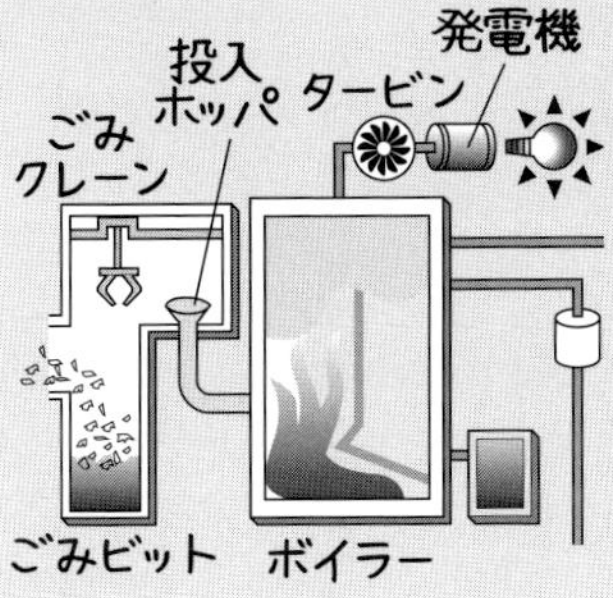

100 生ごみなどのバイオマスから電気や燃料がつくられている

バイオマスとは生物由来の資源をいい、落葉、古紙、生ごみ、廃食用油、下水汚泥、家畜排せつ物などの廃棄物系バイオマス、稲わら、間伐材などの未利用バイオマス、サトウキビ、米、いも類などの資源作物バイオマス、あるいは微細藻類などの新たなバイオマスがあります。[(1624)]

このバイオマスは、堆肥にする以外に、発酵させてメタンや水素などのバイオガス、バイオエタノール、バイオプラスチック、あるいは発電用燃料やバイオコークスにしたり、廃油を精製してディーゼル自動車用のオイルにする方法などに有効利用されています。[(1625)(1626)]

これらのうち、バイオマスによる発電の長期エネルギー需給見通しによると、２０３０年には３９４億～４９０億キロワット時、発電電力量の3.7～4.6％程度になるとされています。[(1627)-(1630)]

また、バイオマス発電のエネルギー利用効率は約12％[(1627)]なので、古紙とプラスチック廃棄物を固めた燃料（ＲＰＦ）[(1631)-(1640)]や都市ごみを固めた燃料（ＲＤＦ）[(1631)(1636)(1639)]を用いて、エネルギー利用効率を高める発電も行われています。

199 下水の汚泥が1年間に240万トンも再利用されている

2018年度末の下水カス（汚泥）のリサイクル率は、76%になっています。[1641] 利用先は、主にセメント、れんがなどの建設資材ですが、肥料や固形燃料などにも利用されています。[1641]-[1647]

なお、未利用分は埋め立られています。

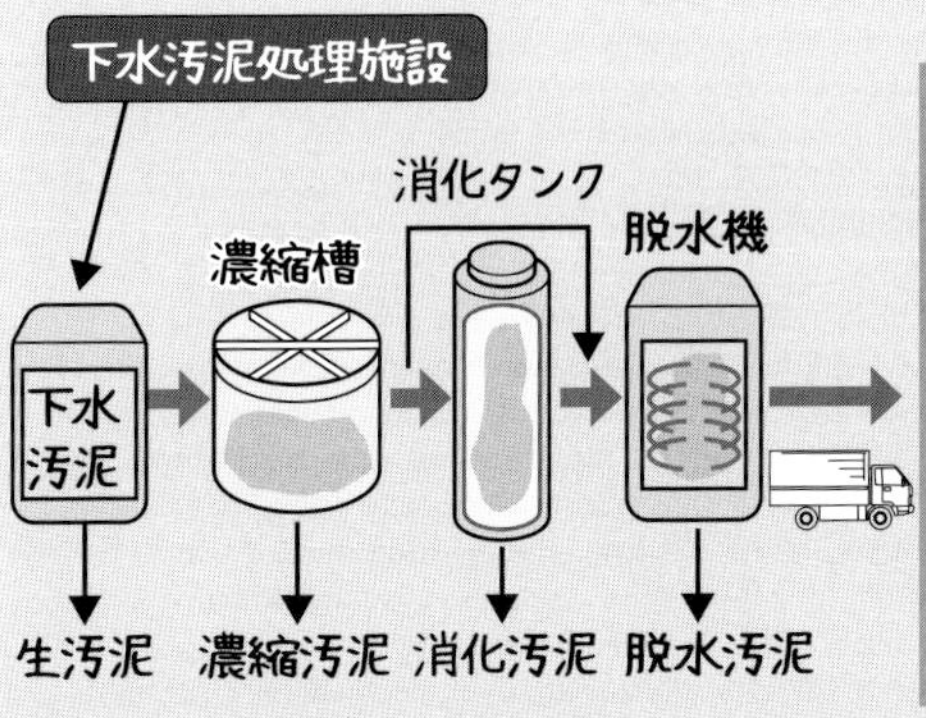

コラム

200 農業で使った塩ビフィルムが床材などに再利用されている

塩化ビニル（略称：塩ビ）は、1946年から工業生産[1648][1649]され、優れた特性[1650]があります。関連統計[1651]-[1956]が示されるとともに、塩ビの生産・配合・加工の方法や用途、位置付け、物性、実用性能、特性など[1657]-[1666]が示されています。

2019年に66・6万トンが輸出され、国内に103・0万トンが出荷され、土木・建築用に56%、工場設備用に10%、雑貨用などに8%、車両用に7%、容器包装用に6%、電気機械用に4%、農林水産用に4%使われ、[1667]-[1672] JIS[1673][1674]も定められ用語[1675]も解説されています。

使用後のリサイクルは容易で、[1676]-[1679] 床材などとして再利用するマテリアルリサイクル、[1680]-[1682] 活性炭やコークス、還元剤などにするケミカルリサイクル、[1683][1684] 焼却して熱利用するサーマルリサイクル[1685]が行われるなど、業界もさまざまな取組みを行っています。[1686]-[1689]

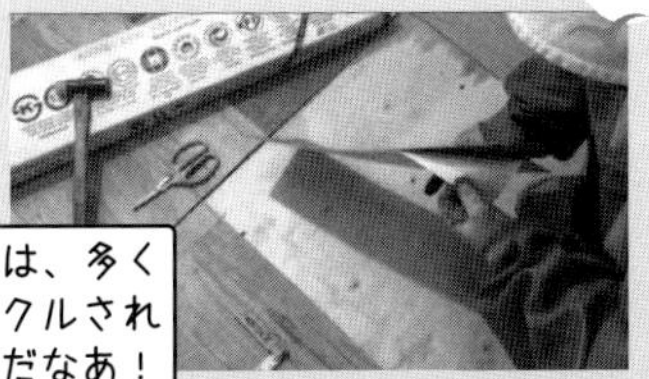

〈著者略歴〉

浦野紘平（うらの　こうへい）

1942年東京生まれ、横浜国立大学工学部卒業、東京工業大学大学院理工学研究科博士課程修了、工学博士、通商産業省公害資源研究所（現産業技術総合研究所）研究員、横浜国立大学工学部講師、助教授、教授、横浜国立大学環境情報研究院教授を経て横浜国立大学名誉教授、横浜国立大学発ベンチャー(有)環境資源システム総合研究所会長、エコケミストリー研究会代表

〈著　書〉

『生態環境リスクマネジメントの基礎』『国連ミレニアムエコシステム評価：生態系サービスと人類の将来』『地球環境問題がよくわかる本』『日本の環境・人・暮らしがよくわかる本』（以上、オーム社）、『えっ！そうなの？私たちを包む化学物質』（コロナ社）、『化学物質のリスクコミュニケーション手法ガイド』（ぎょうせい）、ほか50冊余

浦野真弥（うらの　しんや）

1969年横浜生まれ、東京農工大学工学部卒業、京都大学大学院工学研究科博士課程単位取得退学、博士(工学)、京都大学環境保全センター研究員、豊橋技術科学大学研究員、横浜国立大学教務補佐員を経て、横浜国立大学発ベンチャー(有)環境資源システム総合研究所所長、エコケミストリー研究会幹事

〈著　書〉

『地球環境問題がよくわかる本』『日本の環境・人・暮らしがよくわかる本』（以上、オーム社）、『えっ！そうなの？私たちを包む化学物質』（コロナ社）

- イラスト：原山みりん（せいちんデザイン）

身近な環境・生活のホントがよくわかる本

2021年4月5日　第1版第1刷発行
2021年4月20日　第1版第2刷発行

著　者　浦野紘平・浦野真弥
発行者　村上和夫
発行所　株式会社 オーム社
郵便番号　101-8460
東京都千代田区神田錦町3-1
電話　03(3233)0641(代表)
URL https://www.ohmsha.co.jp/

印刷・製本　壮光舎印刷
ISBN978-4-274-22708-0　Printed in Japan

おわりに

著者らは、長年、環境問題や資源問題についての教育や研究を行い、多くの論文、および総説や解説を発表してきました。

また、29年前に「化学物質と環境との調和」を目標とした「エコケミストリー研究会」を発足させ、隔月の情報誌、およびホームページやセミナー、シンポジウムなどによって、多くの情報を発信し続けています。

さらに、浦野紘平は、著書も56冊（共著を含む）を出してきました。

本書では、「身近な環境・生活のホント」について、１００項目を各1ページにまとめ、かつ上半分に図表のイラストを入れ、下半分でわかりやすく解説しました。

また、各項目に2つのコラムを2分の1ページずつ配し、図表などを入れ、わかりやすく解説しました。

若い方からお年寄りまで、どなたにも読んでいただけるように配慮したつもりですので、読んでいただいた方には、周辺の方にもお勧めていただきたく、お願い申し上げます。

また、併せて、２０１７年に、本書と同じオーム社から出版致しました「地球環境問題がよくわかる本」、および２０１９年に出版致しました「日本の環境・人・暮らしがよくわかる本」をお読みいただき、地球環境から、日本、そして身近な環境と暮らしの事実についてのご理解を深めていただき、少しでも広い視野を持っていただけましたら、大変幸いに存じます。

なお、本書を出版するにあたり、お世話になったオーム社編集局の方々、著者らが所属する横浜国立大学発ベンチャー有限会社環境資源システム総合研究所の皆様、および著者らを支えてくれている家族に心から感謝いたします。

引用・参考文献

この引用・参考文献に記載したURLは2021年3月現在のものです。また、(株)は株式会社、(有)は有限会社、(同)は合同会社、(責)は有限責任事業組合、(国研法)は国立研究開発法人、(公社)は公益社団法人、(一社)は一般社団法人、(独法)は独立行政法人、(公財)は公益財団法人、(一財)は一般財団法人、(N)は特定非営利活動(NPO)法人の略です。

(1) 気象庁:オゾン層とは、http://www.data.jma.go.jp/gmd/env/ozonehp/3-10ozone.html
(2) 気象庁:大気の構造と流れ、https://www.jma.go.jp/jma/kishou/know/whitep/1-1-1.html
(3) 99BANKO:「空気」と「大気」の違いと使い方を区別するポイント、https://99bako.com/1526.html
(4) (N)消防環境ネットワーク:http://www.sknetwork.or.jp/
(5) 図解で分かる危険物取扱者講座:消火剤の種類、https://zukai-kikenbutu.com/buturikagaku/3-syoukazai.html
(6) アースウォーカートレーディング(株):オゾンって何? 基本的なことをしっておこう、https://www.ozonemart.jp/wp/archives/429
(7) オー・スリー・ウェブ:オゾンの安全性・危険性について、http://o3.kalmor.jp/technology/page7.html
(8) おすすめオゾン発生器.NET:オゾン発生器とは? オゾン発生器は危険? 安全性や起こりうる健康被害について、http:// おすすめオゾン発生器.net/about/safety/
(9) (株)イプロス:オゾン発生装置・企業28社の製品一覧とランキング、https://www.ipros.jp/cg2/ オゾン発生装置 /
(10) 家電批評モノマニア、比較2020'【最も強力!】全26機の脱臭機の特長とおすすめ / 選び方:ペット / トイレ / タバコ臭対策(1)、http://www.monomania.sblo.jp/article/83148055.html
(11) 藏澄美仁、堀越哲美、土川忠浩、松原斎樹、日本人の体表面積に関する研究、日本生気象学会雑誌、**31**, 1, pp. 5-29(1994)、https://www.jstage.jst.go.jp/article/seikisho1966/31/1/31_1_5/_article/-char/ja/
(12) 生活や実務に役立つ計算サイト、体表面積(BSA)、https://keisan.casio.jp/exec/system/1161228735#!
(13) 気象庁、アメダス、富士山、http://www.jma.go.jp/jp/amedas_h/today-50066.html?areaCode=000&groupCode=34
(14) うきうきExpress、自然、気圧とは何か!それは一体どんなもの? https://ukiuki-express.com/archives/1670.html
(15) NHK、すくどう、呼吸ってなんだろね? https://www.nhk.or.jp/school/sukudo/special/58/
(16) 環境省、微小粒子状物質(PM2.5)に関する情報、http://www.env.go.jp/air/osen/pm/info.html
(17) 気象庁、天気予報、https://www.jma.go.jp/jp/yoho/
(18) うきうきExpress、自然、気圧とは何か! それは一体どんなもの? https://ukiuki-express.com/archives/1670.html
(19) 気象庁、地球温暖化、https://www.data.jma.go.jp/cpdinfo/chishiki_ondanka/
(20) 環境省、気候変動に関する国際連合枠組条約、http://www.env.go.jp/earth/cop3/kaigi/jouyaku.html
(21) 気象庁、歴代全国ランキング、http://www.data.jma.go.jp/obd/stats/etrn/view/rankall.php
(22) 全国地球温暖化防止活動推進センター、すぐ使える図表集1-2温室効果ガスの特徴、https://www.jccca.org/chart/chart01_02.html
(23) 環境省、温室効果ガス排出量、http://www.env.go.jp/earth/ondanka/ghg.html
(24) 環境省、日本の約束草案(2020年以降の新たな温室効果ガス排出削減目標)、https://www.env.go.jp/earth/ondanka/ghg/2020.html
(25) すぐ活かせる環境情報、世界のメタン発生源 牛のゲップが主要因なのか、https://sugu-kan.com/world_source_of_methane
(26) ナショナルジオグラフィック日本版、3NOPが牛のげっぷ中のメタンを3割減らす、https://natgeo.nikkeibp.co.jp/atcl/news/15/080600217/
(27) 国土交通省国土技術政策総合研究所、宮本綾子、小越眞佐司、特集:下水道における地球温暖化対策、下水処理施設における一酸化二窒素ガス発生量の削減、土木技術資料52-4(2010)、http://www.pwrc.or.jp/thesis_shouroku/thesis_pdf/1004-P010-013_miyamoto.pdf
(28) (独法)農業環境技術研究所、研究成果情報(26集)、秋山博子、農耕地から発生する亜酸化窒素の削減効果を定量的に評価―硝化抑制剤入り肥料の平均的削減率は -38%―、http://www.naro.affrc.go.jp/archive/niaes/sinfo/result/result26/result26_46.html
(29) 環境省、大気環境基準等、http://www.env.go.jp/air/kijun/index.html
(30) 環境省、大気汚染防止法の概要(固定発生源)、http://www.env.go.jp/air/osen/law/
(31) 国土交通省、自動車の排ガス規制(新車)、http://www.mlit.go.jp/jidosha/jidosha_tk10_000001.html
(32) 環境省、特定特殊自動車排ガス規制法、http://www.env.go.jp/air/car/tokutei_law.html
(33) livedoor NEWS、20年に船の排出ガス規制が強化 対応に追われる日本の造船業界、https://news.livedoor.com/article/detail/12432255/
(34) 環境省、光化学オキシダント関連情報、http://www.env.go.jp/air/osen/pc_oxidant.html
(35) 環境省、窒素酸化物に係る総量規制の導入について、http://www.env.go.jp/ hourei/04/000113.html
(36) (国研法)国立環境研究所、環境儀No.33、越境大気汚染の日本への影響、https://www.nies.go.jp/kanko/kankyogi/33/10-11.html
(37) 気象庁、黄砂情報、https://www.jma.go.jp/gmd/env/kosa/fcst
(38) 環境省、黄砂、http://www.env.go.jp/air/dss/
(39) 環境省、黄砂問題検討会、http://www.env.go.jp/air/kousa/dss_05.html
(40) 環境省、砂漠化する地球 - その現状と日本の役割、http://www.env.go.jp/nature/shinrin/sabaku/index_1_1.html
(41) 環境省、砂漠化関連リンク、http://www.env.go.jp/nature/shinrin/sabaku/index_4.html
(42) (一財)日本気象協会、PM2.5分布予測、https://tenki.jp/pm25/

(43) SPRINTARS、PM2.5 予測と黄砂予測、https://sprintars.riam.kyushu-u.ac.jp/forecastj.html
(44) へぇ～、そうだったのニッポン！ 北京の砂漠化問題と PM2.5 や黄砂による日本への影響、https://feel-japan.net/?p=1168
(45) 帝国書院、羊毛の生産トップ 10 と日本の輸入先、https://www.teikokushoin.co.jp/statistics/map/index12.html
(46) (独法) 環境再生保全機構、大気環境の情報館、https://www.erca.go.jp/yobou/taiki/index.html
(47) 環境省、揮発性有機化合物 (VOC) 対策、https://www.env.go.jp/air/osen/voc/voc.html
(48) 環境省、揮発性有機化合物 (VOC) 排出インベントリ、https://www.env.go.jp/air/osen/voc/inventory.html
(49) 公害研究対策センター、窒素酸化物総量規制マニュアル (新版)、https://www.earth-vision2020.jp/archives/nox.html
(50) 環境省、(株) エックス都市研究所、(公財) 国際環境技術移転センター、窒素酸化物排出削減対策技術の導入に係るガイドライン、https://www.env.go.jp/en/water/wq/ine/pdf/tool/1_guideline-fixed%20sources-jp.pdf
(51) 環境省、ＰＲＴＲインフォメーション広場、https://www.env.go.jp/chemi/prtr/risk0.html
(52) 環境省、工場及び事業場から排出される大気汚染物質に対する規制方式とその概要、http://www.env.go.jp/air/osen/law/t-kisei1.html
(53) 経済産業省、揮発性有機化合物 (VOC) 排出抑制に向けた取組、https://www.meti.go.jp/policy/voc/index.html
(54) 増田敦子、看護 roo! 看護・ケア、解剖生理をおもしろく学ぶ、酸素を使わず、呼吸する？ https://www.kango-roo.com/learning/1615/
(55) 増田敦子、看護 roo! 看護・ケア、解剖生理をおもしろく学ぶ、呼吸系の器官のしくみ、https://www.kango-roo.com /learning/1616/
(56) 増田敦子、看護 roo! 看護・ケア、解剖生理をおもしろく学ぶ、肺の構造とガス交換、https://www.kango-roo.com /learning/1617/
(57) 増田敦子、看護 roo! 看護・ケア、解剖生理をおもしろく学ぶ、呼吸のメカニズム、https://www.kango-roo.com/learning/1619/
(58) 清肺湯 Navi、呼吸器 (肺) のお話、肺の機能・構造、https://www.seihaito.jp/structure/lung.html
(59) 厚生労働省、シックハウス (室内空気汚染) 問題に関する検討会、https://www.mhlw.go.jp/stf/shingi/other-iyaku_128714.html
(60) 増田敦子、看護 roo! 看護・ケア、解剖生理をおもしろく学ぶ、多細胞生物が備えた物流システム、https://www.kango-roo.com /learning/1575
(61) 増田敦子、看護 roo! 看護・ケア、解剖生理をおもしろく学ぶ、心臓は働きもの、https://www.kango-roo.com /learning/1583
(62) 増田敦子、看護 roo! 看護・ケア、解剖生理をおもしろく学ぶ、動脈と静脈、https://www.kango-roo.com/learning/1584
(63) 増田敦子、看護 roo! 看護・ケア、解剖生理をおもしろく学ぶ、血液は何でできている？ https://www.kango-roo.com /learning/1585
(64) 増田敦子、看護 roo! 看護・ケア、解剖生理をおもしろく学ぶ、いざ、毛細血管の中へ、https://www.kango-roo.com/learning/1586
(65) 看護ノート―看護師長の備忘録―、SpO2、PaO2、PAO2、SaO2 の違いをわかりやすく説明します、https://kangolabo.com/211
(66) 夏井睦、皮膚呼吸って何？ http://www.wound-treatment.jp/wound142.htm
(67) 科学をわかりやすく解説、科学のあゆみ、気管でする呼吸の仕組みとは？ 皮膚呼吸・腸呼吸とは？ https://wakariyasuku.info/ 動物・植物 / 気管でする呼吸のしくみとは？皮膚呼吸・腸呼吸 /
(68) 電気事業連合会、放射線とは、https://www.fepc.or.jp/sp/housyasen/
(69) 環境省、放射線による健康影響等に関する統一的な基礎資料 (平成 28 版、HTML 形式)、https://www.env.go.jp/chemi/rhm/h28kisoshiryo/h28kisoshiryohtml.html
(70) 日本地質学会、日本の自然放射線量、http://www.geosociety.jp/hazard/content0058.html
(71) 都道府県別統計とランキングで見る県民性、都道府県別年間自然放射線量、https://todo-ran.com/t/kiji/13644
(72) ふくしま復興ステーション、放射線と除染・県内の放射線状況、http://www.pref.fukushima.lg.jp/site/portal/list272-851.html
(73) 大阪大学医学部付属病院放射線部、放射線被ばくについて、https://www.hosp.med.osaka-u.ac.jp/home/hp-radio/info.html
(74) (国研法) 日本原子力研究開発機構、原子力百科事典、被ばくの形態 (内部、外部、局部)、https://atomica.jaea.go.jp/data/detail/dat_detail_09-04-04-02.html
(75) AllAbout、健康・医療、レントゲンや CT 検査で放射線被曝リスクはあるのか、https://allabout.co.jp/gm/gc/299354/
(76) 首相官邸、放射線から人を守る国際基準～国際放射線防護委員会 (ICRP) の防護体系～、https://www.kantei.go.jp/saigai/senmonka_g5.html
(77) 厚生労働省、健康・医療、たばこと健康に関する情報ページ、https://www.mhlw.go.jp/stf/seisakunitsuite/bunya/kenkou_iryou/kenkou/tobacco/index.html
(78) (公財) 健康・体力づくり事業財団、厚生労働省の最新タバコ情報、http://www.health-net.or.jp/tobacco/front.html
(79) グラクソ・スミスクライン・コンシューマー・ヘルスケア・ジャパン (株)、今度こそ禁煙、http://www.e-kinen.jp/index.html
(80) 飯田遥 (慶應義塾大学)、損害賠償制度から見るタバコ訴訟～懲罰的損害賠償の意義について、http://fs1.law.keio.ac.jp/~kubo/seminar/kenkyu/mitasai/2002/09iida.PDF
(81) 禁煙なう .com、世界の禁煙事情！ 喫煙に厳しい国とは？ 海外のタバコ代はいくら？ http:// 禁煙なう .com/2018/07/14/ 世界一喫煙に厳しい国はどこ ?! 世界の禁煙事情 /
(82) 政府公報オンライン、暮らしに役立つ情報、屋内は原則禁煙に！ 受動喫煙をなくすための取組が変わる！ https://www.gov-online.go.jp/useful/article/201907/2.html
(83) (公財) 日本学校保健会、喫煙、飲酒、薬物乱用防止に関する指導参考資料、高等学校編、https://www.gakkohoken.jp/book/ebook/ebook_H230020/H230020.pdf
(84) (公財) 日本学校保健会、喫煙、飲酒、薬物乱用防止に関する指導参考資料、中学校編、https://www.gakkohoken.jp/book/ebook/ebook_H220010/H220010.pdf
(85) (公財) 日本学校保健会、喫煙、飲酒、薬物乱用防止に関する指導参考資料、小学校編 (令和元年度改訂)、https://www.gakkohoken.jp/book/ebook/ebook_R010130/index_h5.html
(86) (国研法) 国立がん研究センター、科学的根拠に基づくがんリスク評価とがん予防ガイドライン提言に関する研究、喫煙と全がんリスク、https://epi.ncc.go.jp/can_prev/evaluation/782.html
(87) 日本肌再生医学会メディア、嘘？ 本当？ タバコ (喫煙) が健康に与える影響と 5 つの害、https://www.jssrm.com/medi/archives/394
(88) 厚生労働省、令和元年国民健康・栄養調査報告、第 3 部生活習慣調査の結果、第 83 表、喫煙の状況、2019 年、https://www.mhlw.go.jp/

content/000451761.pdf
(89)（公財）健康・体力づくり事業財団、統計情報、成人喫煙率、http://www.health-net.or.jp/tobacco/product/pd100000.html
(90) 法令リード、悪臭防止法、https://hourei.net/law/346AC0000000091
(91) 環境省、悪臭防止法の概要、https://www.env.go.jp/air/akushu/low-gaiyo.html
(92) 化学物質と法規制研究所、化学物質管理法規制のポータルサイト、悪臭防止法、https://www.chemical-substance.com/akushuboushi/
(93)（N）日本健康住宅協会、空気環境部会、においのＱ＆Ａ、http:/kjknpo.securesite.jp/html_j/bukai/kuki/qa.html
(94)（N）化学物質過敏症支援センター、https://cssc4188cs.org/
(95)（公社）におい・かおり環境協会、国家資格「臭気判定士」、https://orea.or.jp/hanteishi/
(96) 環境省、におい対策・かおり環境について、http://www.env.go.jp/air/akushu /akushu.html
(97) 環境省、におい対策・かおり環境について、臭気指数規制ガイドライン、http://www.env.go.jp/air/akushu/guide_ind/index.html
(98) 松葉佐智子、後藤なおみ、五味保城、小早川達、持続提示臭気に対する順応しやすさの定量化、におい・かおり環境学会誌、**45**, 1, pp.38-45（2014）、https:// www.jstage.jst.go.jp/ article/jao/45/1/45_38/_pdf/-char/ja
(99)（公社）におい・かおり環境協会、ひと目でわかる「脱臭装置」選択ガイド、脱臭ナビ、https://dashdb.jp/
(100) 環境省、におい対策・かおり環境について、防脱臭技術の適用に関する手引き、http://www.env.go.jp/air/akushu/tebiki/index.html
(101) 環境脳神経科学情報センター、人工香料による健康被害、https://environmental-neuroscience.info/CS/koryo.html
(102) 薬師瑠璃光如来©るりにょ(_ _)rm、inside head, inside out・・・、柔軟剤・洗剤の臭いの落とし方｜香り付き＆消臭殺菌ブームは迷惑!!｜香害｜スメハラ｜、https://lurinyo.com/softner-harassment/
(103)（N）化学物質過敏症支援センター、「香料自粛のお願い」～近くの公共施設、病院にお願いをしてみませんか。http://www.cssc.jp/kouryo_jisyuku.html
(104) 香料自粛を求める会、小樽・子どもの環境を考える親の会、化学物質問題市民研究会、日本消費者連盟関西グループ、反農薬東京グループ、香料の健康影響に関する調査および病院・保育園等における香料自粛に関する要望（2014年1月27日）厚生労働大臣宛、http://www.ne.jp/asahi/kagaku/pico/sick_school/shiiryou/koryo/140127_Koryo_Youbou_Korosho.html
(105) 薬師瑠璃光如来©るりにょ(_ _)rm、inside head, inside out・・・、香料自粛・化学物質過敏症の啓蒙ポスター｜香害、香料自粛のポスター、【都道府県別】、https://lurinyo.com/fragrancefree-policy/
(106) 薬師瑠璃光如来©るりにょ(_ _)rm、inside head, inside out・・・、香料自粛・化学物質過敏症の啓蒙ポスター｜香害、香料自粛のポスター、北海道～東北地方編、https://lurinyo.com/fragrancefree-policy-1/
(107) 薬師瑠璃光如来©るりにょ(_ _)rm、inside head, inside out・・・、香料自粛・化学物質過敏症の啓蒙ポスター｜香害、香料自粛のポスター、関東地方編、https://lurinyo.com/fragrancefree-policy-2/
(108) 薬師瑠璃光如来©るりにょ(_ _)rm、inside head, inside out・・・、香料自粛・化学物質過敏症の啓蒙ポスター｜香害、香料自粛のポスター、中部地方編、https://lurinyo.com/fragrancefree-policy-3/
(109) 薬師瑠璃光如来©るりにょ(_ _)rm、inside head, inside out・・・、香料自粛・化学物質過敏症の啓蒙ポスター｜香害、香料自粛のポスター、近畿地方編、https://lurinyo.com/fragrancefree-policy-4/
(110) 薬師瑠璃光如来©るりにょ(_ _)rm、inside head, inside out・・・、香料自粛・化学物質過敏症の啓蒙ポスター｜香害、香料自粛のポスター、中国・四国地方編、https://lurinyo.com/fragrancefree-policy-5/
(111) 薬師瑠璃光如来©るりにょ(_ _)rm、inside head, inside out・・・、香料自粛・化学物質過敏症の啓蒙ポスター｜香害、香料自粛のポスター、九州～沖縄編、https://lurinyo.com/fragrancefree-policy-6/
(112) Business Journal、消臭剤は危険？ 除菌・抗菌商品は人体に有害な例も、使用時の注意点は？ https://biz-journal.jp/2014/07/post_5483.html
(113) 消費者庁、販売の用に供する添加物の表示について（平成26年3月14日）、https://www.cao.go.jp/consumer/history/03/kabusoshiki/syokuhinhyouji/doc/s140314_shiryou2.pdf
(114) 東京都福祉保険局、食品衛生の窓、食品の表示制度 、https://www.fukushihoken.metro.tokyo.lg.jp/shokuhin/hyouji/
(115) 厚生労働省、建築物衛生のページ、建築物環境衛生管理基準について、https://www.mhlw.go.jp/bunya/kenkou/seikatsu-eisei10/index.html
(116) 文部科学省、学校環境衛生、https://www.mext.go.jp/a_menu/kenko/hoken/1353625.htm
(117) 文部科学省、健康的な学習環境を維持管理するために―学校における化学物質による健康障害に関する参考資料―、https://www.mext.go.jp/a_menu/kenko/hoken/1315519.htm（具体的には、https://www.mext.go.jp/a_menu/kenko/hoken/_icsFiles/afieldfle/2012/02/20/1315519_01.pdf と https://www.mext.go.jp/a_menu/kenko/hoken/_icsFiles/afieldfile/2012/02/20/1315519_02.pdf）
(118)（有）キクミ商会、シックハウス・シックスクールについて、http://www.kikumi.co.jp/gijutsu3/shic-house/index.html
(119) 文部科学省、科学技術・学術審議会（第8回）資料3‐2 地球上の生命を育む水のすばらしさの更なる認識と新たな発見を目指して、第1章水の性質と役割、https://www.mext.go.jp/b_menu/shingi/gijyutu/gijyutu0/shiryo/attach/1331537.htm
(120) 岡山大学理学部化学科理論化学研究室、水、氷、包接水和物の構造とダイナミクスに関する理論的研究、http://theochem.chem.okayama-u.ac.jp/japanese/research.html
(121) 山賀進、われわれはどこから来て、どこへ行こうとしているのか、そしてわれわれは何者か-宇宙・地球・人類、第二部-3-第6章 空気中の水蒸気、https://www.s-yamaga.jp/nanimono/taikitoumi/kukichunosuijoki.htm
(122)（国研法）海洋研究開発機構、地球を学んじゃうコラム、地球46億年の歴史と生命進化のストーリー、https://www.jamstec.go.jp/sp2/column/04/
(123)（株）Intro、Rekisiru、生物史、【生物の歴史】地球誕生と生命の進化、年表まとめ、https://rekisiru.com/1497
(124)（公財）日本海事広報協会、海の自然のなるほど、海から生まれた生命、https://www.kaijipr.or.jp/mamejiten/shizen/shizen_3.html
(125) 環境省、熱中症予防情報サイト、普及啓発資料、熱中症環境保健マニュアル2018、https://www.wbgt.env.go.jp/heatillness_manual.php
(126) J-CASTニュース、テレビウオッチ、あさイチ ＮＨＫ朝採り情報、1対30で圧倒的に女性罹患！ 30代から急増する慢性腎臓病…原因は「トイレ我慢」「水飲まない」、https://www.j-cast.com/tv/2013/11/25189945.html?p=all

(127) ママの知りたい情報が集まるアンテナ、ママテナ、健康、あなたの子供は大丈夫？ 体温異常の子供が増えている！ https://www.mamatenna.jp/article/4683/
(128) キリンホールディングス（株）、水分補給、血液の約 50% は水、https://www.kirin.co.jp/products/softdrink/alkali/hydration/base/blood.html
(129) 厚生労働省、水道対策、「健康のため水を飲もう」推進運動、https://www.mhlw.go.jp/stf/seisakunitsuite/bunya/topics/bukyoku/kenkou/suido/nomou/index.html
(130) 大塚製薬（株）、身体と水分、身体の体重の 60％は水分でできている、https://www.otsuka.co.jp/nutraceutical/about/rehydration/water/body-fluid/
(131)（一社）全国腎臓病協議会、腎臓病について、https://www.zjk.or.jp/kidney-disease/
(132)（一財）国土技術研究センター、国土を知る／意外と知らない日本の国土、雨や雪の多い国土、http://www.jice.or.jp/knowledge/japan/commentary04
(133) 国土交通省、日本の水資源の現状・課題、日本の水収支、https://www.mlit.go.jp/tochimizushigen/mizsei/c_actual/actual01.html
(134) 国土交通省、水資源、水資源の利用状況、http://www.mlit.go.jp/mizukokudo/mizsei/mizukokudo_mizsei_tk2_000014.html
(135) 国土交通省、水資源、令和 2 年版日本の水資源の現況、http://www.mlit.go.jp/mizukokudo/mizsei/mizukokudo_mizsei_tk2_000028.html
(136) 東京都水道局、水源・水質、トピック第 9 回 水道の水源、https://www.waterworks.metro.tokyo.jp/suigen/topic/09.html
(137) 国土交通省、水資源、地下水利用の現状、http://www.mlit.go.jp/mizukokudo/mizsei/mizukokudo_mizsei_tk1_000062.html
(138) 国土交通省、水資源、世界の水資源、地球上の水、https://www.mlit.go.jp/mizukokudo/mizsei/mizukokudo_mizsei_tk2_000020.html
(139)（公財）日本海事広報協会、海の自然のなるほど、https://www.kaijipr.or.jp/mamejiten/shizen/shizen_5.html
(140)（一財）国土技術研究センター、意外と知らない日本の国土、短くて流れが急な日本の川、http://www.jice.or.jp/knowledge/japan/commentary08
(141) 国土交通省北陸地方整備局、主要河川の勾配（国内）、http://www.hrr.mlit.go.jp/river/dosya/sdk_hp/tokusei/kobai2.html
(142) 気になったデータをグラフや図にして「へー」ってなるページ、日本の川の勾配、https://graphic-data.com/page/geography/017.html
(143) ランキング にっぽん、都道府県別年間降水量ランキング【平年値】、https://ranking-nippon.com/ 生活 / 都道府県別 - 年間降水量ランキング【平年値】/
(144) 都道府県格付け研究所、上水道年間有効水量ランキング、http://grading.jpn.org/y1022010.html
(145) 東京都水道局、良くある質問、もっと知りたい「水道」のこと、http://www.waterworks.metro.tokyo.jp/faq/qa-14.html
(146) 厚生労働省、水道水質基準、水道水質基準について、https://www.mhlw.go.jp/stf/seisakunitsuite/bunya/topics/bukyoku/kenkou/suido/kijun/index.html
(147) 厚生労働省、水質基準項目と基準値（51 項目）、https://www.mhlw.go.jp/stf/seisakunitsuite/bunya/topics/bukyoku/kenkou/suido/kijun/kijunchi.html
(148) 水のススメ、硬度別おすすめミネラルウォーター 12 選【硬度の解説付】、https://mizunosusume.jp/mineralwater-hardness-856
(149) ENECHANGE（株）、エネチェンジ、家庭でも簡単！ 今すぐできて効果的な節水方法まとめ、https://enechange.jp/articles/home-water-saving
(150) YAHOO ！ ニュース、「無意識節水」と「見えない水利用」の広がりで水道経営ピンチ、https://news.yahoo.co.jp/byline/hashimotojunji/20190730-00136255/
(151) NHK 政治マガジン、改正水道法成立　与党は討論せず、野党は懸念を表明（2018 年 12 月 6 日）、https://www.nhk.or.jp/politics/articles/statement/11827.html
(152) 厚生労働省、水道法の一部を改正する法律案新旧対照条文、https://www.mhlw.go.jp/topics/bukyoku/kenkou/suido/kaisei/taisyo/suidohou.html
(153) 東京都水道局、水源・水質、トピック第 26 回 浄水処理、https://www.waterworks.metro.tokyo.jp/suigen/topic/26.html
(154) 大阪市水道局、浄水場警備用カード取扱要項（2013 年 1 月 21 日）、https://www.city.osaka.lg.jp/suido/page/0000200805.html
(155) 厚生労働省、水道水質管理の最近の動向について（令和 2 年 2 月 28 日）、https://www.mhlw.go.jp/content/10900000/000601548.pdf
(156) 厚生労働省、水道水源における消毒副生成物前駆物質汚染対応方策についてとりまとめ（平成 25 年 3 月）、https://www.mhlw.go.jp/topics/bukyoku/kenkou/suido/kentoukai/dl/shoudoku02.pdf
(157)（公財）水道技術研究センター、全国の浄水場数及び計画浄水量 ―平成 29 年度水道統計に基づく試算結果―その 1 とその 2（令和元年 11 月 15 日と 22 日）、http://www.jwrc-net.or.jp/hotnews/pdf/HotNews683.pdf と…HotNews684.pdf
(158) メリデメ、水道水が飲める国は世界で 15 か国だけって本当？ 驚きの世界の水道事情（2020/11/30）、https://merideme.jp/3330
(159) ウォーターワークス、安全な飲み水 8 億人不足？ 世界水フォーラムで明かされた深刻な水問題（2019/03/21）、https://waterwork-s.com/world-water-forum/
(160) unicef、水の衛生、進歩と格差、22 億人、安全に管理された飲み水入手できず、42 億人、安全に管理された衛生施設（トイレ）使えず、ユニセフと WHO 共同監査報告書発表、https://www.unicef.or.jp/news/2019/0093.html
(161) WIRED、急増する海水の淡水化施設の悪影響と、隠れたビジネスチャンス、https://wired.jp/2019/01/29/desalination-is-booming/
(162) 国土交通省、河川水質試験方法（案）、16. トリハロメタン、http://www.mlit.go.jp/river/shishin_guideline/kasen/suishitsu/pdf/s04.pdf
(163) 国土交通省、河川水質試験方法（案）、17. 全有機ハロゲン、http://www.mlit.go.jp/river/shishin_guideline/kasen/suishitsu/pdf/s05.pdf
(164) 浦野紘平、芳賀伸之、江本ふで子、水道水等の変異原性試験方法、水道協会雑誌、**57**, 3, pp.36-49（1988）、https://ci.nii.ac.jp/naid/40001988537
(165) 浦野紘平、高梨敬和、金沢伸浩、岡部文枝、藤江幸一、水道水の Ames 変異原性に関する研究 第 1 報 変異原性物質濃縮回収用の吸着剤、水環境学会誌、**17**, pp.451-460（1994）、 https://www.jstage.jst.go.jp/article/jswe/17/7/17_7_451/_article/-char/ja/

(166) 浦野紘平、高梨敬和、金沢伸浩、岡部文枝、藤江幸一、水道水の Ames 変異原性に関する研究　第 2 報 高性能吸着剤を用いた変異原性物質の濃縮・回収方法、水環境学会誌、**17**, pp.461-469（1994）、https://www.jstage.jst.go.jp/article/j/jswe/17/7/17_7_461/_article/-char/ja/
(167) 浦野紘平、高梨敬和、金沢伸浩、岡部文枝、藤江幸一、水道水の Ames 変異原性に関する研究 第 3 報 日本の水道水の変異原性レベルの解析、水環境学会誌、**18**, pp.1001-1011（1995）、https://www.jstage.jst.go.jp/article /jswe/18/12/18_12_1001/_article/-char/ja/
(168) 高梨啓和、浦野紘平、大垣眞一郎、排水の塩素処理における変異原性物質生成能の解析、水環境学会誌、**23**, pp.352-359（2000）、https://www.jstage.jst.go.jp/article/jswe/23/6/23_6_352/_article/-char/ja/
(169) 厚生労働省、貯水槽水道の管理運営マニュアル、https://www.mhlw.go.jp/topics/bukyoku/kenkou/suido/suishitsu/04_01.html
(170) 中村怜奈、小橋川直哉、小坂浩司、久本祐資、越後信哉、浅見真理、秋葉道宏、塩素処理によるクロラミン生成能と一般水質項目等の関係、土木学会論文集 G（環境）、**68**, 7, pp. Ⅲ 641- Ⅲ 650（2012）、https://www.jstage.jst.go.jp/article/jscejer/68/7/68_III_641/_pdf/
(171) 東京都水道局、水源・水質、トピックス第 7 回 消毒、https://www.waterworks.metro.tokyo.jp/suigen/topc/07.html
(172) 東京都水道局、水源・水質、塩素消毒の効果、https://www.waterworks.metro.tokyo.lg.jp/suigen/topic/20.html
(173) 東京都水道局、水源・水質、残留塩素の低減化、https://www. waterworks.metro.tokyo.jp/suigen/s_teigenka.html
(174) 安武重雄、水処理プロセスへのオゾン処理適用例、水質汚濁研究、**13**, 13, pp.806-810（1990）、https://www.jstage.jst.go.jp/article /jswe1978/13/12/13_12_806/pdf/-char/ja/
(175) 21 世紀水倶楽部、基礎知識の普及チーム、「下水道事業仕分け」を踏まえた下水道の役割、機能の正しい理解のために（第 1 報）、ポイントⅡ上流の下水処理水は下流の水道水源、http://21water.jp/jittai/rikainotame/rikaw-2.pdf
(176) 国土交通省淀川河川事務所、BOD とは、https://www-1.kkr.mlit.go.jp/yodogawa/know/summary/quality/wq_bod.html
(177) 横浜市、環境監視センター、水質、溶存酸素量（DO）、https://www.city.yokohama.lg.jp/kurashi/machizukuri-kankyo/kankyohozen/kansoku/kanshi_center/yogo/suishitsu/do.html
(178) 千葉県印旛沼プロジェクト、生活排水の原単位と各種浄化槽による排出負荷、http://www.pref.chiba.lg.jp/wit/suishitsu/inbanuma/documents/7-seikatsuhaisuigentani.pdf
(179) （国研法）森林総合研究所、森と木の Q&A、森林と水の謎を解く、https://www.ffpri.affrc.go.jp/qa/moritomizu/index.html
(180) 林野庁、水を育む森林のはなし、https://www.rinya.maff.go.jp/j/suigen/suigen/con_1.html
(181) ダム便覧 2019、比べてみよう、世界と日本～ダムの貯水容量（2004 年 9 月修正）、http://damnet.or.jp/cgi-bin/binranB/TPage.cgi?id=19
(182) 藤田睦博、中津川誠、八田茂実、融雪水と水資源、水文・水資源学会誌、**7**, 5, pp.451-459（1994）、https://www.jstage.jst.go.jp/article/jjshwr1988/7/5/7_5_451/_pdf
(183) スマートジャパン、雪解け水が 1400 世帯分の電力に、豪雪地帯のダムで小水力発電、https://www.itmedia.co.jp/smartjapan/articles/1511/05/news026.html と…news026_2.html
(184) スマートジャパン、豪雪地帯の雪解け水が 300 世帯分の電気を生む、福島に出力 175kW の小水力発電所、https://www.itmedia.co.jp/smartjapan/articles/1506/24/news044.html
(185) 環境省、水質汚濁に係る環境基準、http://www.env.go.jp/kijun/mizu.html
(186) 価格 com.、水・ミネラルウオーター・炭酸水、通販価格、https://kakaku.com/drink/ss_0016_0062/0002/
(187) 週刊ダイヤモンド編集部、「水道料金」ランキング 1263 事業体・完全版“格差”は全国で 7 倍超！（2019.1.15）、https://diamond.jp/articles/-/190843、…-/190843?page=2/、…-/190843?page=3/、…-/190843?page=4/
(188) PET ボトルリサイクル推進協議会、もっと詳しく知る、http://www.petbottle-rec.gr.jp/more/
(189) 名古屋市、災害用備蓄飲料水、名水を販売しています、https://www.water.city.nagoya.jp/file/31517.pdf
(190) （公社）日本水道協会、おいしい水道水ボトルウオーター、http://www.jwwa.or.jp/anzen/bottle.html
(191) 東京都水道局、くらしと水道、水の上手な使い方、https://www.waterworks.metro.Tokyo.jp/kurashi/shiyou/jouzu.html
(192) 神奈川県寒川浄水場、家庭での水の使われ方のページ（2021 年 1 月 5 日）、https://www.pref.kanagawa.jp/docs/k5f/hom/h2.html
(193) サントリーのエコ活、くらしと水、農業用水（2021/01/14）、https://www.suntory.co.jp/eco/teigen/jiten/life/10/
(194) 東京大学、沖大幹、世界の水危機、日本の水問題（2002 年 7 月 18 日）、http://www.iis.u-tokyo.ac.jp/topics/020718/20020718_oki.pdf
(195) （一社）産業環境管理協会、環境リサイクル学習ホームページ、食と 3R、世界の食料生産、http://www.cjc.or.jp/school/d/d-2-3.html
(196) （一社）日本ミネラルウォーター協会、統計資料（2020）、https://minekyo.net/publics/index/5/
(197) （一社）全国清涼飲料連合会、統計、清涼飲料水品目別生産量推移（2000 年～ 2019 年）、http://j-sda.or.jp/statistically-information/stati04.php
(198) WaterAid、隠れた水、世界水の日報告書 2019、https://www.wateraid.org/jp/sites/g/files/jkxoof266/files/2019beneath-the-surface.pdf
(199) 経済産業省、2019 年確報、産業別統計表（産業細分類別）4000、事業所数、事業所敷地面積及び 1 日当たり水源別用水量、https://www.meti.go.jp/statistics/tyo/kougyo/result-2/r01/kakuho/sangyo/index.html
(200) （株）吉田印刷所、中嶋隆吉、紙への道、FAQ（13）紙をつくるのに主に何を使い、どれくらい使用しているのですか紙の原単位について、https://dtp-bbs.com/road-to-the-paper/faq/faq-013.html
(201) （一社）日本鉄鋼連盟、鉄鋼の一口知識、銑鉄 1 トンを作るには、https://www.jisf.or.jp/knowledge/mini/index.html#mini03
(202) 農林水産省、農林水産統計、令和 2 年耕地面積（7 月 15 日現在）、https://www.maff.go.jp/j/toukei/kouhyou/sakumotu/menseki/attach/pdf/index-4.pdf
(203) 関東農政局、「田んぼはすごい！」そのはたらき、https://www.maff.go.jp/kanto/nouson/sekkei/tamen/04_2.html
(204) （株）クボタ、クボタのたんぼ、田んぼがもつ役割、田んぼは水を管理する、https://www.kubota.co.jp/kubotatanbo/role/management.html
(205) 熊本市の環境、地下水を育む事業、http://www.city.kumamoto.jp/kankyo/hpkiji/pub/Detail.aspx? c_id=5&id=20337
(206) 農林水産省、農業水利施設のストックマネジメント、https://www.maff.go.jp/j/nousin/mizu/sutomane/
(207) 農林水産省、ため池、https://www.maff.go.jp/j/nousin/bousai/bousai_saigai/b_tameike/
(208) 農研機構、ため池防災支援システム、https://www.naro.affrc.go.jp/project/socierty5-sdgs/sdgs09/12047.html

(209) 農林水産省、防災重点ため池の再選定について、https://www.maff.go.jp/j/press/nousin/bousai/190611.html
(210) 農林水産省、令和元年度食料・農業・農村白書全文、第3章第4節農業・農村の有する多面的機能の維持・発揮、https://www.maff.go.jp/j/wpaper/w_maff/r1/attach/pdf/zenbun-1.pdf
(211)（公財）塩事業センター、塩の基本、体内の塩、https://www.shiojigyo.com/siohyakka/about/human/inside.html
(212) 東京都水道局、水源・水質、トピック第117回 おいしい水、https://www.waterworks.metro.tokyo.jp/suigen/topic/17.html
(213) 厚生労働省、令和元年国民健康・栄養調査報告、https://www.mhlw.go.jp/content/000710991.pdf
(214) 厚生労働省、日本人の食料摂取基準（2020年版）、https://www.mhlw.go.jp/stf/seisakunitsuite/bunya/kenkou_iryou/kenkou/eiyou/syokuji_kijyun.html
(215)（公社）日本WHO協会、塩分の削減（2020年04月29日）、https://www.japan-who.or.jp/factsheets/factsheets_type/salt-reduction/
(216) 日本ユニセフ協会、水と衛生、安全な飲み水、https://www.unicef.or.jp/about_unicef/about_act01_03_water.html
(217) 国際連合広報センター、水と衛生に関するファクトシート、https://www.unic.or.jp/news_press/features_backgrounders/27702/
(218) FP事務所、ゼンカンライフプラザ、日本が誇る世界一の水技術…逆浸透膜（2015年08月23日）、http://mirai-anshin.jp/article/0206432.html
(219) 東洋経済ONLINE、ビジネス、水ビジネスの幻想と現実 [2]-- 日本勢唯一の"独壇場"に異変、水処理膜の覇権争い、https://toyokeizai.net/articles/-/5104、https://toyokeizai.net/articles/-/5104?page=2、https://toyokeizai.net/articles/-/5104?page=3、https://toyokeizai.net/articles/-/5104?page=4、https://toyokeizai.net/articles/-/5104?page=5
(220) SankeiBiz、世界的な水不足の解決へ　日本の水処理メーカーが中韓に価格競争で負けている現実、https://www.sankeibiz.jp/macro/news/161015/mcb1610151603002-n1.htm、https://www.sankeibiz.jp/macro/news/161015/mcb1610151603002-n2.htm、https://www.sankeibiz.jp/macro/news/161015/mcb1610151603002-n3.htm、https://www.sankeibiz.jp/macro/news/161015/mcb1610151603002-n4.htm
(221) 気象庁、海水温・海流の知識、www.data.jma.go.jp/kaiyou/data/db/kaikyo/knowledge/index.html
(222) キッズ日本海学、日本海の海流｜暖流と寒流、http://www.nihonkaigaku.org/kids/secret/ocean.html
(223) 海洋深層水利用学会について、http://www.dowas.net/kenkyu/index.html
(224) 水のススメ、【5分でわかる】海洋深層水とは？ https://mizunosusume.jp/deep-ocean-water-3809
(225) 国際海洋環境センター、図解深海とは？ http://www.godac.jp/deepsea.html
(226) 気象庁、気候と海洋の知識、深層循環の変動について、http://www.data.jma. go.jp/kaiyou/db/mar_env/knowledge/deep/deep.html
(227) 水浄化フォーラム、―処理技術と維持管理―生物機能と浄化技術、http://water-solutions.jp/commentary/bio_reaction/
(228)（国研法）国立環境研究所、環境展望台、環境技術解説、下水道、http://tenbou.nies.go.jp/science/description/detail.php?id=48
(229) 東京都下水道局、数字でみる東京の下水道、下水処理の解説、https://www.gesui.metro.tokyo.lg.jp/business/technology-statistics/fukyu/kaisetsu/
(230)（一財）環境イノベーション情報機構、環境用語集、公害問題、高度処理（排水の）、http://www.eic.or.jp/ecoterm/index.php?act=view&serial=817
(231)（公社）日本下水道協会、下水道の役割、https://www.jswa.jp/sewage/role/
(232) Aggregate、日本の物価、下水道料1ヶ月価格推移（2021年1月）、https://jpmarket-conditions.com/4600/
(233) ぬうマッチョ、水道料金ランキング！ 地域差に驚き！ ウチは高い地域？ 安い地域？ http://ienokoto.top/wp01/suidoudai-rankings
(234) 環境省、浄化槽サイト、https://www.env.go.jp/recycle/jokaso/
(235) 農林水産省、令和元年度末の汚水処理人口普及状況について（令和2年9月4日）、https://www.maff.go.jp/j/press/nousin/seibi/200904.html
(236)（国研法）国立環境研究所、環境展望台、環境技術解説、バイオアッセイ、http://tenbou.nies.go.jp/science/description/detail.php?id=85
(237) 浦野紘平、浦野真弥、バイオアッセイ（生物応答）による工場排水・下水・浸出水の調査事例、用水と廃水、**57**, 8, pp.547-557（2015）、http://www.youhaisui.com/back2015.html
(238) 浦野紘平、浦野真弥、バイオアッセイ（生物応答）による河川水の調査事例、用水と廃水、**57**, 9, pp.653-661（2015）、http://www.youhaisui.com/back2015.html
(239) 浦野紘平、太宰久美子、加藤研太、浦野真弥、排水のオオミジンコ幼体遊泳阻害試験における残留塩素の影響と対応方法、水環境学会誌、**39**, 2, pp.39-42（2016）、https://www.jstage.jst.go.jp/article/jswe/39/2/39_39/_article/-char/ja
(240)浦野紘平、太宰久美子、加藤研太、浦野真弥、排水と5種類の化合物のオオミジンコ遊泳阻害試験における無機塩類とpHの影響、水環境学会誌、**39**, 4, pp.115-119（2016）、https://www.jstage.jst.go.jp/article/jswe/39/4/39_115/_article/- char/ja
(241) 浦野紘平、太宰久美子、加藤研太、浦野真弥、排水と4種類の化合物のムレミカヅキモ増殖阻害試験における無機塩類の影響、水環境学会誌、**39**, 4, pp.121-125（2016）、https://www.jstage.jst.go.jp/article/jswe/39/4/39_121/_article/-char/ja
(242) 浦野紘平、排水の水生生物毒性（WET）による管理の問題点と提案、エコケミスリー研究会、化学物質と環境 No.130, pp.13-15（2015）、http://www.ecochemi.jp/activity.html#no130
(243) 浦野紘平、前号「排水の水生生物毒性（WET）による管理の問題点と提案」へのご質問・ご意見に対する補足説明、エコケミスリー研究会、化学物質と環境、No.131, pp.17-19（2015）、http://www.ecochemi.jp/activity.html#no131
(244) 農林水産省、土壌の基礎知識、https://www.maff.go.jp/j/seisan/kankyo/hozen_type/h_sehi_kizyun/pdf/ntuti4.pdf
(245) 松本聡、土壌の機能、地球環境、15, 1, pp. 9-14（2010）、http://www.airies.or.jp/journal_15-1jpn.html
(246) ブラッド、Investigate Blog、暮らし・生活・雑学、「砂」と「砂利」の違いを徹底解説！「土」との違いは？ 大きさ？ https://g2015graman.top/archives/7823.html
(247) 片平博、渡辺博志、天然鉱物資源の低品質化の現状と課題、コンクリート工学、**46**, 5, pp.20-23（2008）、https://www.jstage.jst.go.jp/article/coj1975/46/5/46_20/_pdf
(248) 五十嵐俊雄、日本の骨材資源―とくに砕石資源について―、地質ニュース、368号、pp.6-18（1985）、https://www.gsj.jp/data/chishitsunews/85_04_01.pdf
(249)（株）WIDEPINE、言葉のギモンを解決するサイト、スッキリ、全然違う！「砂」「泥」「土」の違い、https://gimon-sukkiri.jp/sand-

mud-soil/
(250) よくわかる‼2つの違い辞典①、砂利と砂の違い、http://www.st39.net/yokuwakaru-chigai/z0340.html
(251) ブラッド、「砂」と「砂利」の違いを徹底解説！「土」との違いは大きさ？、https://g2015graman.top/archives/7823.html
(252) 経済産業省、国土交通省、平成29年度砂利採取業務状況報告書集計表（令和2年7月)、https://www.meti.go.jp/policy/mono_info_service/mono/jyutaku/29jari.pdf
(253) ハナダユキヒロ、基礎構造を学ぶ、砕石の比重は？ 1分でわかる比重、砂利、砂の比重、http://kentiku-kouzou.jp/kisokouzou-saisekihiju.html
(254) 山梨県、やまなしの魅力、世界遺産富士山を知る、https://www. pref.yamanashi.jp/miryoku/fujisan/index.html
(255) Jody Meow、日本の秘境、樹海：青木ヶ原の物語、https:// 日本の秘境 .jp/ 樹海 %ef%bc%9a 青木ヶ原の物語 /
(256) icotto、山梨県、富士山を楽しむ富士五湖巡り＆周辺のおすすめ観光スポット、https://icotto.jp/presses/5680
(257) 早川由紀夫、日本に広く分布するローム層の特徴とその成因、火山、**40**, 3, pp.177-190（1995)、https://www.jstage.jst.go.jp/article/kazan/40/3/40_KJ00003562529/_pdf
(258) 報国エンジニアリング（株)、小川正宏、全国の特殊地盤と戸建住宅対策例⑫関東ローム、http://www.juhinkyo.jp/wp-content/uploads/2017/ 03/tokusyu_12_kanto_loam.pdf
(259)（株）クボタ、アーバンクボタ特集、「第四紀」、https://www.kubota.co.jp/siryou/pr/urban/pdf/11/index.html
(260)（株）クボタ、アーバンクボタ特集、「大阪とその周辺の第四紀地質図」、https://www.kubota.co.jp/siryou/pr/urban/pdf/30/index.html
(261)（株）クボタ、アーバンクボタ特集、「九州の火山と基盤構造」、https://www.kubota.co.jp/siryou/pr/urban/pdf/22/index.html
(262) 岐阜聖徳学園大学、触れる地球コンテンツ、地球の歴史、ヒマラヤの隆起、http://www.ha.shotoku.ac.jp/~kawa/KYO/DEM2/tec/history/himalaya.html
(263) 科学のあゆみ、科学をわかりやすく解説、日本列島の移り変わりをわかりやすくまとめてみた！（2019.05.29)、https://wakariyasuku.info/ 地球の姿 / 日本列島の移り変わりをわかりやすくまとめてみ /
(264) Hatena Blog、SOMoSOMo、日本列島の誕生、https://somosora.hatendblog.jp/entry/2020/02/24/ 日本列島の誕生
(265) 栃木県の地球科学、世界の地質、大陸の衝突、ヒマラヤ山脈、海棲生物の化石、https://finding-geo.info/world/Himaraya.html
(266) 習和学院、中学理科の学習、地層、https://science.005net.com/yoten/tiso.php
(267) 科学のあゆみ、科学をわかりやすく解説、地層とそのでき方とは？ 化石からわかることは？ 示準化石・示相化石とは？ https://wakariyasuku.info/ 地球の姿 / 地層とそのできかたとは ?E3%80%80 化石からわかること /
(268) 環境省、土壌関係、https://www.env.go.jp/water/dojo.html
(269) 農林水産省、土壌診断の方法、https://www.maff.go.jp/j/seisan/kankyo/hozen_type/h_sehi_kizyun/pdf/ktuti6.pdf
(270) 農林水産省、都道府県施肥基準等、土壌診断の方法、https://www.maff.go.jp/j/seisan/kankyo/hozen_type/h_sehi_kizyun/pdf/kituti6.pdf
(271)（N）みどりネット、土壌研究室、土壌診断士（ソイルマスター)、http://npomidorinet.jp/index.html
(272)（公財）自然農法国際研究開発センター、http://www.infrc.or.jp/
(273) Natural organizations Lab（株)、野菜の庭部、自然農法とは？ 一般的な農法等との違いについて知ろう！ https://vege-bu.com/what-is-natural-faring
(274) TRE.web、家売り隊、売却の知識、土壌汚染調査は必要？ 土地売却で知っておきたい土壌汚染の知識、https://homenever.com/soil-contamination/
(275)（公財）不動産流通推進センター、不動産相談、売買、土壌汚染の可能性がある土地の売却方法、https://www.retpc.jp/archives/1572/
(276) 不動産査定の達人、土地売却、土壌汚染の可能性がある土地を売却する際の注意点、https://fudosansatei-tatsujin.com/baikyakucolumn/tochi/soil-contamination/
(277) 20年間土を食べ続けても無事な男性　インド（2019年11月18日)、https://jp.sputniknews.com/life/201911186849151/
(278) わんこ母ちゃん、犬が土や砂を食べる理由はミネラル不足が原因？ 5つの対策と予防する食材やサプリについて、https://inufood.com/tsuchi-suna-taberuriyuu/
(279)（株）KURUMU、モンモリロナイトラボ、世界中で見られる人や動物の土を食べる粘土（クレイ）食の理由とは？（2020.01.27)、http://montmorillonite.jp/labo/nendo/6687.html
(280) kk-information、健康 / 食品、人間は普通に土を食って生きていた、https://kk-information.com/?p=91
(281) 栄養口腔医学、土食文化と土食症（2013-04-21)、https://ameblo.jp/orthomolecular/entry-11515711396.html
(282) SUPER SEDONA Japan（株)、ミネラル豊富な自然食「土」を食べる文化はなぜ生まれた！？ https://supersedona.com/ ミネラル豊富な自然食 -「土」を食べる文化はなぜ /
(283)（一社）日本粘土学会、粘土科学Q&A、http://www.cssj2.org/commentary-question/question/
(284) 粘土の種類と特徴まとめ！目的に合った選び方や100均のおすすめ商品も紹介！ https://kuraneo.jp/posts/3266
(285) 東京電力（株)、福島第一原子力発電所放射性滞留水の回収・処理の取組み、～水処理（放射能除去）の仕組み～、https://www.tepco.co.jp/nu/fukushima-np/images/handouts_111029_02-j.pdf
(286)（同）NNS、核シェルターnet、核の半減期とは？ 半減期の計算方法とその危険度の推定について、https://kakushelter.net/article/33/
(287) 東京都環境局、原子力発電所事故由来放射性物質、基礎知識、放射性物質の半減期、https://www.kankyo.metro.tokyo.lg.jp/policy_others/radiation/about/hangenki.html
(288)（一社）日本ゼオライト学会、https://jza-online.org/
(289) 日本ゼオライト（株)、ゼオライトについて、http://japan-zeolite.com/zeolite/index.html
(290) 東ソー（株)、ゼオライト、https://www.tosoh.co.jp/zeolite/
(291) ユニオン昭和（株)、製品情報（モレキュラーシーブ：ハイシリカゼオライト)、http://www.uskk.co.jp/products/
(292) 新東北化学工業株式会社、天然ゼオライトについて、http://www.s-zeolite.com/zeolite.html

(293) ベネッセ教育情報サイト、[いきものシリーズ] ミミズが自然界の中で果たしている大きな役割とは？、https://benesse.jp/kyouiku/201507/20150704-4.html
(294) ヤンマーホールディングス（株）、土づくりのススメ - 深掘！ 土づくり考、Vol.6 肥沃な土壌とは（腐植のおはなし）、https://www.yanmar.com/jp/agri/agri_plus/soil/articles/06.html
(295)（株）香雪社、FoodWatchJapan、ナゾの多い腐植は2つに分けてとらえる、https://www.foodwatch.jp/primary_inds/sekisoil/12682
(296) 自然のチカラ～昆虫や野生動物、植物の不思議、イトミミズの飼育・繁殖方法、https://animalbattles.wealthyblogs.com/?p=16103
(297) 和風の家、〔土壁〕、http://smile-be.sakura.ne.jp/wanoie/tutikabe/
(298)（株）ビズ・クリエイション、iemiru、昔ながらの土壁が再ブーム！？ 日本の気候に最適な特徴とは、https://www.ie-miru.jp/articles/485
(299)（株）小川建築、エアコンなしでも涼しいの？ 土壁のメリットとデメリットとは？ http://ogawakenchiku-inc.com/2017/08/30/tutikabe-merit/
(300) 電力プラン乗換 .com、環境問題、地球温暖化が原因？ 世界で起こる森林火災、https://price-energy.com/column/1465
(301)（国研法）森林総合研究所、自然探報 2019 年 10 月森林浴と健康：森に行ってみませんか、https://www.ffpri.affrc.go.jp/snap/2019/10-shinrinyoku.html
(302) フィトンチッドジャパン（株）、森林浴の効果効能 https://www.phytoncide.co.jp/efficacy.php
(303) しまなぽ、癒しモーメント、森林浴の8つの効果がすごい！ 持続時間や注意点などを知って体験しよう、https://iyashimoment.com/effect-forest/
(304)（国研法）国立環境研究所、環境展望台、環境技術解説、最終処分及び浸出水処理、http://tenbou.nies.go.jp/science/description/ detail.php?id=76
(305) 環境省、ダイオキシン類対策特別措置法に基づく廃棄物の最終処分場の維持管理基準について、http://www.env.go.jp/press/files/jp/1394.pdf
(306) 環境省、ダイオキシン類対策、https://www.env.go.jp/chemi/dioxin/
(307) 経済産業省、3 R 政策ホーム、3. 非鉄金属製錬業界のリサイクル原料・廃棄物処理技術、https://www.meti.go.jp/policy/recycle/main/data/research/pdf/151106-2_nkk_13.pdf
(308)（国研法）森林総合研究所、研究紹介、環境修復の実用化に向けて担子菌をダイオキシン類の分解に使う、https://www.ffpri.affric.go.jp/pubs/seikasennshu/2002/27.html
(309) 埼玉県環境科学国際センター、なぜ焼却炉から「ダイオキシン」がでてくるの？ https://www.pref.saitama.lg.jp/cess/cess-kokosiri/cess-koko12.html
(310) AZEARTH、ダイオキシン類処理マニュアル（2019 年 10 月）、https://azearth.co.jp/business/protect/catalog/pdf/dioxinemanual.pdf
(311) 環境省、臭素系ダイオキシン類に関する調査結果 http://www.env.go.jp/chemi/dioxin/chosa/shuki.html
(312) 農林水産省、ダイオキシン類について、https://www.maff.go.jp/j/syouan/tikusui/gyokai/g_kenko/busitu/03a_gaiyo.html
(313) 門田靖浩、河野公栄、松田宗明、脇本忠明、水田土壌中に含まれる PCDD/DF の流出特性：1. 水田から流出する土壌粒子と PCDD/DFs の関係、環境化学、17, 3, pp.185-195（2007）、https://www.jstage.jst.go.jp/article/jec/17/2/17_2_185/_pdf /~char/ja
(314) 日本製紙グループ、紙の豆知識、チップ君の工場見学、https://www.nipponpapergroup.com/knowledge/chip/factory1.html
(315) 大王製紙（株）、紙ができるまで、https://www.daio-paper.co.jp/paper/
(316) とうろじ、陶磁器お役立ち情報、陶器と磁器の違い、https://touroji.com/elementary_knowledge/toukitojikinochigai.html
(317) 有田焼のすべて、陶器とは？ 磁器とは？ https://aritayaki.jp/tohjiki
(318) 住友化学園芸、園芸用土に関する Q&A、Q2：土には良い土と悪い土があるのですか？ https://www.sc-engei.co.jp/qa/t_qa/2.html
(319) AllAbout、家庭菜園は土作りが重要！ 良い土作りの方法・肥料の選び方（畑編）、https://allabout.co.jp/gm/gc/31881/
(320) Awakoji Blog、PHARMACIST、抗生物質とは？ 薬剤師が簡単にわかりやすく説明します、http://positivelifeshow.com/pharmacist/kouseibussitu-toha/
(321) Triple Farm Singapore Pte. Ltd.、ファミリーファーマシーグローバル、抗生物質の種類、https://www.triple-farm.com/sg/static/sp/antibiotic/
(322) キニナル、病気・不調、薬はリスク！『抗生物質』の種類・恐ろしい副作用と、その代用品まとめ、https://kininal.me/drug-disaster02-antibiotics/
(323) 厚生労働省、生物薬適正使用の手引き第二版、https://www.mhlw.go.jp/content/10900000/000573655.pdf
(324) 西尾道徳の環境保全型農業レポート、No.341 抗菌剤の幼畜や幼児への投与は成長促進・肥満をもたらす、https://lib.ruralnet.or.jp/nisio/?p=3881
(325) AMR 臨床リファレンスセンター、一般の方へ、薬剤耐性菌について、どのように耐性化するのか、http://amr.ncgm.go.jp/general/1-2-1.html
(326)（N）アニマルライツセンター、環境・食糧、持続可能性、抗生物質と薬剤耐性菌と畜産、https://www.hopeforanimals.org/environment/486/
(327) 厚生労働省、感染症情報、薬剤耐性（AMR）対策について、https://www.mhlw.go.jp/stf/seisakunitsuite/bunya/0000120172.html
(328) ライフサイエンス 領域融合レビュー、植物の窒素固定：植物と窒素固定細菌との共生の進化（林誠）、http://leading.lifesciencedb.jp/4-e010
(329) バイオハック ch、硝化・窒素同化・窒素固定・脱窒、http://manabu-biology.com/archives/39892082.html
(330) 山崎秀隆、オーガニック村、食品、草食動物は何から筋肉を作っているか、http://organic-mura.com/ 草食動物はどうやって筋肉を作っているか /
(331) 知識連鎖、肉食動物より偏食な草食動物のタンパク質の摂り方 肉だけ食べている肉食動物というのは誤解（2018-09-17）、http://1000nichi.blog73.fc2.com/blog-entry-817.html

(332) 動物図鑑、【肉食・草食・雑食】食性の違いに見る動物の特徴、https://amaru.me/animal/herbivore-carnivore-omnivore/
(333) biology、土壌環境科学、土壌微生物、https://bio.biopapyrus.jp/soil-sci/microbe.html
(334) 北海道立総合研究機構森林研究本部林業試験場、佐藤孝夫、樹木の根の生長と分布特性、https://www.hro.or.jp/list/forest/research/fri/kanko/kiho/pdf/kiho74-3.pdf
(335)（一社）農山漁村文化協会、ルーラル電子図書館、土と肥料 _ 基礎用語、C/N 比（炭素率）、http://lib.ruralnet.or.jp/genno/yougo/gy259.html
(336)（一社）プラスチック循環利用協会、プラスチックのリサイクル 20 の？ http://www.pwmi.jp/plastics-recycle20091119/
(337) gooddo（株）、gooddo、リサイクル、プラスチックをリサイクル方法は 3 つ！ それぞれわかりやすく解説、https://gooddo.jp/magazine/sustainable-consumption-production/recycling/4648/
(338)（株）浜屋、エコトピア、リサイクル、なぜリサイクルする必要があるのか？ 理由を改めて考える、https://ecotopia.earth/article-117/
(339)（株）浜屋、エコトピア、環境問題、【かなりヤバイ！】最終処分場が限界でゴミを捨てられなくなる！ https://ecotopia.earth/article-134/
(340) Gyoppy ！ 20 年後、埋立地が使用不可になりゴミを受け入れられない!? 解決のためにできること、https://gyoppy.yahoo.co.jp/featured/82.html
(341) 日本貿易振興機構（ジェトロ）、特集どうする？ 世界のプラスチック、行き場を失う日本の廃プラスチック、https://www.jetro.go.jp/biz/areareports/special/2019/0101/fceb0360455b6cdf.html
(342) 日本貿易振興機構（ジェトロ）、国際ビジネスマッチング、セメント・建設用の砂、砂利（フィリピン産）、https://www.jetro.go.jp/ttppoas/anken/0001159000/1159543_j.html
(343)（株）ミタデン、砂不足の現状について、https://www.mitax.co.jp/radio_2017/sand-shortage/radio20171103/
(344)（株）ミタデン、なぜ、現在、砂不足と言われているのか、https://www.mitax.co.jp/radio_2017/sand-shortage/radio20171110/
(345)（株）ミタデン、世界で起きている砂の争奪戦は？ https://www.mitax.co.jp/radio_2017/sand-shortage/radio20171124/
(346)（株）ミタデン、砂不足の被害と今後の対応策について、https://www.mitax.co.jp/radio_2017/sand-shortage/radio20171201/
(347)（株）OSA、Gigazine、なぜ「砂不足」が世界にとって大問題なのか？ https://gigazine.net/news/20180910-running-out-of-sand/
(348) 塩化ビニル環境対策協議会、リサイクルの現場から、加速する、セメント産業の廃プラリサイクル（2007 年 3 月）、http://www.pvc.or.jp/contents/news/60-6.html
(349)（株）GH、日本史データベース、明治・大正・昭和、田中正造と足尾銅山鉱毒事件～まだ公害は終わっちゃいない？（2019/11/14）、https://bushoojapan.com/jphistory/kingendai/2019/09/04/5079
(350) 富山県立イタイイタイ病資料館、キッズコーナー、イタイイタイ病を学ぶ、http://www.pref.toyama.jp/branches/1291/kids2/index.html
(351) 公害資料館ネットワーク、清流会館、（一財）神通川流域カドミウム被害団体連絡協議会・イタイイタイ病対策協議会、イタイイタイ病、http://kougai.info/museum/150
(352)（国研法）国立環境研究所、環境展望台、環境技術解説、土壌・地下水汚染対策、http://tenbou.nies.go.jp/science/description/detail.php?id=52
(353) 東北大学大学院、駒井武、土壌汚染対策の現状と課題、http://www.jeas.or.jp/dojo/business/promote/seminar/files/2013c_afte/mat_2_aichi.pdf
(354) 国際航業（株）、環境ソリューションホワイトペーパー、日本における土壌汚染サイト、https://biz.kkc.co.jp/kankyo_wp/brownfield/japansite/
(355) 国際航業（株）、環境ソリューションホワイトペーパー、ブラウンフィールドとは、https://biz.kkc.co.jp/kankyo_wp/brownfield/aboutbrown/
(356) クロロカーボン衛生協会、土壌汚染対策法と塩素系溶剤、http://www.jahcs.org/leaflet/leaflet03-04.htm
(357) 環境省、土壌汚染対策法について（法律、政令、省令、告示、通知）、http://www.env.go.jp/water/dojo/law/kaisei2009.html
(358) 国土交通省、土壌・地下水汚染に係る基準値資料集、http://www.mlit.go.jp/sogoseisaku/region/recycle/d11pdf/recyclehou/manual/sizenyuraimanyu_zantei_siryou.pdf
(359) 環境省、土壌・地下水汚染に係る調査・対策指針の概要、http://www.env.go.jp/water/dojo/ref01-1.pdf
(360) 日本合板工業組合連合会、合板の統計、http://www.jpma.jp/statistic/index.html
(361) 厚生労働省、健康・医療、花粉症特集、https://www.mhlw.go.jp/stf/seisakunitsuite/bunya/kenkou_iryou/kenkou/kafun/index.html
(362) 環境省、保健・化学物質対策、花粉情報サイト、https://www.env.go.jp/chemi/anzen/kafun/
(363) アレジオン、花粉症のはなし～原因とメカニズム～、https://www.ssp.co.jp/alesion/hayfever/
(364) 加藤貴彦、化学物質過敏症一歴史，疫学と機序一、日本衛生学雑誌、**73**, pp.1-8（2018）、https://www.jstage.jst.go.jp/article/jjh/73/1/73_1/_pdf/-char/ja
(365) 林野庁、都道府県別森林率・人工林率（平成 29 年 3 月 31 日現在）、https://www.rinya.maff.go.jp/j/keikaku/genkyou/h29/1.html
(366) 私の森 .jp、森学ベーシック：1. 日本の森・世界の森：日本の森林分布・面積、https://www.watashinomori.jp/study/basic_01-2.html
(367) YUKI、ガイドメモ、日本の森林面積は 67％で 150 年間変化なし？維持し続けている理由、https://guidememo.jp/landcovered-forest/
(368) 私の森 .jp、森学ベーシック：1. 日本の森・世界の森：世界の森が減少する原因と対策、https://www.watashinomori.jp/study/basic_01-3.html
(369) 環境省、森林対策、世界の森林を守るために、世界の森林の現状、https://www.env.go.jp/nature/shinrin/index_1_1.html、https://www.env.go.jp/nature/shinrin/index_1_2.html
(370) 環境省、世界の森林を守るために、森林の減少・劣化の原因、https://www.env.go.jp/nature/shinrin/index_1_3.html
(371) 環境省、世界の森林を守るために、森林の持つ大切な役割、https://www.env.go.jp/nature/shinrin/index_1_4.html
(372) 環境省、世界の森林を守るために、森林保全のための取り組み、https://www.env.go.jp/nature/shinrin/index_1_5.html
(373) 環境省、自然環境・生物多様性、自然公園、http://www.env.go.jp/seisaku/list/nature-park.html
(374) 環境省、日本の国立公園、法令・各種資料、自然保護各種データ一覧、http://www.env.go.jp/park/doc/data.html

(375) 環境省、日本の国立公園、http://www.env.go.jp/park/

(376) 帝国書院、エビの漁獲量トップ 10 と日本の輸入先（2018 年）、https://www.teikokushoin.co.jp/statistics/map/index06.html

(377) AGRI IN ASIA、東南アジアのマングローブが消えゆく理由—ヒントは普段の食にあり（2016 年 1 月 25 日）、http://agrinasia.com/archives/734

(378) IN YOU Market、日本人のエビ好きがもたらす環境破壊。切られたマングローブ、汚された水、破壊される海…知られざるエビの裏事情とは？（2018/10/26）、https://macrobiotic-daisuki.jp/ebisuki-149659.html

(379) toshi-shun、さりげなく★スローフード、東南アジアのエビ養殖による抗生物質汚染……エビと一緒に抗生物質を体内に入れている？ https://ameblo.jp/toshi-shun/entry-10909420469.html

(380) MANA しんぶん、藤本”養殖エビ”レポート PART（1）、http://www. manabook.jp/fujimoto_shrimp-farming-method.htm

(381) WWF ジャパン、パーム油 私たちの暮らしと熱帯林の破壊をつなぐもの、https://www.wwf.or.jp/activities/basicinfo/2484.html

(382)（株）ニューラル、Sustainable Japan、【国際】バイオ燃料作物栽培と食糧栽培は両立するか。国際会議の場で激論、https://sustainablejapan.jp/2016/07/14/bioenergy-crop/22886

(383)（同）コンデナスト・ジャパン、WIRED、バイオ燃料の普及で森林が絶滅？（1）&（2）、（1）https://wired.jp/2007/08/20/ バイオ燃料の普及で森林が絶滅 ?1/ 、（2）https://wired.jp//2007/08/21/ バイオ燃料の普及で森林が絶滅 ?2/

(384) ハーバー・ビジネス・オンライン、H.I.S. の“勘違い SDGs ビジネス”が熱帯林を破壊。「パーム油発電」に非難轟々、https://hbol.jp/192034、https://hbol.jp/192034/2、https://hbol.jp/192034/3

(385) NATIONAL GEOGRAPHIC、News、バイオ燃料生産と森林保護を両立（2011.06.23）、https://natgeo.nikkeibp.co.jp/nng/article/news/14/4483/

(386) AFP BB ニュース、環境・科学、再生中の熱帯雨林は CO_2 を大量に吸収、https://www.afpbb.com/articles/-/3075782

(387) 外務省、地球環境、国連における森林問題への取組、https://www.mofa.go.jp/mofaj/gaiko/kankyo/bunya/shinrin_un.html

(388) 国連森林戦略計画 2017-2030 、https://www.rinya.maff.go.jp/j/kaigai/attach/pdf/index-11.pdf

(389) 林野庁、令和元年度森林・林業白書第Ⅲ章木材需給・利用と木材産業、https://www.rinya.maff.go.jp/j/kikaku/hakusyo/r1hakusyo/attach/pdf/zenbun-20.pdf

(390)（一財）日本木材総合情報センター、木材価格・需給統計資料、https://www.jawic.or.jp/database/

(391) 森林・林業学習館、わが国の木材供給量と自給率、https://www.shinrin-ringyou.com/data/mokuzai_kyoukyu.php

(392) ルーラル電子図書館、「現代農業」用語集、好気性菌・嫌気性菌、http://lib.ruralnet.or.jp/genno/yougo/gy291.html

(393) 佐賀大学医学部病因病態科学講座、G2. グラム陰性陽性細菌・好気性嫌気性細菌について、http://www.microbio.med.saga-u.ac.jp/lecture/cellbio/h11/g2

(394) 岡山大学農学部、杉尾剛、独立栄養微生物の生理と利用 -2 a）鉄・硫黄酸化細菌の生理と利用、https://www.jstage.jst.go.jp/article/kagakutoseibutsu1962/30/8/30_8_533/_pdf/-char/ja

(395) 京都大学原子炉実験所、前田豊、溝田学、磁気を感じる生物、https://www.jstage.jst.go.jp/article/biophys1961/24/4/24_4_209/_article/-char/ja/

(396) だふに屋、ミジンコ増やそうぜ！ ミジンコが休眠卵（耐久卵）を産んだ！ 卵を作る原因と孵化する条件は何？ https://tamamijinko.com/37.html

(397) スラド、サイエンス、ロシアで 3 万年前の種が発芽、https://science.srad.jp/story/12/02/23/005213/

(398)（公財）行田市産業・文化・スポーツいきいき財団、古代蓮の里、https://www.ikiiki-zaidan.or.jp/kodaihasu/index.html

(399)（株）エバーセンス、こそだてハック by ninaru、卵子凍結保存の費用や流れは？ 年齢や保存期間の上限はある？ https://192abc.com/20250

(400) MERCK、細胞培養の基礎知識、https://www.sigmaaldrich.com/japan/lifescience/cell-culture/protocol/cellculturebasics.html

(401) 岐阜県畜産研究所飛騨牛研究部、ロシア共同マンモス復元プロジェクト、http://www.livestock.rd.pref.gifu.lg.jp/CLONE/mammoth/mammoth.html

(402)（株）サイゾー、TOCANA、ハーバード大教授が「2 年以内にマンモス復活させる」宣言！ 研究の“真の目的”について理学博士が緊急解説、https://tocana.jp/2017/02/post_12423_entry.html、… entry_2.html

(403) 環境の大学、生態学、特殊な環境に棲む微生物、https://www.envuniv.net/tokusyubiseibutu.php

(404)（株）オプテージ、極限環境微生物・・・原始生命の生き残り？ http://www.eonet.ne.jp/~kotetu/Extremophile.htm

(405) バイテク情報普及会について、https://cbijapan.com/about_cbij/

(406) 厚生労働省、健康・医療、バイオテクノロジー応用食品、https://www.mhlw.go.jp/stf/seisakunitsuite/bunya/kenkou_iryou/shokuhin/bio/index_00013.html

(407) 牧野麻耶、アメリカの遺伝子組み換え食品 = GMO、法律や表示マークってどんなもの？ https://english.cheerup.jp/article/1572?page=1

(408) 牧野麻耶、アメリカの遺伝子組み換え食品 = GMO、アメリカの遺伝子組み換え食品表示の現状は？ https://english.cheerup.jp/article/1572?page=2

(409) 牧野麻耶、アメリカの遺伝子組み換え食品 = GMO、アメリカで遺伝子組み換え食品を避けるには？ https://english.cheerup.jp/article/1572?page=3

(410) IN YOU Jounal、小林くみん、世界で一番遺伝子組み換え食品を食べているのは日本人！ 市場に出回る危険な遺伝子組み換え作物の実態、https://macrobiotic-daisuki.jp/idensikumikae-syokuhin-kiken-15559.html

(411) IN YOU Jounal、小林謙太郎、遺伝子組み換えがもたらすモンスター食品動物 5 選｜あなたも口にしてるかも？ https://macrobiotic-daisuki.jp/genetically-monster-food-1636.html

(412) The firstone、個人的な思い、遺伝子組み換えでサケの成長速度を 2 倍に育てた魚を販売！ https://tfo1.com/genetically-modified-salmon

(413)（独法）製品評価技術基盤機構、バイオテクノロジーとは、https://www.nite.go.jp/nbrc/

(414)（一財）バイオインダストリー協会、みんなのバイオ学園、バイオ基礎コース、①バイオテクノロジーとは、https://www.jba.or.jp/top/

bioschool/basic/bas_01.html
(415)（一財）バイオインダストリー協会、みんなのバイオ学園、バイオ基礎コース、②遺伝子とは、https://www.jba.or.jp/top/bioschool/basic/bas_02.html
(416)（一財）バイオインダストリー協会、みんなのバイオ学園、バイオ基礎コース、③遺伝子組換えについて、https://www.jba.or.jp/top/bioschool/basic/bas_03.html
(417)（一財）バイオインダストリー協会、みんなのバイオ学園、バイオ基礎コース、⑥バイオテクノロジーの基礎用語辞典、https://www.jba.or.jp/top/bioschool/basic/list_syllabary.html
(418) バイオステーション、https://bio-sta.jp
(419) 日本経済新聞、遺伝子の塩基1個を改変　中国、人の受精卵で実験（2017年10月2日）、https://www.nikkei.com/article/DGXMZO21767830S7A001C1CR0000/
(420) 産経新聞、ゲノム編集の双子誕生か 中国、受精卵改変と報道（2018.11.26）、https://www.sankei.com/life/news/181126/lif1811260034-n1.html
(421) 日本経済新聞、ゲノム編集ベビー、誕生させた中国の研究者に懲役3年、https://www.nikkei.com/article/DGXMZO53993990Q9A231C1000000/
(422) スラド、中国の研究者ら遺伝子編集でHIV耐性を持つ子供を誕生させたことを明らかに（2018年11月27日）、https://science.srad.jp/story/18/11/27/0350239/
(423) スラド、HIVの完治、2例目が報告される。2年経過しても再発は無し（2020年03月17日）、https://srad.jp/story/20/03/16/1521238/
(424) 毎日新聞、遺伝子改変ヒト受精卵の妊娠・出産　法規制に慎重な厚労省、https://mainichi.jp/articles/20191218/k00/00m/040/220000c
(425) 日本経済新聞、「受精卵ゲノム編集」規制法、来年の通常国会提出見送りへ（2019年12月18日）、https://www.nikkei.com/article/DGXMZO53500410Y9A211C1000000/
(426) 日本の科学と技術、2019年日本でもヒト受精卵のゲノム編集実験を解禁、http://scienceandtechnology.jp/archives/22556
(427) 産経新聞、ゲノム編集解禁「人類の未来」に影響…倫理や安全に課題（2018.9.28）、https://www.sankei.com/life/news/180928/lif1809280049-n1.html、…n2.html
(428)（国研法）国立環境研究所、環境展望台、海外ニュース、国連環境計画等、地球上の生物種数は約870万とする研究報告を発表、tenbou.nies.go.jp/news/fnews/detail.php?i=6363
(429) Our World（国連大学マガジン）、開発と社会、東南アジアにおける生物多様性喪失の原因、https://ourworld.unu.edu/jp/unraveling-the-drivers-of-southeast-asias-biodiversity-loss
(430) The IUCN Red List of Threatened Species、35,500種以上の生物に絶滅の危惧がある。全評価種の27%以上に相当する。https://www.iucnredlist.org/ja/
(431) IUCN日本委員会、http://iucn.jp/
(432) 日本自然保護協会、https://www.nacsj.or.jp/
(433) 環境省、レッドリスト2020の公表について（令和2年3月27日）、http://www.env.go.jp/press/107905.html
(434)（N）美ら海振興会、5分でわかるサンゴ講座、サンゴについてもっと知りたい、http://www.churaumishinkokai.com/knowledge/index.html
(435) 環境省、「Coral Reefs of Japan」（「日本のサンゴ礁」）の発行について、http://www.env.go.jp/press/press.php?serial=5061
(436)（一社）日本サンゴ礁学会、サンゴ礁Q&A、http://www.jcrs.jp/?page_id=622
(437) AFPBBニュース、環境・科学、世界のサンゴ礁、2050年までに絶滅の恐れ、https://www.afpbb.com/articles/-/2787190
(438) 国立科学博物館、日本の生物多様性スポットの構造に関する研究、「多様性ホットスポット日本」の生き物たち、https://www.kahaku.go.jp/research/activities/project/hotspot_japan/database/
(439) 国立科学博物館、日本の生物多様性スポットの構造に関する研究、日本固有種目録、https://www.kahaku.go.jp/research/activities/project/hotspot_japan/endemic_list/
(440)（一財）環境文化創造研究所内ヤマビル研究会、いきものヒストリー、第6話：日本のみに生き続ける動物たち、http://www.tele.co.jp/ui/leech/history/history6.html
(441) AGRI NEXT JAPAN、水田の生物多様性、http://agrinext.jp/archive/tayousei
(442) 農林水産省、水田生態系の保全技術、https://www.maff.go.jp/j/nousin/kankyo/kankyo_hozen/k_gaido/
(443) 世界自然保護基金（WWF）、水田・水路の生物多様性と農業の共生プロジェクト（2017/11/06）、https://www.wwf.or.jp/activities/activity/209.html
(444)（公社）日本薬学会、薬用植物一覧（薬草名索引）、https://www.pharm.or.jp/herb/list.html
(445)（国研法）医薬基盤・健康・栄養研究所 薬用植物資源研究センター、薬用植物総合情報データベース、http://mpdb.nibiohn.go.jp/mpdb-bin/top.cgi?lang=ja
(446)（公社）東京生薬協会、http://www.tokyo-shoyaku.com/index.php
(447) スマートネット、薬草国産へ、http://smart2net.blog.fc2.com/blog-entry-1010.html
(448) スマートネット、漢方・薬草、http://smart2net.blog.fc2.com/blog-category-57-1.html
(449)（株）漢方のツムラ、製品情報、https://www.tsumura.co.jp/products/
(450)（株）薬善、契約農家募集、薬草栽培を行えるパートナーを募集しております。https://www.yakuzen.co.jp/farmer/
(451) 広報いわてまち（平成24年2月1日）、No.632、農業の変化に対応した町が展開する新施策、薬草、http://town.iwate.iwate.jp/town/wp-content/uploads/2013/02/h2402all.pdf
(452)（株）チック、害獣の原因と主な対策、害獣の特徴、https://www.gaijyu.net/toku/
(453) 鳥獣害Q & A、里山を鳥獣害から守ろう、https://chojugai-qa.com/
(454)（株）チック、害獣対策、https://www.gaijyu.net/plan/
(455) 林野庁、野生鳥獣による森林被害、https://www.rinya.maff.go.jp/j/hogo/higai/tyouju.html

（456）農林水産省、鳥獣被害コーナー、https://www.maff.go.jp/j/seisan/tyozyu/higai/
（457）鳥獣害対策の知恵袋、鳥獣対策、https://www.choujuhigai.com/blog02/category/鳥獣害対策/page/1、page/2、page/3、page/4、page/5、page/6、page/7、page/8
（458）鳥獣被害対策基盤支援事業｜パソナ農援隊、https://pasona-nouentai.co.jp/tyoujyuu-taisaku
（459）農林水産省、荒廃農地の現状と対策について（令和2年4月）、https://www.maff.go.jp/j/nousui/tikei/houkiti/Genzyo/PDF/Genzyo_0204.pdf
（460）農業メディア｜Think and GROWRICCI、データで見る耕作放棄地、https://www.kaku-ichi.co.jp/media/tips/aggregated-data
（461）（株）DANKE、土地ハック！ 耕作放棄地や荒廃農地の問題と再生するための対策 | 活用事例と解決方法を調査、https://tochi-hack.com/abandoned-cultivation-area/
（462）（株）唐沢農機サービス、TSUCHIKAU、就農するなら活用すべき？ 農地バンクのメリットや問題点、改正された法について徹底解説、https://www.tsuchikau.com/noutibank/
（463）（一社）日本オオカミ協会、オオカミとは、http://japan-wolf.org/content/wolf-about/
（464）tenki.jp サプリ、サイエンス、山の神が消えた…1905年1月23日は日本狼が絶滅した日、https://tenki.jp/suppl/marisana/2016/01/23/9691.html
（465）Business Journal、鹿やイノシシの際限なき増殖が社会問題化…畑壊滅や交通事故多発でもハンターが足りない！ https://biz-journal.jp/2017/09/post_20537.html、https://biz-journal.jp/2017/09/post_20537_2.html、https://biz-journal.jp/2017/09/post_20537_3.html
（466）鳥獣ニュース、https://tyoujuu-news.blogspot.com/
（467）環境省、アライグマ防除の手引き（計画的な防除の進め方）、http://www.env.go.jp/nature/intro/3control/files/manual_racoon.pdf
（468）環境省、日本の外来種対策、特定外来生物等一覧、http://www.env.go.jp/nature/intro/2outline/list.html
（469）犬水ジュン、アクアハーミット、外来種・特定外来生物・特定動物の違いを解説！ 似てるけど違うヨ！ https://www.aquahermit.com/gairaiwords
（470）（株）産経ディジタル、zakzak、毒グモ、毒アリ次々発見 空港、公園‥北海道でも、https://www.zakzak.co.jp/soc/news/180830/soc1808300020-n1.html
（471）（株）ジャーニージーン、KOBE Journal、神戸港で別の「毒アリ」100匹が発見された模様（2017.06.23）、https://kobe-journal.com/archives/1066410690.html
（472）環境省、自然環境・生物多様性、ワシントン条約（絶滅のおそれのある野生動植物の種の国際取引に関する条約）、http://www.env.go.jp/nature/kisho/global/washington.html
（473）世界自然保護基金（WWF）、ワシントン条約（CITES）とは？ その誕生と仕組み、https://www.wwf.or.jp/activities/basicinfo/3522.html
（474）平成五年総理府令第九号、絶滅のおそれのある野生動植物の種の保存に関する法律施行規則、https://elaws.e-gov.go.jp/document?lawid=405M50000002009
（475）International Fund for Animal Welfare（国際動物愛護基金）、https://www.ifaw.org/international
（476）島田清司、季刊誌「生命誌」通巻24号、雄と雌が決まる仕組み 魚から鳥、哺乳類まで、https://www.brh.co.jp/publication/journal/024/ss_1.html
（477）雑学カンパニー、赤ちゃんはオス？ メス？ ワニ/トカゲ/カメは卵の環境温度で性別が変わる、https://zatsugaku-company.com/reptiles-hormone-gender/
（478）GigaziNE、孵化するウミガメがメスばかりになってきている原因とは？ https://gigazine.net/news/20140521-climate-decide-turtle-sex/
（479）国立環境研究所、名取俊樹、わが国の高山植物が示す地球温暖化影響、地球環境研究センターニュース、**16**, 9（2005年12月）、http://www.cger.nies.go.jp/publications/news/series/watch/6-5.pdf
（480）神戸：ファルコンの散歩メモ、10道県の高山生態系に危機＠長野県環境保全研究所、https://jp.bloguru.com/falcon/36/887/2019-11-28/reply
（481）長野県環境保全研究所、（国研法）森林研究・整備機構森林総合研究所、（国研法）国立環境研究所、（国研法）農業・食品産業技術総合研究機構、温暖化で高山生態系の逃げ場がなくなる恐れ―気候変動速度（VoCC）の指標を用いて全国各地の気候変動の影響を初めて推計―、https://www.nies.go.jp/whatsnew/20191125/20191125.html
（482）（国研法）国立環境研究所 江守正多・名古屋大学 金田幸恵、温暖化で豪雨も干ばつも増えるのはなぜか、http://www.jamstec.go.jp/kakushin21/jp/sympo2009/PDF/03-Emori_Kanada.pdf
（483）マイナビニュース、地球温暖化を抑えれば洪水と干ばつのダブルパンチが減る、https://news.mynavi.jp/article/20190424-811760/
（484）浦野紘平・松田裕之共編、生態環境リスクマネジメントの基礎、生態系をなぜ、どうやって守るのか、オーム社、https://www.ohmsha.co.jp/book/9784274203770/
（485）横浜国立大学21世紀COE翻訳委員会責任翻訳、国連ミレニアムエコシステム評価、生態系サービスと人類の将来、オーム社、https://www.ohmsha.co.jp/book/9784274203800/
（486）るいネット、清水昌広、魚の性転換～子孫を残すための戦略～、http://www.rui.jp/ruinet.html?i=200&c=400&m=158303
（487）るいネット、雪竹恭一、雌雄同体の生物の事例、http://www.rui.jp/ruinet.html?i=200&c=400&m=158320
（488）ビタミン｜栄養素116、ビタミンとは、https://web116.net/vita01.htm
（489）mitsuketai、おいしいもの見つけ隊 隊長日記 見たこと、聞いたこと、感じたこと。なぜ人間は体内でビタミンCを作れないのか？ https://mitsuketai.exblog.jp/12955841/
（490）ビタミンC誘導体ガイド、ほとんどの動物は自分でビタミンCを作れる、http://vitaminc-derivative.com/about-vitaminc/make-vitaminc.html
（491）（株）ピーネストジャパン、わんちゃんホンポ、犬の嗅覚は本当に凄かった！ https://wanchan.jp/column/detail/3300
（492）JBS、オルペディア、動物、総合情報館、犬の嗅覚は人間の何倍？ 実は、単純に数値化は出来ない！ https://info919gallery.com/archives/1365.html

(493) TABI LABO、犬が持っている「8つの不思議な能力」。地震予知や飼い主の変化まで、https://tabi-labo.com/186189/dog-intuition
(494) VAIENCE、生物、驚くべき特殊な能力を持つ10の生物たち、https://vaience.com/biology/20191109-super-power-creature/
(495) 環境省、POPs（残留性有機汚染物質）、http://www.env.go.jp/chemi/pops/index.html
(496) 農林水産省、農薬の基礎知識 詳細、https://www.maff.go.jp/j/nouyaku/n_tisiki/tisiki.html
(497) 農林水産省、農薬の使用に伴う事故及び被害の発生状況について、https://www.maff.go.jp/j /nouyaku/n_topics/h20higai_zyokyo.html
(498)（公財）自然農法国際研究開発センター、http://www.infrc.or.jp/
(499) みんなの農業広場、農作業便利帖、稲、アイガモ・水稲同時作（アイガモ農法）、https://www.jeinou.com/benri/rice/2009/05/201002.html
(500) アイリスプラザ、野菜の病害虫対策、第1回：病害虫の見つけ方、https://www.irisplaza.co.jp/media/A13967690869
(501) アイリスプラザ、野菜の病害虫対策、第2回：害虫駆除の仕方、https://www.irisplaza.co.jp/media/A13967691399
(502) アイリスプラザ、野菜の病害虫対策、第3回：病害虫が発生する原因、https://www.irisplaza.co.jp/media/A13967691639
(503) アイリスプラザ、野菜の病害虫対策、第4回：益虫って何？ https://www.irisplaza.co.jp/media/A13967691938
(504) アイリスプラザ、野菜の病害虫対策、第5回：コンパニオンプランツって何？ https://www.irisplaza.co.jp/media/A13967692177
(505) アイリスプラザ、野菜の病害虫対策、第6回：農薬以外の病害虫対策、https://www.irisplaza.co.jp/media/A13967692428
(506) アイリスプラザ、野菜の病害虫対策、第7回：病害虫予防としてのマルチング、https://www.irisplaza.co.jp/media/A13967692673
(507) アイリスプラザ、野菜の病害虫対策、第8回：農薬について、https://www.irisplaza.co.jp/media/A13967692953
(508) アイリスプラザ、野菜の病害虫対策、第9回：農薬散布の注意点、https://www.irisplaza.co.jp/media/A13967693216
(509) アイリスプラザ、野菜の病害虫対策、害虫：コナガの幼虫、https://www.irisplaza.co.jp/media/A13967644050
(510) アイリスプラザ、野菜の病害虫対策、害虫：ウリキンウワバ、ttps://www.irisplaza.co.jp/media/A13967673595
(511) アイリスプラザ、野菜の病害虫対策、害虫：ヨトウムシ、https://www.irisplaza.co.jp/media/A13967630967
(512) アイリスプラザ、野菜の病害虫対策、害虫：アワノメイガ、https://www.irisplaza.co.jp/media/A13967673073
(513) アイリスプラザ、野菜の病害虫対策、害虫：ワタノメイガ（ハマキムシ）、https://www.irisplaza.co.jp/media/A13967644842
(514) アイリスプラザ、野菜の病害虫対策、害虫：テントウムシダマシ、https://www.irisplaza.co.jp/media/A13967644542
(515) アイリスプラザ、野菜の病害虫対策、害虫：カブラハバチ、https://www.irisplaza.co.jp/media/A13967673350
(516) アイリスプラザ、野菜の病害虫対策、害虫：オンブバッタ https://www.irisplaza.co.jp/media/A13967673790
(517) アイリスプラザ、野菜の病害虫対策、害虫：カメムシ、https://www.irisplaza.co.jp/media/A13967644304
(518) アイリスプラザ、野菜の病害虫対策、害虫：コガネムシ、https://www.irisplaza.co.jp/media/A13967644190
(519) アイリスプラザ、野菜の病害虫対策、害虫：ネキリムシ、https://www.irisplaza.co.jp/media/A13967644647
(520) アイリスプラザ、野菜の病害虫対策、害虫：アブラムシ、https://www.irisplaza.co.jp/media/A13967630904
(521) アイリスプラザ、野菜の病害虫対策、害虫：アオムシ、https://www.irisplaza.co.jp/media/A13965331532
(522) アイリスプラザ、野菜の病害虫対策、害虫：ハダニ、https://www.irisplaza.co.jp/media/A13967644969
(523) アイリスプラザ、野菜の病害虫対策、害虫：タバコガの幼虫、https://www.irisplaza.co.jp/media/A13967644744
(524) アイリスプラザ、野菜の病害虫対策、害虫：ウリハムシ、https://www.irisplaza.co.jp/media/A13967644435
(525) アイリスプラザ、野菜の病害虫対策、害虫：ハモグリバエ、https://www.irisplaza.co.jp/media/A13967631015
(526) アイリスプラザ、野菜の病害虫対策、害虫：ナメクジ、https://www.irisplaza.co.jp/media/A13967631063
(527) アイリスプラザ、野菜の病害虫対策、害虫：キアゲハの幼虫、https://www.irisplaza.co.jp/media/A13967643929
(528) アイリスプラザ、野菜の病害虫対策、病気：尻腐れ症、https://www.irisplaza.co.jp/media/A13967679314
(529) アイリスプラザ、野菜の病害虫対策、病気：うどんこ病、https://www.irisplaza.co.jp/media/A13967678356
(530) アイリスプラザ、野菜の病害虫対策、病気：軟腐病、https://www.irisplaza.co.jp/media/A13967679646
(531) アイリスプラザ、野菜の病害虫対策、病気：疫病、https://www.irisplaza.co.jp/media/A13967678781
(532) アイリスプラザ、野菜の病害虫対策、病気：べと病、https://www.irisplaza.co.jp/media/A13967679985
(533) アイリスプラザ、野菜の病害虫対策、病気：立枯病、https://www.irisplaza.co.jp/media/A13967679049
(534) アイリスプラザ、野菜の病害虫対策、病気：ネコブセンチュウ、https://www.irisplaza.co.jp/media/A13967678500
(535) 山形大学環境保全センター、野生生物種の絶滅、https://www.id.yamagata-u.ac.jp/EPC/13monndai/17syu/syu.html
(536) AFP BBニュース、環境・科学、イルカやアザラシが大量死、赤潮や感染症が原因か 米フロリダ州など、https://www.afpbb.com/articles/-/3188091
(537) 環境省、ポリ塩化ビフェニル廃棄物に関する各種ガイドライン等、https://www.env.go.jp/recycle/poly/guideline.html
(538)（一社）日本電機工業会、PCBを含む電気機器への対応情報、1. PCBを含む電気機器についてのお知らせ、https://www.jema-net.or.jp/Japanese/pis/pcb/gaiyou.html
(539)（一社）日本電機工業会、PCBを含む電気機器への対応情報、2. PCBを含む電気機器の種類とそれぞれの特定方法、https://www.jema-net.or.jp/Japanese/pis/pcb/syurui.html
(540)（一社）日本電機工業会、PCBを含む電気機器への対応情報、3. PCBを含む電気機器の規制、https://www.jema-net.or.jp/Japanese/pis/pcb/kisei.html
(541)（一社）日本電機工業会、PCBを含む電気機器への対応情報、4. PCBを含む機器であるかの判別方法及びPCBを含む電気機器である場合の対応方法、https://www.jema-net.or.jp/Japanese/pis/pcb/hanbetsu_taiou.html
(542)（一社）日本電機工業会、PCBを含む電気機器への対応情報、5. よくあるご質問と回答（FAQ）、https://www.jema-net.or.jp/Japanese/pis/pcb/faq.html
(543)（一社）日本電機工業会、PCBを含む電気機器への対応情報、6. 高濃度のPCBを使用した電気工作物、https://www.jema-net.or.jp/Japanese/pis/pcb/pcb_hanbetsu.html
(544)（一社）日本電機工業会、PCBを含む電気機器への対応情報、7. お客様からの問い合わせ窓口、https://www.jema-net.or.jp/Japanese/

pis/pcb/p_6-1.html
(545)（一社）日本電機工業会、PCBを含む電気機器への対応情報、8. PCB検査機関のご案内、https://www.jema-net.or.jp/Japanese/pis/pcb/p_6-2.html
(546)（一社）日本電機工業会、PCBを含む電気機器への対応情報、9. 微量PCB汚染電気機器の取扱い・管理のご案内、https://www.jema-net.or.jp/Japanese/pis/pcb/p_6-3.html
(547)（一社）日本電機工業会、PCBを含む電気機器への対応情報、10. 資料（過去掲出、アーカイブ）PCB特別措置法及び関連法、政省令の概要、ＰＣＢ特別措置法の概要、https://www.jema-net.or.jp/Japanese/pis/pcb/jyuden/pcb611.html
(548)（一社）日本電機工業会、PCBを含む電気機器への対応情報、10. 資料（過去掲出、アーカイブ）PCB特別措置法及び関連法、政省令の概要、環境事業団法改正の概要、https://www.jema-net.or.jp/Japanese/pis/pcb/jyuden/pcb612.html
(549)（一社）日本電機工業会、PCBを含む電気機器への対応情報、10. 資料（過去掲出、アーカイブ）PCB特別措置法及び関連法、政省令の概要、https://www.jema-net.or.jp/Japanese/pis/pcb/jyuden/pcb613.html
(550)（一社）日本電機工業会、PCBを含む電気機器への対応情報、10. 資料（過去掲出、アーカイブ）高濃度PCB、https://www.jema-net.or.jp/Japanese/pis/pcb/jyuden/pcb62.html
(551)（一社）日本電機工業会、PCBを含む電気機器への対応情報、10. 資料（過去掲出、アーカイブ）微量PCB、低濃度PCB汚染物の原因究明について、https://www.jema-net.or.jp/Japanese/pis/pcb/p_7.html
(552)（一社）日本電機工業会、PCBを含む電気機器への対応情報、10. 資料（過去掲出、アーカイブ）微量PCB　微量PCB検出変圧器等への対応、変圧器等への微量PCBの混入可能性に関する調査結果について、https://www.jema-net.or.jp/Japanese/pis/pcb/p_6.html
(553)（一社）日本電機工業会、PCBを含む電気機器への対応情報、10. 資料（過去掲出、アーカイブ）微量PCB　微量PCB検出変圧器等への対応、変圧器等への微量PCBの混入可能性に関する調査について（中間報告）、https://www.jema-net.or.jp/Japanese/pis/pcb/p_5.html
(554)（一社）日本電機工業会、PCBを含む電気機器への対応情報、10. 資料（過去掲出、アーカイブ）微量PCB　微量PCB検出変圧器等への対応、変圧器等への微量PCBの混入可能性に関する調査について（中間報告）、https://www.jema-net.or.jp/Japanese/pis/pcb/p_4.html
(555)（一社）日本電機工業会、PCBを含む電気機器への対応情報、10. 資料（過去掲出、アーカイブ）微量PCB　微量PCB検出変圧器等への対応、変圧器等への微量PCBの混入可能性に関する調査について、https://www.jema-net.or.jp/Japanese/pis/pcb/p_2.html
(556)（一社）日本電機工業会、PCBを含む電気機器への対応情報、10. 資料（過去掲出、アーカイブ）微量PCB　微量PCB検出変圧器等への対応、変圧器等への微量PCBの混入可能性に関する調査について、JEMAプレスリリース｜お知らせ、https://www.jema-net.or.jp/Japanese/pis/pcb/p.html
(557) 経済産業省、POPs条約、https://www.meti.go.jp/policy/chemical_management/int/pops.html
(558) 環境省、化学物質の内分泌かく乱作用、http://www.env.go.jp/chemi/end/
(559) 環境省、化学物質の内分泌かく乱作用に関するホームページ、http://www.env.go.jp/chemi/end/endocrine/index.html
(560) 健康辞苑、たんぱく質とは - たんぱく質の種類と分類、https://kenkoujien.com/protein/type.html
(561) 厚生労働省e-ヘルスネット、健康用語辞典、栄養・食生活、たんぱく質、https://www.e-healthnet.mhlw.go.jp/information/dictionary/food/ye-044.html
(562)（公財）長寿科学振興財団、健康長寿ネット、健康長寿とは、栄養素、三大栄養素のたんぱく質の働きと1日の摂取量、https://www.tyojyu.or.jp/net/kenkou-tyoju/eiyouso/tanpaku-amino.html
(563) 看護roo!、栄養と代謝｜食べる（1）、https://www.kango-roo.com/learning/1648/
(564) 看護roo!、消化酵素による分解の仕組み｜食べる（2）、https://www.kango-roo.com/learning/1649
(565) ツカサ、路地裏の栄養学、タンパク質の消化酵素の分泌場所と働きをまとめてみよう、https://rojiura333.com/protein-enzyme/
(566)（一社）日本味覚協会、味覚ステーション、味の分類～5つの基本味「五味」～、https://mikakukyokai.net/2014/06/09/ajinobunrui-gomi/
(567) スポーツ栄養士あじのブログ、栄養学入門、【食品の二次機能】五つの基本味とその他の呈味物質、https://aji3.com/five-basic-taste-sensations/
(568) 日本うま味調味料協会、うま味調味料ってなんだろう？ https://www.umamikyo.gr.jp/spice/
(569) 青汁っていいね、脂質とは何か？ その役割や食品・栄養価をわかりやすく解説！ http://www.aojirun.com/lipid/
(570) さくら便り、栄養のこと、【脂質】細胞やホルモンを構成する大切な栄養素｜栄養成分辞典、https://sakuradayori.org/nutrition/2937
(571)（公財）長寿科学振興財団、健康長寿ネット、健康長寿とは、栄養素、三大栄養素の脂質の働きと1日の摂取量、https://www.tyojyu.or.jp/net/kenkou-tyoju/eiyouso/shishitsu-shibousan.html
(572)（公財）長寿科学振興財団、健康長寿ネット、健康長寿とは、栄養素、三大栄養素の炭水化物の働きと1日の摂取量、https://www.tyojyu.or.jp/net/kenkou-tyoju/eiyouso/tansuikabutsu.html
(573)（株）WIDEPINE、スッキリ、知ってる？「糖質」と「炭水化物」の違い、https://gimon-sukkiri.jp/suger-carbohydrate/
(574) ツカサ、裏路地の栄養学、クエン酸回路の場所と代謝のポイントをわかりやすく解説、https://rojiura333.com/tcakairo/
(575) totthilog、クエン酸回路の反応式【すべての反応式を一つずつ解説します】、https://totthi.com/citric-acid-cycle-formula/
(576)（株）わかさ生活、わかさの秘密、酵素、http://www.wakasanohimitsu.jp/seibun/enzyme/
(577) RCD（Rebound.Control.Diet）、リバダイ、酵素の種類一覧と数がスゴイ！ ヒトの生化学にて異常な働きで触媒する、https://answer-final.com/kouso-syurui-20437.html
(578) 森水絵、美肌対策とダイエットで女子力アップ～美肌の森、植物性エストロゲンは、何に含まれてどんな作用を期待できる？ https://bihada-taisaku.net/syokubutu-estrogen.html
(579) プレメノ！、植物性エストロゲンは女性の味方！ プレ更年期の予防と対策法、https://pre-meno.net/estrogen/
(580) BOKEN、フタル酸エステル類について、https://www.boken.or.jp/knowledge/chemical_analysis/phthalates/post_37/
(581) 可塑剤工業会、ニュースリリース、「フタル酸エステル類の世界の規制動向、その対応と今後の展望」、http://www.kasozai.gr.jp/news/「フタル酸エステル類の世界の規制動向、その対 /

（582）厚生労働省、鉛の毒性に関する知見について、https://www.mhlw.go.jp/shingi/2006/06/dl/s0613-7l.pdf
（583）（一社）鉛蓄電池再資源化協会、http://sbra.or.jp/index.html
（584）路面標示材協会技術委員会、JIS K 5665 路面標示用塗料 2018 の改正について（道路標示黄色の鉛・クロムフリー塗料への移行）、http://rozaikyo.com/08-tecdata/1902/JIS%20K%205665kaisei.pdf
（585）堀口敏宏、国立環境研究所ニュース、13, 5、船底防汚塗料・有機スズによる海洋汚染と腹足類（巻貝）のインポセックス、https://www.nies.go.jp/kanko/news/13/13-5/13-5-07.html
（586）（一社）日本船主協会、海運業界と環境問題、A 海洋環境、6.（1）有機スズ系船底防汚塗料について、https://www.jsanet.or.jp/environment/text/environment3a/06_01.html
（587）（株）オステオカルシン研究所、オステオカルシンとは、https://www.osteocalcin-labo.co.jp/whats-osteocalcin/
（588）健康美容ブログ「HAKUR」、女性の知りたいがココにある！ スクレロクチンの値を下げて骨量を増やし骨粗鬆症を予防する方法（ランニング・水中ウォーキング・ヨガ・ストレッチ）のコツと注意点、https://hakuraidou.com/blog/102083/
（589）NHK スペシャル 人体が“骨”が出す！ 最高の若返り物質（2018 年 1 月 7 日）、https://www.nhk.or.jp/kenko/special/jintai/sp_5.html
（590）Sharez パーソナルトレーナー養成スクール、筋肉の基礎知識、脂肪と筋肉の関係とは？【脂肪を落とす方法やうまく筋肉をつける方法を解説】、https://sharez-for-trainer.com/muscle-fat/
（591）NHK スペシャル「人体」驚きのパワー！“脂肪と筋肉”が命を守る（2017 年 11 月 5 日）、https://www.nhk.or.jp/kenko/special/jintai/sp_4.html
（592）厚生労働省、令和元年簡易生命表の概況、https://www.mhlw.go.jp/toukei/saikin/hw/life/life19/index.html
（593）秦順一の中学生の知識でわかる、私たちの身体の不思議、細胞の不思議、その 1 細胞とは？ http://www.jhata99.org/fushigi/236.html
（594）秦順一の中学生の知識でわかる、私たちの身体の不思議、細胞の不思議、その 2 細胞の性格、色々な細胞、http://www.jhata99.org/fushigi/257.html
（595）浦岡胃腸クリニック、健康ミニ知識、臓器によって異なる“細胞寿命”、https://uraoka.jp/for-health/health/833.html
（596）サーチアイレット、人間の体の細胞の寿命、https://mtislet.com/chie/human/saibo.html
（597）（公財）長寿科学振興財団、健康長寿ネット、細胞の老化の原因と症状（2019 年 2 月 1 日）、https://www.tyojyu.or.jp/net/kenkou-tyoju/rouka/saibou-kotai-rouka.html
（598）MERCK、細胞培養プロトコールと基礎知識、https://www.sigmaaldrich.com/japan/lifescience/cell-culture/protocol.html
（599）厚生労働省、健康・医療、再生医療について、https://www.mhlw.go.jp/stf/seisakunitsuite/bunya/kenkou_iryou/iryou/saisei_iryou/index.html
（600）（一社）日本再生医療学会、https://www.jsrm.jp/
（601）Y's サイエンスクリニック広尾、再生医療等、自分の細胞を使った最先端治療、http://yss-clinic.jp/regeneration/
（602）京都大学 iPS 細胞研究所、よくある質問、iPS 細胞とは？ https://www.cira.kyoto-u.ac.jp/j/ faq/faq_ips.html
（603）とむぞう、生物系大学生の生存戦略、iPS 細胞と ES 細胞のちがい、https://bio-megane.com/2019/11/14/ips 細胞とは %ef%bc%9fes 細胞とのちがい /
（604）（株）J-FORTUNE、ぐるっとママ横浜、脳はいくつになっても鍛えられる、https://www.gurutto-mama-yokohama.com/detail/400/news/advice-185.html
（605）（株）メディアジーン、BUSINESS INSIDER Japan、集中力は 43 歳！ 人間の脳のピーク年齢は、能力ごとに違っていた、https://www.businessinsider.jp/post-100550
（606）健康と医療の情報局、細胞の損傷とその原因、細胞の適応現象、https://kenkou-jouhou.com/byourigaku/taisya-syougai1.html
（607）ヘッドスパ頭美人、アンチエイジング、髪の寿命は何年？ https://www.atama-bijin.jp/hair_care/beatiful_hair/anti_aging/hair_life
（608）つや髪ノート、髪の雑学、髪の毛にも寿命があった！ 髪の毛の平均寿命はどのくらいある？ https://tsuyagami-notebook.jp/kamijumyou5170/
（609）へあとらぼ、髪はどこまで伸びる？【髪の寿命】と体毛の違い、https://heatorabo.com/2017/06/26/hair-style-10/
（610）ドクターズオーガニック、常在菌について、https://www.doctors-organic.com/jyozaikin/
（611）（株）衛生微生物研究センター、生活と微生物、微生物の基礎知識、人体と微生物の関係、https://kabi.co.jp/kabi.php?k=k25
（612）yaya、腸活ラボ、赤ちゃんが生涯付き合う腸内フローラはママの腸内細菌によって決まる！ https://choukatsu-lab.com/anti-aging/nurturing/gene-of-bowel-flora/
（613）Mykinso ラボ、ウサギの食糞、前編：なぜウサギは自分の糞を食べるのか、https://lab.mykinso.com/kenkyu/20170502_1/
（614）Mykinso ラボ、ウサギの食糞、後編：なぜ赤ちゃんウサギは親の糞を食べるのか、https://lab.mykinso.com/kenkyu/20170509_1/
（615）（株）エクシール、今井みやの、大腸菌・大腸菌群とは？｜食中毒を起こさないための衛生管理基礎知識、https://www.urethanegel.jp/blog/eiseikanri/1892
（616）佐須一商店、研究ページ、大腸菌と大腸菌群と E.coli の違い、https://sasu2.jimdofree.com/ 大腸菌と大腸菌群と e-coli の違い /
（617）国立国際医療研究センター病院、AMR 臨床リファレンスセンター、細菌とウイルス、http://amr.ncgm.go.jp/general/1-1-2.html
（618）役に立つ薬の情報～専門薬学、微生物学、ウイルスの構造と増殖過程、https://kusuri-jouhou.com/microbe/virus2.html
（619）AllAbout、感染症、空気感染と飛沫感染の違い・ウイルスの“寿命”は何時間？ https://allabout.co.jp/gm/gc/482282/
（620）onigiri まとめ、人類の宿敵、危険すぎる 10 のウイルス、https://matome.eternalcollegest.com/post-2152057458442425301
（621）MSD マニュアル家庭版、ウイルス感染症の概要、https://www.msdmanuals.com/ja-jp/ ホーム /16- 感染症 / ウイルス感染症の概要 / ウイルス感染症の概要
（622）厚生労働省、健康・医療、感染症情報、https://www.mhlw.go.jp/stf/seisakunituite/bunya/kenkou_iryou/kenkou/kekkaku-kansenshou/index.html
（623）厚生労働省、新型インフルエンザ対策に関するリンク集、https://www.mhlw.go.jp/bunya/kenkou/kekkaku-kansenshou15/04.html
（624）厚生労働省、健康・医療、新型コロナウイルス感染症について、https://www.mhlw.go.jp/stf/seisakunituite/bunya/0000164708_00001.

html
(625) 酪農と歴史のお話し、牛の4つの胃袋、実はその内3つは胃袋ではなかった？ http://farmhist.com/category1/entry4.html
(626)（株）Palvor，雑学カンパニー、肉食動物と草食動物の違いは？ 人気の動物が絶滅危惧種、https://zatsugaku-company.com/herbivore-carnivore/#st-ta-h-9
(627) 動物図鑑、草食動物、http://ax.sakura.ne.jp/~hy4477/link/zukan/sou.html
(628)（株）東旗、かわしま屋の読み物、乳酸菌の働き｜医療の現場も注目している乳酸菌の持つ驚きの効果、https://kawashima-ya.jp/contents/?p=4703
(629)（株）nanairo、健康食品、乳酸菌の効果・効能とは？ 摂取できる食品と人気の乳酸菌サプリを紹介、https://nanairo.jp/health-food/16953/
(630) あなたの知らないヨーグルトの世界、日本人は腸が長いなんてウソ！？ 日本人に肉食が向いてない本当の理由！ https://yogurt-sekai.com/archives/1538.html
(631) まほろば自然彩園､｢日本人の腸が欧米人よりも長い｣というデマはなぜ広まり､誰がトクをしたのか？ https://maho68.jp/2014/12/14/「日本人の腸が欧米人よりも長い」というデマは /
(632) 腸内環境ラボ、大腸がんが増加している理由：食の欧米化と腸内細菌の関与、https://gut-microbiome.com/disease1/colorectal-cancer1.html
(633) 東洋経済 ONLINE、「大腸がん」が日本で増え、アメリカで減る理由、https://toyokeizai.net/articles/-/296818
(634) シミックヘルスケア・インスティテュート（株）、HelC+、疾患・特集、腸の病気が増えている！ 若い世代の腸が危ない、https://www.health.ne.jp/library/detail?slug=hcl_5000_w5000192
(635) キョクトウ（株）、私の救急箱、便秘について、便秘の原因は腸にあった？ 腸の動きを良くする5つの方法を紹介、https://www.my99box.com/blog/301
(636) 東京大学医学部付属病院、腫瘍免疫の基礎知識、免疫細胞の種類と役割、http://immunotherapy.umin.jp/tumor_immunity/
(637) 病に克つ！ 体の中の名医・免疫力を高める方法のすべて、体を守る警備員！ 免疫細胞の種類と働き、http://www.karadameii-meneki.net/about/kind_function.html
(638) 厚生労働省、健康日本21、糖尿病、https://www.mhlw.go.jp/www1/topics/kenko21_11/b7.html
(639) 厚生労働省、令和元年国民健康・栄養調査、結果の概要、第2部基本項目、第1章、2 糖尿病に関する状況、https://www.mhlw.go.jp/content/10900000/000687163.pdf
(640) 糖尿病リソースガイド、糖尿病患者数が過去最多の328万人超に増加【2017年患者調査】、http://dm-rg.net/news/2019/03/020044.html
(641) 糖尿病ネットワーク、糖尿病の統計、https://dm-net.co.jp/calendar/03/statistics/
(642) 糖尿病治療ガイド、糖尿病や糖尿病の症状が若者・若い人に増加している原因とは、http://tounyoubyouguide.com/tounyou/31.html
(643) 国立国際医療センター、糖尿病情報センター、糖尿病に関する統計・調査と社会的な取組み、http://dmic.ncgm.go.jp/general/about-dm/010/010/04.html
(644) 山本ともよ、MAG2NEWS、「偏食」はやっぱり身体に悪いのか？ 管理栄養士がズバリ回答、https://www.mag2.com/p/news/240808
(645) 厚生労働省、平成30年（2018）人口動態統計（確定数）の概況、https://www.mhlw.go.jp/toukei/saikin/hw/jinkou/kakutei18/index.html
(646) 厚生労働省、平成22年簡易生命表の概況、4. 死因分析、https://www.mhlw.go.jp/toukei/saikin/hw/life/life10/04.html
(647) 国立がん研究センター、がん情報サービス、がんの治療方法、https://ganjoho.jp/public/dia_tre/treatment/index.html
(648)（一社）日本アレルギー学会、アレルギーを知ろう、https://www.jsa-pr.jp/html/knowledge.html
(649)（一社）日本アレルギー学会、アレルギーの病気とは、https://www.jsa-pr.jp/html/sickness.html
(650) 厚生労働省、広報誌「厚生労働」特集2パパ、ママ、必見！ 子どものアレルギー疾患お悩み相談室、https://www.mhlw.go.jp/houdou_kouhou/kouhou_shuppan/magazine/2018/04_03.html
(651) 厚生労働省、健康・医療、花粉症特集、https://www.mhlw.go.jp/stf/seisakunitsuite/bunya/kenkou_iryou/kenkou/kafun/index.html
(652) 環境省、花粉情報サイト、http://www.env.go.jp/chemi/anzen/kafun/
(653) 日本気象協会、花粉飛散情報、https://tenki.jp/pollen/
(654) 日本先天異常学会、http://jts.umin.jp/
(655) クリアリングハウス国際モニタリングセンター日本支部（横浜市立大学附属市民総合医療センター内）、先天異常データベース、外表奇形等統計調査結果、https://www.icbdsrj.jp/data.html
(656)（公財）難病医学研究財団、難病情報センター、先天異常症候群（指定難病310）、https://www.nanbyou.or.jp/entry/5501
(657) 厚生労働省、妊産婦のための食生活指針、「健やか親子21」推進検討会報告書（平成18年2月）、参考資料3、神経管閉鎖障害の発症リスク低減のための妊娠可能な年齢の女性等に対する葉酸の摂取に係る適切な情報提供の推進について、https://www.mhlw.go.jp/houdou/2006/02/dl/ h0201-3a3-03c.pdf,
(658) CAS A DIVISION OF THE AMERICAN CHEMICAL SOCIETY、https://www.cas.org/
(659)（一社）化学情報協会、https://www.jaici.or.jp/SCIFINDER/index.php
(660) Chem-Station、CAS番号の登録が1億個突破！（2015/7/10、2020年10月には2億3500万以上）、https://www.chem-station.com/chemistenews/2015/07/cas番号の登録が1億個突破 %EF%BC%81.html
(661) 厚生労働省、既存化学物質、https://www.mhlw.go.jp/bunya/ roudoukijun/anzeneisei06/01c.html
(662) 厚生労働省・経済産業省・環境省、新規化学物質の審査・確認制度の現状、https://www.meti.go.jp/committee/kenkyukai/safety_security/kashinhou/pdf/003_02_00.pdf
(663) 浦野紘平・浦野真弥著、えつ！ そうなの?! 私たちを包み込む化学物質、コロナ社、https://www.coronasha.co.jp/np/isbn/9784339066432/
(664) 環境省、PRTRインフォメーション広場、https://www.env.go.jp/chemi/prtr/risk0.html

(665) エコケミストリー研究会、使いやすい PRTR 情報、http://www.ecochemi.jp/PRTR.html
(666) 化学物質と法規制研究所、毒物及び劇物取締法、https://www.chemical-substance.com/dokugekiho/
(667) 厚生労働省、毒物及び劇物取締法 Q & A（令和 2 年 9 月 25 日）、http://www.nihs.go.jp/mhlw/chemical/doku/situmon/qa.pdf
(668) (N) 近畿アグリハイテク、「毒性」とは、http://kinkiagri.or.jp/library/shoku_an_an/dokusei.htm
(669) 役に立つ薬の情報～専門薬学、毒性評価、https://kusuri-jouhou.com/creature1/toxicity.html
(670) 厚生労働省、化学品の分類および表示に関する世界調和システム（GHS）改訂 7 版仮訳、https://www.mhlw.go.jp/bunya/roudoukijun/anzeneisei55/index.html
(671) とはサーチ、スマートフォンとは、http://www.toha-search.com/pc/smartphone.htm
(672) 東洋経済 ONLINE、日本人は「スマホの危険性」をわかっていない。米国防総省現役のサイバー専門家が警告、https://toyokeizai.net/articles/-/72764、https://toyokeizai.net/articles/-/72764?page=2、https://toyokeizai.net/articles/-/72764?page=3
(673)（株）メディアジーン、BUSINES INSIDER Japan、「スマートフォンは 20 年以内に消える」中国バイドゥ CEO が予言、https://www.businessinsider.jp/post-182805
(674) えりっくレポート、インターネットの情報は 8 割は嘘である⁉ 発信者には大きな責任がある！ https://libertylife.beojp.com/post-83/
(675)（株）SNAC、大島松二郎、『ネットの情報を鵜呑みにするな！』嘘ばかりの情報に振り回されない為の 5 つの対策、https://arata01.info/jouhou-damasarenai-1929
(676) Hatena Blog、インターネット安全活用一灯塾、インターネットの情報、素直に信じていいの？ 今後を占う「post-truth」（脱真実）と「フェイク（偽）ニュース」、http://lifesecurity.hatenablog.com/entry/2016/12/26/211321
(677) ユウゾー、LIVELOGNET、「インターネット」と「本」――それぞれから得る情報の違いとは、http://livelognet.com/information-internet-book/
(678) オタクマン、読書をすることで得られるメリットは計り知れない、読書をしない人は人生の 8 割を損している、https://www.otaku-man.com/entry/dokusho-meritto
(679) Book Flavor、読書の効果 本が持つ 15 個のすごいパワー、https://www.book-flavor.com/effect/book-effect-index.html
(680) 経済産業省、個人情報保護、https://www.meti.go.jp/policy/it_policy/privacy/index.html
(681) 外山直恵、Zakuri、情報銀行とは？ 仕組みとアプリについて！ 高く売れる個人情報ベスト 3 も！ https://sinmama123.com/home/jyoho-ginko/
(682) NEWS ポストセブン、特殊詐欺の成否を握る「名簿」はどこで生成されているのか、https://www.news-postseven.com/archives/20181125_808927.html?DETAIL、…archives/20181125_808927.html/2
(683) 暴力団ニュース～ヤクザ事件簿、個人情報悪用の詐欺多発、とまらぬ流出、法規制に限界、https://yakuzanews.jp/blog-entry-1864.html
(684)（株）日本パープル、まもりの種、働き方改革、スニーカー通勤の導入効果とは？ 政府の推進理由や事例を紹介‼（2019 年 9 月 11 日）、https://www.mamoru-kun.com/tips/sneakers-commute/
(685)（株）NTT ドコモ、ヘルスケア通信、スニーカー通勤導入で社員の運動不足を解消！ ウォーキングの推進方法、https://www.d-healthcare.co.jp/business-column/work-style-reform20180202/
(686) さいでっくす、digihows、私服で働ける仕事がいい！ 私服勤務のメリット・仕事の見つけ方を紹介する、https://www.digihows.com/entry/shifuku-shigoto
(687) ham、私服通勤って実際はどうなの？【私服通勤歴 7 年の服好きが解説します】、https://osozakifashion.com/consideration-shifukutuukin
(688) 共栄火災海上保険（株）、情報ものしり帖、リュックで通勤（2018 年 4 月）、https://www.kyoeikasai.co.jp/kpa/agent/monosiri2018-1.htm
(689) タロー、メンズファッション データベース、「リュックはスーツに合わない」は間違った認識、https://mensfashion-db.com/bizinesu-syuku/
(690) 環境省、令和 2 年度、クールビズについて、https://www.env.go.jp/press/107982.html
(691)（株）カオナビ、マネたま、クールビズとは？ 目的とマナーとして NG な服装・靴（2017/03/03）、https://www.manetama.jp/report/term-cool-biz/
(692) 産経ニュース、なぜネクタイを着けるのか？ その歴史を紐解いてみると、https://www.sankei.com/premium/news/170618/prm1706180015-n1.html
(693)（株）カスタムライフ、CUSTOMLIFE、ワイシャツとネクタイの組み合わせ | おっしゃれに見せる　人気コーデ 8 選、https://customlife-media.cp.jp/business-shirt-necktie
(694)（株）NCP、5W1H、なぜ女性だけスカートをはくの？ 男性とスカートの関係や歴史を徹底解剖、https://www.5w1h.site/fashion/468/
(695) カイズバ‼ なぜ女性だけスカート？ スカートを好む理由とは？ 疑問解決！ http://kaizuba.com/b241002121/
(696) AFP BB NEWS、時代とともに移り変わった女性のパンツ・スタイル、https://www.afpbb.com/articles/-/2767793、https://www.afpbb.com/articles/-/2767793?pid=6348910、https://www.afpbb.com/articles/-/2767793?pid=6348909
(697) KIRARI、テーパードパンツが似合わない体型や骨格の特徴！ 似合う着こなしコーデ術を紹介、https://kirari-media.net/posts/6285
(698) lamire、テーパードパンツのコーデ特集！ もんぺみたいなパンツをおしゃれに着こなそう！　https://lamire.jp/126234
(699) 毛 beauty lab、眉毛・まつ毛・うぶ毛～歴史年表～、http://www.ke-beauty.jp/history/
(700) POPTIE、「つけまつげ」は日本の文化から生まれたって知ってた！？ https://poptie.jp/matome/216014961562792
(701) GURLz、つけまつげって、意外と難しい！ 50 人の一般女性が挑戦した結果、見るも無残な結果も…うまく付き合うコツは？［動画］、http://gurlz.jp/50-women-false-lashes/
(702)（一社）自分でつけるまつげエクステ協会、https://self-eyelash.com
(703) Beyond、メンズコスメ市場拡大中！？ 規模・理由・人気ジャンル - なぜ美容の関心が高まっている？ https://boxil.jp/beyond/a4815/
(704) 介護健康福祉のお役立ち通信、文化・生活、QOL、高齢者・シニア化粧品のおすすめとメイクする効果、https://carenote.jp/makeupcosme/

(705) 介護タウン 24、気になる介護ニュース、高齢者に配慮した化粧品！高齢者も綺麗と言われたい !! https://www.kaigo-town24.jp/carenews/koureisyakesyouhin/
(706)（株）Piece to Peace、CARRYME、【世界の男女格差ランキング】日本の男女格差是正と働き方改革、https://carryme.jp/magazine/gender-gap/
(707) 日経ビジネス、男女平等ランキング、日本は過去最低に 中国、韓国、UAE より下（2019 年 12 月 17 日）、https://business.nikkei.com/atcl/gen/19/00002/121700969/
(708)（株）リグネ、ホンシェルジュ、5 分でわかる男女雇用機会均等法！ 背景、内容、問題点などをわかりやすく解説、https://honcierge.jp/articles/shelf_story/8038
(709)（株）キャリアデザインセンター、女の転職 type、日本が北欧並みに男女平等になったら働く女性の暮らしはどう変わる？ 女性キャリアの専門家に聞いてみた、https://woman-type.jp/wt/feature/3136
(710)（株）帝国データバンク、女性管理職の割合は 7.8%　前年から微増（2020/8/17）、https://www.tdb-di.com/2020/08/sp20200817.pdf
(711) 弁護士法人浅野総合法律事務所、セクハラ、職場でよくある男女差別と、男女格差への対応方法まとめ、https://roudou-bengoshi.com/harassment/sekuhara/2094/
(712) 知恵のガイド、日本の男尊女卑意識は歴史的に根深い。反面、家庭ではその逆も、https://wisdom-guide.com/c3002900472/
(713) みんなの仮想通貨、暗号資産入門、【徹底解説】仮想通貨とは？ 初心者に分かりやすく説明（2020/06/20）、https://cc.minkabu.jp/column/787
(714)（株）キーストン、FX ナビ、ビットコイン・暗号資産（仮想通貨）取引所を徹底比較（2021.01.26）、https://www.fxnav.net/cryptocurrency/
(715) DMM Bitcon、主要国通貨と仮想通貨の相関関係（2018-10-31）、https://bitcoin.dmm.com/column/038
(716) KT キャピタル（株）、仮想通貨／ビットコイン投資情報サイト、2020 年のビットコイン・仮想通貨未来予測（2020 年 1 月 4 日）、https://btc-eth.jp/2020btcsoubayosou/
(717)（株）Coin Post、COINPOST、ブロックチェーンとは？ 仕組みや技術を図解付きで解説、https://coinpost.jp/?p=31562
(718)（株）willion、CoinMedia ブロックチェーンとは？ 仕組みや活用例を図解付きで分かりやすく説明！ https://coin-media.jp/21278
(719) Bitcoin 日本語情報サイト、月次取引高、https://jpbitcoin.com/market/volume
(720) 初心者のための仮想通貨専門サイト、暗号通貨とは｜分か りやすく解説、https://new-currencies.com/virtual-currency/cryptocurrency.html
(721)（株）Coin Post、COINPOST、フェイスブックが仮想通貨リブラに不公平な優位性をもたらし得る、欧州中銀総裁の懸念、https://coinpost.jp/?p=124283
(722) INTERNET Watch、仮想通貨に対する各国の懸念に対し、日本は仮想通貨大国を積極的に指向する（2018 年 1 月 19 日）、https://internet.watch.impress.co.jp/docs/imreboot/news/1101990.html
(723)（株）メディアジーン、BUSINESS INSIDER、なぜ？ ビットコインが突然急騰したメカニズム ―1 時間で 18% 値上がり、楽天参入も影響？（Apr. 04, 2019）、https://www.businessinsider.jp/post-188504
(724) 仮想通貨サテライト、コラム、コロナウイルスと暗号資産の関係（2020 年 4 月 5 日）、https://cryptocurrency-sat.com/column/ コロナウイルスと暗号資産の関係 /
(725) 竹内ゴロー、Goro Project、仮想通貨でぼろ儲けに騙されるな！ 今知っておきたい収入・投資の知識、https://sakkagoro.com/knowledge-investment-income/
(726) コインチェック（株）、こんな仮想通貨は怪しい？ 初心者が始める前に知っておくべき注意点、https://coincheck.com/ja/article/232
(727) 仮想通貨の教科書、仮想通貨ガイド、https://coin-textbook.com
(728)（株）ドットエー、マネー R、仮想通貨おすすめ、将来性ランキング 2021 ！ プロが選んだ「これから伸びる今買うべき銘柄」(2021-01-23)、https://www.afi-b.com/money/cr-kasoutuuka-meigara/
(729) Have a good Cashless、国が推進するキャッシュレス化の未来像とは？ 経済産業省・海老原要氏が語る（2019.01.18）、https://www.smbc-card.com/cashless/knowledge/interview1.jsp
(730) 旦直士、銀行員のための教科書、政府のキャッシュレス化の動きは止まらない、https://www.financepensionrealestate.work/entry/2018/08/22/090722
(731)（株）ゼウス、個人情報は大丈夫？ クレジットカード決済の安全性やセキュリティ、https://www.cardservice.co.jp/support/beginner/begin_09.html
(732) 2021 年現在のクレジットカード保有率はどのくらい？ あわせて男女別や年代別のカード保有率など、発行枚数に関する統計データも紹介。https://news.cardmics.com/entry/creditcard-hoyudata-tokei/
(733) 本川裕、社会実情データ図録、現金の流通量とカード決済の国際比較、https://honkawa2.sakura.ne.jp/5098.html
(734) ビジネスモデル×株式投資、日本でカード決済が普及しない理由、https://businessxstock.com/why-card-payment-is-not-used-in-japan/
(735) 常陽銀行、カーシェアリングとは？ ～その仕組みとメリット・デメリットをまとめました～ https://www.joyobank.co.jp/woman/column/201508_01.html
(736) CARDAYS、【2021 年 1 月最新・徹底比較】料金の安いカーシェアリングおすすめランキング、https://car-days.fun/blog/column/carshare/14118
(737) 日本カーシェアリング協会、https://www.japan-csa.org/
(738) オリックスカーシェア、https://www.orix-carshare.com/corporate/apartment/
(739)（株）つなぐネットコミュニケーションズ、マンション・ラボ、エコカーでカーシェアリング！ 進化するマンションのエコスタイル、https://www.mlab.ne.jp/management/mansion01_20110729/
(740)（株）ワザモノ、個人向けカーリース車比較 .com、カーリースと長期レンタカー、どちらがお得？ 実際の金額をシミュレーション！（2020.10.04）、https:// 個人向けカーリース車比較 .com/oyakudachi/ カーリースと長期レンタカー、お得なのはどっち /
(741) カルモマガジン、どっちがお得？ 長期レンタカーと短期カーリース（2021.01.11）、https://car-mo.jp/mag/2019/09/16403/

（742）ドライブファクトリー、車のレンタル！ 1年以上の長期で借りると購入よりも損をする！？ https://drivefactory.info/archives/5272
（743）RICOH、リコーとリコージャパン、社用EV（電気自動車）のカーシェアリングに関する実証実験を開始～平日は営業車として、休日は近隣住民や観光客向けにカーシェアリングとして活用～（2020年3月27日まで）、https://jp.ricoh.com/release/2019/0319_1
（744）e-メディアボックス、セブン-イレブンのシェア自転車設置店舗はどこ？ サービス開始日や料金と普及するか予想も、https://embox2.com/seveneleven-share-jitensya
（745）セブン-イレブン、自転車シェアリング、https://www.sej.co.jp/services/bicycle.html
（746）ニフティ（株）、IT小ネタ帳、乗り捨て自由！ セブンイ-レブンと提携した自転車シェアリング「HELLO CYCLING」とは？ https://koneta.nifty.com/koneta_detail/180105000482_1.htm
（747）東京自転車シェアリング、https://docomo-cycle.jp/tokyo-project/
（748）不破雷蔵、ガベージニュース、ガソリンスタンド数や急速充電スタンド数の推移をグラフ化してみる（最新）（2020/08/29）、http://www.garbagenews.net/archives/1972324.html
（749）gogo.gs、ガソリンスタンド店舗数で、平成の30年間を振り返る！ ―最新版・ガソリンスタンド店舗数推移―、https://gogo.gs/news/contents/1553825554
（750）資源エネルギー庁、令和元年度末揮発油販売業者数及び給油所数を取りまとめました、https://www.enecho.meti.go.jp/category/resources_and_fuel/distribution/hinnkakuhou/200731a.html
（751）資源エネルギー庁、石油流通政策SS過疎地対策について、https://www.enecho.meti.go.jp/category/resources_and_fuel/distribution/sskasochi/
（752）J-CASTニュース、都内にも「過疎地」が…日本からガソリンスタンドが減り続ける理由、https://www.j-cast.com/2019/08/12364788.html?p=all
（753）オヤジのメモログ、ガソリンスタンドが閉店する理由とは？ その実態を解説します、https://oyajimemo.jp/e2103283923/
（754）消防庁、過疎地域等における燃料供給インフラの維持に向けた安全対策のあり方に関する検討報告書（令和元年度報告書、令和2年3月）、https://www.fdma.go.jp/singi_kento/kento/items/post-42/houkokusyo/houkokusyo.pdf
（755）（株）マクロミル、料理と夫婦関係に関する調査、https://www.macromill.com/r_data/20100420cooking/
（756）（株）ディライトクリエイション、PR TIMES、料理男子は、もはや常識！ 男性の約8割が1週間に1回以上料理をしていることが判明（『オリーブオイルをひとまわし』調べ）、https://prtimes.jp/main/html/rd/p/000000052.000019222.html
（757）十人十色、フェーブの玉手箱、中食とは!? 内食、外食との違いを分かりやすく解説！http://woman-tokyo.com/nakashoku/
（758）（株）リクルートライフスタイル、過去1年の自炊・外食・中食の増加状況と理由を調査、女性20代で「自炊が増えた」「外食・中食が増えた」とも最多　外食増加理由、男性20・40・50代「仕事が多忙で簡単に済ませたい」中食増加理由、女性30・40代「仕事が多忙」「家事、子育てが多忙」、https://www.recruit-lifestyle.co.jp/news/pressrelease/gourmet/nw24950_20171005
（759）アイティメディア（株）、ITmediaビジネスオンライン、2019年「食堂、レストラン」倒産件数が過去30年で最多　倒産増加率は九州がトップに、https://www.itmedia.co.jp/business/articles/2001/21/news044.html
（760）しんま13、要件を言おうか、【2020年版】ハンバーガーチェーン 店舗数ランキングベスト10、https://blog.shinma.tokyo/entry/2016/07/21/180731
（761）業界動向、飲食業界、飲食業会売上高ランキング（2019年-2020年）、https://gyokai-search.com/4-gaisyoku-uriage.htm
（762）業界動向、飲食業界、飲食業界の動向・ランキング、現状などの研究調査結果、https://gyokai-search.com/3-gaisyoku.htm
（763）東洋経済新報社、東洋経済オンライン、「デスクでお昼を食べる人」の仕事が遅いワケ 昼休みの使い方が集中力を左右する、https://toyokeizai.net/articles/-/178062、https://toyokeizai.net/articles/-/178062?page=2、https://toyokeizai.net/articles/-/178062?page=3、https://toyokeizai.net/articles/-/178062?page=4、https://toyokeizai.net/articles/-/178063?page=5
（764）ゆっこ、HtoB、スマホ依存症の症状と健康被害の実態、治し方と予防法も、https://htob.info/archives/1848
（765）東邦大学医学部医療センター大森病院、メンタルヘルスセンター、イルボスコ、スマホ依存について、https://www.lab.toho-u.ac.jp/med/omori/mentalhealth/mental/smartphone_dependence/index.html
（766）ユラユラユッラ、イートインの使い方とマナーは？ 勉強したり持ち込み物を食べて良い？ https://yurai777.com/itoin-mana
（767）（株）Showcase Gig、DIG-IN、軽減税率、準備できていますか？ コンビニやスーパー経営者が気をつけるべき6つのこと、https://www.showcase-gig.com/dig-in/keigenzeiritsu/
（768）国税庁、消費税、No.6102 消費税の軽減税率制度、https://www.nta.go.jp/taxes/shiraberu/taxanswer/shohi/6102.htm
（769）国税庁、消費税、No.6303　消費税及び地方消費税の税率（令和2年4月1日）、https://www.nta.go.jp/m/taxanswer/6303.htm
（770）（株）マネーフォワード、Money Forward Bizpedia、軽減税率、https://biz.moneyforward.com/blog/category/reduced-tax-rate/
（771）総務省統計局、日本の統計第2章人口・世帯（2-15出生・死亡数と婚姻・離婚件数）、https://www.stat.go.jp/data/nihon/02.html
（772）retu27.com、婚姻率（人口千人当たり）の都道府県別ランキング！ https://retu27.com/prefecture_ranking.html?fid=39
（773）本川裕、社会実情データ図録、婚姻率と離婚率の長期推移、https://honkawa2.sakura.ne.jp/2777.html
（774）不破雷蔵、ガベージニュース、日本の婚姻率・離婚率・初婚年齢の推移をグラフ化してみる（最新）、http://www.garbagenews.net/archives/2013777.html
（775）統計ラボ、年齢別未婚率とその背景、https://toukei-labo.info/09_marry/09_marry.html
（776）Business Journal、深刻化する出生率低下の実態　主要因は未婚率の上昇、求められる異次元の対策、https://biz-journal.jp/2014/08/post_5767.html、…post_5767_2.html
（777）ピーター・マクドナルド、佐々井司訳、非常に低い出生率：その結果，原因，及び政策アプローチ、人口問題研究、**64**, 3, pp.46-53（2008.6）、http://www.ipss. go.jp/publication/e/jinkomon/pdf/18811204.pdf
（778）（株）イード、ReseMom、出生数は過去最少86万5,239人、合計特殊出生率1.36…厚労省（2020.9.18）、https://resemom.jp/article/2020/09/18/58189.html
（779）不破雷蔵、ガベージニュース、増える「子供無し世帯」「一人親と子供のみ世帯」…核家族の中身の推移をグラ フ化してみる（最新）

(2020/08/12)、http://www.garbagenews.net/archives/1954557.html
(780) 内閣府、令和 2 年版高齢社会白書（全体版）(PDF 版)、第 1 章第 1 節 5 (2) 少子化の進行による若年人口の減少、https://www8.cao.go.jp/kourei/whitepaper/w-2020/zenbun/a1_1_5.html
(781) ペリプラス（株)、BELCY、ママっ子男子の特徴 10 選は？ 母親との良い親子関係の男性との付き合い方も、https://belcy.jp/59471
(782) Abema ニュース、母親とデートする“ママっ子男子”急増する理由とマザコンとの違い、https://news.ameba.jp/entry/20170317-979
(783) livedoor NEWS、日本の文化、時間厳守を徹底する日本人の国民性 中国人には奇異に映る？（2018 年 5 月 31 日)、https://news.livedoor.com/article/detail/14794196/
(784)（株）アゴラ研究所、アゴラ、世界で勝ち抜けない「時間にルーズ」な日本人 --- 渡辺龍太、http://agora-web.jp/archives/1541256.html
(785)（株）マイナビ、マイナビニュース、外国人が日本で仕事をして驚いたことは？ 「効率の悪さ」「飲み会とのギャップ」、https://news.mynavi.jp/article/20160101-careerenquete/
(786)（株）ベネフィット・ワン、5 分でわかる「働き方改革」とは？ 取り組みの背景と目的を解説（2021.01.12)、https://bowgl.com/work-style-reformation/
(787)（株）リクルートマネジメントソリューションズ、「働き方改革」とは？ いまさら聞けない基本から、今後のトレンドまで、https://www.recruit-ms.co.jp/issue/feature/0000000735/
(788) 外国人採用 HACKS、外国人が日本で働きたい理由、働きたくない理由とは？ https://recruit-guide.jp/731/
(789) 店員 K-net、電車の運転見合わせや遅延で駅員に文句を言う人はおかしい、https://tenink.net/post-4043
(790) JOYJOY JAPAN、日本の鉄道は 20 秒すらズレることを許されない⇒いっぽうインドでは・・・、http://joyjoy-japan.com/like/nihon-densya-okurenai/
(791) 黄金の国ジパング、時間通りに着いたらビックリ！ 時間を守らない海外の鉄道はイライラ MAX、https://golden-zipangu.jp/japan-traintime/
(792) プライムニュース イブニング、電車遅延なぜ最近多い⁉ 駆け込み乗車“自殺”だけではない…ある「理由」とは？、https://www.fnn.jp/articles/-/1911
(793) 国土交通省、渋滞情報、http://www.mlit.go.jp/road/traffic/
(794)（公財）日本道路交通情報センター、http://www.jartic.or.jp/top.html
(795) 神奈川県、運行規制について（2020 年 1 月 14 日)、https://www.pref.kanagawa.jp/docs/pf7/diesel/unkou.html
(796) 国土交通省、道路行政の簡単解説Ⅱ道路の種類、http://www.mlit.go.jp/road/sisaku/dorogyousei/2.pdf
(797) 健康保険組合連合会（けんぽれん)、健康保険の基礎知識、第 1 回実は恵まれている！ 日本の国民皆保険制度、https://www.kenporen.com/health-insurance/basic/01.shtml
(798) 健康保険組合連合会（けんぽれん)、健康保険の基礎知識、第 2 回当たり前じゃなくなるかも！？ 国民皆保険の危機！ https://www.kenporen.com/health-insurance/basic/02.shtml
(799) 健康保険組合連合会（けんぽれん)、健康保険の基礎知識、第 3 回実は給料に影響あり！ あなたの手取り額と高齢者医療費の関係、https://www.kenporen.com/health-insurance/basic/03.shtml
(800) 健康保険組合連合会（けんぽれん)、健康保険の基礎知識、第 4 回自分達でも制度を守ろう！ 医療費削減のためにできること、https://www.kenporen.com/health-insurance/basic/04.shtml
(801) 健康保険組合連合会（けんぽれん)、健康保険の基礎知識、第 5 回医療費削減のために！ 大切なお薬の話、https://www.kenporen.com/health-insurance/basic/05.shtml
(802) 健康保険組合連合会（けんぽれん)、健康保険の基礎知識、第 6 回禁煙で、カラダもお財布も健康に！ https://www.kenporen.com/health-insurance/basic/06.shtml
(803) 健康保険組合連合会（けんぽれん)、健康保険の基礎知識、第 7 回セルフメディケーションのすすめ、https://www.kenporen.com/health-insurance/basic/07.shtml
(804) 健康保険組合連合会（けんぽれん)、健康保険の基礎知識、第 8 回健保組合の仕事、https://www.kenporen.com/health-insurance/basic/08.shtml
(805)（株）ほけんのぜんぶ、おかねとほけん、皆保険、国民皆保険制度とは？ 公的医療保険の歴史と仕組み・種類～日本と世界の違い～、https://hoken-all.net/health/about.html
(806) 厚生労働省、健康・医療、我が国の医療保険について、https://www.mhlw.go.jp/stf/seisakunitsuite/bunya/kenkou _ iryou/iryouhoken/iryouhoken01/index.html
(807) 厚生労働省、令和 2 年度診療報酬改定について、https://www.mhlw.go.jp/stf/seisakunitsuite/bunya/0000188411_00027.html
(808) 生活の知恵袋ヨセミテ、生活関連、高齢者の医療費問題について考えてみる、https://yosemi-7.com/post-916
(809) 朝日新聞デジタル、医師も患者も「コスト意識」不足？ 無駄遣い指摘の声も、https://www.asahi.com/articles/ASK9F5KGCK9FUTFL00L.html
(810) 厚生労働省、医療施設調査・病院報告（結果の概要)、https://www.mhlw.go.jp/toukei/list/79-1a.html
(811) 厚生労働省、健康日本 21（歯の健康)、https://www.mhlw.go.jp/www1/topics/kenko21_11/b6f.html
(812) HAPLUS、Data、今と昔の日本史、人口の割合は？ https://haplus.jp/life/data/1.html
(813) HAPLUS、Healthy Japan、日本の子供のむし歯は急激に減少中！ https://www.philips.co.jp/a-w/healthyjapan/longlifeaging/kids-teeth.html
(814)（株）インサイト、歯科開業トピックス、【2018 年度版】都道府県別歯科医院数とその要因、https://www.insite.co.jp/shikakaigyotopics/dental_content/transition
(815) AllAbout、何が違うの？ 洗濯乾燥機と全自動洗濯機それぞれの特徴、https://allabout.co.jp/gm/gc/60/
(816) みらい、口コミ屋、洗濯を時短するなら！ そんなのアリ？ な超ズボラ向け収納法を使うべし、https://gorigorikazoku.com/kosodate-sinaikaji-washingmachine

(817) アクア（株）、LAUNDRICH コインランドリー総合サイト、https://www.coin-laundry.co.jp/
(818)（株）ダイワコーポレーション、あなたの街のコインランドリー検索、https://www.coin-laundry-search.com/
(819)（株）インユー、IN YOU jounal、玄米を食べる時に注意した方が良いこと。玄米のデメリットを解消した正しい玄米の食べ方とは？ 発芽～炊飯まで全自動でお任せの炊飯器「なでしこ健康生活」で健康を叶えよう！ https://macrobiotic-daisuki.jp/genmainadesiko-66548.html
(820)（株）トラストリッジ、macaroni、ヘルシーな「玄米食」にも落とし穴が！ 正しい食べ方を知りましょう、https://macaro-ni.jp/26332
(821) みっけ MAP、コイン精米検索、https://mikkemap.com/rice/rice.html
(822) 厚生労働省、健康・医療、生活衛生関係営業の概要、公衆浴場業概要、https://www.mhlw.go.jp/stf/seisakunitsuite/bunya/kenkou_iryou/kenkou/seikatsu-eisei/seikatsu-eisei03/04.html
(823) 厚生労働省、平成 30 年度衛生行政報告例の概況（令和元年 10 月 31 日）、https://www.mhlw.go.jp/toukei/saikin/hw/eisei_houkoku/18/
(824) Keio（ケイオ）、スーパー銭湯全国検索、https://supersento.com
(825)（一社）日本映画製作者連盟、日本映画産業統計、過去データ一覧表（1955 年～ 2020 年）、http://www.eiren.org/toukei/data.html
(826) vod 流儀、コラム、映画館の推移、スクリーン数や入場者数、都道府県別（2019.02.14）、https://vodriver.com/column/movie-theater/
(827) 総務省、令和元年版情報通信白書、利用時間から見るメディア利用の変化、第 1 部特集 進化するデジタル経済とその先にある Society5.0、第 4 節 1 インターネットの普及によるメディア環境の変化、https://www.soumu.go.jp/johotsusintokei/whitepaper/ja/r01/html/nd114110.html
(828) 不破雷蔵、ガベージニュース、主要テレビ局の複数年にわたる視聴率推移をグラフ化してみる（最新）（2020/11/15）、https://www.garbagenews.net/archives/2020115.html
(829) YAHOO! ニュース、テレビ局決算から見える視聴率と収益の新しい関係～視聴率至上主義の終焉～、https://news.yahoo.co.jp/byline/sakaiosamu/20190517-00126232
(830)（一社）日本レコード協会、CD レンタル店調査 2019 年度、https://www.riaj.or.jp/f/report/rental/2019.html
(831) 不破雷蔵、ガベージニュース、店舗数漸減継続中、CD 総在庫数も大幅減少…CD レンタル店舗数をグラフ化してみる（最新）（2019/10/16）、http://www.garbagenews.net/archives/2034959.html
(832) 価格 com.、ペット保険比較 2021 年人気ランキング、https://hoken.kakaku.com/insurance/pet/
(833)（株）アドバンスクリエイト、保険市場、最新！ 2021 年 1 月版ペット保険比較ランキング、https://www.hokende.com/damage-insurance/pet/ranking
(834)（株）アイリックコーポレーション、保険クリニック、ペットを飼っている割合は 3 世帯に 1 世帯！ ペット保険にはほとんど加入していない！！ https://www.hoken-clinic.com/expedition/detail10.html
(835) 朝日新聞デジタル、犬猫、流通中に年 2.6 万匹死ぬ　ペットショップ・業者（2020 年 4 月 1 日）、https://www.asahi.com/articles/ASN3Y575NN3KUUPI001.html
(836)（一社）ペットフード協会、全国犬猫飼育実態調査、https://petfood.or.jp/data/index.html
(837) 朝日新聞デジタル、ペット数、猫が犬を初めて逆転　飼い主の数は犬が多数（2017 年 12 月 22 日）、https://www.asahi.com/articles/ASKDP5HXCKDPPTFC00S.html
(838) 環境省、動物の愛護と適切な管理、虐待や遺棄の禁止、https://www.env.go.jp/nature/dobutsu/aigo/1_law/aigo.html
(839)（公社）日本動物福祉協会、動物の福祉とは、https://www.jaws.or.jp/welfare01/
(840)（公社）日本動物福祉協会、動物の虐待について、https://www.jaws.or.jp/welfare01/welfare02/
(841)（公社）日本動物福祉協会、飼い主責任について、https://www.jaws.or.jp/welfare01/welfare03/
(842)（公社）日本動物福祉協会、法律について、https://www.jaws.or.jp /welfare01//welfare04/
(843)（公社）日本動物福祉協会、動物相談、https://www.jaws.or.jp/doubutsu110/
(844) NEWS ポストセブン、ライフ、ペットへの虐待・ネグレクト・遺棄は犯罪、目撃したら通報を、https://www.news-postseven.com/archives/20170611_562470.html?DETAIL
(845)（株）ヒルダ、HEALTH PRESS、酒鬼薔薇聖斗、宅間守、宮崎勤の共通は＜動物虐待＞～殺人や強姦などの重犯罪の予兆！ http://healthpress.jp/2016/09/post-2581.html、…/post-2581_2.html、…/post-2581_3.html
(846)（有）COO&RIKU、ペット検索、https://www.pet-coo.com
(847) スリーゼロ（株）、ペットショップ B-WEST、https://www.be-west.com/
(848)（株）愛犬ハウスセキノ、https://www.ahs.co.jp/prettydog/main/index.php
(849)（株）シムネット、みんなのブリーダー、https://www.min-breeder.com/
(850) ブリーダーワンとは、https://breeder-one.jp/about
(851)（株）ペットペット、ペットペット全国動物病院検索、https://www.petpet.ne.jp/hospital/
(852)（株）QLife、ペットのための病院検索！ 口コミ（クチコミ）動物病院検索 Pet @ QLife、http://www.qlife.jp/pet/
(853)（株）エイチームライフスタイル、【お墓・霊園探し】ライフドット、ペットのお墓の選び方がわかる～種類や場所について解説～、https://www.lifedot.jp/ohaka-pet/
(854) アイビル（株）、ペットのお墓、ペットの遺骨そのままにしていませんか？ https://pet-ohaka.jp/
(855) イオンペット（株）、メモリアルなび、「個別墓」対応可能ペット霊園一覧、https://www.aeonpet-memorial.com/reien-search/kobetsuhaka/
(856)（株）はまぞう、捨て犬！ 捨て猫！ ゼロの会、https://zero2007.hamazo.tv/
(857)（株）anifare、獣医師賛同の里親募集サイト、https://anifare.jp/
(858) NHK 政治マガジン（2019 年 5 月 31 日）、「捨て犬や捨て猫が減る」マイクロチップ装着義務化へ、https://www.nhk.or.jp/politics/articles/statement/18259.html
(859) アクサ損害保険（株）、ペット便利帳、いぬと暮らす、ねこと暮らす、【迷子猫・迷子犬対策】マイクロチップ装着のメリットと費用（2020/10/30）、https://www.axa-direct.co.jp/pet/pet-ms/detail/4219/

(860) 観光庁、訪日外国人旅行者数・出国日本人数（2020 年 2 月 5 日）、https://www.mlit.go.jp/kankocho/siryou/toukei/in_out.html
(861) JTB 総合研究所、観光統計（2020 年 11 月 推計値）、https://www.tourism.jp/tourism-database/stats/
(862) 統計で見る日本、在留外国人統計（旧登録外国人統計）（2020 年 6 月）、https://www.e-stat.go.jp/stat-search/files?page=1&layout=datalist&toukei=00250012&tstat=000001018034&cycle=1&year=20200&month=12040606&tclass1=000001060399&result_back=1&tclass2val=0
(863) 法務省、令和元年末現在における在留外国人数について、http://www.moj.go.jp/nyuukokukanri/kouhou/nyuukokukanri04_00003.html
(864) （株）mov、訪日ラボ、「明日の日本を支える観光ビジョン」をわかりやすく解説！ 観光立国への政府の取り組み（2019 年 10 月 11 日）、https://honichi.com/news/2019/10/11/vision_for_tourism_in_japan/
(865) Guidable（株）、外国人採用 HACKS、外国人労働者の受け入れ政策とは 2019 年度版【最新】、https://recruit-guide.jp/1231/
(866) 外国人労働者新聞、外国人労働者受け入れメリットとデメリット、https:// 外国人労働者新聞 .com/archives/5151
(867) 外務省、海外安全情報、新型コロナウイルスに関わる日本からの渡航者・日本人に対する各国・地域の入国制限に関しての条件・措置及び入国行動制限措置（令和 3 年 1 月 29 日）、https://www.anzen.mofa.go.jp/covid19/pdfhistory_world.html
(868) 外国在留管理庁、新型コロナウイルス感染症の拡大防止に係る上陸拒否等について、http://www.moj.go.jp/isa/hisho06_00099.html
(869) 厚生労働省、健康・医療、水際対策の抜本的強化に関するＱ＆Ａ（令和 3 年 1 月 25 日一時点版）、https://www.mhlw.go.jp/stf/seisakunitsuite/bunya/kenkou_iryou/covid19_qa_kanrenkigyou_00001.html
(870) 外務省、海外在留邦人数調査統計　令和 2 年（2020）版（令和元年 10 月 1 日現在）、https://www.mofa.go.jp/mofaj/toko/tokei/hojin/index.html
(871) （公社）米穀安定供給確保支援機構、米の消費関連情報、https://www.komenet.jp/data/jukyuudb/jukyuudb1/
(872) 農林水産省、米をめぐる参考資料（令和 2 年 7 月）、https://www.maff.go.jp/j/seisan/kikaku/kome_siryou.html
(873) 農林水産省、米政策関連（更新日令和 2 年 12 月 28 日）、https://www.maff.go.jp/j/seisan/jyukyu/komeseisaku/
(874) 農林水産省、米の輸出について、https://www.maff.go.jp/j/syouan/keikaku/soukatu/kome_yusyutu/kome_yusyutu.html
(875) 農業協同組合新聞、農林水産物・食品の輸出額 1 兆円目前で足踏み　農水省（2020 年 2 月 10 日）、https://www.jacom.or.jp/nousei/news/2020/02/200210-40311.php
(876) AGRI NEXT JAPAN、水田の生物多様性を守るために、http://agrinext.jp/archive/tayousei/chapter3/index.html
(877) WWF ジャパン、水田・水路の生物多様性と農業の共生プロジェクト、https://www.wwf.or.jp/activities/activity/209.html
(878) 農研機構 田中幸一、水田の生物多様性、http://www.naro.affrc.go.jp/archive/niaes/techdoc/inovlec2444/2-2.pdf
(879) unicef、世界の飢餓人口、8 億 2,000 万人以上、3 年連続の増加に国連 5 機関が警鐘、栄養不良は南アジアとサハラ以南アフリカに集中、肥満も依然増加傾向、https://www.unicef.or.jp/news/2019/0105.html
(880) 国連 World Food Programme、飢餓をゼロに、https://ja.wfp.org/zero-hunger
(881) （一社）日本国際飢餓対策機構、ハンガーゼロとは、https://www.hungerzero.jp/hungerzero/
(882) （一社）日本国際飢餓対策機構、ハンガーゼロニュース、https://www.hungerzero.jp/hungerzeronews/
(883) INTERNATIONAL PRESS SYNDICATE JAPAN、食料価格バブルを引き起こす投機活動、https://www.international-press-syndicate-japan.net/index.php/news/food-agriculture/836-rampant-speculation-inflated-food-price-bubble
(884) （公財）日本ユニセフ協会、すべての子どもに、5 歳の誕生日を、https://www.unicef.or.jp/special/10sum/5th_birth.html
(885) 国連開発計画（UNDP）、MDGs in Africa、ゴール 4　子どもの死亡率を減らそう、http://www.undp.or.jp/mdgsafrica/category/goal4/
(886) gooddo（株）、gooddo、アフリカの飢餓が深刻な理由は？ 飢餓率や原因、解決策、支援内容について解説、https://gooddo.jp/magazine/hunger/africa_hunger/
(887) gooddo（株）、gooddo、アフリカの医療の現状を知り、子どもや妊婦の命を守るために必要な支援を考えよう、https://gooddo.jp/magazine/health/africa_health/
(888) （N）ハンガー・フリー・ワールド、世界の食料事情、https://www.hungerfree.net/hunger/food_world
(889) （一社）産業環境管理協会 資源リサイクル促進センター、中学生・高校生・市民のための環境リサイクル学習ホームページ、食と 3 R、世界の食料生産、http://www.cjc.or.jp/school/d/d-2-3.html
(890) 農林水産省、海外食料需給レポート、https://www.maff.go.jp/j/zyukyu/jki/j_rep/index.html
(891) MDS（民主主義的社会主義運動）、穀物暴騰が招いた食糧危機 元凶はバイオ燃料と投機マネー、http://www.mdsweb.jp/doc/1037/1037_02u.html
(892) SPUTNIK、ロシアは世界最大の穀物輸出国になりつつある、https://jp.sputniknews.com/opinion/201602131599341/
(893) FACTA ONLINE、米「穀物危機」を嘲笑う備蓄大国・中国、https://facta.co.jp/article/201210036.html
(894) 農林水産省、知ってる？ 日本の食料事情、食料自給率とは、https://www.maff.go.jp/j/zyukyu/zikyu_ritu/011.html
(895) 農林水産省、知ってる？ 日本の食料事情、日本の食糧自給率、https://www.maff.go.jp/j/zikyu_ritu/012.html
(896) 農林水産省、知ってる？ 日本の食料事情、世界の食糧自給率、https://www.maff.go.jp/j/zyukyu/zikyu_ritu/013.html
(897) 第一次産業ネット、日本の「食料自給率」を解説、https://www.sangyo.net/contents/myagri/zikyu_ritu.html
(898) お金の知識、日本の農業と食：食料自給率が 37% という危うさとその原因とは、https://okaneno-chishiki.com/2019/08/18/food-self-sufficiency-rate-japan/
(899) 農林水産省、日本の食料自給率、https://www.maff.go.jp/j/zyukyu/zikyu_ritu/012.html
(900) 農林水産省、我が国の食料事情、https://www.maff.go.jp/j/zyukyu /zikyu_ritu/attach/pdf/panfu1-29.pdf
(901) 農林水産省、知ってる？ 日本の食糧事情、～日本の食料安全保障と食料自給率・食料自給力～、https://www.maff.go.jp/1/jikyu/
(902) msn ニュース、約 40 年で消費量半分に「アメリカ人の牛肉離れ」の背景に何が、https://www.msn.com/ja-jp/news/opinion/ 約 40 年で消費量半分に -「アメリカ人の牛肉離れ」の背景に何が /ar-BB104208
(903) 農林水産省、飼料をめぐる情勢（令和 3 年 1 月）、https://www.maff.go.jp/j/chikusan/sinko/lin/l_siryo/attach/pdf/index-571.pdf
(904) グルメノート、朝食のカロリー摂取の目安は？ 身体にいい理想的な朝メニューを解説！ https://gourmet-note.jp/posts/8680

(905) 農林水産省、消費・安全、食育の推進、https://www.maff.go.jp/j/syokuiku/
(906) 農林水産省、令和元年度食育白書全文（令和 2 年 6 月 16 日公表）、https://www.maff.go.jp/j/syokuiku/wpaper/r1_wpaper.html
(907) 文部科学省、家庭で・地域で・学校でみんなで早寝早起き朝ごはん―子どもの生活リズム向上ハンドブック―（平成 19 年度）、第 3 章生活リズムの確立と朝食（食事）、https://www.mext.go.jp/a_menu/shougai/katei/08060902/004.pdf
(908) 厚生労働省、健康・医療、平成 29 年国民健康・栄養調査報告、第 2 章 3．朝食の欠食に関する状況、https://www.mhlw.go.jp/content/10904750/000351576.pdf
(909) YAHOO! ニュース、男性 13.9％・女性 8.6％…成人朝食欠食実情をさぐる（2020 年公開版）、https://news.yahoo.co.jp/byline/fuwaraizo/20200502-00175654/
(910) 不破雷蔵、ガベージニュース、「毎朝しっかりと朝食を食べている」中学生は 8 割強…若年層の朝食欠食状況をグラフ化してみる（最新）（2020/09/13）、http://www.garbagenews.net/archives/1881751.html
(911) 産経ニュース、朝食抜きは良いことなし　学力低く、脳出血リスク 4 割高、冷え性率も 2 倍に…、https://www.sankei.com/premium/news/170611/prm1706110010-n1.html、…/170611/prm1706110010-n2.html、…/170611/prm1706110010-n3.html、…/170611/prm1706110010-n4.html、…/170611/prm1706110010-n5.html
(912)（国研法）国立健康・栄養研究所、主な健康指標の経年変化：栄養摂取状況調査、栄養素等摂取量、https://www.nibiohn.go.jp/eiken/kenkounippon21/eiyouchousa/keinen_henka_eiyou.html
(913) いろはにかいご、日本人の食事摂取基準とは [2020 年版] │栄養別の基準量を男女別に紹介、https://1682-kaigo.jp/health/001095
(914) 日本経済新聞 Data Discovery、カロリーから廃棄まで 大国にみる世界の食事情（2015 年 12 月 21 日）、https://vdata.nikkei.com/datadiscovery/08calorie/
(915) むちゃぶりレシピ、一日の摂取カロリー「世界一」はどこの国？ 1 位～ 10 位ランキング！（2019 年 8 月 12 日）、https://muchaburireshipi.com/best-in-the-world-calorie-ranking
(916) スロトレ、日本人の摂取カロリーは年々減っているのに肥満率が上昇しているのはなぜ？ https://isoguna.net/2014/06/21/himanritsujosho/
(917) 農林水産省、食品ロスとは、https://www.maff.go.jp/j/shokusan/recycle/syoku_loss/161227_4.html
(918) 政府広報オンライン、もったいない！ 食べられるのに捨てられる「食品ロス」を減らそう（令和 3 年 1 月 20 日）、https://www.gov-online.go.jp/useful/article/201303/4.html
(919) onigiri まとめ、[食品ロス] もったいない。食料廃棄物の現状。食料品のリサイクルは急務 [フードバンク]（2020 年 12 月 18 日）、https://matome.eternalcollegest.com/post=2140438890493793301
(920) HEALTH PRESS、日本は「食品廃棄量」が世界トップクラス！ 政府発表は 1900 万トン、民間調査は 2700 万トン !? https://healthpress.jp/2015/03/post-1646.html
(921) 農林水産省、食品リサイクル法に基づく定期報告の結果について、https://www.maff.go.jp/j/shokusan/recycle/syokuhin/s_houkoku/kekka/gaiyou.html
(922) 環境省、食品リサイクル関連 │ 食品ロスの削減・食品廃棄物等の発生抑制、https://www.env.go.jp/recycle/food/post_5.html
(923) 国際統計格付センター、世界ランキング、1 人あたりの食料不足深刻度ランキング、http://top10.sakura.ne.jp/IBRD-SN-ITK-DFCT.html
(924) みんなで食べる幸せを、世界の食糧問題、http://worldfoodday-japan.net/world/
(925)（N）アニマルライツセンター、世界の食糧危機の現状、https://www.hopeforanimals.org/environment/202/
(926) gooddo（株）、gooddo、世界で増え続ける食糧問題。飢餓による子どもたちへの影響とは、https://gooddo.jp/magazine/hunger/children_hunger/610/
(927) gooddo（株）、gooddo、飢餓、子ども（飢餓）、食糧問題の現状と解決策は？ 飢餓で苦しむ子どもたちのために何ができる？ https://gooddo.jp/magazine/hunger/children_hunger/543/
(928) ぱずーの農業日記、廃棄野菜を改善する可能性がある 3 つの方法！ 加工や直売で対処！ http:// ぱずーの農業日記 .jp/haikiyasai2-9
(929) ぱずーの農業日記、廃棄野菜の活用が難しいことがわかる理由、http:// ぱずーの農業日記 .jp/haikiyasai3-16
(930) サンケイリビング新聞社、リビングくらしナビ、ライフスタイル、「捨てる食材」1 位は野菜！ 捨てたくないのに繰り返す…キッチンの「フードロス」、https://mrs.living.jp/k_life/article/3117443
(931)（N）ふぞろいプロジェクト、おいしを広島に。https://www.fuzoroiproject.jp/
(932) デイブレイク（株）、AllAbout NEWS、デイブレイク、フードロスを美味しく解決するフローズンフルーツ『HenoHeno』の姉妹ブランド『PONO』を 3/10 発売！ フルーツに加え野菜のロス削減に着手（2020.3.10）、https://news.allabout.co.jp/articles/p/000000007.000042920/
(933) まるもうけ .com、米、野菜、果物、全部タダでもらえるお得なサイトがある！ http://marumoke.com/life/17/
(934) よもやま情報ブログ、野菜や果物が無料で貰えるフリフル！ https://yomoyama-joho.com/628.html
(935) HUFFPOST、LIFE、捨てられた 270 万トンの野菜を無駄にしない方法、https://www.huffingtonpost.jp/2015/05/26/6-billion-pounds-edible-produce-wasted-_n_7439758.html
(936) NEUT MEDIA（株）、「ブサイクな野菜と果物」しか置かない、環境にもお財布にも優しい“未来のスーパーマーケット”、http://neutmagazine.com/sirplus-berlin
(937) TABI LABO、フランスのスーパーマーケットで大人気！「ブサイク野菜」が売り切れに！？ https://tabi-labo.com/151580/ingloriousvegefruits
(938)（株）メディアジーン、BUSINESS INSIDER、3 分の 1 が捨てられている !? 世界の食料廃棄の現状 ― 最も捨てられる食料とは、https://www.businessinsider.jp/post-106003
(939) AERAdot.、3 分の 1 の食糧が捨てられ、9 人に 1 人が餓死する世界“食品ロス”の矛盾、https://dot.asahi.com/aera/2019092500019.html?page=1、https://dot.asahi.com/aera/2019092500019.html?page=2
(940)（独法）水産総合研究センター、日向野純也、アサリ生産の現状・問題点と資源回復への取り組み、http://www.kagawa-u.ac.jp/setouchi/h25kouen02higano.pdf
(941) 地域の入れ物、あさりの漁獲量の都道府県ランキング（令和元年）、https://region-case.com/rank-r1-asari/

(942) 京都府立海洋センター、季報第97号、アサリの減耗要因と対策（平成21年3月）、http://www.pref.kyoto.jp/kaiyo/documents/1240793538609.pdf
(943) 篠原満寿美、徳田眞孝、杉野浩二郎、福岡産有明海産のアサリの流通について、福岡県水産海洋技術センター研究報告第19号 p.157～161、http://www.sea-net.pref.fukuoka.jp/gaiyo/kenkyuu/Vol19/k19-22.pdf
(944) 地域の入れ物、しじみの漁獲量の都道府県ランキング（平成30年）、https://region-case.com/rank-h30-product-shijimi/
(945) 木走正水、はてなブログ、「死の海」との距離感が気になる輸入アサリたち～実は「中国産」よりも「北朝鮮産」のほうがまだマシなんじゃないの？、https://kibashiri.hatenablog.com/entry/20060728/1154074073
(946) 産経ニュース、海外アサリ、熊本産と表示　九州農政局、個人業者に是正指示（2018.3.9）、https://www.sankei.com/west/news/80309/wst1803090074-n1.html
(947) エキサイト（株）、ひむかのハマグリ、シジミの輸入量の統計、https://beachmollu.exblog.jp/19760807/
(948) エキサイト（株）、ひむかのハマグリ、ハマグリの輸入量、https://beachmollu.exblog.jp/21709277/
(949) 東邦大学理学部、大越健嗣、アサリ輸入が生物多様性に与える影響、https://www.ows-npo.org/member/backno/tokushu44forWeb.pdf
(950) 農林水産省、農林水産統計、令和元年漁業・養殖業生産統計（令和3年1月18日に確報)、統計表1　海面漁業・養殖業生産量、(5) 海面漁業都道府県別魚種別漁獲量ほたてがい、(7) 海面養殖業都道府県別魚種別漁獲量かき類、https://www.maff.go.jp/j/tokei/kouhyou/kaimen_gyosei/attach/pdf/index-30.pdf
(951) おでかけ情報、親子で楽しむ！ 潮干狩り特集2021、https://iko-yo.net/topics/shellfish
(952) じゃらんニュース、潮干狩りにおすすめの時期はいつ？ 服装・持ち物・必需品まで徹底ガイド【全国版】、https://www.jalan.net/news/article/429325/
(953) タビワザ、【2021年】関東（東京／神奈川／千葉）の潮干狩りスポット特徴別まとめ。混雑状況＆駐車場、https://www.tabiwaza.jp/dom/1723
(954) 環境省生物多様性センター、自然環境保全基礎調査、海辺調査、http://www.biodic.go.jp/kiso/99/umibe.html
(955) 水産庁、令和元年度水産白書、第1部令和元年度水産の動向、https://www.jfa.maff.go.jp/j/kikaku/wpaper/R1/index.html
(956) 経済産業省、対北朝鮮制裁関連、https://www.meti.go.jp/policy/external_economy/trade_control/01_seido/04_seisai/kitachosen.html
(957)（株）大紀元、EPOCH TIMES、北朝鮮の海産物、「中国産」で世界に流通（2017年08月23日）、https://www.epochtimes.jp/p/2017/08/28192.html
(958) 産経WEST、北のマツタケ「上海ルート」「瀋陽ルート」日本へ…総連傘下企業の取引記録押収（2015.5.13）、https://www.sankei.com/west/news/150513/wst1505130058-n1.html
(959) 農林水産省、令和元年の荒廃農地の面積について、https://www.maff.go.jp/j/press/nousin/nihon/201016.html
(960) 農林水産省、荒廃農地の現状と対策について（令和2年4月）、https://www.maff.go.jp/j/nousin/tikei/houkiti/Genzyo/PDF/Genzyo_0204.pdf
(961) 農林水産省、荒廃農地の発生防止・解消等、https://www.maff.go.jp/j/nousin/tikei/houkiti/
(962) A-Lab（株）、MIRAIMO、耕作放棄地とは？ 問題点から対策・活用法まで徹底解説！ https://miraimo.com/15691
(963)（同）ラビッツ、耕作放棄地とは何か？ 耕作放棄地の現状や対策について徹底解説、https://realestate-sale.link/kousaku-houkichi/
(964)（株）Life Lab、第一次産業ネット、就農に役立つ特集コンテンツ、耕作放棄地問題の影響と取組、荒廃農地を蘇らせて、新たなビジネスも！（2018年10月11日）、https://www.sangyo.net/contents/myagri/farmland-problem.html
(965) みずほ総合研究所、データにみる日本農業の地域性、https://www.mizuho-ri.co.jp/publication/research/pdf/insight/p1170904.pdf
(966) 農林水産省、農地に関する統計、耕地面積及び作付延べ面積、https://www.maff.go.jp/j/tikei/sihyo/data/10.html
(967) 農林水産省、農林水産物輸出入概況2019年（令和元年）、https://www.maff.go.jp/j/tokei/kouhyou/kokusai/attach/pdf/houkoku_gaikyou-22.pdf
(968) 農林水産省、貿易の自由化と日本の農業、https://www.maff.go.jp/tokei/kikaku/renkei/pdf/kougi_bouekinojiyuuka.pdf
(969) 農林水産省、我が国の農産物輸入等の動向、https://www.maff.go.jp/j/zyukyu/jki/j_rep/annual/2016/attach/pdf/2016_annual_report-36.pdf
(970) 政府統計の窓口、農林水産物輸出入統計、貿易統計（輸入）(2019)、https://www.e-stat.go.jp/stat-search/files?page=1&layout=datalist&toukei=00500100&tstat=000001018079&cycle=7&year=20180&month=0&tclass1=000001018080
(971) グローバルノート（株）、GLOBAL NOTE、世界の農産物・食料品 輸入額 国別ランキング・推移（2020年11月25日データ更新）、https://www.globalnote.jp/post-3283.html
(972) グローバルノート（株）、GLOBAL NOTE、世界の農産物・食料品 輸出額 国別ランキング・推移（2020年11月20日データ更新）、https://www.globalnote.jp/post-3280.html
(973)（株）カクイチ、Think and Grow Ricci、[2018年版] 日本の農作物輸入ランキング、https://www.kaku-ichi.co.jp/media/tips/column/crop-inports
(974)（株）カクイチ、Think and Grow Ricci、[2018年版] 日本の農作物輸出ランキング、https://www.kaku-ichi.co.jp/media/tips/column/crop-exports
(975) 財務省貿易統計、最近の輸出入動向、https://www.customs.go.jp/toukei/suii/html/time_latest.htm
(976) 内閣官房、TPP等政府対策本部、環太平洋パートナーシップ（TPP）、https://www.cas.go.jp/jp/tpp/tppinfo/index.html
(977) とはサーチ、TPPとは、http://www.toha-search.com/keizai/tpp.htm
(978) 高橋英一、肥料の歴史、化学と生物、**22**, 9, pp.671-673 (1984)、https://www.jstage.jst.go.jp/article/kagakutoseibutsu1962/22/9/22_9_671/_pdf/-char/ja
(979) 探検コム、国産「化学肥料」のはじまり、あるいは「旭化成」と「昭和電工」の誕生、https://tanken.com/tisso.html
(980) 洗幸夫、BSI生物科学研究所、「化学肥料に関する知識」, FileNo. 42　本邦の窒素化学肥料の歴史（戦後編）、http://bsikagaku.jp/f-knowledge/knowledge42.pdf

(981) 小野信一、化学肥料の功績と土壌肥料学、農業と環境、No.104 (2008)、http://www.naro.affrc.go.jp/archive/niaes/magazine/104/mgzn10408.html

(982) 日本肥料アンモニア協会、化学肥料Q&A、http://www.jaf.gr.jp/faq.html

(983) (株) ヒューエンタープライズ、窒素肥料の無駄を考える、http://hugh-enterprise.co.jp/best/muda.html

(984) 西尾道徳の環境保全型農業レポート、No.348 余剰な化学肥料窒素による環境の多様な側面への深刻な影響、https://lib.ruralnet.or.jp/nisio/?p=4014

(985) (株)インユー、IN YOU journal、世界中で明らかになった化学肥料の深刻な害と土壌汚染。いずれ肥料も枯渇して「使えなくなる」時代も近い？日本の土壌が不毛の地に変わる前に、私たちの意識を変えよう！ 化学肥料の歴史と問題点を俯瞰して見えること。https://macrobiotic-daisuki.jp/kagakuhiryo-129663.html

(986) 樋口太重、最近の肥料関連技術、農業機械学会誌、**53**, 6, pp.97-102 (1991)、https://www.jstage.jst.go.jp/article/jsam1937/53/6/53_6_97/_article/-char/ja

(987) 農林水産省、平成26年度 食料・農業・農村白書、第1部2第6節 (1) 環境保全を重視した農業生産の推進、https://www.maff.go.jp/j/wpaper/w_maff/h26/pdf/z_1_2_6.pdf

(988) 農林水産省、肥料をめぐる状況と見直しの方向について (令和元年7月3日)、https://www.maff.go.jp/j/syouan/nouan/kome/k_hiryo/attach/pdf/symposium-14.pdf、同 (令和元年9月13日) …14.pdf/1909_symposium-1.pdf

(989) 農業環境技術研究所 新藤純子、食料増産と資源・環境問題としての肥料、https://www.naro.affrc.go.jp/archive/niaes/magazine/pdf/mgzn12301(13).pdf

(990) 洗幸夫、BSI生物科学研究所、化学肥料に関する知識、File No. 60　農薬入り肥料、http://bsikagaku.jp/f-knowledge/knowledge60.pdf

(991) 洗幸夫、BSI生物科学研究所、肥料製造学、農薬入り肥料、http://bsikagaku.jp/f-industry/pesticide-fertilizer%20combination.pdf

(992) 片倉コープアグリ (株)、農薬入り肥料、http://www.katakuraco-op.com/site_fertilizer/products/a_pesticide.html

(993) 全農営農・技術センター、農薬研究室、グリーンレポート、No.380　労力をかけず均一散布できる水稲育苗期の新しい施用技術、https://www.zennoh.or.jp/eigi/research/pdf/gr380_09.pdf

(994) 農林水産省、特別栽培農産物に係る表示ガイドライン、https://www.maff.go.jp/j/jas/jas_kikaku/tokusai_a.html

(995) SMART AGURI、「無農薬」と「特別栽培農作物」は何が違う？ 正しい農産物の表示とは、https://smartagri-jp.com/food/428

(996) 農産物直売津野、アイガモ農法とは？ http://www2.bunbun.ne.jp/~matsuo/aigamo.html

(997) お米のきたむら、無農薬栽培米について、http://www.santyoku.net/muokome.htm

(998) 3分雑学「なべのけしき」、合鴨農法とは？ 飼育が終わったカモはその後加工肉になる運命 (2018年9月4日更新)、https://nabenabeblog.net/201808/1717.html

(999) (株) サイバーエージェント、農家こうめのワイン、アイガモ農法の問題点、https://ameblo.jp/vin/entry-10566189298.html

(1000) 高校生物の学び舎、「生物基礎教科書解説」代謝・ATP・独立栄養生物と従属栄養生物、https://biology-manabiya.net/basicbiology-a-4/

(1001) 丹野真、TANTANの雑学と哲学の小部屋、独立栄養生物と従属栄養生物と混合栄養生物の具体的な特徴の違いと分類される代表的な生物の種類のまとめ、https://information-station.xyz/15045.html

(1002) ちとせグループ、Modia、藻はどうやって生きているのか？ ―独立栄養と従属栄養の違い―、https://modia.chitose-bio.com/articles/how_algae_grow/

(1003) イオンコンパス (株)、流通視察ドットコム、最新・食のトレンド「植物由来食品」最前線！ (2018年4月～2019年4月)、http://www.ryutsu-shisatsu.com/article/16165831.html

(1004) (株) セイコーステラ、セイコーエコロジア、植物の栽培に必要な3つの栄養素と、成長を促進させる肥料の選び方、https://ecologia.100nen-kankyo.jp/column/single004.html

(1005) (株) セイコーステラ、セイコーエコロジア、植物に与える肥料の基礎知識｜作物の成長を促進させる使い方とは？ https://ecologia.100nen-kankyo.jp/column/single029.html

(1006) (株) セイコーステラ、セイコーエコロジア、養液栽培で効率的な農業を実現｜品質と収穫量の安定を目指すためには、https://ecologia.100nen-kankyo.jp/column/single036.html

(1007) 水耕栽培ナビ、https://www.suikou-saibai.net/blog/

(1008) 農林中金総合研究所、清水徹朗、化学肥料原料の資源問題と食料安全保障、https://www.nochuri.co.jp/report/pdf/nri1009re2.pdf

(1009) 資源枯渇問題研究会、リン資源の枯渇、https://sites.google.com/site/corpsofresourcedepletion/phosphorus-1

(1010) 本田進一郎、HONDAブログ、「リンはいくらでもある、しかし循環しなければならない」その1、https://jcmswordp.wordpress.com/2016/05/29/「リンはいくらでもある、しかし循環しなければ/

(1011) 本田進一郎、HONDAブログ、「リンはいくらでもある、しかし循環しなければならない」その2、https://jcmswordp.wordpress.com/2016/08/07/1342/、「リンはいくらでもある、しかし循環しなければ/

(1012) 本田進一郎、HONDAブログ、「リンはいくらでもある、しかし循環しなければならない」その3、https://jcmswordp.wordpress.com/2016/08/17/「リンはいくらでもある、しかし循環しなければ-2/

(1013) 本田進一郎、HONDAブログ、「リンはいくらでもある、しかし循環しなければならない」その4、https://jcmswordp.wordpress.com/2016/08/25/「リンはいくらでもある、しかし循環しなければ-3/

(1014) 本田進一郎、HONDAブログ、「リンはいくらでもある、しかし循環しなければならない」その5、https://jcmswordp.wordpress.com/2016/09/02/「リンはいくらでもある、しかし循環しなければ-4/

(1015) 本田進一郎、HONDAブログ、「リンはいくらでもある、しかし循環しなければならない」その6、https://jcmswordp.wordpress.com/2016/09/21/「リンはいくらでもある、しかし循環しなければ-5/

(1016) 本田進一郎、HONDAブログ、「リンはいくらでもある、しかし循環しなければならない」その7、https://jcmswordp.wordpress.com/2016/09/27/「リンはいくらでもある、しかし循環しなければ-6/

(1017) 黒田章夫、滝口昇、加藤純一、大竹久夫、リン資源枯渇の危機予測とそれに対応したリン有効利用技術開発、環境バイオテクノロジー学会誌、

4, 2, pp.87-94（2005）、https://www.jseb.jp/wordpress/wp-content/uploads/04-02-087.pdf
（1018）国土交通省、下水道におけるリン資源化の手引き（平成 22 年 3 月）、https://www.mlit.go.jp/common/000113958.pdf
（1019）早稲田大学、平成 30 年度リンアトラス研究所研究成果報告概要版、廃棄物や副産物に含まれるリン資源の活用技術開発の現状、課題および解決の方策に関する調査、http://www.pido.or.jp/R1pdf/PATLASH30reportshortversion.pdf
（1020）農林水産省、農薬の使用に伴う事故及び被害の発生状況について（過去 5 ヶ年の事故及び被害の発生状況）、https://www.maff.go.jp/j/nouyaku/n_topics/h20higai_zyokyo.html
（1021）農薬工業会、教えて！ 農薬 Q&A、自然や環境への影響は？ https://www.jcpa.or.jp/qa/a3_01.html
（1022）近畿農政局、農薬リスクコミュニケーション、農薬の環境影響について、島根大学 山本広基、https://www.maff.go.jp/kinki/syouhi/seikatu/riskcom/pdf/yamamoto_1.pdf
（1023）農薬除去の教科書 、まずは相手を知ることから始めよう！ 農薬の基礎知識、https://www.removal-agrochemical.com/knowledge/
（1024）（株）インユー、IN YOU journal、農薬使用率世界 3 位以下をキープし続ける農薬大国日本。崩れ去る国産野菜の安全神話。https://macrobiotic-daisuki.jp/nouyaku-nihon-jittai-19499.html
（1025）農薬工業会、農薬情報局、統計データ、農薬年度出荷実績、https://www.jcpa.or.jp/labo/data.html
（1026）厚生労働省、健康・医療、食品中の残留農薬等、https://www.mhlw.go.jp/stf/seisakunitsuite/bunya/kenkou_iryou/shokuhin/zanryu/index.html
（1027）お米とご飯の基礎知識、お米づくり、農薬—現代の農業に欠かせない農薬とその安全性、http://www.okomehp.net/grow/grow002
（1028）佐々木雄羽、melonote、農業従事者の高齢化問題、https://nira-melon.net/travel-tips/ 疑問点・問題点 /aging-agriculture/
（1029）Kashin、農業高齢化の理由と問題点！ その解決策を考える！ https://kashinxx.com/agri-1/
（1030）キヤノングローバル戦略研究所 山下一仁、農業を魅力ある就業先とするために、日本労働研究雑誌、No.675、pp.33-46（2016）、https://www.jil.go.jp/institute/zassi/backnumber/2016/10/pdf/033-046.pdf
（1031）農業協同組合新聞、[現場で役立つ農薬の基礎知識 2019]、連作障害対策に有効活用を（2019 年 6 月 24 日）、https://www.jacom.or.jp/nouyaku/rensai/2019/06/190624-38340.php
（1032）ベジタン、【輪作・間作・混作】知っておきたい野菜栽培の管理方法とは、https://www. はじめての貸し農園 .com/rinsaku/
（1033）ペリプラス（株）、暮らし〜の、輪作とは？ 作物が上手に育つサイクルや相性の良い作物をご紹介！ https://kurashi-no.jp/I0016439
（1034）（一社）農山漁村文化協会編、別冊現代農業、農家が教える混植・混作・輪作の知恵—病害虫が減り、土がよくなる、http://www.ruralnet.or.jp/gn-tokubetsu/betsu/200807.html
（1035）伏脇裕一、田瀬則雄、古藤田一雄、浦野紘平、殺菌剤ペンタクロロニトロベンゼンの水系中での生分解特性、衛生化学、**37**, 6, pp.529-536（1991）、https://www.jstage.jst.go.jp/article/jhs1956/37/6/37_6_529/article/-char/ja
（1036）伏脇裕一、田瀬則雄、古藤田一雄、浦野紘平、野菜栽培地域における殺菌剤ペンタクロロニトロベンゼン及び分解代謝物質の動態、衛生化学, **40**, 1, pp.39-48（1994）、https://www.jstage.jst.go.jp/article/jhs1956/40/1/40_1_39/article/-char/ja
（1037）（公財）日本食品化学研究振興財団、残留農薬、http://www.ffcr.or.jp/zanryu/index.html
（1038）水耕栽培ナビ、残留農薬の危険性とは？ 健康被害を予防する方法を詳しく教えます！ https://www.suikou-saibai.net/blog/2015/05/24/167
（1039）キニナル、【最新】2019 年版｜残留農薬が多い、危険な野菜＆果物ランキング・47、https://kininal.me/zanryu-nouyaku-raking2019/
（1040）（株）食環境衛生研究所、食環研コラム、農薬の毒性、危険性は？ https://www.shokukanken.com/column/foods/001308.html
（1041）（N）情報ステーション、野菜や果物の残留農薬の危険性！ 農薬の量が多い理由と残留農薬の落とし方について、https://amccrh.com/4974.html
（1042）（責）geefee、残留農薬の危険性。健康被害を避けるためにできること。https://www.geefee.co.jp/ 健康 / 基礎知識 / 残留農薬の危険性。健康被害を避けるためにできること。
（1043）厚生労働省、平成 30 年度食品中の残留農薬検査結果について、https://www.mhlw.go.jp/stf/newpage_13044.html
（1044）厚生労働省、健康・医療、残留農薬、よくある質問、https://www.mhlw.go.jp/seisakunitsuite/bunya/kenkou_iryou/shokuhin/zanryu/faq.html
（1045）農薬工業会、教えて農薬Ｑ＆Ａ、そのまま食べても大丈夫？ Ｑ．ポストハーベスト農薬の方が残留しやすいのですか。 https://www.jcpa.or.jp/qa/a2_07.html
（1046）One、輸入果物や野菜、穀物は本当に安全か – ポストハーベスト農薬について。 https://oneness555.com/post-harvest
（1047）（株）日本環境科学、ポストハーベスト対策、https://nes-grp.co.jp/detox/
（1048）農林水産省、植物検疫に関する情報、https://www.maff.go.jp/j/syouan/syokubo/keneki/index.html
（1049）植物防疫所、https://www.maff.go.jp/pps/
（1050）（一社）全国植物検疫協会、https://www.zenshoku-kyo.or.jp/
（1051）日本貿易振興機構（JETRO）、貿易・投資相談 Q&A、植物防疫法：日本、https://www.jetro.go.jp/world/qa/04M-030004.html
（1052）法令検索、植物防疫法施行規則、第二章輸入植物の検査、https://elaws.e-gov.go.jp/document?lawid=325M50010000073
（1053）ふーちゃん / コラム　ゴルフ場〜農薬使用量の実態（2008-02-06）、https://ameblo.jp/sakuramame/entry-10070797364.html
（1054）村田道雄、ゴルフ場と農薬の安全性、芝草研究、**18**, 2, pp.171-175（1990）、https://www.jstage.jst.go.jp/article/turfgrass1972/18/2/18_2_171/_pdf
（1055）環境省、ゴルフ場で使用される農薬による水質汚濁の防止及び水産動植物被害の防止に係る指導指針（平成 30 年 11 月 30 日改正）、https://www.env.go.jp/press/files/jp/112760.pdf
（1056）環境省、ゴルフ場で使用される農薬による水質汚濁の防止及び水域の生活環境動植物被害の防止に係る指導指針（令和 2 年 3 月 27 日）、https://www.env.go.jp/water/sisin20200327-1.pdf
（1057）環境省、ゴルフ場における農薬使用の適正化について（平成 2 年 7 月 6 日）、http://www.env.go.jp/hourei/06/000005.html
（1058）厚生労働省、化学品の分類および表示に関する世界調和システム（GHS）改訂 7 版、第 3 部健康に対する有害性、https://www.mhlw.go.jp/bunya/roudoukijun/anzeneisei55/pdf/01-04.pdf

(1059) 経済産業省、事業者のみなさんへ 化学物質のリスク評価のためのガイドブック 実践編、https://www.meti.go.jp/policy/chemical_management/law/prtr/pdf/guidebook_jissen.pdf
(1060) 浦野紘平、浦野真弥共著、えっ！ そうなの？！ 私たちを包み込む化学物質、コロナ社、https://www.coronasha.co.jp/np/isbn/9784339066432/
(1061) 農林水産省、農薬中に含まれるダイオキシン類の検査方法について（平成 22 年 1 月 18 日）、https://www.maff.go.jp/j/council/sizai/nouyaku/12/pdf/data6.pdf
(1062) 益永茂樹、農薬のダイオキシン類不純物、廃棄物学会誌、**13**, 5, pp.247-254（2002）、https://www.jstage.jst.go.jp/article/wmr1990/13/5/13_5_247/_article/char/ja/
(1063) 鳥取県くらしの安心推進課、農薬関係のお知らせ、PCP 剤及び PCNB 剤の回収の徹底について、https://www.pref.tottori.lg.jp/43262.htm
(1064) 環境省、ダイオキシン類対策特別措置法に基づく基準等、https://www.env.go.jp/chemi/dioxin/outline/kijun.html
(1065) 環境省、ダイオキシン類の排出量の目録（排出インベントリー）について（令和 2 年 3 月 27 日）、http://www.env.go.jp/press/107882.html
(1066) 農林水産省、平成 30 年度水産物中のダイオキシン類の実態調査結果について、https://www.maff.go.jp/j/syouan/suisan/anzen30dxn.html
(1067) 農林水産省、魚介類のダイオキシン類の解説、第 7 版（2009 年 2 月）、https://www.maff.go.jp/j/syouan/tikusui/gyokai/g_kenko/busitu/pdf/kaisetu.pdf
(1068) 厚生労働省、令和元年度食品からのダイオキシン類一日摂取量調査等の調査結果について、https://www.mhlw.go.jp/stf/newpage_15606.html
(1069) HelC+、疾患・特集、私たちは毎日ダイオキシンを食べている 、https://www.health.ne.jp/library/detail?slug=hcl_3000_w3000219
(1070) 水俣市立水俣病資料館、資料、https://minamata195651.jp/list.html
(1071) 水俣市立水俣病資料館、水俣病―その歴史と教訓 2015、https://minamata195651.jp/pdf/kyoukun_2015/kyoukun2015_all.pdf
(1072) ノーモア・ミナマタ 第 2 次訴訟弁護団、http://www.no-more-minamata.jp/
(1073) 環境省、水俣病情報センター、http://nimd.env.go.jp/archives/
(1074) 環境省、水俣病問題関係年表、https://minamata195651.jp/pdf/nenpyou_all.pdf
(1075) 熊本学園大学、水俣学研究センター、水俣学講義、https://www3.kumagaku.ac.jp/minamata/seminar/seminar01/
(1076) 不条理日記、水俣病関連ニュース、http://himadesu.seesaa.net/article/17085696.html
(1077) 不条理日記、水俣病という「縮図」、http://himadesu.seesaa.net/article/17011947.html
(1078) 不条理日記、水俣病という「縮図」2、http://himadesu.seesaa.net/article/17245073.html
(1079) 不条理日記、水俣病という「縮図」3「サイクレーター」というまやかし、http://himadesu.seesaa.net/article/17691664.html
(1080) 不条理日記、水俣病という「縮図」4、http://himadesu.seesaa.net/article/19090715.html
(1081) 不条理日記、水俣病という「縮図」5、http://himadesu.seesaa.net/article/19240578.html
(1082) 不条理日記、水俣病補償問題、http://himadesu.seesaa.net/article/19829364.html
(1083) 不条理日記、水俣病「救済」7 月打ち切りを許すな！ http://himadesu.seesaa.net/article/262503067.html
(1084) 読売新聞東京本社・西部本社、熊本県民テレビ、水俣病公式確認 60 年、第 1 章 水俣病とは、https://www.yomiuri.co.jp/s/ims/minamata01/
(1085) 読売新聞東京本社・西部本社、熊本県民テレビ、水俣病公式確認 60 年、第 2 章「魚湧く海」の苦難と歴史、https://www.yomiuri.co.jp/s/ims/minamata02/
(1086) 読売新聞東京本社・西部本社、熊本県民テレビ、水俣病公式確認 60 年、第 3 章 償いを求めて～「救済」の混迷～、https://www.yomiuri.co.jp/s/ims/minamata03/
(1087) 読売新聞東京本社・西部本社、熊本県民テレビ、水俣病公式確認 60 年、第 4 章 水俣病は終わっていない～苦悩は今も～、https://www.yomiuri.co.jp/s/ims/minamata04/
(1088) 読売新聞東京本社・西部本社、熊本県民テレビ、水俣病公式確認 60 年、第 5 章 未来へ伝えるミナマタ、https://www.yomiuri.co.jp/s/ims/minamata05/
(1089) 読売新聞東京本社・西部本社、熊本県民テレビ、水俣病公式確認 60 年、第 6 章　60 年目のミナマタ、https://www.yomiuri.co.jp/s/ims/minamata06/
(1090) 新潟県、新潟水俣病の概要、https://www.pref.niigata.lg.jp/uploaded/attachment/142915.pdf
(1091) 新潟県立環境と人間のふれあい館、考えよう新潟水俣病、http://www.fureaikan.net/minamata/
(1092) 新潟県立環境と人間のふれあい館、水が作る自然 阿賀野川、http://www.fureaikan.net/aganogawa/
(1093) 新潟県立環境と人間のふれあい館、水と私たちの生活、http://www.fureaikan.net/environment/
(1094) 新潟県立環境と人間のふれあい館、環境学習プランについて、http://www.fureaikan..net/plan/
(1095) 新潟県立環境と人間のふれあい館、当館発刊物 蔵書・資料館、http://www.fureaikan..net/data/
(1096) 新潟県立環境と人間のふれあい館、リンク集、http://www.fureaikan..net/links/
(1097) WIRED、深刻化する水銀汚染、その大きな要因は「金の採掘」だった、https://wired.jp/2019/02/08/mercury-poisoning/
(1098) 産経ニュース、ガーナの金鉱山で水銀汚染深刻化 日本の技術提供で防止構想、https://www.sankei.com/smp/life/news/171028/lif1710280038-n1.html、…/lif1710280038-n2.html
(1099) 環境省、水俣条約について、http://www.env.go.jp/chemi/tmms/
(1100) 熊本学園大学 中地重晴、水銀条約の発効と水銀規制に関する世界の課題、日本の課題、http://www3.kumagaku.ac.jp/minamata/wp-content/uploads/2017/09/00d641e1ec37eff375370a95566662d1.pdf
(1101) 環境省、水銀廃棄物関係、http://www.env.go.jp/recycle/waste/mercury-disposal/index.html

(1102) 東京都環境局、水銀廃棄物について（2018年11月16日更新）、https://www.kankyo.metro.tokyo.lg.jp/resource/industrial_waste/on_waste/suigin.html
(1103) 東京都環境局、水銀廃棄物の分類、https://www.kankyo.metro.tokyo.lg.jp/resource/industrial_waste/on_waste/suigin.files/H30_suigin.pdf
(1104) 富山県立イタイイタイ病資料館、http://www.pref.toyama.jp/branches/1291/
(1105) 日本史事典.com、【四大公害病まとめ】公害病の種類とは!? 原因や対策・場所・死者数・覚え方など、https://nihonsi-jiten.com/4dai-kougai-matome/
(1106) (N) ジャパン・フォー・サステナビリティ、化学物質、富山県、神通川流域のカドミウ汚染田の復元工事を完了、https://www.japanfs.org/ja/news/archives/news_id032146.html
(1107) 環境省、食品からのカドミウム摂取に係る安全性確保のための取組について、https://www.env.go.jp/council/10dojo/y107-02/mat03.pdf
(1108) 厚生労働省、食品に含まれるカドミウムについて、https://www.mhlw.go.jp/topics/bukyoku/iyaku/syoku-anzen/cadmium/
(1109) 農林水産省、我が国における食品からのカドミウムの摂取量、https://www.maff.go.jp/j/syouan/nouan/kome/k_cd/jitai_sesyu/02_int.html
(1110) 農林水産省、家畜に使用する抗菌性物質について、https://www.maff.go.jp/j/syouan/tikusui/yakuzi/koukinzai.html
(1111) 神奈川県衛生研究所、衛研ニュース、No.154、畜水産物の安全の確保に向けて 食品中に残留する恐れのある医薬品成分について、http://www.eiken.pref.kanagawa.jp/005_databox/0504_jouhou/0601_eiken_news/files/eiken_news154.htm
(1112) 食品安全知識辞典、牛や豚など肉類は農薬や添加物の不安があるので安全な選び方を解説、https://anzenfood.com/meat.html
(1113) Madonna、健康法・健康管理、ホルモン剤たっぷり含まれた食肉が危険？ 健康を害する恐れとは？ http://maddonna.net/hormon-meat-health/#1
(1114) 東洋経済ONLINE、ビジネス、米国産牛肉、「肥育ホルモン」の衝撃的な実態（山本謙治）、https://toyokeizai.net/articles/-/124545、…/124545?page=2、…/124545?page=3、…/124545?page=4、…/124545?page=5
(1115) 健康ぴた、女性ホルモンの一種！「エストリオール」の効果や副作用について、https://kenko-pita.com/estriol
(1116) 危険な食品添加物一覧、養殖魚について。資源保護の観点と過密飼育や餌の問題、https://tenkabutsu.com/youshokugyo
(1117) 農林水産省、動物医薬品検査所、平成30年動物用医薬品、医薬部外品及び医療機器製造販売高年報（別冊）、各種抗生物質・合成抗菌剤・駆虫剤・抗原虫剤の販売高と販売量 平成30年（2018）、https://www.maff.go.jp/nval/iyakutou/hanbaidaka/pdf/h30_hanbaidaka.pdf
(1118) (有) アーキコスモ、KosodateMedia、抗生物質の使い過ぎが、子どもの腸内細菌を乱している！？ https://kosodatemedia.com/archives/1300
(1119) 健一、健康ワンポイント、抗生物質で耐性菌のメカニズム なぜ、耐性菌は出現するのか？ https://health-1point.com/antibiotics-resistant-bacteria/
(1120) AMR臨床リファレンスセンター、薬剤耐性菌について、どのように耐性化するのか、http://amr.ncgm.go.jp/general/1-2-1.html
(1121) (一社) 日本環境感染学会、薬剤耐性菌対策、http://www.kankyokansen.org/other/edu_pdf/3-3_10.pdf
(1122) (N) アニマルライツセンター、HOPE for ANIMALS、抗生物質と薬剤耐性菌と畜産、https://www.hopeforanimals.org/environment/486/
(1123) 厚生労働省、検疫所、抗生物質に対する耐性について（ファクトシート）、https://www.forth.go.jp/moreinfo/topics/2017/11151356.html
(1124) 日本経済新聞、家畜の抗生物質投与中止をWHO、農家に勧告（2017年11月8日）、https://www.nikkei.com/article/DGXMZO23233390Y7A101C1CR0000/
(1125) 農林水産省、家畜に使用する抗菌性物質について（令和元年11月1日）、https://www.maff.go.jp/j/syouan/tikusui/yakuzi/koukinzai.html
(1126) 北海道札幌市「個別指導の学習塾ノックス」公式サイト、世界の農業、世界の牛肉（生産量、消費量、輸出量、輸入量の推移（2020/04/04更新）、https://www.nocs.cc/study/geo/beef.htm
(1127) 農林水産省、農林水産物輸出入概況、2019年（令和元年）（令和2年3月27日）、（表8 豚肉、牛肉、鶏肉）、https://www.maff.go.jp/j/tokei/kouhyou/kokusai/attach/pdf/houkoku_gaikyou-22.pdf
(1128) 北海道札幌市「個別指導の学習塾ノックス」公式サイト、世界の農業、世界の豚肉（生産量、消費量、輸出量、輸入量の推移（2020/04/04更新）、https://www.nocs.cc/ study/geo/pork.htm
(1129) 北海道札幌市「個別指導の学習塾ノックス」公式サイト、世界の農業、世界の鶏肉（生産量、消費量、輸出量、輸入量の推移（2020/04/04更新）、https://www.nocs.cc/ study/geo/broiler.htm
(1130) 厚生労働省、牛海綿状脳症（BSE）について（平成29年の見直し）、https://www.mhlw.go.jp/stf/seisakunitsuite/bunya/0000151410.html
(1131) (有) 矢野畜産、BSE（狂牛病）の原因や人間への感染、日本の対策や輸入国の状況について（2018.11.19）、https://www.yanochikusan.co.jp/89/
(1132) 農研機構、動物衛生研究部門、家畜疾病図鑑Web、家畜（法定）伝染病、http://www.naro.affrc.go.jp/org/niah/disease_dictionary/houtei.html
(1133) 農研機構、動物衛生研究部門、家畜疾病図鑑Web、届出伝染病、http://www.naro.affrc.go.jp/org/niah/disease_dictionary/todoke.html
(1134) 農研機構、動物衛生研究部門、家畜疾病図鑑Web、その他、http://www.naro.affrc.go.jp/org/niah/disease_dictionary/other.html
(1135) 農林水産省、家畜伝染病予防法に基づく焼却、埋却及び消毒の方法に関する留意事項について、https://www.maff.go.jp/j/syouan/douei/katiku_yobo/attach/pdf/index-123.pdf
(1136) 農林水産省、最近の家畜衛生をめぐる情勢について（令和2年5月）、https://www.maff.go.jp/j/syouan/douei/katiku_yobo /attach/pdf/index-282.pdf
(1137) 厚生労働省、健康・医療、食品添加物、https://www.mhlw.go.jp/stf/seisakunitsuite/bunya/kenkou_iryou/shokuhin/syokuten/index.

html
（1138）消費者庁、食品添加物表示に関する情報、https://www.caa.go.jp/policies/policy/food_labeling/food_sanitation/food_additive/
（1139）（一社）日本食品添加物協会、よくわかる食品添加物、https://www.jafaa.or.jp/tenkabutsu01
（1140）グルメノート、食品添加物一覧まとめ！ 種類や食品への用途・表示の見方を徹底解説！（2018 年 08 月 23 日更新）、https://gourmet-note.jp/posts/5633
（1141）厚生労働省、健康・医療、遺伝子組換え食品、https://www.mhlw.go.jp/stf/seisakunitsuite/bunya/kenkou_iryou/shokuhin/idenshi/index.html
（1142）消費者庁、遺伝子組換え食品、https://www.caa.go.jp/policies/policy/consumer_safety/food_safety/food_safety_portal/genetically_modified_food/
（1143）消費者庁、遺伝子組換え表示制度に関する情報、https://www.caa.go.jp/policies/policy/food_labeling/quality/genetically_modified/
（1144）消費者庁、遺伝子組換え食品の表示義務、https://www.caa.go.jp/policies//policy/food_labeling/other/review_meeting_010/pdf/review_meeting_010_180419_0002.pdf
（1145）azu、食品添加物と健康食品の真実 、遺伝子組換え（GMO）食品について、https://syokunokaisetu.com/idensikumikae/
（1146）グルメノート、遺伝子組み換え食品はデメリットが多い？ メリットや安全性も解説！ https://gourmet-note.jp/posts/6572
（1147）nobucrusie、ときめきとぴっく、遺伝子組み換え食品とは？ その危険性とデメリットに迫れ！ https://newsnachricht.net/environment/gmo
（1148）農林水産省、加工食品の表示に関する共通 Q&A（第 2 集：消費期限又は賞味期限について）（平成 23 年 4 月一部改正）、https://www.maff.go.jp/j/jas/hyoji/pdf/qa_ka_2_h2304.pdf
（1149）（株）インターグロース、食材宅配サービス比較 NAVI、賞味期限と消費期限は何が違う？ 期限切れはいつまで食べられるの？ https://takuhaifood-hikaku.com/expiration-date.html
（1150）消費者庁、令和 2 年版消費者白書、第 1 部第 2 章第 2 節食品ロス問題の解決へ向けて、https://www.caa.go.jp/policies/policy/consumer_research/white_paper/2020/white_paper_130.html
（1151）（株）DIV、TECH CAMP ブログ、社会問題の食品ロス（フードロス）とは。フードシェアリングアプリが解決策に？（2019.07.23 更新）、https://tech-camp.in/note/technology/46463/
（1152）gooddo（株）、gooddo、食品ロスの問題とは？ 世界や日本の現状、行われている取り組みとは（2020 年 3 月 5 日）、https://gooddo.jp/magazine/sustainable-consumption-production/food_loss/
（1153）（一社）世界マザーサロン、VEGAN Kosodate、大量生産・大量消費に STOP ！ 食品廃棄（フードロス）を減らすためにできることは？（2020/03/24）、https://vegan-kosodate.jp/lifestyle/foodwaste
（1154）イケてる男子のブレインミルク、食品ロス 世界ランキングトップの日本！ その原因と家庭で出来る削減対策や取り組み、https://www.noratextile.com/archives/10045
（1155）SMART AGRI、「食品ロス」の原因とは？ 軽減に向けた日本と世界の取り組み（2019.5.15）、https://smartagri-jp.com/agriculture/248
（1156）店舗流通ネット（株）、店通、【食品ロス問題】海外での改善策は？ 食品廃棄を減らすために、お店・私たちができること（2018-03-30）、https://www.tenpo.biz/tentsu/entry/2018/03/30/150000
（1157）食彩 life、食品業界が取り組むべき 8 つのフードロス対策とは【食品従事者が分析】（2020 年 11 月 17 日更新）、https://shokusai-life.com/foodloss-counterplan-in-foodindustry/
（1158）気象庁、台風とは、https://www.jma.go.jp/jma/kishou/know/typhoon/1-1.html
（1159）国立情報学研究所 北本朝展、世界の台風（タイフーン）・ハリケーン・サイクロンの比較、http://agora.ex.nii.ac.jp/digital-typhoon/help/world.html.ja
（1160）Azell、ウエブミスト、ご存知ですか？ 世界で違う台風の呼び方、https://webmist.info/typhoon-name/
（1161）これってどう違うの？「台風」と「熱帯低気圧」、「温帯低気圧」の違いとは？（2017 年 5 月 31 日）、https://key-diff.com/taihu
（1162）りけいじん、Tidbits- ちびっつ -、低気圧とは？ 温帯性と熱帯性の機構の違い、https://tidbits.jp/low-pressure/
（1163）1 分で読める !! ［違いは？］、1 分で読める !!「違いは？」「台風」と「熱帯低気圧」「温帯低気圧」の違いは？https://lowch.com/archives/1222
（1164）気象庁、IPCC 第 5 次評価報告書、http://www.data.jma.go.jp/cpdinfo/ipcc/ar5/
（1165）全国地球温暖化防止活動推進センター、IPCC 第 5 次評価報告書特設ページ、https://www.jccca.org/ipcc/
（1166）全国地球温暖化防止活動推進センター、地球温暖化の基礎知識、地球温暖化の影響予測（世界）、https://www.jccca.org/global_warming/knowledge/kno05.html
（1167）ラブアンドピース、球温暖化問題の原因・影響・対策！地球温暖化について学ぼう、https://www.ondanka.com
（1168）世界自然保護基金（WWF）、地球温暖化が進むとどうなる？ その影響は？ https://www.wwf.or.jp/activities/basicinfo/1028.html
（1169）日刊温暖化新聞、温暖化の影響 FAQ、最近、台風やハリケーンなどの強い熱帯低気圧による被害が増えていると耳にしますが、温暖化の影響なのでしょうか。http://daily-ondanka.es-inc.jp/faq/archives/id003208.html
（1170）Kota Htachi、BuzzFeed NEWS、2019 年、世界を襲った異常気象の数々【写真】、https://www.buzzfeed.com/jp/kotahatachi/climate2019
（1171）（国研法）海洋研究開発機構、地球温暖化で台風が大型化、今後も増え続ける？（2018.04.18）、https://gendai.ismedia.jp/articles/-/54553
（1172）陣内康成、なりネット、台風の大型化と地球温暖化の関係は？ 発生数への影響は？（2016.06.07）、http://nari-net.com/typhoon-global-warming
（1173）（国研法）国立環境研究所、地球環境研究センター、ココが知りたい地球温暖化、温暖化の影響、Q2 台風やハリケーンによる被害の増加は温暖化の影響？ https://www.nies..go.jp/ja/library/qa/10/10-2/qa_10-2-j.html
（1174）（国研法）国立環境研究所、環境科学解説、第 2 部「温暖化の影響」，自然生態系への影響、https://www.nies.go.jp/escience/ondanka/

ondanka02/lib/f_02.html
(1175)（国研法）国立環境研究所、地球環境研究センター、ココが知りたい地球温暖化、温暖化の影響、Q6 日本でもマラリア流行？ https://www.nies.go.jp/ja/library/qa/22/22-2/qa_22-2-j.html
(1176) 国立感染症研究所ウイルス第一部、倉根一郎、地球温暖化と感染症、http://www.env.go.jp/policy/kenkyu/suishin/backnumber/suishinhi/jpn/sympo/h18sympo/Kurane.pdf
(1177)（一社）FOOD COMMUNICATION COMPASS、FOOCOM. NET、地球温暖化、熱帯・亜熱帯起源の感染症が増えるとは限らない（白井洋一）、http://www.foocom.net/column/shirai/8354/
(1178)（株）日経ナショナルジオグラフィック、NATIONAL GEOGRAPHIC、「南極大陸の氷が増えている」は本当か（2015.11.06）、https://natgeo.nikkeibp.co.jp/atcl/news/15/110500311/
(1179) Skeptical Science、南極の氷は増加している、https://skepticalscience.com/translation.php?a=21&l=11
(1180)（株）ニューラル、News、【国際】北極の氷面積は過去最小にまで減少。南極でも深層部で急速な氷溶解が発生。測定結果より（2016/11/21）、https://sustainablejapan.jp/2016/11/21/north-pole-south-pole/24320
(1181) WIRED、南極の氷は、5 年前の「3 倍速」で消えている―衝撃的な研究の舞台裏、https://wired.jp/2018/07/09/antarcticas-stunning-ice-loss/
(1182) net news、北極で何かが起きている：夏なのに北極海の氷面積が急激に増加に転じ、ニューファンドランド島には突如として「氷河」が誕生。そして、太陽活動はさらに低下を継続中（2017/06/09）、https://blog.goo.ne.jp/book_cd/e/37d69a8df6c0e74bf262d947857d671e
(1183) 東京大学大気海洋研究所、新世紀を拓く深海科学リーダーシッププログラム（HADEEP）、海の基礎知識、https://www.aori.u-tokyo.ac.jp/project/hadeep/knowledge.html
(1184) 気象庁、海洋による二酸化炭素の吸収・放出の分布、http://www.data.jma.go.jp/kaiyou/db/mar_env/knowledge/global_co2_flux/global_co2_flux_map.html
(1185) 気象庁、海洋による二酸化炭素吸収量（全球）診断（2019 年）、http://www.data.jma.go.jp/kaiyou/shindan/a_2/co2_flux_glob/co2_flux_glob.html
(1186) エキサイト（株）、excite ニュース、海はこれまでの常識より 2 倍も二酸化炭素を吸収している（米研究）、https://www.excite.co.jp/news/article/Karapaia_52289741/、…/Karapaia_52289741/?p=2
(1187) In Deep、2018 年からの世界、地球の二酸化炭素の循環が「深海の微生物によりコントロールされている可能性」が濃厚に。これが意味するところは、地球の気候の支配者はその海の微生物たちかもしれないということだったり、https://indeep.jp/tiny-organisms-pheodarians-in-ocean-may-control-world-weather/
(1188) 気象庁、海洋酸性化、http://www.data.jma..go.jp/kaiyou/db/mar_env/knowledge/oa/acidification.html
(1189)（国研法）国立環境研究所、地球環境研究センター、ココが知りたい地球温暖化、温暖化の影響、Q9 海洋酸性化の影響、http://www.cger.nies.go.jp/ja/library/qa/6/6-1/qa_6-1-j.html
(1190) ラブアンドピース、地球温暖化対策、世界での取り組みは今何をしているのか？ https://www.ondanka.com/measures/post-85
(1191) 環境省、地球環境・国際協力、地球温暖化対策、http://www.env.go.jp/seisaku/list/ondanka.html
(1192) 環境省、地球環境・国際協力、地球温暖化対策計画、https://www.env.go.jp/earth/ondanka/keikaku/taisaku.html
(1193) 環境省、「日本の NDC（国が決定する貢献）」の地球温暖化対策推進本部決定について、http://www.env.go. jp/press/107941.html
(1194)（国研法）国立環境研究所、地球環境研究センター、ココが知りたい地球温暖化、温暖化の対策、Q10 家庭でできる温暖化対策、http://www.cger.nies.go.jp/ja/library/qa/26/26-2/qa_26-2-j.html
(1195) ラブアンドピース、地球温暖化対策、地球温暖化の対策と私たちにできること、https://www.ondanka.com/measures/post-196
(1196) WIRED、二酸化炭素の海底貯留は、温暖化対策にどこまで「有効」なのか進む研究と実験から見えてきたこと、https://wired.jp/2019/08/02/what-to-do-about-co2-try-stuffing-it-into-the-gulf-of-mexico/
(1197) 資源エネルギー庁、電力小売自由化、https://www.enecho.meti.go.jp/category/electricity_and_gas/electric/electricity_liberalization/
(1198) 資源エネルギー庁、2020 年、送配電部門の分社化で電気がさらに変わる、https://www.enecho.meti.go.jp/about/special/tokushu/denryokugaskaikaku/souhaidenbunshaka.html
(1199) ENECHANGE（株）、でんきと暮らしの知恵袋、電力自由化、https://enechange.jp/articles/liberalization
(1200) ENECHANGE（株）、でんきと暮らしの知恵袋、発送電分離と電力自由化の関係とは？ https://enechange.jp/articles/distribution-transmission-separation
(1201) Japan In-depth、竹内純子の環境・エネルギー政原論、電力小売り自由化の真実、その 1、http://japan-indepth.jp/?p=26950
(1202) Japan In-depth、竹内純子の環境・エネルギー政策原論、電力小売り自由化の真実、その 2、http://japan-indepth. jp/?p=28016
(1203) Japan In-depth、竹内純子の環境・エネルギー政策原論、電力小売り自由化の真実、その 3、http://japan-indepth. jp/?p=28043
(1204) Japan In-depth、竹内純子の環境・エネルギー政策原論、電力小売り自由化の真実、その 4、http://japan-indepth. jp/?p=28060
(1205) Japan In-depth、竹内純子の環境・エネルギー政策原論、電力小売り自由化の真実、その 5、http://japan-indepth. jp/?p=28080
(1206)（株）カカクコム、価格 .com.、電気料金比較、https://kakaku.com/energy/
(1207) セレクトラ・ジャパン（株）、Selectra、料金、1kWh（キロワットアワー）あたりの電気料金はいくら？ https://selectra.jp/energy/guides/ryokin/1kwh
(1208) アクチュアルプルーフ（株）、電力会社 .net、電力自由化対応の電気料金比較ランキング、http:// 電力会社 .net/
(1209) 資源エネルギー庁、ガス小売全面自由化とは、https://www.enecho.meti.go.jp/category/electricity_and_gas/gas/liberalization/about.html
(1210) 東京ガス、ガス自由化ってなんだ？ https://home.tokyo-gas.co.jp/gas/liberalization/
(1211) 資源エネルギー庁、登録ガス小売事業者、https://www.enecho.meti.go.jp/category/electricity_and_gas/gas/liberalization/retailers_list/
(1212) 経済産業省、電気・ガス小売り前面自由化の進捗状況について（2020 年 10 月 30 日）、https://www.meti.go.jp/shingikai/enecho/

denryoku_gas/denryoku_gas/pdf/028_03_00.pdf
(1213) (株) エネサーチ、電気・ガスまとめる、https://enesearch.jp/electric/
(1214) (公財) 自然エネルギー財団、一次エネルギー、2019 年度の一次エネルギー供給の内訳 (2021 年 1 月 21 日)、https://www.renewable-ei.org/statistics/energy/?cat=primaryenergy
(1215) (N) 環境エネルギー政策研究所、2019 年 (暦年) の国内の自然エネルギー電力の割合 (速報)、https://www.isep.or.jp/archives/library/12541
(1216) (一社) 日本ガス協会、天然ガスの取引量 (2018 年)、https://www.gas.or.jp/tokucho/torihiki/
(1217) (独) 石油天然ガス・金属鉱物資源機構 石炭資源情報、http://coal.jogmec.go.jp/
(1218) (一財) 石炭エネルギーセンター、石炭について学ぶ、http://www.jcoal.or.jp/intern/
(1219) 経済産業省、石油統計 (確報)、https://www.meti.go.jp/statistics/tyo/sekiyuka/index.html
(1220) (一財) 石炭エネルギーセンター、石炭灰、http://www.jcoal.or.jp/ashdb/
(1221) (株) JERA、石炭灰の処理、https://www.jera.co.jp/business/thermal-power/environment/waste/coal-ash/
(1222) 環境省、石炭灰の輸出に関する実態と輸出の円滑化に向けた課題 (電気事業連合会、電源開発株式会社、平成 27 年 10 月 23 日)、http://www.env.go.jp/recycle/yugai/conf/conf27-02/H271023_04.pdf
(1223) 外務省、二千四年の船舶のバラスト水及び沈殿物の規制及び管理のための国際条約 (略称：船舶バラスト水規制管理条 約)、https://www.mofa.go.jp/mofaj/ila/trt/page22_000988.html
(1224) (一財) 日本海事協会、バラスト水管理条約、https://www.classnk.or.jp/hp/ja/activities/statutory/ballastwater/index.html
(1225) (一財) 日本船舶技術研究協会 斎藤 英明、船舶バラスト水規制管理条約 -2017 年 9 月 8 日の発効に向けて (2017 年 1 月 24 日)、https://www.spf.org/_opri_media/projects/138_Ocean_Forum_Presentation.pdf
(1226) 国土交通省、海事、バラスト水管理システムの承認について、https://www.mlit.go.jp/maritime/maritime_fr8_000003.html
(1227) 環境省、生物多様性センター、船舶バラスト水問題に対する取り組み、http://www.biodic.go.jp/cbd/s1/l/kaiyo/barasuto.pdf
(1228) (国研法) 国立環境研究所、環境展望台、環境技術解説、バラスト水処理技術、http://tenbou.nies.go.jp/science/description/detail.php?id=90
(1229) (一社) 日本原子力産業協会、海外の原子力、https://www.jaif.or.jp/data/oversea-data
(1230) (一社) 日本原子力産業協会、世界の原子力発電開発の動向、https://www.jaif.or.jp/data/doc_archives/world-n-development
(1231) 福島空、福島原発事故の真実と放射能健康被害、世界の原子力発電所分布地図＆原発数の国別ランキング日本は何位？ https://www.sting-wl.com/worldmap.html
(1232) 電気事業連合会、主な発電所・施設一覧、原子力発電所、https://www.fepc.or.jp/library/shisetsu/plant/nuclear/index.html
(1233) (一社) 日本原子力技術協会、原子力発電所、http://www.gengikyo.jp/facility/powerplant.html
(1234) 国際環境経済研究所 竹内純子、環境と経済の両立させた持続可能な社会のあり方を考える、原発の電気は安いのか？ 前編、http://ieei.or.jp/2017/11/takeuchi171101/
(1235) 国際環境経済研究所 竹内純子、環境と経済の両立させた持続可能な社会のあり方を考える、原発の電気は安いのか？ 中編、http://ieei.or.jp/2017/11/takeuchi171129/
(1236) 国際環境経済研究所 竹内純子、環境と経済の両立させた持続可能な社会のあり方を考える、原発の電気は安いのか？ 後編、http://ieei.or.jp/2018/01/takeuchi180105/
(1237) 国際環境経済研究所 竹内純子、環境と経済の両立させた持続可能な社会のあり方を考える、日本の原子力に未来はあるか？ http://ieei.or.jp/2018/01/takeuchi180131/
(1238) 原発事故は、もういらない・・・、原発は発電コストが一番安いって本当？ http://www.shins.com/nuclear/nuclear0140.html
(1239) (株) はてな、Hatena Blog、原子力発電は安価で安定的で環境負荷が少ない発電方法ですか？ http://wanshannan.hatenablog.com/entry/2019/11/07/012617
(1240) TETSUO OZAKI、電力会社利点、原発が頼りの関西電力は、再エネ時代を生き残れるか？ https://sites.google.com/a/smart-center.jp/main/dian-li-hui-she-li-dian/yuan-faga-lairino-guan-dianha-zaiene-shi-daiwo-shengki-canreruka
(1241) ギャクー (株)、みんなの自然エネルギー、原子力発電のデメリット・問題点・危険性、https://ore30.com/nuclear/demerit.html
(1242) 日経ビジネス、松浦晋也、考え続けている。原子力発電は本当に危険か？ https://business.nikkei.com/article/interview/20150302/278140/031200004/?P=1、…/031200004/?P=3、…/031200004/?P=4、…/031200004/?P=5、…/031200004/?P=6、…/031200004/?P=7
(1243) 防災情報ナビ、世界の原子力事故年表、https://www.ibousai.jp/disaster/nuclear_world.html
(1244) インミン、からだしこう、【世界 10 大核惨事】史上最悪な原発事故 (核関連施設事故) ランキング、https:// からだしこう .com/world-nuclear-accidents
(1245) 福島空、福島原発事故の真実と放射能健康被害、記事一覧、https://www.sting-wl.com/site-map87.html
(1246) (一財) 日本原子力文化財団、原子力総合パンフレット、5 章原子力防災、https://www.jaero.or.jp/sogo/list/cat-05.html
(1247) 電気事業連合会、原子力発電所の安全確保、過去の事故・トラブル、https://www.fepc.or.jp/nuclear/safety/past/
(1248) 資源エネルギー庁、原子力政策について、放射性廃棄物について、https://www.enecho.meti.go.jp/category/electricity_and_gas/nuclear/rw/
(1249) 電気事業連合会、放射性廃棄物の処理・処分、放射性廃棄物とは、https://www.fepc.or.jp/nuclear/haikibutsu/about/index.html
(1250) 電気事業連合会、放射性廃棄物の処理・処分、低レベル放射性廃棄物の処理・処分、https://www.fepc.or.jp/nuclear/haikibutsu/low_level/index.html
(1251) 電気事業連合会、放射性廃棄物の処理・処分、高レベル放射性廃棄物の処理・処分、https://www.fepc.or.jp/nuclear/haikibutsu/high_level/index.html
(1252) 日本原子力発電 (株)、放射性廃棄物、http://www.japc.co.jp/atom/atom_7-2.html
(1253) 関西電力、よくあるご質問・お問合せ、原子力発電の概要、放射性廃棄物の処理・処分、https://www.kepco.co.jp/energy_supply/

energy/nuclear_power/shikumi/haikibutsu.html
(1254) 電気事業連合会、新エネルギー、太陽光発電、https://www.fepc.or.jp/enterprise/hatsuden/new_energy/taiyoukou/index.html
(1255) (国研法) 産業技術総合研究所 太陽光発電技術、太陽光発電とは、https://unit.aist.go.jp/rpd-envene/PV/ja/about_pv/index.html
(1256) (国研法) 新エネルギー・産業技術総合開発機構、太陽光発電、https://www.nedo.go.jp/activities/ZZJP2_100060.html
(1257) 資源エネルギー庁、変換効率37％も達成!「太陽光発電はどこまで進化した? https://www.enecho.meti.go.jp/about/special/johoteikyo/taiyoukouhatuden2017.html
(1258) 太陽光発電の比較、http://taiyoukou-sun.com/index.html
(1259) saku、太陽光発電メーカー比較サイト、太陽光発電のメーカー比較一覧【2021年最新版】、https://solar-generation.net/
(1260) (株) ソーラーパートナーズ、太陽光発電効率比較ランキング!変換効率ってなに?、https://www.solar-partners.jp/pv-success-guide-42842.html
(1261) (株) ソーラーパートナーズ、太陽光発電パネルメーカー比較ランキング 最新2021年 ズバリおすすめメーカーはこれだ! (2021年1月28日更新)、https://www.solar-partners.jp/category/maker?pt/20170525
(1262) (株) ナビゲータープラットフォーム、LIMO、2019年太陽光発電10大ニュース 新市場創出の動きが活発化、結晶Siはまだ“伸びしろ”がある、中国は次世代技術にも注力、https://limo.media/articles/-/15403
(1263) (国研法) 新エネルギー・産業技術総合開発機構、実用化ドキュメント、世界一のモジュール変換効率40%超を目指す、太陽電池開発中、https://www.nedo.go.jp/hyoukabu/articles/201111sharp/index.html
(1264) (株) エコスタイル、エコの輪、太陽光発電の効率は? 再生エネの中での順位や将来の推移、https://www.taiyo-co.jp/84749/
(1265) (株) Qvou (キューボー) 太陽光発電ラボ、太陽光発電の交換効率の推移|計算式から効率アップはもはや限界か、https://solar-lab.jp/taiyokou/exchange-efficiency-of-solar-power
(1266) (株) ソーラーパートナーズ、太陽光発電の発電量はどれくらい? 発電量の計算式を1日あたりまで詳しく解説! https://www.solar-partners.jp/pv-eco-informations-34281.html
(1267) (国研法) 宇宙航空研究機構、ファン! ファン! JAXA、宇宙用の太陽電池は地上用のものとどこが違うのですか? https://fanfun.jaxa.jp/faq/detail/77.html
(1268) (一財) 宇宙システム開発利用推進機構、プロジェクト、SSPS宙太陽光発電システム、https://ssl.jspacesystems.or.jp/project_ssps/
(1269) EMIRA、宇宙航空研究開発機構 宇宙科学研究所 田中孝治、宇宙での太陽光発電が未来のエネルギーミックスを変える! https://emira-t.jp/ace/4189/
(1270) (株) メディアジーン、mugendai、宇宙で太陽光発電を行い、マイクロ波で地球に送る ——京大·篠原教授が挑むワイヤレス給電の近未来、https://www.mugendai-web.jp/archives/6252
(1271) (公財) 日本環境教育機構、地球環境と宇宙太陽発電〜宇宙から地上へエネルギーを送ろう〜#1、https://logmi.jp/business/articles/232517
(1272) (公財) 日本環境教育機構、地球環境と宇宙太陽発電〜宇宙から地上へエネルギーを送ろう〜#2、https://logmi.jp/business/articles/237498
(1273) (公財) 日本環境教育機構、地球環境と宇宙太陽発電〜宇宙から地上へエネルギーを送ろう〜#3、https://logmi.jp/business/articles/237643
(1274) (公財) 日本環境教育機構、地球環境と宇宙太陽発電〜宇宙から地上へエネルギーを送ろう〜#4、https://logmi.jp/business/articles/238044
(1275) (公財) 日本環境教育機構、地球環境と宇宙太陽発電〜宇宙から地上へエネルギーを送ろう〜#5、https://logmi.jp/business/articles/238611
(1276) (公財) 日本環境教育機構、地球環境と宇宙太陽発電〜宇宙から地上へエネルギーを送ろう〜#6、https://logmi.jp/business/articles/238784
(1277) (公財) 日本環境教育機構、地球環境と宇宙太陽発電〜宇宙から地上へエネルギーを送ろう〜#7、https://logmi.jp/business/articles/238997
(1278) (株) 日本エコシステム、省エネドットコム、2020年度太陽光発電の補助金都道府県別一覧、https://www.shouene.com/photovoltaic/subsidy/2020-pv_subsidy_list.html
(1279) 資源エネルギー庁、なっとく! 再生可能エネルギー、各種支援制度、https://www.enecho.meti.go.jp/category/saving_and_new/saiene/support/index.html
(1280) (株) エコスタイル、太陽でんき、自家消費型太陽光発電の導入に活用できる法人向け補助金のまとめ[2020年版] 太陽でんき@、https://selfconsuming-solar.com/column/solar/7147/
(1281) 資源エネルギー庁、なっとく! 再生可能エネルギー、固定価格買取制度、https://www.enecho.meti.go.jp/category/saving_and_ new/saiene/kaitori/
(1282) 資源エネルギー庁、新エネルギー、どうする? ソーラー、https://www.enecho.meti.go.jp/category/saving_and_new/saiene/solar-2019after/
(1283) ENECHANGE (株)、エネチェンジ、【2020年版】固定価格買取制度とは? わかりやすく解説します! (2021.02.04)、https://enechange.jp/articles/post-143638
(1284) ENECHANGE (株)、エネチェンジ、太陽光発電の売買を知る、https://enechange.jp/articles/moving/solar
(1285) 石井元晴、新電力比較サイト、卒FIT余剰電力の買取価格の比較 (2021年1月4日更新)、https://power-hikaku.info/fit/baiden/
(1286) (株) ネットリーチ、日本の太陽光、再エネ導入量や発電容量・2017年までの推移グラフ一覧、http://standard-project.net/solar/columns/japanese-pv-cumulative-capacity.html
(1287) (株) ソーラーパトナーズ、世界の太陽光発電業界はどうなっている? 2016年国別導入量ランキング (2019年12月13日更新)、https://www.solar-partners.jp/pv-eco-informations-53753.html
(1288) グローバルノート (株)、GLOBAL NOTE、世界の太陽光発電能力国別ランキング・推移 (2019年データ)、https://www.globalnote.jp/post-3240.html
(1289) (公財) 自然エネルギー財団、太陽光発電の設備容量が日本で原子力を超える—年間の発電量は2016年度で2倍以上に—、https://www.renewable-ei.org/activities/column/20170519.html
(1290) (N) 環境エネルギー政策研究所、REN21「自然エネルギー世界白書2020」公表:自然エネルギーの進展は電力分野に限られる、https://www.isep.or.jp/archives/library/category/renewables-global-status-report
(1291) 環境省、一般廃棄物の排出及び処理状況等 (平成30年度) について (令和2年3月30日)、http://www.env.go.jp/recycle/waste_tech/

ippan/h30/data/env_press.pdf
(1292) (一社) 産業環境管理協会 資源・リサイクル促進センター、一般廃棄物・産業廃棄物の統計データ、2. 一般廃棄物の排出・処理状況、http://www.cjc.or.jp/data/main_a02.html
(1293) gooddo (株)、gooddo、リサイクル、日本のごみ問題の現状と私たちにできることとは (2020年10月22日更新)、https://gooddo.jp/magazine/sustainable-consumption-production/recycling/5122/
(1294) 環境省、一般廃棄物処理有料化の手引き、http://www. env.go.jp/recycle/waste/tool_gwd3r/ps/index.html
(1295) 環境省、市町村における循環型社会づくりに向けた一般廃棄物処理システムの指針、https://www.env.go.jp/recycle/waste/tool_gwd3r/gl-mcs/index.html
(1296) 自然電力グループ、HATCH、エネルギー (2019.12.06)、世界に誇る性能! でも数が多いということは? 日本の焼却炉の貢献と課題100%、https://shizen-hatch.net/2019/12/06/garbage_disposal/
(1297) 環境省、高効率ごみ発電施設整備マニュアル、http://www.env.go.jp/recycle/misc/he-wge_facil/
(1298) 環境省、廃棄物エネルギー利用高度化マニュアル、http://www.env.go.jp/recycle/misc/guideline/5kodokamanyuaru.pdf
(1299) (国研法) 国立環境研究所、環境展望台、環境技術解説、廃棄物発電、http://tenbou.nies.go.jp/science/description/detail.php?id=72
(1300) エナジーナビ管理局、energy-navi、廃棄物発電 (ごみ発電) ～ごみを電気に変える～、https://energy-navi.com/garbage-denki/
(1301) (一財) 日本環境衛生センター、今後のごみ発電のあり方研究会第2期最終報告 (平成29年9月)、https://www.jesc.or.jp/Portals/0/images/activity/pdf/gomihatsuden_houkokusyo.pdf
(1302) 資源エネルギー庁、なっとく! 再生可能エネルギー、再生可能エネルギーとは、https://www.enecho.meti.go.jp/category/saving_and_new/saiene/renewable/index.html
(1303) gooddo (株)、gooddo、自然エネルギーと再生可能エネルギーの違いは? SDGs7達成のために必要なこととは、https://gooddo.jp/magazine/sdgs_2030/clean_energy_sdgs/6478/
(1304) gooddo (株)、gooddo、持続可能な開発目標・SDGsの目標7「エネルギーをみんなに そしてクリーンに」のターゲットや現状は? https://gooddo.jp/magazine/sdgs_2030/clean_energy_sdgs/
(1305) 外務省、持続可能な開発目標 (SDGs) と日本の取組、https://www.mofa.go.jp/mofaj/gaiko/oda/sdgs/pdf/SDGs_pamphlet.pdf
(1306) ENECHANGE (株)、エネチェンジ、環境にやさしい再生可能エネルギー、導入のための現状や課題とは? (2021.02.10更新)、https://enechange.jp/articles/renewable-energy
(1307) ENECHANGE (株)、エネチェンジ、「再生可能エネルギー発電促進賦課金 (再エネ賦課金)」とは? (2019.08.17更新)、https://enechange.jp/articles/renewable-energy-impost
(1308) 自然電力グループ、HATCH、エネルギー、ゴミをエネルギーに変える 廃棄物発電の技術進化 (2020.09.17更新)、https://shizen-hatch.net/2020/04/20/waste_power_generation/
(1309) 環境省、2018年度における地球温暖化対策計画の進捗状況について (令和2年3月30日)、https://www.env.go.jp/press/107922.html
(1310) (国研法) 国立環境研究所、環境展望台、環境技術解説、バイオディーゼル、http://tenbou.nies.go.jp/science/description/detail.php?id=7
(1311) 企業組合、労協センター事業団、大崎バイオマス事業所 あぐりーんみやぎ、バイオデイーゼル (BDF) とは、https://agreenmiyagi.roukyou.gr.jp/bdf.html
(1312) (株) ニュートラル、Sustainable Japan、体系的に学ぶ、【エネルギー】バイオ燃料の種類・実用性・課題、https://sustainablejapan.jp/2014/08/09/biofuel/11532
(1313) (株) メディアジーン、BUSINESS INSIDER、ユーグレナ、ミドリムシ原料の次世代バイオディーゼル燃料「完成」。いすゞ自動車へ供給開始、https://www.businessinsider.jp/post-210426
(1314) (N) 国際環境経済研究所、バイオ燃料の現状と将来 (1) (小林茂樹)、https://ieei.or.jp/2020/10/expl201027/
(1315) 資源エネルギー庁、石油製品の品質確保について - 品確法のご案内、https://www.enecho.meti.go.jp/category/resources_and_fuel/distribution/hinnkakuhou/
(1316) 日本地熱協会、世界の地熱発電、https://www.chinetsukyokai.com/information/sekai.html
(1317) 未来車―ミライノクルマ―、地熱発電の仕組みとメリットデメリット、https://mirainokuruma.com/denki/geothermal.html
(1318) 環境ビジネスオンライン、環境用語集、EPC、https://www.kankyo-business.jp/dictionary/010042.php
(1319) (株) イプロス、モノシリ、製造業技術用語集、EPCの解説、https://www.ipros.jp/monosiri/term/EPC
(1320) 気象庁、日本活火山総覧 (第4版) Web掲載版メニュー、http://www.data.jma.go.jp/svd/vois/data/tokyo/STOCK/souran/menu_jma_hp.html
(1321) (国研法) 防災科学技術研究所、火山ハザードマップデーターベース収録リスト、http://vivaweb2.bosai.go.jp/v-hazard/HMlist.html
(1322) 環境省、国立・国定公園内における地熱開発の取扱いについて (お知らせ) (平成27年10月2日)、http://www.env.go.jp/press/101503.html
(1323) アイティメディア (株)、スマートジャパン、地熱発電の3つの課題―自然公園、温泉、開発期間―、https://www.itmedia.co.jp/smartjapan/articles/1308/15/news018.html
(1324) アイティメディア (株)、スマートジャパン、地熱発電で2つの規制緩和、国立・国定公園内で開発促進、https://www.itmedia.co.jp/smartjapan/articles/1510/06/news022.html 、…/news022_2.html
(1325) (独) 石油天然ガス・金属鉱物資源機構、地熱資源情報、日本の地熱発電、http://geothermal.jogmec.go.jp/information/geothermal/japan.html
(1326) 経済産業省、わが国の地熱発電―現状と課題― (2018年10月24日 日本地熱協会)、https://www.meti.go.jp/shingikai/santeii/pdf/039_03_00.pdf
(1327) ENECHANGE (株)、エネチェンジ、マグマの熱エネルギーを利用する地熱発電とは? 種類や普及しない理由は? https://enechange.jp/articles/geothermal-power

(1328) 資源エネルギー庁、なっとく！ 再生可能エネルギー、再生エネルギーとは、地熱発電、https://www.enecho.meti.go.jp/category/saving_and_new/saiene/renewable/geothermal/
(1329) 資源エネルギー庁、知っておきたいエネルギーの基礎用語 ～メタンハイドレートとは？ https://www.enecho.meti.go.jp/about/special/johoteikyo/methanehydrate.html
(1330) MH21 研究開発コンソーシアム、メタンハイドレート研究関連情報館、基礎情報、https://www.mh21japan.gr.jp/basic_info.html
(1331) 楽天（株）、美人のマネ活、メタンハイドレートの実用化は？ 日本エネルギー大国化説の賛否両論、https://money.rakuten.co.jp/woman/article/2019/article_0041/
(1332)（株）WIDEPINE、スッキリ、教えたくなる！「領海」「接続水域」「排他的経済水域」の違い、https://gimon-sukkiri.jp/sea_territorial-contiguous-eez/
(1333) 外務省、みんなの質問、ちょっと知りたい言葉の意味！ 排他的経済水域（EEZ）とは何ですか？ https://www.mofa.go.jp/mofaj/kids/q_a/imi.html
(1334) 経済産業省、コンビニエンスストア業界における地球温暖化対策の取組み ～ 低炭素社会実行計画 2018 年度実績報告 ～ 2020 /1/27、https://www.meti.go.jp/shingikai/sankoshin/sangyo_gijutsu/chikyu_kankyo/ryutsu_wg/pdf/2019_001_05_01.pdf
(1335) takuya、おはなしブログ、元コンビニ店員が語る 3 つの 24 時間営業の限界、https://freetakuya.com/convenience-store-24hours-limit/
(1336)（株）メディアジーン、BUSINESS INSIDER、【コンビニ 24 時間営業論争】バイト代高騰でオーナーは経済的にも厳しく。ビジネスモデルの岐路、https://www.businessinsider.jp/post-186791
(1337) エネインフォ、知恵袋、コンビニの電気代ってどのくらい？ 1 ヶ月の平均と節電のコツ、https://ene-free.jp/category-chiebukuro/457
(1338) 東京都環境局、東京都地球温暖化防止活動推進センター、スーパーマーケットの省エネルギー対策（改訂版）、https://www.tokyo-co2down.jp/cmsup/pdf/supermarket2013.pdf
(1339) ミツイワ（株）、食品スーパー省エネ .com、今さら聞けないベンチマーク制度～指標の計算を知る～、https://eco-saving.com/supermarket_energysaving/2020/01/06/column2/
(1340) パナソニック（株）、Panasonic Newsroom、スーパーマーケットにおける省エネソリューションの具体例を動画で紹介“環境店舗を世界にひろげる”、https://news.panasonic.com/jp/topics/2014/38607.html
(1341)（株）アクティブエナジー、農地コンシェルジュ、ビニールハウスの価格の相場｜最高の構成で安く購入するコツ 10 選、https://no-chi.com/greenhouse-cost/
(1342)（株）refactory、イノホイ、施設栽培の暖房について【ハウス農家向け】、https://inohoi.com/agricultural-production/1573
(1343) 農林水産省、「品目別生産コスト縮減戦略」～生産現場の取組のヒント～、https://www.maff.go.jp/j/study/syoku_cost/pdf/ref_data1_7.pdf
(1344)（独）石油天然ガス・金属鉱物資源機構、地熱資源情報、増え続ける電力消費量、http://geothermal.jogmec.go.jp/information/energy/situation1.html
(1345) 世界辞典、ランキング、1 人当たりの消費電力量ランキング、https://theworldict.com/rankings/power-consumption/
(1346) 環境省、アイドリング・ストップＱ＆Ａ、http://www.env.go.jp/earth/cop3/dekiru/ta_03-2.html
(1347) DRIVE GO SEARCH、カーシェアリング、アイドリングストップって本当に効果があるの、そのメリット・デメリットとは？ https://info.drivegosearch.jp/car-share/10516
(1348)（株）交通タイムス社、WEB CARTOP、自動車エンジンの燃焼エネルギーは大半がムダになっているという噂は本当か？ https://www.webcartop.jp/2018/03/212190/
(1349)（株）FamiTies、車の燃費を良くする走り方！ エコ運転技術向上でガソリン代節約、https://kurumakaikaeru.com/drivetechnique/nenpikojo/
(1350) 国土交通省、自動車燃費一覧（令和 2 年 3 月）https://www.mlit.go.jp/jidosha/jidosha_fr10_000044.html
(1351) 経済産業省、乗用車の 2030 年度燃費基準を策定しました、https://www.meti.go.jp/press/2019/03/20200331013/20200331013.html
(1352) 環境省、次世代モビリティガイドブック 2019-2020、https://www.env.go.jp/air/2019.html
(1353) cobby、ガソリン車とハイブリッド車はどっちを選べばいい？ メリット・デメリットをチェックしてみよう、https://cobby.jp/gasolin-hybrid.html
(1354) Ayumu、Carledge、電気自動車とハイブリッド車のどっちを選ぶ？ 維持費の違いを比較、https://carnosy.com/ev-or-hybrid/
(1355) クルマの基礎知識、ハイブリッドと PHV、EV、燃料電池車の違いって？ 環境対応車（エコカー）を整理しよう、https://cars-magazine.jp/knowledge/ecocar1027.html
(1356) まる holiblog 運営事務局、まるほりブログ、電気自動車 EV やプラグインハイブリッド車 PHV は家庭と給電できる！ https://maruholiblog.com/3695.html
(1357) 石川貴裕、【2021 年最新情報】電気自動車って何？ メリット・デメリットと各メーカー車種一覧、https://panda-usedcar.com/ 電気自動車 /
(1358) クルマハック、車についての疑問や基礎知識、プラグインハイブリッド（PHV）車や電気自動車（EV）が不人気で売れない理由、http://kuruma-hack.net/phvevurenai25302/
(1359)（国研法）国立環境研究所、社会環境システム研究センター、電気自動車は環境にやさしいの？ https://www.nies.go.jp/social/traffic/pdf/7-all.pdf
(1360) ザ・ハフィントン・ポスト・ジャパン（株）、本格化するか、電気自動車へのシフト／エネルギー効率が高く、石油需要を減らせる、https://www.huffingtonpost.jp/shinrinbunka/ev-car-economy_a_23255037/
(1361)（株）アッドラスト、Jobby、世界で急増する電気自動車、環境への実際の影は？ メリットとデメリットと共に見てみよう、http://jobhobby.jp/news/society/6293.html
(1362) 資源エネルギー庁、電気自動車（EV）は次世代のエネルギー構造を変える ?! https://www.enecho.meti.go.jp/about/special/tokushu/ondankashoene/ev.html

(1363)（株）矢野経済研究所、全国パチンコ経営企業数及び店舗数に関する調査を実施（2019 年）、https://www.yano.co.jp/press-release/show/press_id/2405
(1364)（一社）日本遊技関連事業協会、遊技業界データベース、http://www.nichiyukyo.or.jp/gyoukaiDB/
(1365)（株）はてな、naokura's diary、パチンコ店の消費電力量を調べてみた～パチンコ店閉鎖で、50 万世帯分の電力が浮く？～、https://naokura.hatenablog.com/entry/20110322/1300806551
(1366) リルム、ブチ切れ！ リルムのぱちんこ 24 時、パチンコ屋の電気代「最も電力を喰うのはアレ」、https://rireme33.com/junk/denkidai/
(1367) アイティメディア（株）、ITmedia NEWS、自販機の普及台数、年間 500 万台を割り込む　販売効率重視で、https://www.itmedia.co.jp/news/articles/1801/31/news080.html
(1368) 不破雷蔵、ガベージニュース、たばこ自販機は前年比台数 14.5％減…自動販売機の現状をグラフ化してみる（最新）、2020/05/20、http://www.garbagenews.net/archives/1935520.html
(1369)（一社）日本自動販売システム機械工業会、環境問題への取り組み、https://www.jvma.or.jp/enviromental/
(1370) サントリーのエコ活、自動販売機、省エネルギー最前線、https://www.suntory.co.jp/eco/teigen/vendor/
(1371) ジャパンビバレッジ、環境への取り組み、https://www.jbinc.co.jp/company/ecology/
(1372) 資源エネルギー庁、政府の節電ポータルサイト「節電 .go.jp」、https://www.enecho.meti.go.jp/category/electricity_and_gas/setsuden/archive/2015summer/logodl/
(1373) 週刊現代、大調査ひと目で分かる「消費電力」、https://gendai.ismedia.jp/articles/-/2846
(1374)（株）カカクコム、価格 .com、蛍光灯はつけっ放しが電気代はお得？ 消費電力量が多い照明器具を節電！ https://kakaku.com/energy/article/?en_article=214
(1375)（株）ビームテック、LED の消費電力を計算する方法と重要な 1 つのポイントを解説！ https://beamtec.co.jp/select/led の消費電力を計算する方法と重要な 1 つのポイン /
(1376) 水口健一、電気設備の知識と技術、照明設計・電球の知識、LED 照明の基礎知識、https://electric-facilities.jp/denki3/led.html
(1377) 水口健一、電気設備の知識と技術、電気設備用語辞典、自動点滅器、https://electric-facilities.jp/denki7/si/007.html
(1378)（株）ミレット、電球屋 .JP、センサーで消し忘れ防止！ 節電するなら LED 電球ひとセンサタイプがおすすめ【自動点灯・消灯】、https://www.denkyuya.jp/magazine/253/
(1379) 警察庁、LED 式信号灯器に関するＱ＆Ａ、https://www.npa.go.jp/bureau/traffic/seibi2/annzen-shisetu/hyoushiki-shingouki/led/led.html
(1380)（株）三栄、Motor-Fan.jp、1 灯、14 万円！ LED 信号機のメリットと意外なデメリット！ 今さら聞けない交通信号機のトリビアな話、 5【交通取締情報】、https://motor-fan.jp/article/10005963
(1381) クルマと car 自動車と car 未来と car、LED 信号機の普及率 大きなメリットとその代償、https://dayz2018.com/led 信号機の普及率 %E3%80%80 大きなメリットとその代 /
(1382) Azel、ウエブミスト、信号機が LED 化してスリムに薄く変化してきている理由、https://webmist.info/led-signal/
(1383) 東芝ライテック（株）、学校照明を LED へリニューアル、http://www.tlt.co.jp/tlt/lighting_design/renewal/close-up/school/school.htm
(1384)（株）イード、ReseMom、【話題】学校や家庭で白熱灯・蛍光灯が使えなくなる ?! https://resemom.jp/article/2015/11/26/28164.html
(1385)（一社）日本照明工業会、公共施設用照明器具、https://www.jlma.or.jp/hyotei/koukyou/index.htm
(1386) A・OCEAN（株）、エネプラ、学校・塾の照明環境、https:// エネプラ .com/led_illumination/gyousyu_kankyo/ 学校・塾の照明環境
(1387)（株）ブロウフィールド、Resprom、補助金も出るのに LED 照明に変えてないの？ 知らない間に損をし続けている！ https://www.reformhiyo.com/804
(1388)（株）たちばな、REVECO、自治体別・LED 照明の補助金、http://www.stepforward.co.jp/news/hojokin.html
(1389)（株）富士メディシィエ、学校グラウンド照明のおすすめ LED 投光器や照明設計例をご紹介！ https://fujimedica.com/large-floodlight-ground-200hm
(1390) 資源エネルギー庁、平成 30 年度エネルギーに関する年次報告（エネルギー白書 2019）、第 2 部第 1 章第 2 節部門別エネルギー消費の動向、https://www.enecho.meti.go.jp/about/whitepaper/2019html/2-1-2.html
(1391)（一財）ヒートポンプ・蓄熱センター、ヒートポンプとは、https://www.hptcj.or.jp/study/tabid/102/Default.aspx
(1392) ENECHANGE（株）、エネチェンジ、省エネ家電に使われている「ヒートポンプって何？ どうして省エネなの？ https://enechange.jp/articles/heat_pump
(1393) 電気主任技術者試験合格ガイド、ヒートポンプの原理は？ 種類や用途・動向について知ろう！ https://www.denken-guide.net/heat-pump-mechanism
(1394)（一社）ソーラーシステム振興協会、太陽熱を学ぶ、ソーラーシステムの種類と仕組み、http://www.ssda.or.jp/energy/kind/
(1395) リフォーム Lab.、意外に知られていない太陽熱温水器の実力を検証、http://standard-project.net/smarthouse/water-heater/solar-powered.html
(1396) モーリー、eco ばか実験室、太陽熱温水器の種類や購入先を解説！ おすすめ機種も、http://ecobaka.com/8794-2/
(1397)（株）ソーラーパートナーズ、太陽光発電パネルメーカー比較ランキング 最新 2021 年ズバリおすすめメーカーはこれだ！ https://www.solar-partners.jp/category/maker
(1398) エコライフ.com、太陽光発電総合情報、太陽光発電の耐用年数・寿命、http://standard-project.net/solar/jyumyo.html
(1399) ENECHANGE（株）、エネチェンジ、夜間蓄熱式機器（暖房機・温水器）の電気代をさらにお得にする方法！ https://enechange.jp/articles/night-calorifier-cost
(1400) ENECHANGE（株）、エネチェンジ、夜に電気をたくさん使う冬、電気代の安い「夜間電力」を使って上手に節約、https://enechange.jp/articles/winter-night-time-electricity
(1401)（株）グッドフェローズ、タイナビ Switch、電気料金、電気温水器の電気代を実際に計算してみた！ やっぱり深夜電力契約がイイ！ https://www.tainavi-switch.com/contents/773/

(1402)（株）リガルジョイント、熱交換器とは？ —熱交換機の種類、http://www.rgl.co.jp/html/page109.html
(1403) アルファ・ラバル、熱交換器とは、https://www.alfalaval.jp/info/japan/heatexchanger/
(1404)（株）日阪製作所熱交換器事業本部、熱交ドリル、https://www.hisaka.co.jp/phe/workbook/
(1405)（株）中エネ、企業省エネハッカー、【2019 年最新版】工場の省エネに効果的！ 10 の方法、https://www.cs-eco.com/by-industry/energy-conservation-in-factory/
(1406)（一財）省エネルギーセンター、工場の省エネルギーガイドブック 2020、https://www.shindan-net.jp/pdf/factory2020.pdf
(1407) アクアテクノシステムソリューションズ（株）、コストダウン ナビ、簡単！ アイデア一つで、工場の省エネを、https://www.atss.co.jp/media/factory-energy-saving/
(1408) ミズカラ（株）、コストダウン ナビ、環境に配慮した工場で省エネを実現した事例 4 選、https://www.atss.co.jp/media/factory-energy-saving/
(1409) 奥 保政、公共交通システム（電車、電動バス）への利用、日本機械学会誌、**123**, p.1216（2020）、https://www.jsme.or.jp/kaisi/1216-18/
(1410) ロハス流年金生活、省エネな移動手段、http://automoney.sakura.ne.jp/lohas/300/ent266.html
(1411) 日本貨物鉄道（株）、鉄道コンテナ輸送のご紹介 ～今、モーダルシフトが大きく推進されています～（平成 26 年 11 月）、https://www.maff.go.jp/j/seisan/engei/ryutu_kako/pdf/1_02jr.pdf
(1412) 国土交通省、鉄道、環境面から見た貨物鉄道輸送、http://www.mlit.go.jp/tetudo/tetudo_tk2_000016.html
(1413) ピッタリ住宅、リチウムイオン蓄電池の寿命は何年？ メーカー別に耐用年数を比較、https://pi-ta.com/battery/ 家庭用蓄電池の寿命 /
(1414)（株）はてな、Hatena Blog、リチウムイオン電池の豆知識、https://michinokutrade.hateblo.jp/entry/2015/12/06/112614
(1415)（一社）燃料電池普及促進協会、http://fca-enefarm.org/
(1416) りけいじん、ちびっつ、燃料電池の仕組みとメリット　自動車から家庭用発電機まで、https://tidbits.jp/fuel-cell/
(1417) ギャクー（株）、未来車 - ミライノクルマ、燃料電池とは？ 仕組みや発電の原理からメリット デメリットまで解説します、https://mirainokuruma.com/fcv/fuelcell.html
(1418)（一社）日本ガス協会、エネファーム（家庭用燃料電池）の普及状況、https://www.gas.or.jp/gas-life/enefarm/fukyu/
(1419) 資源エネルギー庁、省エネ家電の選び方、https://www.enecho.meti.go.jp/category/saving_and_new/saving/general/replacement/enelabel/
(1420) 資源エネルギー庁、委託、（株）ピーシーカンパニー、省エネ型製品情報サイト、https://seihinjyoho.go.jp/
(1421)（一財）省エネルギーセンター、省エネラベリング制度、https://www.eccj.or.jp/labeling/
(1422)（一財）省エネルギーセンター、省エネ機器を調べたい、https://www.eccj. or.jp/machine.html
(1423)（一財）省エネルギーセンター、省エネお役立ち、オフィスビルの省エネルギー、https://www.eccj.or.jp/office_bldg/index.html
(1424)（株）Agoora、エネポタ、電力自由化の基本。 https://enepota.com/basic、… basic/page/2、… basic/page/3
(1425)（株）Agoora、エネポタ、自由化のメリット・デメリット、https://enepota.com/merit
(1426)（株）Agoora、エネポタ、電気代節約、https://enepota.com/saving
(1427) ENECHANGE（株）、エネチェンジ、コスト削減・経費削減案、節約アイデアや事例を紹介！ 電気や通信、消耗品の節約方法とは、https://enechange.jp/articles/company-cost-saving
(1428) 電気事業連合会、水力発電、揚水式水力発電、https://www.fepc.or.jp/enterprise/hatsuden/water/yousuishiki/
(1429) YC、電池の情報サイト、揚水発電の仕組み・メリット・デメリット（問題点）水力発電との違いや太陽光発電との関係、https://kenkou888.com/category32/yousui.html
(1430) エレクトリカル・ジャパン、日本全国の揚水発電所一覧地図・ランキング、http://agora.ex.nii.ac.jp/earthquake/201103-eastjapan/energy/electrical-japan/type/5.html.ja
(1431) ザ・ハフィントン・ポスト・ジャパン（株）、揚水発電所が太陽光発電導入の支えに　ただしコスト高、利用には工夫が必要、https://www.huffingtonpost.jp/shinrinbunka/power-20180426_a_23415009/
(1432) 蓄電池普及促進協会、https://chikudenchi-kyoukai.com
(1433) 資源エネルギー庁、定置用蓄電池の普及拡大及びアグリゲーションサービスへの活用に関する調査、https://www.meti.go.jp/meti_lib/report/H28FY/000479.pdf
(1434)（株）シェアリングエネルギー、シェアでんき、2019 年問題がもたらす蓄電池の普及の可能性と課題、https://medium.com/@sharing_energy/2019 年問題がもたらす蓄電池の普及の可能性と課題 -cdd467679cd5
(1435) 岡本 満、蓄電池 .NAVI、蓄電池の普及・推進のための課題、https://www.tikudenti.net/kadai/
(1436)（株）ユニークプラス、省エネプラス、蓄電池の普及率は前年より約 2 倍増！ 今後の価格や動向について解説！ https://syoueneplus.com/blog/kiso/penetration/
(1437) ひだかや（株）、家庭用蓄電池の普及予測は今後急増 / 自給自足の時代、https://e-hidakaya.com/news/ 家庭用蓄電池の普及予測は今後急増 - 自給自足の時 /
(1438)（株）ステイ、エコ突撃隊、太陽光と好相性？！ 家庭用蓄電池のメリットとデメリットを解説、https://totsugekitai.com/media/ 太陽光と好相性？！ 家庭用蓄電池のメリットとデ .html
(1439) スカイジャパンシステム（株）、蓄電池バンク、蓄電池基礎知識、蓄電池の市場規模と産業構造、http://batterybank.jp/basic/market.php
(1440) ARUHI マガジン、家庭用「蓄電池」は 6 年後に価格が 4 分の 1 に？ 専門家が普及予想、https://magazine.aruhi-corp.co.jp/0000-2708/
(1441)（株）e ホーム・サービス、家庭用蓄電池とは？ 家庭用蓄電池のメリット・デメリット、https://eco-kansai.jp/storage-battery/merit-demerit-2/
(1442)（株）エナジーリンクス、エコ発蓄電池、蓄電池の必要性は増える？ 今後の進化や再エネ電源の将来、https://www.eco-hatsu.com/battery/2462/
(1443)（株）エナジーリンクス、エコ発蓄電池、【家庭用】蓄電池の価格・相場・補助金の全てがわかる！ https://www.eco-hatsu.com/

battery/190/
(1444) (株) ヒラソル、家庭に普及が進んでいる定置用蓄電池とは？ 種類や注意点について、https://www.girasol-solar.jp/magazine/teitiyoutikuden/
(1445) (株) ユニークプラス、省エネプラス、蓄電池の買い時は今！ 支援がある今なら半額での購入もある？ (2020.04.23)、https://syoueneplus.com/blog/news/battery-buy/
(1446) (株) RecoD、家庭用、産業用に導入する蓄電池の選び方をご紹介、http://www.recod.jp/epress/家庭用、産業用に導入する蓄電池の選び方をご紹/
(1447) 日本経済新聞、蓄電池コスト、30年までに最大66%下落へ (2017年10月11日)、https://www.nikkei.com/article/DGXMZO22116490R11C17A0000000/
(1448) ニチコン (株)、トライブリッド蓄電システム、https://www.nichicon.co.jp/products/tribrid/
(1449) (株) 講談社ビーシー、ベストカー Web、【災害時には車で給電できる！】車で家電を充電する時の注意点とは、https://bestcarweb.jp/feature/column/94963
(1450) (国研法) 産業技術総合研究所、省エネルギー研究部門エネルギー貯蔵技術グループ、https://unit.aist.go.jp/ieco/est/
(1451) withpop、anopara、フライホイールが世界を救う、https://anopara.net/2014/12/15/フライホイールが世界を救う/
(1452) アイティメディア (株)、EE Times Japan、「フライホイール」の長所を引き出し20年以上メンテ不要の蓄電システムを実現―サンケン電気の総合力、https://eetimes.jp/ee/articles/1510/15/news002.html
(1453) (株) ファブリカコミュニケーションズ、CarMe、まとめ、なぜ車に軽量フホイールを取り付けるのか？ そのメリット・デメリット、https://car-me.jp/articles/3832
(1454) (株) ミクシィ、フライホイール・バッテリーロケット、https://mixi.jp/view_bbs.pl?comm_id=18107&id=69722194
(1455) サンケン電気 (株)、フライホイール蓄電システム、https://www. products.sanken-ele.co.jp/prod/powersp/ess/flywheel_energy_storage.html
(1456) ミカド電装商事 (株)、ミカド ONLINE、フライホイールバッテリー、https://www.mikado-d.co.jp/m-online/backup_46
(1457) (株) MEMOCO、CHEWY、スマートグリッドとは？ メリットや課題って？ 日本の事例や関連用語をわかりやすく解説、https://chewy.jp/businessmanner/4705/
(1458) SB クリエイティブ (株)、ビジネス+IT、スマートグリッドとは何か？ 知っておきたい次世代電力ネットワークの基本【2分間 Q&A (62)】、https://www.sbbit.jp/article/cont1/20638
(1459) 環境省、一般廃棄物統計調査統計表一覧、平成30年度調査、日本の廃棄物処理、一般廃棄物の排出及び処理状況等 (平成30年度) について (令和2年3月30日)、http://www.env.go.jp/recycle/waste_tech/ippan/h30/data/env_press.pdf
(1460) 都道府県別・市町村別1人1日当たり排出量及びリサイクル率の状況 (平成28年度実績)、https://www.ecogunma.jp/ecog_wp/wp-content/uploads/2018/06/都道府県別・市町村別ごみ排出量及びリサイクル率の状況 .pdf
(1461) (株) PR TIMES、PR TIMES、川崎市がごみの排出量の少なさで政令指定都市1位達成！ 日本屈指のごみ処理先進都市 川崎 には "日本初" の取り組みがいっぱい！ https://prtimes.jp/main/html/rd/p/000000021.000035638.html
(1462) 環境省、日本の廃棄物処理の歴史と現状、https://www.env.go.jp/recycle/circul/venous_industry/ja/history.pdf
(1463) (国研法) 国立環境研究所、社会対話・協働推進オフィス、知ってほしい、リサイクルとごみのこと、https://taiwa.nies.go.jp/colum/recycling.html
(1464) 東京23区のごみ問題を考える、https://blog.goo.ne.jp/wa8823/arcv/?c=
(1465) 服部雄一郎、サステイナブルに暮したい、調べてみた焼却大国日本～日本のリサイクル率はなぜこんなに低いのか？ http://sustainability.jp/incineration
(1466) 未来環境 (株)、リサイクル・処理方法、http://miraikankyo.jp/recycling/index.html
(1467) (株) ツクモ、業務用生ゴミ処理機マジックバイオくん、https://www.tsukumo99.co.jp/biokun.html
(1468) 三木バイオテック (株)、食品リサイクル施設、三木堆肥化センター、http://www.miki-taihi.co.jp/company/index.html
(1469) (公財) 日本海事広報協会、SHIPPING NOW 2018-2019／データ編、外航海運Ⅰ～わが国の暮らしと輸入依存率～、https://www.kaijipr.or.jp/shipping_now/pdf/data2020_2.pdf
(1470) (株) サティスファクトリー、Satisfactory、年間100万トン？ 日本の衣類廃棄物と解決への取り組み、https://www.sfinter.com/topics/post-711/
(1471) (株) サティスファクトリー、Satisfactory、アパレル在庫廃棄の現状、https://www.sfinter.com/topics/post-784/
(1472) ライフスタイルアクセント (株) 山田敏夫 BLOG、衣料品は年間約20億着捨てられている、https://www.huffingtonpost.jp/toshio-yamada/20_4_b_5371017.html
(1473) 日本経済新聞、服を捨てないアパレル業に (2018年9月25日)、https://www.nikkei.com/article/DGXKZO35753360V20C18A9EA1000/
(1474) (株) ネットネイティブ、モデルプレス、衣類廃棄量は年間約100万トン！ アパレル業界が注目するリユースとは？ https://apparel.mdpr.jp/column/howto/7391
(1475) アイティメディア (株)、ITmedia ビジネスオンライン、「アパレル廃棄問題」から近未来の社会シフトが見えてくる (1/4)、https://www.itmedia.co.jp/business/articles/1810/18/news054.html、(2/4) …/news054_2.html、(3/4) …/news054_3.html、(4/4) …/news054_4.html
(1476) 新西工業 (株)、産廃メディア、衣服ロスとは？ 日本の現状やロスが発生する原因、対策について徹底解説、https://sanpai-media.com/column/1187
(1477) みた、服の大量廃棄という現実、https://bottlestand.jp/archives/406
(1478) (株) 日経ナショナル ジオグラフィック、NATIONAL GEOGRAPHIC NEWS、急増するファスト・ファッション、廃棄物は減らせるか？ 世界の人口は2割増えただけだが、衣服の生産量は2倍に増えた、https://natgeo.nikkeibp.co.jp/nng/news/
(1479) IDEAS FOR GOOD、NEWS、中川瑛、フランス、売れなくなった衣服の廃棄を禁止へ、https://ideasforgood.jp/2018/06/01/france-

clothes/
(1480) (株) エコリング、ドイツでは古着をリユースする意識が高い？ 日本との違いを調査！ https://www.eco-ring.com/column/eco/reuse/20181203-5
(1481) excite ニュース、ライフスタイル、「洋服ロス（衣服ロス）」とは？ 実は食品ロスより深刻！ https://www.excite.co.jp/news/article/CANVAS_356/
(1482) 名古屋市、衣類・布類はリサイクルに出しましょう！ https://www.city.nagoya.jp/kankyo/page/0000067201.html
(1483) 札幌市、古着の無料回収、https://www.city.sapporo.jp/seiso/gomi/genryo/furugi.html
(1484) 経済産業省生産動態統計年報（2019 年）、紙・印刷・プラスチック製品・ゴム製品統計編（2020 年 5 月 22 日公表）、https://www.meti.go.jp/statistics/tyo/seidou/result/ichiran/08_seidou.html#menu9
(1485) 日本製紙連合会、製紙産業の現状、パルプ、製紙原料消費推移、https://www.jpa.gr.jp/states/pulp/index.html
(1486) (一社) 日本綿花協会、綿花輸入統計一覧、Imports of Cotton, by Countries of Origin, since 2013、http://www.jcta.co.jp/95_01.html
(1487) 山元雅信、山元学校、モンサントの七つの大罪。私たちの身体は　どうなって行くのか？ こんなことを許してはイケない。171224（Sun)、https://yamamotogakko.jp/2017/12/24/ モンサントの七つの大罪。/
(1488) 作品社、内田眞人、報道ニュース、モンサント社 7 つの大罪 / グリーンピースジャパン、https://blog.goo.ne.jp/harumi-s_2005/e/244586f43f6f8f5830be1ab9f58e310f
(1489) (一社) プラスチック循環利用協会、2019 年　プラスチック製品の生産・廃棄・再資源化・処理処分の状況、マテリアルフロー図、http://www.pwmi.or.jp/pdf/panf2.pdf
(1490) (有) リバース、Re:NOTE、プラスチックの基礎、プラスチックの歴史、http://www.rebirth.co.jp/renote/plastic-basic/plastic-history/
(1491) Ryota Nakajima（Wakamori）& Yoko Koga、プラなし生活、プラスチックの歴史、https://lessplasticlife.com/marineplastic/driver/history-2/
(1492) (株) 三菱総合研究所、生分解性プラスチックの課題と将来展望、https://www.mri.co.jp/knowledge/column/20190408.html
(1493) お役立ち情報研究所、生分解性プラスチックの問題点・用途・原料による分類、https://team-supporter.com/3577.html
(1494) お役立ち情報研究所、生分解性プラスチックの課題と問題点！ メーカーの事情は？ https://team-supporter.com/3581.html
(1495) 日本バイオプラスチック協会 百瀬正憲、生分解性プラスチックの現状と課題（2016 年 1 月 24 日）、http://www.env.go.jp/water/marine_litter/09_MOMOCHI.pdf
(1496) 日本バイオプラスチック協会、バイオマスプラスチック入門、http://www.jbpaweb.net/bp/
(1497) 日本バイオプラスチック協会、生分解性プラスチック入門、http://www.jbpaweb.net/gp/
(1498) 日本バイオプラスチック協会、識別表示制度、http://www.jbpaweb.net/identification/
(1499) (一社) 日本有機資源協会、バイオマスプラスチック Q & A、https://www.jora.jp/txt/katsudo/bpqa/
(1500) (国研法) 国立環境研究所、環境展望台、環境技術解説、生分解性プラスチック、https://tenbou.nies.go.jp/science/description/detail.php?id=54
(1501) 環境省、「海洋プラスチックごみ対策アクションプラン」の策定について（令和元年 5 月 31 日)、https://www.env.go.jp/press/106865.html
(1502) 環境省、海洋ごみ（漂流・漂着・海底ごみ）対策、http://www.env.go.jp/water/marine_litter/index.html
(1503) (公財) 日本容器包装リサイクル協会、特定事業者の義務と罰則、https://www.jcpra.or.jp/container/obligation_penalties/tabid/103/index.php
(1504) (公財) 日本容器包装リサイクル協会、容リ法って何だろう、https://www.jcpra.or.jp/container/tabid/945/index.php#Tab945
(1505) (公財) 日本容器包装リサイクル協会、プラスチックのくず（廃プラスチック）および古紙の輸出統計（令和 3 年 1 月 28 日更新)、https://www.jcpra.or.jp/recycle/related_data/tabid/1019/index.php
(1506) 日本貿易振興機構（JETRO)、地域・分析レポート、東南アジアでも廃プラスチックの輸入禁止へ、https://www.jetro.go.jp/biz/areareports/2018/87f587bf7c717578.html
(1507) 日本貿易振興機構（JETRO)、東南アジア諸国が廃プラスチック輸入規制を強化―輸出国側にも規制、求められる国内処理―、https://www.jetro.go.jp/biz/areareports/2019/32168afb4b8f0bfe.html
(1508) 日本貿易振興機構（JETRO)、地域·分析レポート、行き場を失う日本の廃プラスチック　増加する国内処理量とプラスチック抑制の動き、https://www.jetro.go.jp/biz/areareports//special/2019/0101/fceb0360455b6cdf.html
(1509) 日本貿易振興機構（JETRO)、貿易・投資相談 Q&A、https://www.jetro.go.jp/world/qa/
(1510) 経済産業省、使用済み製品・素材の輸出に係わる状況（製品系）（素材系)、https://www.meti.go.jp/shingikai/sankoshin/sangyo_gijutsu/haikibutsu_recycle/pdf/003_s13_00.pdf
(1511) (有) ウイルパワー、海外リユースネットワーク、https://www.reuse-trade.jp
(1512) (株) 浜屋、リユース事業、https://hamaya-group.co.jp/works/reuse/
(1513) (株) スマートサプライ、コラム [第二回] 検証。私たちは 1 年で一体何枚のレジ袋を使っているのか？（2019 年 10 月 16 日更新)、https://bihin-labo.com/ 検証。私たちは 1 年で一体何枚のレジ袋を使ってい /
(1514) フォーレスト (株)、「オフィス用品の教科書」、レジ袋の消費量について調べてみよう（2016.02.24)、https://office-frt.com/591/
(1515) 環境省、レジ袋に関わる調査（平成 28 年度)、https://www.env.go.jp/recycle/yoki/c_1_questionnaire/shoppingBagH28.html
(1516) 日本経済新聞、レジ袋有料化、コンビニも対象　環境省が素案提示（2018 年 10 月 19 日)、https://www.nikkei.com/article/DGXMZO36683740Z11C18A0EA2000/
(1517) 経済産業省、2020 年 7 月 1 日よりレジ袋有料化がスタートします。https://www.meti.go.jp/policy/recycle/plasticbag/plasticbag_top.html
(1518) (株) インプレス、Impress Watch、トピック、7 月からレジ袋有料化が義務に。無料配布は禁止、https://www.watch.impress.co.jp/docs/topic/1256666.html

（1519）平岩理緒、進むレジ袋有料化！「ケーキ箱や焼き菓子を入れる袋は？」～苦悩する菓子店、https://news.yahoo.co.jp/byline/hiraiwario/20200330-00170215/
（1520）（有）イーズ、イーズ未来共創フォーラム、世界のレジ袋への取り組みは？https://www.es-inc.jp/graphs/2014/grh_id005307.html
（1521）THE RYUGAKU［ザ・留学］、フランス全土で全面禁止になったレジ袋配布と対策、https://theryugaku.jp/1741/
（1522）(株)ベリタ、日刊ベリタ、コラム、フランス、レジ袋禁止から2年～トウモロコシやジャガイモなどを原料にした"レジ袋"が登場～ Ryoka（在仏）、http://www.nikkanberita.com/read.cgi?id=201809132215034
（1523）りんごの葡萄前進、レジ袋有料化は愚策？ ドイツや欧州では既に常識！、https://www.oishiiringo7.xyz/entry/2018/10/12/レジ袋有料化は愚策？ ドイツや欧州では既に常
（1524）家モノカタログ、ファッションアイテム、100均の買い物カゴ用ショッピングバッグ・商品一覧ページ、https://iemonocatalog.com/shopping-bag-for-basket-itemlist/
（1525）kosodate.love、ショッピングバック・エコバック2020 ｜ 100均ダイソー、セリア、300均3COINS他、https://kosodate.love/?p=4344
（1526）（株）crispy、HEIM、エコバッグのおすすめ22選！ レジカゴタイプや保冷機能付きも、https://heim.jp/magazine/1789883
（1527）上勝町、ゼロ・ウェイスト政策、ごみ分別表、http://www.kamikatsu.jp/zerowaste/gomi.html
（1528）（株）博展サステナブル・ブランド ジャパン、コミュニティ・ニュース、徳島・上勝町「ゼロ・ウェイスト」は新たなステージへ―NPO法人ゼロ・ウェイストアカデミー 坂野晶理事長（2019.01.24）、https://www.sustainablebrands.jp/community/column/detail/1191551_2557.html
（1529）（一社）全国清涼飲料連合会、統計、1人あたりの消費量推移、http://www.j-sda.or.jp/statistically-information/stati03.php
（1530）（一社）全国清涼飲料連合会、統計、清涼飲料水の生産量推移、http://www.j-sda.or.jp/statistically-information/stati02.php
（1531）（一社）全国清涼飲料連合会、統計、清涼飲料水品目別生産量推移、http://www.j-sda.or.jp/statistically-information/stati04.php
（1532）（一社）全国清涼飲料連合会、統計、容器別生産量推移（2010年～2019年）、http://www.j-sda.or.jp/statistically-information/stati06.php
（1533）（一社）全国清涼飲料連合会、統計、2019年容器別シェア（生産量ベース）、http://www.j-sda.or.jp/statistically-information/stati05.php
（1534）日本製缶協会、製缶技術の変遷・金属缶の歴史、はじめに、http://seikan-kyoukai.jp/history/index.html
（1535）日本製缶協会、製缶技術の変遷・金属缶の歴史、金属缶の誕生、http://seikan-kyoukai.jp/history/01.html
（1536）日本製缶協会、製缶技術の変遷・金属缶の歴史、接着缶、http://seikan-kyoukai.jp/history/02.html
（1537）日本製缶協会、製缶技術の変遷・金属缶の歴史、溶接缶、http://seikan-kyoukai.jp/history/03.html
（1538）日本製缶協会、製缶技術の変遷・金属缶の歴史、2ピース缶、http://seikan-kyoukai.jp/history/04.html
（1539）日本製缶協会、製缶技術の変遷・金属缶の歴史、ボトル缶、http://seikan-kyoukai.jp/history/05.html
（1540）日本製缶協会、製缶技術の変遷・金属缶の歴史、イージーオープン缶、http://seikan-kyoukai.jp/history/06.html
（1541）Ryota Nakajima（Wakamori）、Yoko Koga、プラなし生活、日本国内で消費されるペットボトルの本数は何本？ https://lessplasticlife.com/plastics/trash-recycle/pet-bottles-consamption-in-japan/
（1542）Ryota Nakajima（Wakamori）、Yoko Koga、プラなし生活、世界でプラスチックのリサイクル率が低い5つの理由＆日本の現状、https://lessplasticlife.com/plastics/trash-recycle/why-are-plastic-recycling-rates-so-low/
（1543）PETボトルリサイクル推進協議会、統計データ、参考指標：回収率推移、http://www.petbottle-rec.gr.jp/data/transition.html
（1544）Ryota Nakajima（Wakamori）、Yoko Koga、プラなし生活、ペットボトルごみを削減する「デポジット制度」とは？ https://lessplasticlife.com/marineplastic/responses/deposit_return_scheme/
（1545）世界自然保護基金（WWF）、WWFの活動、海洋プラスチック問題について、https://www.wwf.or.jp/activities/basicinfo/3776.html
（1546）（株）くらしのくふう、ヨムーノ、ペットボトルの飲み物の本当の原価っていくら？ https://www.o-uccino.jp/article/posts/11262
（1547）ひよたん、スーパーのバイトって、どうなの？？、飲料、買うなら自販機？ 店頭？―それぞれの特徴―、https://supermarket-baito-part.com/drink-buy-vending-or-shop
（1548）（一社）日本鉄鋼連盟、みんなの鉄学、調べて学ぶ、鉄をつくる、https://www.jisf.or.jp/kids/shiraberu/
（1549）日本製鉄（株）、工場見学、製造工程の紹介、https://www.nipponsteel.com/company/tour/vr_tour.html
（1550）普通鋼電炉工業会、製品について、http://www.fudenkou.jp/product_01.html、…/product_02.html、…/product_03.html、…/product_04.html、…/product_05.html、…/product_06.html、…/product_07.html、…/product_08.html、…/product_09.html
（1551）「砥石」と「研削・研磨」の総合情報サイト、日本の鉄鋼メーカー一覧、電気炉メーカー、https://www.toishi.info/link/steel.html#denro
（1552）日本経済新聞、電力値上げで困窮する電炉　需要あるのに廃業組も（2014年7月1日）、https://www.nikkei.com/article/DGXNASDZ250GX_W4A620C1000000
（1553）IT記者会コラム、岸和田製鋼に行ってきた①　電炉製鋼業は重厚長大型の静脈産業だった（2020-01-06）、https://itkisyakaiessay.hatenablog.jp/entry/2020/01/06/岸和田製鋼に行ってきた①_電気炉製鉄業は典形、岸和田製鋼に行ってきた②　背景に独立系電炉製鉄業の再編・存亡の危機感（2020-01-08）、…/entry/2020/01/08/岸和田製鋼に行ってきた②_背景に独立系電炉製、岸和田製鋼に行ってきた③　まず取り組んだのはデータと要件定義（2020-01-14）、…/entry/2020/01/14/岸和田製鋼に行ってきた③_まず取り組んだのは、岸和田製鋼に行ってきた④　コーディング・レスで基幹システムを全面刷新（2020-01-21）、…/entry/2020/01/21/岸和田製鋼に行ってきた④_コーディング・レス、岸和田製鋼に行ってきた⑤　ＤＸの前に済ませておくべき6つのこと（2020-01-24）、…/entry/2020/01/24/岸和田製鋼に行ってきた⑤_ＤＸの前に済ませてお
（1554）（一社）日本鉄鋼連盟、メーカー（52社）、https://www.jisf.or.jp/about/member/maker.html
（1555）ビジネスボイスジャパン、特殊鋼メーカー｜業界規模・業界動向・企業ランキング、https://bizvoices.net/special-steel/
（1556）ビジネスボイスジャパン、業界リサーチ「特殊鋼」売上高ランキング2018、https://bizvoices.net/2018-annual-sales-ranking-special-steel-company/
（1557）（一社）日本鋳鍛鋼会、鋳鍛鋼業について、http://jscfa.or.jp/chutanko.php

(1558)（公財）古紙再生促進センター、数字で見る古紙再生、http://www.prpc.or.jp/recycle/number/
(1559) 日本製紙連合会、古紙、https://www.jpa.gr.jp/states/used-paper/
(1560) 南充浩、繊維製品のリサイクルは経済的に見合わない、https://wwwfashonsnap.com/article/2019-01-22/sustainable-not-economical
(1561) 京都府立大学、山川肇、使わなくなった衣類、どうしますか？ 衣類のリユース・リサイクルが進まない理由と最近の動き、https://jsmcwm.or.jp/journal/files/2012/03/078yamakawa.pdf
(1562)（独法）環境再生保全機構、アスベスト（石綿）とは？ https://www.erca.go.jp/asbestos/what/
(1563) 厚生労働省、アスベスト（石綿）に関するＱ＆Ａ、https://www.mhlw.go.jp/stf/seisakunitsuite/bunya/koyou_roudou/roudoukijun/sekimen/topics/tp050729-1.html
(1564) 緑友（ろくゆう）、Green-Easy1、身近なアスベスト（石綿）汚染、https://green-ezl.com/other-environmental-issues/asbestos-contamination/
(1565) 国土交通省、アスベスト対策Ｑ＆Ａ、https://www.mlit.go.jp/jutakukentiku/build/Q&A/index.html
(1566) 毎日新聞、アスベスト工場の周辺住民３割が石綿吸い込む　27 自治体　環境省調査、https://mainichi.jp/articles/20200531/k00/00m/040/129000c
(1567) 環境省、石綿（アスベスト）問題への取組 | 建物を壊すときにはどうしたら良いの？ https://www.env.go.jp/air/asbestos/index6.html
(1568) 全国労働安全衛生センター連絡会議、アスベスト（石綿）による疾病の労災認定／労災補償の申請・給付について～各疾病や審査請求事例紹介つき～（2020 年 10 月 29 日）、https://joshrc.net/archives/2932
(1569) 環境省、石綿含有廃棄物等関係、http://www.env.go.jp/recycle/waste/asbestos/index.html
(1570) 環境省、廃棄物処理法における廃石綿等の基準等について、http://www.env.go.jp/recycle/waste/sp_contr/04.html
(1571) 昭和ルーフリモ（株）、テイガク屋根修理、【簡単】アスベストが入ったスレート屋根の見分け方とリフォーム基準、https://yanekabeya.com/35020/
(1572) 東京安全衛生センター、石綿含有建材の見分け方、http://metoshc.org/asbestos/as_miwakekata.html
(1573)（公財）日本産業廃棄物処理振興センター、用語集、処理・処分・リサイクル、https://www.jwnet.or.jp/waste/terms/yougo_shori/index.html
(1574) 環境省、令和元年度事業 産業廃棄物排出・処理状況調査報告書 平成 30 年度速報値（概要版）（令和２年３月）、https://www.env.go.jp/recycle/sangyo_h30.pdf
(1575) 環境省、令和元年度事業 特別管理産業廃棄物排出・処理状況調査報告書 平成 30 年度速報値（令和２年３月）、https://www.env.go.jp/recycle /sangyo_h30s.pdf
(1576)（公財）日本産業廃棄物処理振興センター、産廃知識　最終処分場、https://www.jwnet.or.jp/waste/knowledge/saishushobunjou/index.html
(1577)（公財）日本産業廃棄物処理振興センター、産廃知識　産業廃棄物処理の現状、https://www.jwnet.or.jp/waste/knowledge/genjou/index.html
(1578) 環境省、循環型社会形成推進基本法、http://www.env.go.jp/recycle/circul/recycle.html
(1579) アクトデザインラボ（株）、BRAVE ANSWER、循環型社会とは？ 3R とは？ 環境省の取り組みは？ 企業や個人がすべきことは？ https://brave-answer.jp/15383/
(1580) 生活情報支援センター、5R ってなに？ https://www.shouhiseikatsu.com/ コラム—解説 / 解説—消費生活 / ５r ってなに /
(1581) オットー、節約生活と省エネ生活の知恵、ゴミ問題と 5R、http://setsuyaku-chie.com/eco/eco_380.html
(1582) 22 世紀を生きる君へ、～未来を生きる子供に問題を残さないために～ あなたはいくつ達成？ 3R → 5R → 7R → 10R → 18R 令和時代の環境問題取り組みがスゴイ…、https://22nd-century.jp/environment-issues/3r4r5r/
(1583) 22 世紀を生きる君へ、～未来を生きる子供に問題を残さないために～環境問題の中でも特に深刻で身近なゴミ問題・・・最終処分場残余年数 20 年をすぎると起こる問題６つ、https://22nd-century.jp /environment-issues/japan-waste-disposal/
(1584) 市川工業（株）、解体の達人、全国の産業廃棄物最終処分場一覧をご紹介します（2019.09.06）、https://kaitai-tatujin.com/haiki/z-ssj
(1585) 環境省、産業廃棄物管理票に関する報告書及び電子マニフェストの普及について 、https://www.env.go.jp/hourei/11/000154.html
(1586)（公財）日本産業廃棄物処理振興センター、産廃知識、マニフェスト制度、https://www.jwnet.or.jp/waste/knowledge/manifest/index.html
(1587) 環境省、産業廃棄物の不法投棄等の状況（令和元年度）について（令和３年１月８日）、https://www.env.go.jp/press/108861.html
(1588)（国研法）物質・材料研究機構、レアメタルの基礎知識、https://www.nims.go.jp/research/elements/rare-metal/study/index.html
(1589)（国研法）物質・材料研究機構、レアメタル問題、https://www.nims.go.jp/research/elements/rare-metal/probrem/risk.html
(1590)（国研法）物質・材料研究機構、都市鉱山、https://www.nims.go.jp/research/elements /rare-metal/ urban-mine/index.html
(1591) マンモ・イタコ・あや、レアメタルとは？ http://contest.japias.jp/tqj13/130060/rea1.html
(1592) マンモ・イタコ・あや、周期表でのレアメタル、http://contest.japias.jp/tqj13/130060/rea5.html
(1593) マンモ・イタコ・あや、レアメタルの用途、http://contest.japias.jp/tqj13/130060/rea2.html
(1594) マンモ・イタコ・あや、レアメタルの主な統計、http://contest.japias.jp/tqj13/130060/rea3.html
(1595) マンモ・イタコ・あや、レアメタルの現状、http://contest.japias.jp/tqj13/130060/rea7.html
(1596) マンモ・イタコ・あや、これからの課題、http://contest.japias.jp/tqj13/130060/rea6.html
(1597) マンモ・イタコ・あや、その他、http://contest.japias.jp/tqj13/130060/rea8.html
(1598)（国研法）国立環境研究所、環境展望台、環境技術解説、ごみ・リサイクル、レアメタルリサイクル技術、http://tenbou.nies.go.jp/science/description/detail.php?id=62
(1599)（一社）電池工業会、電池の総生産 2019 年、http://www.baj.or.jp/statistics/01.html
(1600) ライブドアブログ、世界市場シェア、鉛蓄電池業界の世界市場シェアの分析、https://deallab.info/lead-acid-battery/
(1601) ライブドアブログ、世界市場シェア、乾電池業界の世界市場シェアの分析、https://deallab.info/primary-battery/

(1602) ライブドアブログ、世界市場シェア、EV 電池・車載電池業界の世界市場シェアの分析、https://deallab.info/evbattery/
(1603) 環境省、全国 10 地点における漂着ごみ調査(平成 29 年度)等の結果について～漂着、漂流、海底ごみの実態把握に向けたサンプル調査等～(令和元年 10 月 4 日)、http://www.env.go.jp/press/107245.html
(1604) 環境省、平成 30 年度海洋ごみ調査の結果について、https://www.env.go.jp/press/107902.html
(1605) 環日本海環境協力センター、マメ知識、私たちの海を守るには? http://www.npec.or.jp/support/marine_edu/marine_edu00.html
(1606) 環日本海環境協力センター、漂着物対策等活動 先進事例集、http://www.npec.or.jp/umigomiportal/study/document/jireishu_jpn.pdf
(1607) 外務省、韓国からのポリタンク漂着問題、https://www.mofa.go.jp/mofaj/area/korea/polytank.html
(1608) kenny、「日本海沿岸への漂着ゴミ問題」プラスチックゴミと韓国からの危険物? https://www. 国際問題 .com/japan-korea-ocean-debris/
(1609)(一社)セメント協会、セメントが出来るまで(製造工程)、http://www.jcassoc.or.jp/cement/1jpn/jd3.html
(1610)(一社)セメント協会、セメント産業の概要 http://www.jcassoc.or.jp/cement/1jpn/jc.html
(1611)(一社)セメント協会、セメントハンドブック 2020 年度版、http://www.jcassoc.or.jp/cement/4pdf/jj3h_06.pdf
(1612) 太平洋セメント、エコセメントシステム、エコセメントとは? https://www.taiheiyo-cement.co.jp/service_product/recycle_mw/eco/
(1613) 太平洋セメント、焼却残さ資源化システム、https://www.taiheiyo-cement.co.jp/service_product/recycle_mw/hai/index.html
(1614)「砥石」と「研削・研磨」の総合サイト、エコセメント(普通エコセメントと速硬エコセメント)の成分、特徴について、https://www.toishi.info/sozai/cement/e.html
(1615)「砥石」と「研削・研磨」の総合サイト、セメントの種類、成分、用途について、https://www.toishi.info/sozai/cement/
(1616) bomperson、土木のこれからを考える、コンクリート工学、コンクリートの特徴を左右するセメントの種類、https://bonperson-civil.com/cement-shurui/
(1617)(一社)セメント協会 小野 直樹、廃棄物のセメント資源化について、http://www.jcassoc.or.jp/cement/4pdf/190125_01.pdf
(1618) 国土交通省、コンクリート中の塩分総量規制及び アルカリ骨材反応抑制対策に関する懇談会 塩分規制に関する報告書、https://www.mlit.go.jp/kisha/kisha02/13/131015/131015.pdf
(1619) 太平洋エンジニアリング、セメント関連、塩素バイパスシステム、http://www.taiheiyo-eng.co.jp/cement/tcbs
(1620) 三菱マテリアル(株)、プレスリリース、塩素含有廃棄物の増処理を可能とする高性能塩素バイパスプローブを開発、https://www.mmc.co.jp/corporate/ja/news/press/2012/12-0124.html
(1621) 自然電力グループ、HATCH、ゴミをエネルギーに変える　廃棄物発電の技術進化、https://sizen-hatch.net/2020/04/20/waste_power_generation/
(1622) 情報収集サイト、ごみ発電とは、ごみ発電とスーパーごみ発電の仕組みとメリットを解説、https://antaha.kumonohiro.work/archives/231
(1623) 電気主任技術者試験対策、廃棄物発電の仕組みをご存じですか? 未来の電力エネルギーを知ろう! https://www.denken-guide.net/waste-power-generation-mechanism
(1624) 日本バイオマス開発(株)、バイオマス開発、バイオマスとは、http://www.jbmd.co.jp/activities/biomass.html
(1625) 農林水産省、バイオマスの活用の推進、https://www.maff.go.jp/j/shokusan/biomass/index.html
(1626) 農林水産省、バイオマス活用推進基本法制定後の推移、https://www.maff.go.jp/j/shokusan/biomass/attach/pdf/index-84.pdf
(1627) ENECHANGE(株)、エネチェンジ、バイオマス発電とは? 仕組みやメリット・デメリットについて、https://enechange.jp/articles/biomass_power_generation
(1628) SB エナージー(株)、みるみるわかる Energy、図解で見るエネルギーのしくみ、Vol.04 、バイオマス発電の仕組み、https://www.sbenergy.jp/study/illust/biomass/
(1629)(一社)バイオマス発電事業者協会、バイオマス発電の長期見通し(2017 年 10 月 18 日)、https://www.meti.go.jp/shingikai/santeii/pdf/031_02_00.pdf
(1630)(株)森のエネルギー研究所、全国木質バイオマス発電所一覧図を更新いたしました(2020/12/28)、http://www.mori-energy.jp/2020/12/28/www-mori-energy-jphatsuden1-htmlwww-mori-energy-jphatsuden1-html/
(1631)(国研開)国立環境研究所、環境展望台、環境技術解説、廃棄物固形燃料化(RDF、RPF)、http://tenbou.nies.go.jp/science/description/detail.php?id=71
(1632)(一社)日本 RPF 工業会、RPF とは、http://www.jrpf.gr.jp/rpf-1
(1633)(一社)日本 RPF 工業会、原料、http://www.jrpf.gr.jp/rpf-2
(1634)(一社)日本 RPF 工業会、製造フロー、http://www.jrpf.gr.jp/rpf-3
(1635)(一社)日本 RPF 工業会、品質基準 http://www.jrpf.gr.jp/rpf-4
(1636)(一社)日本 RPF 工業会、RPF と RDF の違い、http://www.jrpf.gr.jp/rpf-5
(1637)(一社)日本 RPF 工業会、RPF 需要推移と生産実績(需要予測と生産予測)、http://www.jrpf.gr.jp/rpf-6
(1638)(一社)日本 RPF 工業会、環境負荷低減効果、http://www.jrpf.gr.jp/rpf-7
(1639)(株)エコ・マインニング、RPF と RDF の違い、ゴミ固形化燃料の主流は、品質優位性で RDF から RPF に移行しています。http://www.ecomining.co.jp/?page_id=266
(1640)(株)浜屋、エコトピア、リサイクル、「夢のリサイクル」とうたわれたごみ固形化燃料・RDF の末路、https://ecotopia.earth/article-2625/
(1641) 国土交通省、下水道データ室、https://www.mlit.go.jp/mizukokudo/sewerage/crd_sewerage_tk_000104.html
(1642)(公社)日本下水道協会、下水汚泥のリサイクル、各種統計データ、https://www.jswa.jp/recycle/data/
(1643)(公社)日本下水道協会、下水汚泥のリサイクル、下水汚泥の有効利用、https://www.jswa.jp/recycle/odei/
(1644)(公社)日本下水道協会、下水汚泥のリサイクル、下水汚泥の緑農地利用、https://www.jswa.jp/recycle/greenfarm/
(1645)(公社)日本下水道協会、下水汚泥のリサイクル、下水汚泥のエネルギー利用、https://www.jswa.jp/recycle/energy/
(1646)(公社)日本下水道協会、下水汚泥のリサイクル、下水汚泥の建築資材利用、https://www.jswa.jp/recycle/construcation/
(1647)(公社)日本下水道協会、下水汚泥のリサイクル、BISTRO 下水道、https://www.jswa.jp/recycle/bistro/

(1648) 塩ビ工業・環境協会、資料室、日本の塩ビ工業の歴史、http://www.vec.gr.jp/lib/lib1.html
(1649) 塩ビ工業・環境協会、資料室、年表、https://www.vec.gr.jp/lib/lib2.html
(1650) 日本ビニル工業会、ポリ塩化ビニルに関するQ＆A～答え～、http://www.vinyl-ass.gr.jp/answer.html
(1651) 塩ビ工業・環境協会、統計集、塩化ビニル樹脂、https://vec.gr.jp/statistics/statistics_1.html
(1652) 塩ビ工業・環境協会、統計集、塩化ビニルモノマー、https://vec.gr.jp/statistics/statistics_2.html
(1653) 塩ビ工業・環境協会、統計集、生産能力、https://vec.gr.jp/statistics/statistics_3.html
(1654) 塩ビ工業・環境協会、統計集、プラスチックの種類別生産量、https://vec.gr.jp/statistics/statistics_4.html
(1655) 塩ビ工業・環境協会、統計集、世界の塩ビ、https://vec.gr.jp/statistics/statistics_5.html
(1656) 塩ビ工業・環境協会、統計集、各種データ、https://vec.gr.jp/statistics/statistics_6.html
(1657) 塩ビ工業・環境協会、塩ビとは、原料から製品まで、塩ビ工業の概観、http://vec.gr.jp/enbi/enbi1_1.html
(1658) 塩ビ工業・環境協会、塩ビとは、原料から製品まで、塩ビ樹脂原料（塩ビモノマー）の生産方法、http://vec.gr.jp/enbi/enbi1_2.html
(1659) 塩ビ工業・環境協会、塩ビとは、原料から製品まで、塩ビ樹脂の生産方法、http://vec.gr.jp/enbi/enbi1_3.html
(1660) 塩ビ工業・環境協会、塩ビとは、原料から製品まで、塩ビ樹脂の配合・加工方法、http://vec.gr.jp/enbi/enbi1_4.html
(1661) 塩ビ工業・環境協会、塩ビとは、原料から製品まで、塩ビ樹脂の用途（塩ビ製品）、http://vec.gr.jp/enbi/enbi1_5.html
(1662) 塩ビ工業・環境協会、塩ビとは、塩ビの性質と特性、汎用樹脂での位置付け、http://vec.gr.jp/enbi/enbi2_1.html
(1663) 塩ビ工業・環境協会、塩ビとは、塩ビの性質と特性、塩ビ樹脂の基礎物性、http://vec.gr.jp/enbi/enbi2_2.html
(1664) 塩ビ工業・環境協会、塩ビとは、塩ビの性質と特性、塩ビ製品の実用特性、http://vec.gr.jp/enbi/enbi2_3.html
(1665) 塩ビ工業・環境協会、塩ビとは、塩ビの性質と特性、火災のリスク削減、http://vec.gr.jp/enbi/enbi2_4.html
(1666) 塩ビ工業・環境協会、塩ビとは、塩ビの性質と特性、改質方法と物性、http://vec.gr.jp/enbi/enbi2_5.html
(1667) 塩ビ工業・環境協会、塩ビとは、分野別塩ビ製品紹介、土木・建築分野の製品、http://vec.gr.jp/enbi/enbi3_2.html
(1668) 塩ビ工業・環境協会、塩ビとは、分野別塩ビ製品紹介、住宅に使われる製品、http://vec.gr.jp/enbi/enbi3_3.html
(1669) 塩ビ工業・環境協会、塩ビとは、分野別塩ビ製品紹介、建物内装に使われる製品、http://vec.gr.jp/enbi/enbi3_4.html
(1670) 塩ビ工業・環境協会、塩ビとは、分野別塩ビ製品紹介、包装材量に使われる製品、http://vec.gr.jp/enbi/enbi3_5.html
(1671) 塩ビ工業・環境協会、塩ビとは、分野別塩ビ製品紹介、園芸に使われる製品、http://vec.gr.jp/enbi/enbi3_6.html
(1672) 塩ビ工業・環境協会、塩ビとは、分野別塩ビ製品紹介、その他・一般用製品、http://vec.gr.jp/enbi/enbi3_7.html
(1673) 塩ビ工業・環境協会、塩ビとは、JIS 規格、塩ビ樹脂の JIS 規格、http://vec.gr.jp/enbi/enbi4_1.html
(1674) 塩ビ工業・環境協会、塩ビとは、JIS 規格、塩ビ製品の JIS 規格、http://vec.gr.jp/enbi/enbi4_2.html
(1675) 塩ビ工業・環境協会、塩ビとは、塩ビ用語について、http://vec.gr.jp/enbi/enbi5-1.html
(1676) 塩ビ工業・環境協会、リサイクルについて、リサイクルの手法、http://vec.gr.jp/recycle/recycle1_1.html
(1677) 塩ビ工業・環境協会、リサイクルについて、塩ビはリサイクルに適した素材、http://vec.gr.jp/recycle/recycle1_2.html
(1678) 塩ビ工業・環境協会、リサイクルについて、廃塩ビ製品の実態、http://vec.gr.jp/recycle/recycle1_3.html
(1679) 塩ビ工業・環境協会、リサイクルについて、適切なリサイクル手法の選択が決め手、http://vec.gr.jp/recycle/recycle1_4.html
(1680) 塩ビ工業・環境協会、リサイクルについて、LCI の優れたマテリアルリサイクル製品、http://vec.gr.jp/recycle/recycle1_5.html
(1681) 塩ビ工業・環境協会、マテリアルリサイクル、必要な前処理技術、http://vec.gr.jp/recycle/recycle2_1.html
(1682) 塩ビ工業・環境協会、マテリアルリサイクル、塩ビのマテリアルリサイクル（MR）事例紹介、http://vec.gr.jp/recycle/recycle2_2.html
(1683) 塩ビ工業・環境協会、フードストックリサイクル、フードストック（ケミカル）リサイクル（FR）主要 FR 技術の紹介、http://vec.gr.jp/recycle/recycle3_1.html
(1684) 塩ビ工業・環境協会、フードストックリサイクル、フードストック（ケミカル）リサイクル（FR）事例紹介、http://vec.gr.jp/recycle/recycle3_2.html
(1685) 塩ビ工業・環境協会、塩ビを含む廃プラスチックのエネルギーリカバリー、http://vec.gr.jp/recycle/recycle4_1.html
(1686) 塩ビ工業・環境協会、塩ビ業会の取組み、リサイクルビジョン—私たちはこう考えます、http://vec.gr.jp/recycle/recycle5_1.html
(1687) 塩ビ工業・環境協会、塩ビ業会の取組み、塩ビリサイクル支援制度、http://vec.gr.jp/recycle/recycle5_2.html
(1688) 塩ビ工業・環境協会、塩ビ業会の取組み、グリーン購入・エコマーク対象品が増えてます！ http://vec.gr.jp/recycle/recycle5_3.html
(1689) 塩ビ工業・環境協会、リサイクル情報、リサイクル情報の提供、http://vec.gr.jp/recycle/recycle6_1.html